KB050525

중국의 해양 그레이존 작전

한국해양전략연구소 총서 96

Andrew S. Erickson
Ryan D. Martinson 지음

곽대훈 옮김

역자 머리말

세계 2위의 경제 및 국방 예산에 힘입어 중국은 압도적 규모와 고도의 기술을 바탕으로 해상으로의 진출을 모색하고 있다. 중국의 "그레이존" 작전은 미 해군과 동아시아 주변국의 해상활동에 대한 새로운 도전을 의미하고, 분쟁 해역에서 중국은 소위 "총소리 없는 전쟁"을 벌이고 있다.

이 책은 2017년 5월 2일부터 3일까지 2일간 로드아일랜드주 뉴포트에 위치한 해군대학(Naval War College)에서 개최된 중국해양연구소(CMSI) 학술대회에서 발표된 중국의 그레이존 작전과 관련한 다양한 논의를 취합한 결과물이다. 1부에서는 그레이존의 개념과 작전상 특성 등을 다양한 각도에서 살펴보았다. 특히 그레이존 작전을 전쟁과 평화 사이에 모호한 지점(그레이존)을 활용한 전술로써 해안경비대(CCG)와 해상민병대(PAFMM)를 활용한 확전을 피하면서 중국의 영유권 주장을 공고히 할 수 있는 비군사적 활동으로 설명한다. 2부에서는 그레이존 작전 수행에 최적화되어 있는 CCG의 역사, 개혁과정, 규모 및 무기체계 등을 설명한다. 3부에서는 그레이존 작전에 CCG와 더불어 중요한 역할을 수행하는 PAFMM의 임무, 조직 및 병력구조에 관해 설명한다. 4부에서는 스프래틀리 군도, 파라셀 군도 등을 포함한 남중국해와 센카쿠 열도로 대표되는 동중국해에서의 그레이존 활동과 가능한 시나리오를 검토하고, 끝으로 5부에서는 중국의 그레이존 작전에 대한 미 해군과 정부가 직면한 과제를 논의하고 문제해결을 위한 정책적 제언을 하고 있다. 시진핑 주석이 자신의 국가를 "위대한 해양 강국"으로 더욱 발전시키기 위해 노력하면서, 오늘날의 중국은 이미 육상과 해상에서 막대한 영향력을 발휘하고 있다. 증가일로에 있는 중국의 해상력을 견제하고 국제규약과 세계질서의 훼손을 방지하기 위해서는 미국의 적극적인 대응이 필수적이라는 점에서 이 책은 매우 유용할 것으로 생각된다.

책을 번역하는 과정에서 원저자들의 견해를 정확히 전달하고 오역이 없도록 노력하였으나, 독자 여러분들께서는 얼마든지 오류를 찾을 수 있을 것으로 생각된다. 이는 역자의 책임이며, 앞으로 개선될 수 있도록 지속해서 노력할 것을 약속드린다. 번역과정에 어려움을 겪고 계획된 일정 보다 지체되어도 끝까지 격려해주시고 인내해주신 박영사 회장님 이하 여러 직원분들께 깊은 감사를 드린다.

2021년 12월
대전 유성에서
역자 씀

머 리 말

필자는 매우 중요한 책의 서문을 저술할 수 있는 기회를 얻었다. 해군대학(Naval War College)의 중국해양연구소(CMSI)와의 인연은 필자가 미 태평양 사령부 작전 책임자로 있을 때로 거슬러 올라간다. 필자는 CMSI 학자들의 비판적 사고와 엄격한 분석 평가과정을 높이 평가했다. 7함대 사령관으로 순회하는 동안 필자는 본인의 생각과 참모 및 예하 사령관의 생각을 확장하는 데 그들의 전문 지식을 최대한 활용했다. 이는 경쟁국들뿐만 아니라 동맹국, 파트너, 우방국들 사이의 7함대 주둔 병력을 더 잘 이해하기 위해 우리가 수행한 다양한 노력에 엄청난 가치를 가져다주었다. 필자가 태평양 함대 사령관으로 임명되었을 때 CMSI와의 관계가 더욱 깊어진 것은 놀라운 일이 아닐 것이다.

이 책은 최고수준의 CMSI 제품이다. 편집자 앤드류 에릭슨(Andrew Erickson)과 라이언 마틴슨(Ryan Martinson)은 미·중 관계를 방해하는 가장 큰 문제 중 하나인 동아시아의 해양 질서를 재편하려는 중국의 불안정한 노력을 조사하기 위해 뛰어난 학자 및 분석가 팀을 모집했다. 목표 달성을 위해 중국은 새로운 접근방식을 채택했다. 점점 더 강력해지는 해군에 의존하는 대신 중국 해안경비대와 인민군 해상민병대의 비대칭 능력을 활용하여 목표를 추구하고 있는 것이다. 한편, 인민해방군 해군은 종종 그들의 정당한 이익을 방어하려는 사람들에게 암시적인 위협을 전달하면서 근처에 머물고 있다. 이러한 해양력의 다양한 요소를 효과적으로 활용함으로써 중국은 과거의 수정주의 국가를 방해하는 많은 위험과 장애물을 회피하며 그들의 목표를 적극적으로 추구할 수 있다.

중국의 일반적인 작전 방식은 널리 알려져 있으며 국제 언론에서 자주 언급되는 주제이다. 이 책은 이에 대한 더 깊은 질문을 다루기 위해 중국어 원문을 사용한다는 점에서 고유성을 가진다. 민간인과 군대를 막론하고 중국 지도자들은 중국의 그레이존 전략에 대해 어떻게 생각하고 있는가? 중국의 세력은 중국 전략을 위해 어떻게 구성되어 있는가? 그들의 강점과 약점은 무엇인가? 중국의 그레이존 전술적 행동에 초점을 맞춘 이 책은 독자들에게 중국의 전술적 행동에서 파생되는 작전적 틀을 더 잘 이해할 수 있는 기회와, 그러한 작전적 이해로부터 중국 지도부의 전략적 비전과 목표를 식별할 기회를 제공한다.

저자 분석의 주요 의미는 중국의 준 해군력 도전에 대응하기 위해 더 많은 것을 할 수 있다는 현실에 있다. 확실히 미국은 더 효과적으로 대응할 힘과 기회가 있다. 이 책의 저자들은 동중국해와 남중국해에서 주도권을 되찾기 위한 몇 가지 아이디어를 제시하고 있다. 필자는 독자들에게 그들의 권장 사항을 더 자세히 살펴보길 권한다. 또한 독자들이 그들을 비판하고 그들의 장점과 단점을 논할 것을 추천한다. 각자 입장을 갖고 토론해보자. 이 책이 중국이 해양 영역에서 제기하는 도전에 대해 보다 사실에 기반하고 객관적인 토론의 문을 열어줄 것이다.

미국이 중국의 그레이존 확장에 대한 적절한 대응을 논의할 때 염두에 두어야 할 몇 가지 사항이 있다. 첫째, 큰 그림을 놓쳐서는 안 된다는 것이다. 중국의 행동이 단순히 미국과 동맹국 및 파트너의 해양권과 자유를 위협한다는 것만으로 비난받아야 할 것이 아니다. 더 중요한 것은 전체 규칙 기반 질서의 건전성이다. 현재의 국제 규칙 기반 질서는 제2차 세계대전이 끝난 이후 일련의 협약으로 수립되었다. 협약은 크고 작은 국가들 사이에서 발생하는 고유한 마찰을 통제하기 위한 규칙 체계를 개발하려고 했다. 현재의 해양 법규는 이러한 과정에서 생겨난 것이다. 중국은 유엔해양법협약(UNCLOS)에 서명하고 비준했지만, 중국의 정책과 행동은 계속해서 중국의 권위를 약화시키고 있다. 중국이 UNCLOS의 틀 내에서 중요한 남중국해 문제에 대한 중재 재판부의 판결을 받아들이기를 거부한 것이 적절한 사례이다. 중국은 공해상에 적용되는 기존의 국제 규칙과 규범을 받아들이기보다는 그곳에 본국의 국내법을 적용하기 위한 시도를 하고 있다. 다른 강대국들이 그에 대응했다면 어떤 일이 일어날지 상상해 보아라.

이것은 현시대의 중대한 도전을 강조한다: 우리는 현재의 국제 규칙 기반 시스템을 당연하다고 여길 위험성이 존재한다. 이 시스템은 제2차 세계대전이 끝난 이후로 우리에게 많은 도움이 되었으며, 이는 그 이후 몇 년 동안 세계가 누렸던 집단적 성장에서 알 수 있다. 이제 중국은 대규모로 해양 지역을 합병하고 부분적으로 수정주의 세력으로서 세계 무대에서 주도적인 위치를 확립하기 위해 노력하면서 그 질서에 도전하고 있다. 우리 모두는 근본적인 진실을 인식해야만 한다. 한 국가의 방해 행위는 궁극적으로 모든 국가가 모든 정당한 영역에서 바다를 사용할 자유를 침해할 수 있다.

둘째, 평시 경쟁이지만 미국은 해상 통제권의 중요성을 간과해서는 안 된다. 잠재적인 적들이 미국의 결의와 바다 통제 능력을 인식하는 것은 효과적인 억제를 위해 필수적이다. 미국이 중국의 그레이존 확장에 대응하기 위해 더 많은 조처를 하기로 한다면 중국 지도자들이 중국의 행동이 너무 지나칠 때, 미국이 이에 대응할 준비가 되어 있다고 확신하도록 만들어야 한다. 해군대학의 알르페드 마흔(Alfred Thayer Mahan) 교수가 직접 강조했듯이 바다를 통제하는 능력은 결정적이지 않더라도 전쟁의 결과를 판가름하는 요소임은 분명하다. 그는 나아가 해전의 진정한 목표는 적 함대라고 주장했다. 다른 상황에서 표현한 바와 같이 중국이 인도-아시아-태평양 지역의 모든 분쟁에서 이것이 핵심이 되고 현실이 될 것이라고 믿고 있듯이, 우리도 그래야만 한다.

끝으로, 해상력은 중요한 수단이지만 우리가 원하는 결과를 얻기에는 충분하지 않다. 항해 작전의 자유(FONOPs)는 중국의 그레이존 전략에 대응하기 위한 미국 정책의 기초가 될 수 없다. 국가 규칙이 UNCLOS 및 국제관습법을 준수하지 않는 경우를 처리하는데 유용하지만 FONOPs는 의미 있는 조치에 대한 잘못된 인식을 심어주는 경향이 있다. 그것은 중국이 현재의 규칙에 기반한 질서를 변화시키는 과정에서 달성한 진전을 와해시키는 데 필요한 범정부적 접근방식을 대표하지 않는다.

중국 자체는 목표를 달성하기 위해 해상력에만 의존하지 않는다. 국력의 모든 요소를 사용하고 있다. 중국의 전술적 행동은 작전 체계에 의해 형성된다. 강력하고 통합된 정부 정책의 정보를 제공한다. 잘 계획되고, 실용적이며 평가 정보에 입각한 국가 전략에서 파생된다. 그들의 힘은 이 모든 부분의 집합체에서 나온다. 그것이 성공하려면 미국 정부도 똑같이 해야만 한다.

요컨대, 군사적 행동만으로는 중국의 입장을 반영한 새로운 국제 규칙 기반 질서를 개발하려는 중국의 포괄적인 접근방식에 대응하기 충분하지 않다. 국제 무대에서 자신의 위치를 강화하기 위한 베이징의 묵시적인 국가 전략으로, 범정부적, 지역적 대응만이 효과적일 것이다. 그 대응은 중국의 해양 그레이존 작전과 직접적으로 겨뤄야 한다는 것이다. 성공적인 계획을 위해서는 참신한 사고가 필요하며 이 혁신적인 책은 그에 대한 방향을 제시하는 데 도움이 될 것이다.

ADM. Scott H. SWIFT, U.S. Navy (Rer.)
(미 해군 제독/예비역)

감사의 말

중국해양연구소(CMSI)를 대신하여 편집자들은 CMSI의 2017년 연례 회의와 이 책을 지원하는 데 중요한 기여를 한 NWC 재단에 감사드립니다. 재단의 지원은 학술 행사와 후속 출판물의 품질을 보장하는 데 오랫동안 중요한 역할을 해왔습니다.

모든 CMSI 이벤트 및 컨퍼런스 볼륨과 마찬가지로 수많은 개인이 중요한 기여를 하였습니다. 개별적으로 나열할 수는 없지만, 편집자는 모든 관련자에게 진심으로 감사를 표합니다. CMS에 대한 Scott Swift 제독의 리더십과 지원, 그리고 이 책을 구성하고 그 중요성을 설명하는 데 도움을 준 통찰력과 관대함에 깊은 감사를 드립니다. NWC 지도부와 더 광범위하게는 미 해군의 지원이 필수적이었습니다. 마지막으로 이번으로 일곱 번째 출판되는 중국 해양 개발 연구 시리즈에 대한 전문성과 헌신에 대해 해양연구소 출판사(Naval Institute Press)에 감사드립니다. 이 시리즈는 10년 이상의 미국 연구와 해양 전력에 대한 저술의 두 가지 지침인 Annapolis와 Newport 간의 건설적인 협력의 산물입니다.

ANDREW S. ERICKSON 그리고 RYAN D. MARTINSON
NEWPORT, RHODE ISLAND
2018년 8월

차 례

제3부

중국 해상민병대와 그레이존

제4부

근해 그레이존 시나리오

제5부

그레이존 정책 과제 및 제언

자 료

자료 0-1. 중국의 해안선과 근해

자료 0-2. 남중국해에서 중국의 주장과 선택된 그레이존 사건

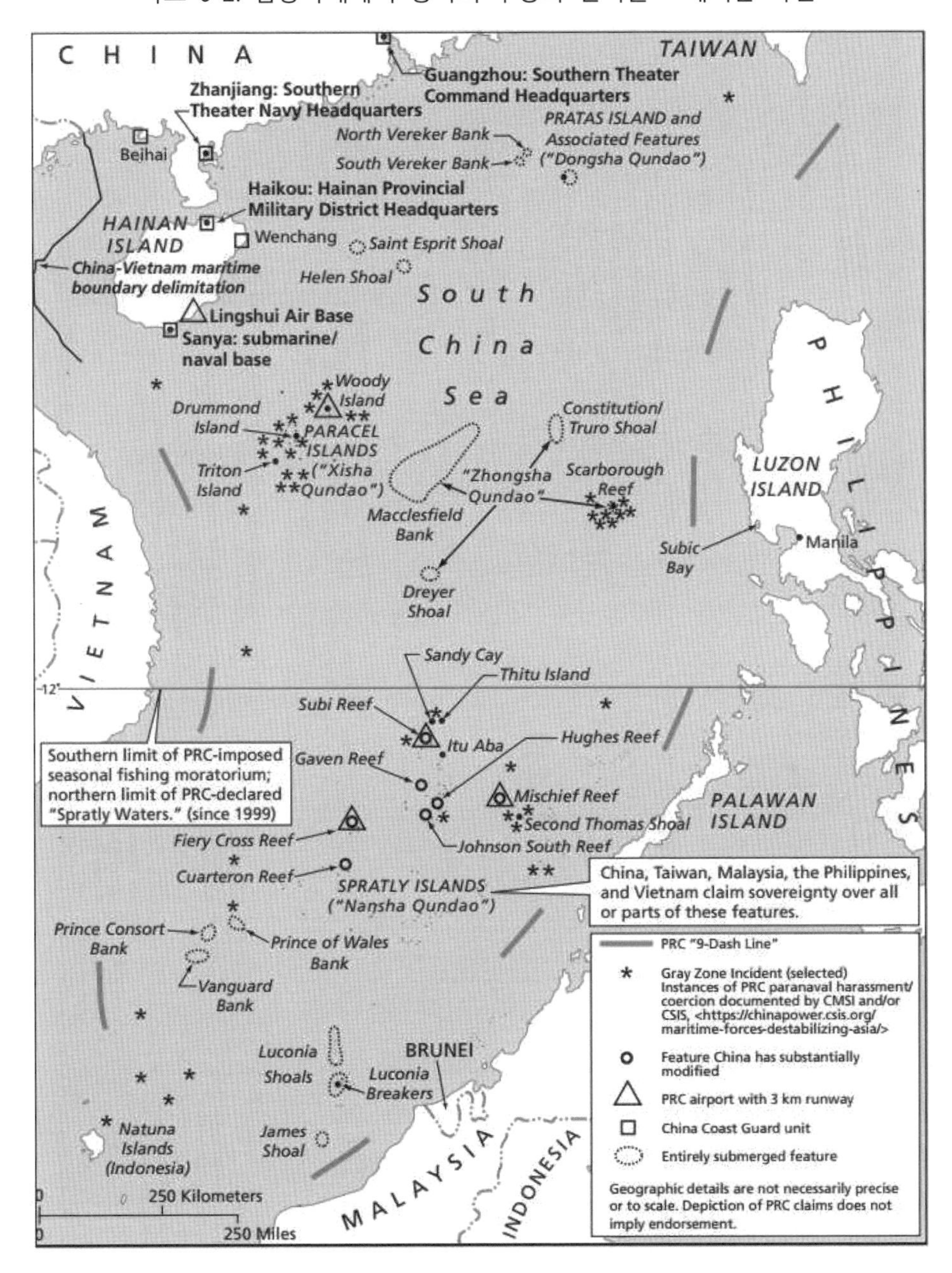

자료 0-3. 하이난성에 주둔한 인민무력 해상민병대

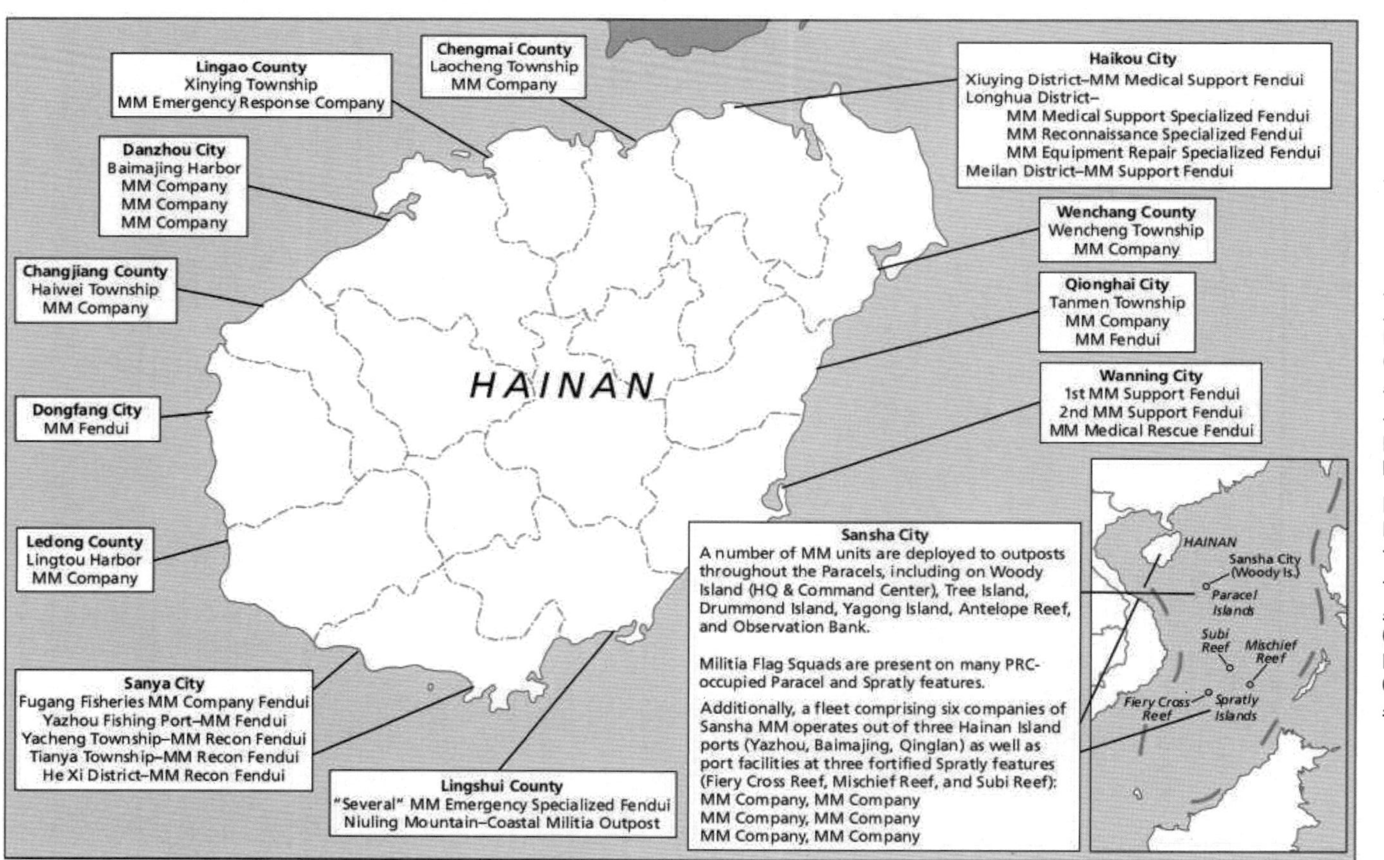

자료 0-4. 황해와 동중국해에서 중국의 주장과 그레이존 사건

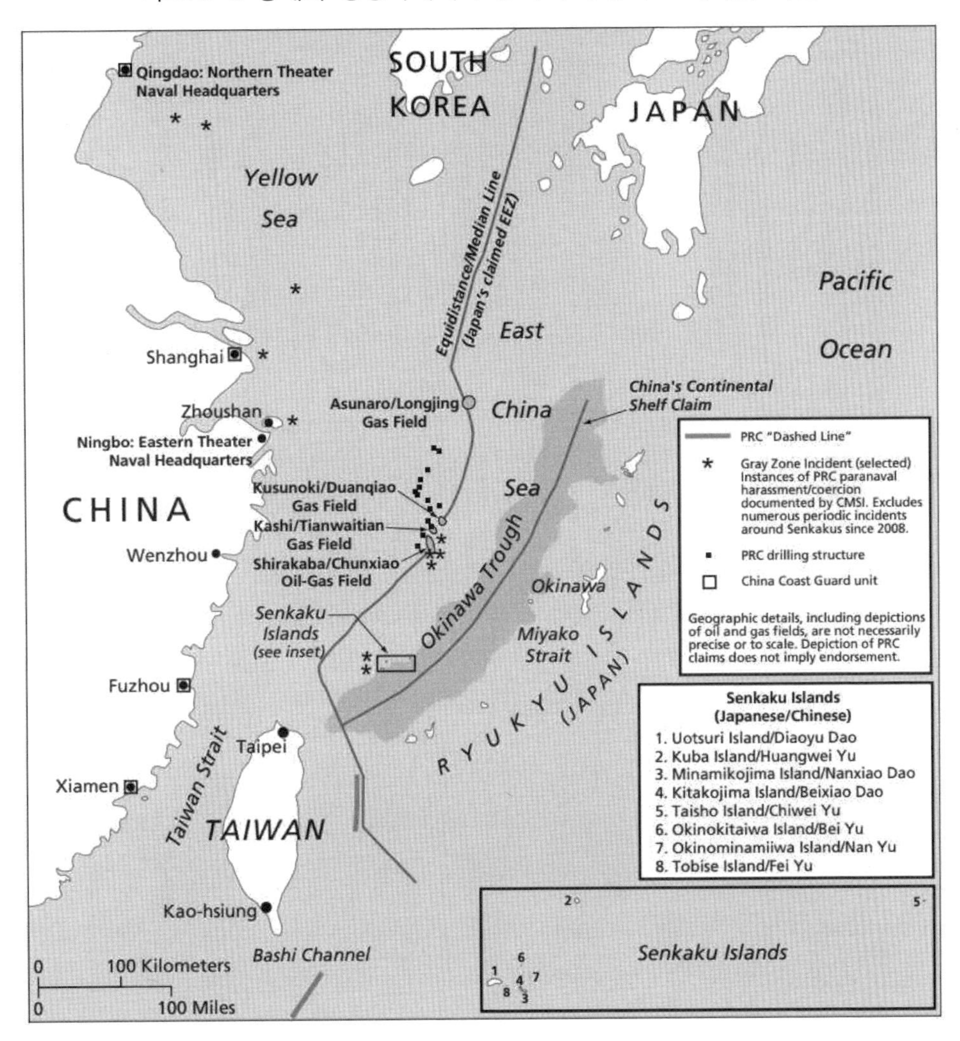

자료 0-5. 저장성에 주둔한 인민무력 해상민병대 부대

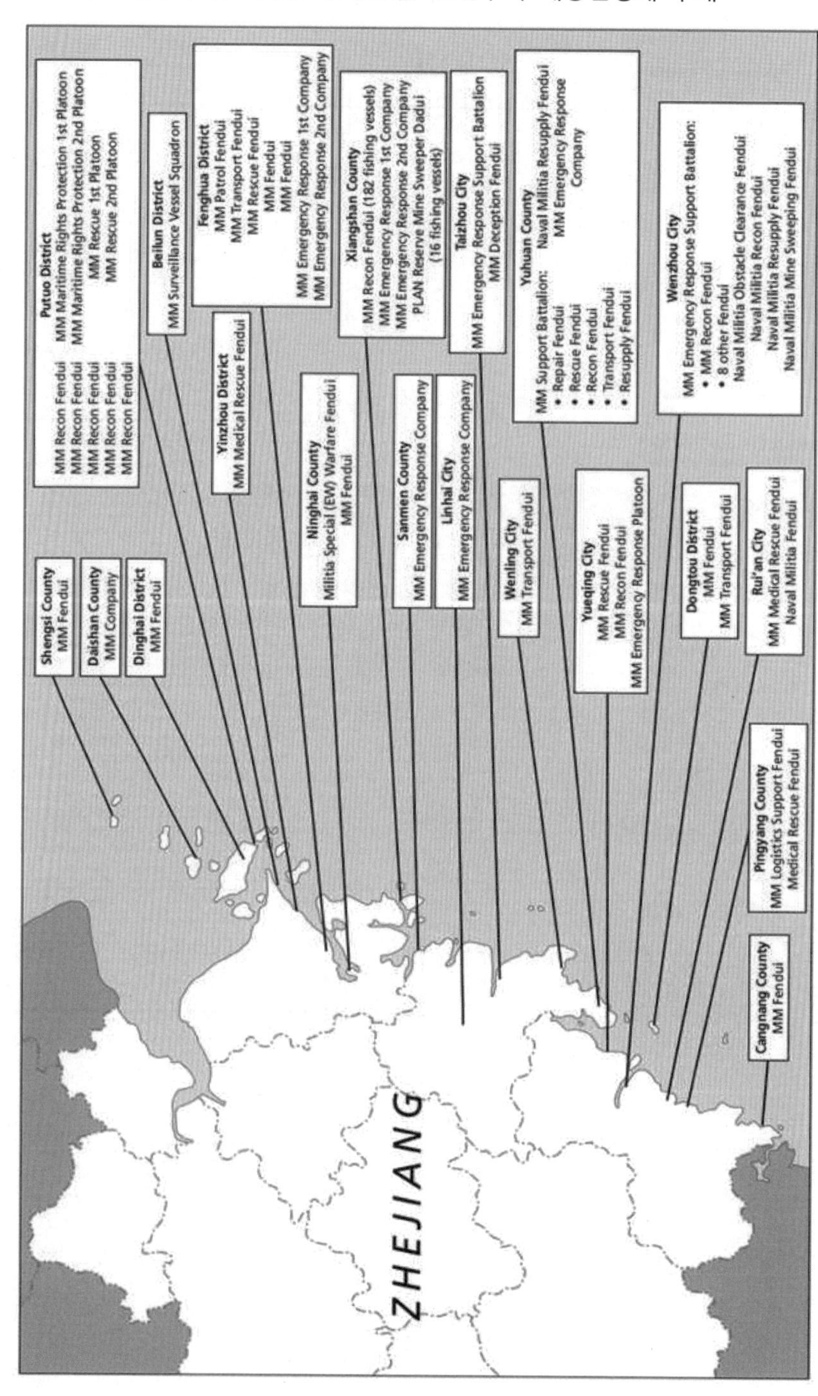

자료 0-6. 인민무력 해상민병대의 지휘통제

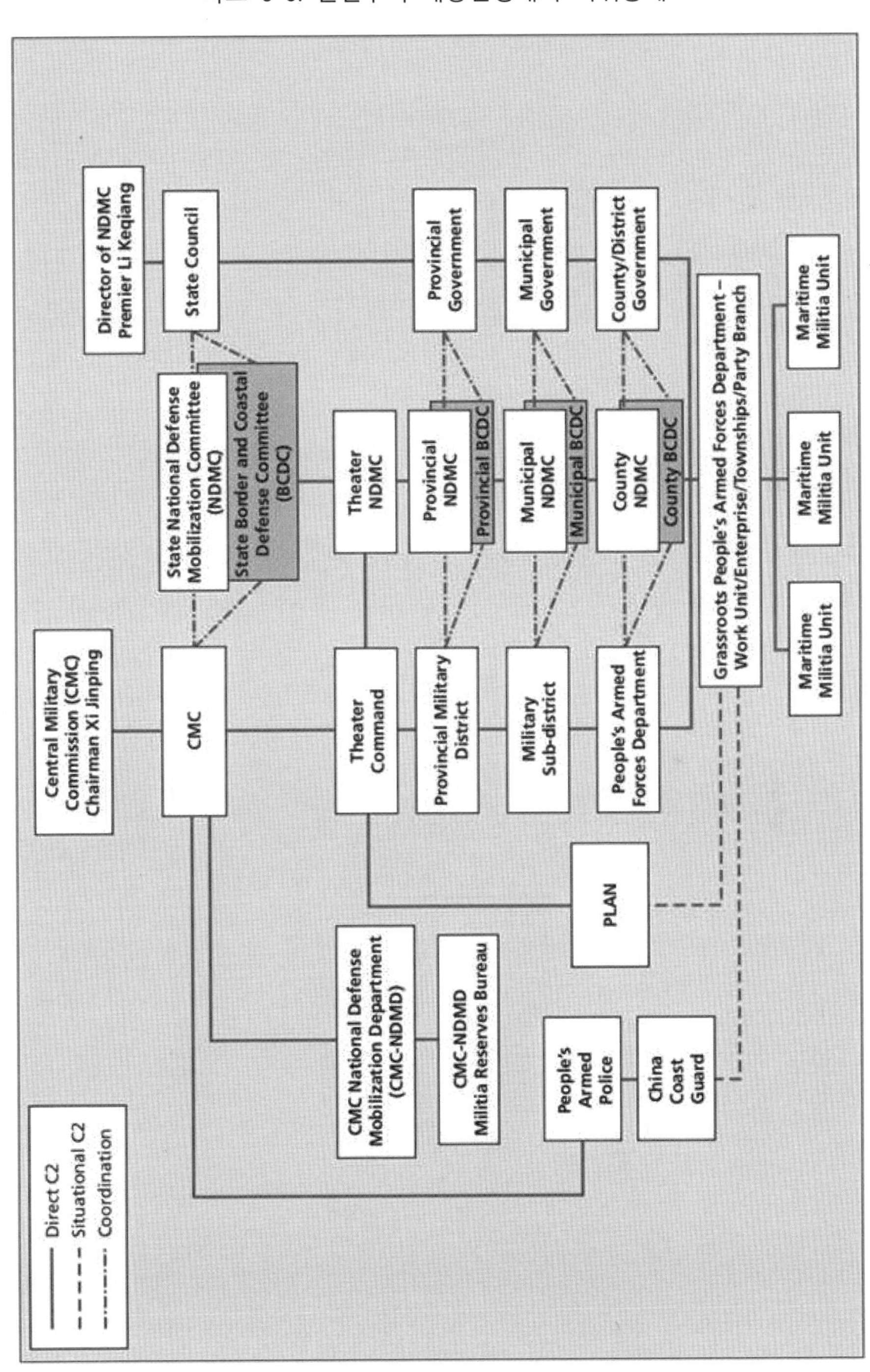

Andrew S. Erickson and Ryan D. Martinson

서론 : "총성 없는 전쟁"

해양 그레이존에서의 중국 준 해군력의 도전

중국의 해양 그레이존 작전은 미 해군과 동아시아에 있는 연합국, 협력국 및 우방국들의 해상활동에 대한 새로운 도전 과제이다. 이 책은 2017년 5월 2일부터 3일까지 2일간 개최된 중국해양연구소(CMSI) 학술대회에서의 중요하지만, 그동안 심도 있게 연구되지 않았던 연구의 결과물에 관한 것이다. 미국과 동맹국에서 온 150명 이상의 참가자들은 로드아일랜드주 뉴포트에 있는 해군대학에 모여 다음과 같은 주요 주제에 대해 논의하였다.

- 근해(황해, 동해, 남중국해)에 대한 통제권을 확대하기 위한 중국 작전의 본질은 무엇인가?
- 중국 근해 목표 달성에 있어 중국 해안경비대(CCG)와 인민해방군 해상민병대(PAFMM)의 역할, 임무 및 조직 관계는 무엇인가?
- CCG 및 PAFMM 전력이 미 해군에 미치는 영향은 무엇인가?

이 책은 "회색선박(gray-hulled)"으로 불리는 인민해방군(PLA) 해군 외에 중국의 주요 해상 부대를 다루고 있으며, 특히 중국의 2차 및 3차 해상 전력인 "백선박

(white-hulled)" CCG 및 "청선박(blue-hulled)" PAFMM을 중심으로 다룬다. 이러한 준 해군(paranaval) 부대들은 전쟁과 평화 사이의 "그레이존"에서 활동하면서, 중국의 해상 확장의 최전선에 서 있다. 중국은 근해에서 해결되지 않은 영유권 주장을 더욱 강화하기 위해 이러한 병력을 사용하고 있는데, 이는 중국이 "전쟁 없는 승리"를 할 수 있도록 하는 접근방식이다.

중국은 전쟁에 대한 의존 없이 현상태를 변화시키기 위해 정상적인 국가 간 관계보다는 더 적극적이지만, 무력 충돌보다는 덜 강력한 작전을 수행하고 있다. 중국의 분석가들과 전술가들은 이러한 작전들을 "중국의 해양 권익을 보호하기 위한" 노력 또는 단순히 "해양 권리 보호"로 여긴다. 여기에는 분쟁지역과 인접한 해역에 대한 중국의 주권과 국제법에 대한 중국의 이원적 해석에 기초한 해양의 다른 부분에 대한 관할권을 주장하는 조치가 포함된다. 일부 최전방 중국군은 이와 같은 분쟁의 성격을 반영하여 해상 상황을 "총성 없는 전쟁"이라고 표현하고 있다. 단순성을 위해, 그리고 의미론보다 실체에 초점을 맞추기 위해, 이 책에서는 널리 알려진 미국의 "그레이존 작전(gray zone operation)"이라는 용어를 사용하기로 한다.

중화인민공화국(PRC)은 해상 청구권을 방어하고 발전시키기 위해 공공 외교에서 경제 압박에 이르기까지 다양한 도구를 사용하고 있다. 이 책은 포괄적인 국가적 접근방식의 한 측면인 해양 그레이존에서의 무력행사를 논의한다. 이러한 접근방식에서 CCG와 PAFMM은 최전선에서 중국의 해상권을 확고히 하기 위하여 비폭력적인 수단을 통한 작전을 펼치고 있다. 그들은 중국 군대, 특히 PLA 해군(PLAN)의 지원을 받아 외국 국가가 중국의 조건에 따라 경쟁하도록 강요한다. 이 세 개의 해군 부대는(각각 세계 최대의 선박 수를 가진) 중국이 무력 충돌의 위험성 없이 그들의 군사력만으로 영향력을 행사할 수 있도록 한다.

이 중요한 주제에 대한 보다 심도있는 이해가 시급하다. 중국의 해상 주장은 종종 뉴스와 분석의 주제가 되어 왔지만, 이러한 노력 중 이용 가능한 중국 현지 정보를 완전히 활용한 경우는 거의 없었다. 일부 외국의 관계자들은 중국이 해상에서 전반적으로 무엇을 하고 있는지 알고 있지만, 중국 전술관들이 자신들의 전략을 어떻게 수립하는지는 거의 논의하지 않고 있다. 또한 CCG의 일부 측면과 PAFMM의 거의 모든 측면을 포함하여 이 전략을 실행하는 조직들에 대해서는 많이 알려지지 않았다. 이러한 정보 격차를 메우기 위해, 이 책은 중국의 해양 그레이존 활동과 그들의 바탕이 되는 개념과 원칙을 목록화하고, 빠르게 발전하고 있는 중국의 그레이존 전술을 검토하며, 이러한 문제를 미 해군이 더 잘 해결하기 위해 지금 취할 수 있는 대응책을 제안한다.

이 시리즈는 여타의 CMSI 저서와 마찬가지로, 이 책의 서론과 결론은 회의에서 가장 중요하고 흥미로운 결과를 종합하려는 편집자들의 노력을 반영한다. 각 장의 논의는 저자들의 개인적인 견해만을 반영하는 것이며, 미국 정부를 포함한 그들이 소속된 그 어떤 기관의 견해도 반영하지 않는다. 어떤 저자도 자신의 장 외의 내용에 대해서는 어떠한 책임도 지지 않는다. 이 책의 기초가 되는 학술대회와 마찬가지로, 이 책은 다섯 개의 부분으로 구성되어 있다.

그레이존의 개념

1장은 그레이존과 그 중요성을 개념화(정의)하는 데 초점을 맞춘다. 1장에서 마이클 피터슨(Michael B. Petersen)은 기존의 그레이존에 대한 문헌의 맥락에 따라 중국의 해상 주장을 검토한다. 필립 카푸스타(Phillip Kapusta)의 정의를 인용하며, 그는 그레이존 활동을 "전쟁과 평화라는 전통적인 이중성 사이에 있는 경쟁적 상호작용"이라고 정의한다. 마이클 마자르(Michael Mazarr)의 연구에서 얻은 통찰력을 바탕으로, 그는 그레이존 전략의 주요 특성에 대해 개략적으로 설명한다. 그레이존 전략은 국제질서를 바꾸려는 열망으로 움직이지만, 급격하지 않고, 의도적으로 모호하게 함으로써, 이에 대응하고자 하는 노력을 복잡하게 한다. 그리고 점진적인 방식으로 그들의 목표를 추구한다. 러시아의 작전과 비교하면서, 피터슨은 중국의 그레이존 활동이 하이브리드 전쟁과는 다르다고 주장한다. 그레이존 활동은 의도적으로 0−I 단계로 유지되며 군사행동이 지배하는 단계로 확대되는 것을 피한다. 대조적으로, 하이브리드 전쟁은 군사력을 힘의 한 가지 수단으로 사용하므로 전쟁 스펙트럼의 II−V 단계에 속한다.

2장에서 피터 더튼(Peter A. Dutton)은 주요 전략적 역학을 개략적으로 설명한다. 근해에서 베이징의 목표는 중국의 해양 주변부에 통제 고리를 만들어 안보, 자원 및 지정학적 목표를 강화하기 위해 모든 차원의 국력을 해양 영역에 투영하는 것이다. 냉전 종식 이후, 동아시아 해양에서의 미국의 목표는 현 상태를 유지하는 것이 아니라 안정을 유지하는 것이었다. 이를 통해 중국은 분쟁을 피하는 비군사적 개입을 수행할 수 있었다. 중국의 전략은 사다리의 최상단에 단계를 추가하는 대신 비군사적 부대를 무력적 요소로 활용함으로써 사다리의 최하단 아래에 단계를 추가하는 것이다. 이 전략은 두 가지 비대칭성을 이용한다. 미국은 중국의 준 해군활동에 대항할 만한 그레이존이 부족하고 주변국은 중국의 준 해군력에 비해 열세이기 때문에 효과적으로 경쟁할 수 없다. 중국의 성공은 갈등을 촉발시킬 수 있는 위기와 충돌을 막기 위해 작전 확대를 조심스럽게 피하는 것을 포함하는 자제력을 기반으로 한다. 미국은 중국의 행동에 대응하기 위해 해군력과 군사력의 사용을 자제하고 안정을 유지하는 것에 초점을 맞추고 있다. 불행하게도, 갈등과 위기를 피하는 데 초점을 맞추고 있는 미국의 정치적 안정 개념과 지역적 힘의 균형에 초점을 맞추고 있는 미국의 군사적 안정 개념 사이는 단절되어 있다. 이러한 차이는 중국의 그레이존 활동에 대한 정책 대응에서 군 지도자들과 민간 지도자들 사이에서의 많은 긴장을 설명해 준다.

데일 리엘라주와 오스틴 스트레인지(Dale C. Rielage & Austin M. Strange)가 제기한 중국의 그레이존 활동이 인민 전쟁 개념의 파생물인지에 대한 논쟁이 계속되고 있다. PAFMM은 분명히 인민 전쟁 전통에 깊은 뿌리를 두고 있지만, 중국 전략가들은 일반적으로 중국의 해상권 주장을 현대적 형태의 해상 전쟁이라고 주장하기 위한 그들의 활동이라고 생각하지 않는다. 대신 그들은 중국의 왜곡된 국제법 해석에서 비롯된 해양 권익 보호를 위한 평시 작전을 펼친다. 적어도 남중국해에서 민병대는 “PLA-법집행 합동방어 시스템”의 일부이며, 첫번째 라인에 민병대, 두 번째 라인에 해양법 집행기관, 세 번째 라인에 PLA로 구성된다. 이를 권리보호 법집행체계라고도 한다. 이러한 시스템은 웨이콴(weiquan, “권리 보호”)과 웨이웬(weiwen, “안정성 유지”)의 균형 유지 원칙에 따라 운용된다.

조나단 오덤(Jonathan G. Odom)은 중국의 해양 그레이존 활동의 법적 함의를 검토한다. 법적으로, 중국의 준 해군이 해양에서 무슨 임무를 수행하는지에 대해 모호한 것은 없다; 중국은 그들의 위험한 행동에 대해 “국가 책임”을 지고 있다. 오덤은 2009년 Impeccable 사건에 연루된 PAFMM 부대가 해상 충돌 방지를 위한 국제 규정 협약의 5가지 규칙을 위반했다고 강조한다. 보다 광범위하게 말하자면,

미 해군 함정이나 타 국가의 군함이 해양 자유의 행사를 손상시키거나 방해하기 위해 유사한 방식으로 중국의 해상민병대를 고용하는 것도 국제 해상법을 위반하는 것이다. 또한 오덤은 영토 주장을 강화하기 위해 해안 경비대와 민병대를 이용하려는 최근 PRC의 노력은 분쟁의 시작(즉, "중요한 날짜") 이후에 일어났기 때문에 "합법적으로 무익한 것"이라는 것을 보여주고 있다.

중국 해안경비대

2부는 주로 CCG에 의해 통합된 중국 해양법 집행 선단의 임무, 조직 및 병력 구조에 대해 다룬다. CCG는 중국 해양경찰 모델을 기반으로 점차 군사형 조직으로 발전하고 있으며 그레이존 작전 수행에 최적화되어 있다.

2013년 CCG 산하의 4개 해양 기관을 통합하기로 했음에도 불구하고, 분쟁지역에서의 중국 해양법 집행활동은 여전히 주요 도전에 직면해 있다. 라일 모리스(Lyle J. Morris) 연구에 따르면, 상호 운용성과 명령 및 제어 기능이 개선되었으나, 주요 문제점은 지속되고 있다. 권위 있는 중국 소식통에 대한 면밀한 검토를 바탕으로 모리스는 새로운 CCG는 통합 채용 및 훈련 시스템이 부족하고, 직원들의 기술과 경험이 부족하며, 적합한 법적 기반 없이 운용되고 있다고 주장한다. 그는 이러한 문제들이 예측 가능한 미래에 CCG에 도전이 될 것이라고 결론짓고 있다.

2013년 중국의 해양법 집행 개혁이 시작되었을 때, 중국 지도자들은 새로운 CCG가 민간기관이 될 것인지 아니면 군대의 구성요소가 될 것인지를 밝히지 않았다. 개혁 이전에 그레이존 운영의 대부분은 두 민간기관(중국 해양 감시 및 어업 법집행기관)에 의해 수행되었다. 2018년 7월, CCG는 공식적으로 인민무장경찰에 통합되었고, 지난 5년간 군사조직으로 발전하였으며 이는 라이언 마틴슨(Ryan D. Martinson)의 장의 논의 주제이다. 분쟁지역에 인민무장경찰 소속 요원들이 승선한 무장 해안경비대의 주둔이 증가하면서 중국의 해양 경계선은 무장되고 있다. 이것은 중국 지도자들에게 중국 영해에서 "불법적으로" 조업하는 외국 선원들의 체포 가능성과 무력 사용을 포함한 그레이존에서의 더 많은 선택권을 제공한다.

중국은 지금까지 세계 최대의 해안경비대를 보유하고 있으며, 주변 지역의 해안경비대를 합친 것보다 더 많은 해양법 집행 선박을 운영하고 있다. 히키, 에릭슨, 홀스트(Joshua Hickey, Andrew S. Erickson, and Henry Holst)는 CCG 전력 구조와 동향에 관한 장에서 CCG가 일본(약 80척), 미국 해안경비대(약 50척), 한국(약 45척)을 훨씬 능가하는 500톤 이상의 선박을 225척 보유하고 있다고 설명한다. 만 톤 이상의 적재량을 가진 두 척의 자오터우급(Zhaotou-class) 초계함은 세계에서 가장 큰 해안경비함이다. 2020년까지, 중국 해안경비대는 해상(500톤 이상의 배)에서 작전을 수행할 수 있는 260척의 배를 보유할 것으로 예상된다. 동중국해와 남중국해 분쟁지역에서 임무를 수행하면서 얻은 교훈을 바탕으로 최근 중국 해안경비대의 선박들은 질적으로 크게 개선되었다. 그것들은 더 크고, 더 빠르고, 기동성이 더 좋고, 화력이 더 강화되었다. 많은 CCG 함정들은 30mm와 76mm 대포로 무장되었다.

중국 해상민병대

3부는 중국의 두 번째 그레이존 부대인 PAFMM의 임무, 조직 및 병력 구조를 검토한다. 국제 해상사고에 관여할 수 있는 이 정예 부대는 해양 산업 종사자(예: 어부)를 중국 군대에 직접 통합한 것이다. 주간 일자리를 유지하면서 PAFMM과 종종 중국 해군에 의해 조직되고 훈련되며 필요에 따라 운용된다. 대부분의 신규 부대들은 보다 전문화되고 군사화되어 있으며, 어선과 유사하지만 실제로는 그레이존 작전에 최적화되어 있는 선박을 갖추고 있다. 2015년 이래로, 중국은 전직 군인들에게 높은 봉급과 특혜를 제공함으로써 해상민병대를 전문화하기 위해 노력해왔다. 파라셀 산맥의 싼샤(Sansha)시는 현재 살포와 충돌에 이상적인 84척의 대형 선박에 물대포와 외부 레일을 갖추고 있다. 어업 책임이 없는 민병들은 경무기를 포함한 다양한 평시와 전시상황에서 만일의 사태에 대비하기 위해 훈련하고, 심지어 어업 유예 기간에도 분쟁에 휩싸인 남중국해의 지역에 정기적으로 배치된다.

클레멘스와 웨버(Morgan Clemens & Michael Weber)의 설명처럼 PAFMM 임무는 그레이존에 국한되지 않는다. 민병대는 또한 고급 전시 기능을 수행할 것으로 예상된다. 그러나 클레멘스와 웨버는 그레이존 작전에 최적화된 많은 특징을 지닌 PAFMM 병력은 PLA와의 긴밀한 상호작용을 해야 하는 더욱 강도 높은 전시 임무를 수행하는 데 있어 해상민병대의 효율성을 저해할 수 있다고 주장한다. 마찬가지로, 많은 해상민병대와 함정을 비용효율적으로 만든 조직적·기술적인 단순성은 전시에 중국 정책이 요구하는 보다 전문적이고 기술적인 임무와 역할을 수행하는 민병대의 능력을 약화시킬 수 있다고 주장한다.

마크 스톡스(Mark A. Stokes)는 PAFM이 평시와 전시 정찰작전에서 오랫동안 확립해 온 역할을 검토한다. 평시에는 인민해방군 지휘계통에 따라 민병대가 중국의 영해에서 외국 활동을 감시한다. PLAN이나 CCG 부대보다 기술적으로 정교하지는 않지만, 분쟁지역에 편재되어 있어 공동작전 상황에서 정규부대의 격차를 메울 수 있다. 그들의 민간인 신분은 해군이나 해안경비대에 의해 활용될 경우 무척이나 도발적인 임무를 수행할 수 있게 해준다. 전시에 인민해방군은 외국 해군의 위치를 파악하기 위해 부분적으로 PAFMM에게 의존할 가능성이 높다. 고정 및 이동 부대를 가진 동원 민병대는 PLA에 다양한 형태의 정찰 지원을 제공할 수 있다. 교전 중에 적절한 훈련을 받고 장비를 갖춘 민병대는 PLA 해상 정보, 감시 및 정찰(ISR) 자산을 보완하여 기술적·전자적인 정찰, 관찰 및 전역 전투부대 명령에 대한 통신을 제공할 수 있다.

코너 케네디(Conor M. Kennedy)가 그의 장에서 설명했듯이, PAFMM은 중국 주권을 입증하기 위한 주둔 활동, 외국 민간이나 군 선박에 대한 공격, 외국 활동의 ISR, 그리고 외국 민간 선박의 공격으로부터 중국 민간 선박을 보호하기 위한 호위 작전을 포함한 광범위한 해양 그레이존 작전을 수행할 수 있다. 분쟁지역 민병대는 중국의 해상권을 확고히 하기 위한 위험적이지 않은 수단을 제공하는 것 외에도 CCG와 PLAN에 비해 다른 이점이 있다. 민병대는 연안에서도 항해할 수 있는 더 작고 기동성이 뛰어난 선박을 운용하며, 다른 해상 서비스보다 훨씬 더 많은 수를 보유하고 있다.

근해 시나리오

4부에서는 남중국해와 동중국해의 최근 및 잠재적인 그레이존 활동과 시나리오를 검토한다. 보니 글레이저와 매튜 푸나이올(Bonnie S. Glaser & Matthew P.

Funaiole)은 분쟁지역에 대한 관할권을 입증하고 주장하기 위해 고안된 남중국해의 다양한 중국 그레이존 활동을 조사하였다. 어떤 경우에는 중국이 목표를 달성하기 위해 다층적이고 복합적인 해상전력 “케비지(cabbage)” 전술에 의존했다. 그러나 보다 일반적으로 중국은 CCG와 PAFMM 병력을 활용하여 9단선(nine-dash line) 내의 지역 관리를 강화하기 위한 소규모 활동에 참여하는 패턴을 보여주었다. 효과적으로 대응하지 않는다면 중국은 남중국해의 분쟁지역에 대한 효과적인 통제권을 획득하려는 목표를 향해 그레이존을 계속 활용하면서 영유권에 대한 광범위한 주장을 진전시킬 것이라고 그들은 결론짓고 있다.

동중국해에서 아담 리프(Adam P. Liff)는 중국의 그레이존 작전이 센카쿠에 집중되어 있다고 강조한다. 그곳에서 2012년 이후 베이징의 해양 그레이존 작전은 기존의 작전, 법률 및 동맹의 격차(또한 일본이 일반적으로 무력을 사용하거나 확대하는 것을 꺼림)를 이용하기 위해 맞춤화된 방식으로 일본의 영유권을 와해시키기 위한 것으로 보인다. CCG의 은밀한 군사화, 증가하는 병력, 규모와 능력 및 센카쿠 인접 수역 및 영해에서 증가하는 존재감은 섬을 점령한 PAFMM 군대에 대한 두려움과 결합하여 일본의 정책, 군대 및 능력을 강화하게 만들고 있다.

카츠야 야마모토(Katsuya Yamamoto)는 중국의 현재 해상 활동을 제재하지 않는다면 중국이 남중국해에서와 마찬가지로 동중국해에서 더욱 적극적인 행동을 취할 것이 거의 확실하다고 주장한다. 중국 에너지 회사들은 CCG 및 PAFMM 군대의 호위 하에 중앙선 동쪽에 석유 및 가스 시추 플랫폼을 배치할 수 있다. CCG 부대는 일본 측량선에 위험할 정도로 가까이 항해하거나 예인 케이블을 절단함으로써 일본의 경제 및 과학활동을 방해할 수 있다. PAFMM과 CCG는 이미 동중국해에서 ISR을 수행하고 있으며 앞으로 더 광범위한 임무를 수행할 것이다. 2017년 5월, 중국 국방부장관 장완취안(Chang Wanquan)은 2014년 7월에 미사일사거리 계측을 통해 USNS 하워드 로렌젠(Howard O. Lorenzen)에 대한 정밀 감시를 수행한 PAFMM 정찰 부대를 칭찬한 바 있다. 특히, 이 책의 기초 연구가 끝난 후, 미 국방부는 2018년 중국 군사력 보고서를 발표했다. 이 공식 문서의 PAFMM 관련 콘텐츠는 CMSI의 연구뿐만 아니라 본 섹션과 이전 섹션의 장에서 주요 연구결과를 보다 광범위하게 검증했다. 보고서는 또한 저자들이 공개된 자료로는 확실하게 확인할 수 없었던 최근 센카쿠 제도에서의 군사활동에 PAFMM이 참여했다고 밝혔다.

"민병대는 2016년 센카쿠 근해에서 수년 동안 다수의 군사활동과 무력충돌 사건에서 상당한 역할을 수행했다." 더 광범위하게 "PAFMM은 … 남중국해와 동중국해에서 활동하고 있다"라고 단언하였다.

정책 과제와 옵션

5부에서는 미 해군과 정부가 직면한 과제와 가능한 정책 옵션을 확인한다. 더욱 광범위하고 장기적으로 중요한 것은 중국의 그레이존 군이 해상군 전력 태세의 상당한 변화를 지원한다는 것이다. 즉, 지역 해상에 초점을 맞춘 3개 해상 전력에서 CCG와 PAFMM의 역할과 임무가 해외 임무를 대폭 늘림에 따라 PLAN를 조력하기 위해 확장되는 분업에 이르기까지를 의미한다.

중국의 제2해군과 제3해군은 중국이 근해에서 근해방어와 원양방어로 발전한 해군 해상전략을 운용하는 데 도움을 주고 있으며, 이 계획은 여전히 중요한 역할을 할 것이다. 이러한 전개가 계속 진행됨에 따라 미 해군은 이를 주의 깊게 모니터링하고 효과적인 대응을 준비해야 할 것이다.

한편, 근해 그레이존 운영은 가까운 장래에 중국의 주요 과제로 남아있다. 일본의 해상자위대의 퇴역군인 토모히사 타케이(Tomohisa Takei) 제독은 중국의 해상자위대 통제력을 이해하기 위해 두 가지 가능한 상승곡선을 분석하였다. 그는 해양경비대의 역할이 양측 모두에게 더 중요해지고 있다는 것을 발견했다. 중국의 그레이존 활동을 상쇄하기 위해, 그는 일본과 다른 주변국에게 신속하게 대응할 것을 권고했다. 효과적인 대응책을 전개하기 위해서는 사전 활동을 조기에 감지하는 것이 중요하다. 타케이는 신속한 대응의 목표는 가능한 한 빨리 현상태를 회복하는 것이라고 주장하였고, 동맹국과의 협력을 통한 정보수집 능력은 필수적이라고 역설하였다.

마이클 마자르(Michael Mazarr)는 억제와 확대 위험의 프리즘(the prism of deterrence and escalation risks)을 통해 중국의 그레이존 접근방식을 검토하고 미국이 받아들일 수 없다고 간주하는 그레이존 활동을 억제하기 위한 전략을 개발하기 위한 프레임워크를 제공한다. 그는 전술과 관련하여 진정한 레드라인이 어디에 있는지를 결정하는 것이 억제 전략의 가장 중요하고 도전적인 측면이라고 주장한다. 미국과 그 동맹국들은 단순히 PRC 그레이존 활동을 "억제"하기 위해 노력해서는 안 된다. 대신 그들은 이러한 문제를 다루기 위한 광범위한 전략을 수립해야 한다. 마자르는 토마스 리드(Thomas Rid)의 연구를 인용하여 중국의 행동에 직면했을 때 쉽게 제지되지 않으려면, 미국과 그 동맹국들은 이스라엘이 헤즈볼라의 공격에 적용한 세 갈래 접근법을 고려해야 한다고 제안한다. 즉, 즉시 대응하고 보복하는 행위는 원래의 도발보다 더 가혹하게 해야 한다는 것이다.

버나드 무어랜드(Bernard Moreland)는 중국의 그레이존 파괴에 대한 대응을 비교하면서, 베트남의 실용주의적 작전 저항이 필리핀의 미국 동맹과 국제법에 대한 모호한 호소보다 더 효과적이라 말한다. 2014년 하이양시유(Hai Yang Shi You) 981 석유 굴착기 사건(지금까지 중국의 가장 크고 정교한 그레이존 작전) 동안, 수십 척의 선박으로 구성된 보안 저지선을 배치하고 베트남이 무력을 사용할 경우에 대비해 고가의 군사 옵션을 준비해야만 했다. 하노이의 도발적이고 선동적인 전략은 중국이 침략에 지불한 비용을 상당히 증가시켰다. 베트남은 중국이 베트남의 배타적 경제수역에서 석유 시추를 할 수 없다는 것을 보여주었다. 무어랜드가 강조하듯이, 중국은 이 사건을 반복하지 않았다. 이 사례는 다른 국가들이 중국의 그레이존 확대에 어떻게 성공적으로 대응할 수 있는지 보여주지만, 그들은 어느 정도의 위험을 기꺼이 감수해야 한다는 점 또한 알려주었다.

앞의 장들은 해양 그레이존의 성격과 중국의 활동을 조사해왔지만, 라이언 마틴슨과 앤드류 에릭슨(Ryan D. Martinson and Andrew S. Erickson)의 결론은 미국이 중국의 해양 그레이존 전략에 어떻게 대응해 왔는지를 검토함으로써 도출된 집단적 연구결과를 토대로 한다. 중국의 일부 이해되지 않는 행동에도 불구하고, 미국은 항해 국가의 권리를 효과적으로 옹호해 왔다고 그들은 주장한다. 국제법이 허용하는 곳이면 어디에서나 작전을 수행하고 중국이 이를 저지하기 위해 과감히 나서면 중단시켰으며, 제임스 케이블(James Cable)은 이를 해상 전력의 "정의적" 사용이라고 칭한다. 더욱 복잡한 것은 동맹국들의 같은 작전을 실행할 수 있도록 지원하기 위한 정책 옵션들이며, 여기에 미국 역할이 혼재되어 있다. 미군은 동맹국이 합법적인 해상 권리를 방어하는 것을 돕기 위해 최전선에서 직접 작전을 수행하지 않는 경향이 있으며, 억제 기능을 대신 수행해왔다. 이러한 접근방식은 중국의 최악의 행동을 억제할 수 있지만, 중국이 그레이존에 진출하는 것을 막지는 못했다. 앞으로 미국의 정책 입안자들은 자국의 관할 하에 있는 수역의 사용 및 관리에 대한 동맹국들의 권리를 방어하기 위한 비살상적인 방법을 사용할 수 있도록 힘을 실어줌으로써 미국의 해상 전력에 대한 보다 직접적인 역할을 고려해야 한다. 그렇게 하는 것은 중국과의 긴장의 위험을 더 많이 증가시킬 수 있지만, 그 위험은 감당할 수 있고 궁극적으로 중국의 그레이존 확대에 대한 효과적인 대응의 필수적인 요소일 것이다.

Notes

1. 중국의 해양 그레이존 작전은 남중국해와 동중국해에서 단연 가장 광범위하기 때문에 이 책에서는 이에 초점을 맞추고 황해에서의 활동에 대해서는 다루지 않는다.
2. 이 책은 중국(해상민병대), 베이징의 3번째 해병대에 초점을 맞추고 있다. 이 부대는 중국의 인접 해안에서 멀리 떨어진 해역에서 활동하고 있으며 오랫동안 그곳에서 국제 해상 사건에 연루됐다. 이것은 다른 민병대 요소인 SEE(해안 방어 민병대)와 구별되어야 한다. 해양 민병대와 해안 방어 민병대는 모두 중국 해안 방어군의 일부이며, 여기에는 PLAN의 순찰선과 초계함, 해안 방어 순항 미사일과 레이더 유닛, PLA 공군의 해안 지대공 미사일 유닛이 포함된다. 그리고 레이더, 3개 해상 전역에서 발견되는 육군의 해안 방어 여단－최근에 결성된 전 해안 방어 부대를 통합하는 여단으로, 책임 영역은 여러 도에 걸쳐 있고 보병, 정찰, 포병(최소 1개 지역 포함)을 통합할 수 있다. 장거리 다연장 로켓 발사기), 방공, 상륙정 및 관측부대, PLA 연안 방어부대는 PLAN의 일부가 아니라 해안 방어를 위한 육지에 기반을 둔 PLA 부대로 간주된다. 중앙군사위원회(CMC)가 승인한 중국의 최신 공식 군사 용어 편람은 이러한 부대를 "연안 지역 및 도서에 주둔하는 군대로서 연안 및 도서 방어 및 관련 연안 방어 행정 통제 임무를 수행하는 군대"로 정의한다. AEE(China People's Liberation Army Military Terms) (Beijing: Hanza[Military Science Press], 2011), 334, 유사하게, "해안민

병"은 오늘날 "해안 방어 민병대"로 가장 잘 번역되며, 특히 해상민병대가 증원함에 따라 중화인민공화국 초기 수십 년 동안 중국 어민들은 중국 본토 해안선에서 멀리 떠나지 않았기 때문에 어민으로 구성된 민병대 조직(해상민병대)은 해안 방어 민병대와 밀접한 관련이 있었다. 현대 맥락에서 "해안 방어 민병대"라는 용어는 주로 해안 방어 시설/전초 기지 및 분쟁 섬 주변의 연안 해역에서 공동 방어에 종사하는 육상 기반 민병대를 설명하는 데 자주 사용된다. "해상민병대"라는 용어는 여전히 연안 방어 기능을 수행하는 많은 소규모 부대를 포함하는 어부로 구성된 부대를 지칭하지만, 오늘날에는 일반적으로 비육지 기반 민병대 구성요소와 관련하여 문자 그대로 "해상민병대"와 관련하여 사용된다. 그러나 의미론적 관점에서 일부 중국 소식통은 여전히 해상민병대를 해안 방어 민병대라고 부른다.

3. 이 책은 배타적 경제 수역의 토지, 관할권, 자원 및 군사활동을 포함하여 근해에서 중국과 관련된 모든 유형의 분쟁을 포괄하는 "해상 청구권"이라는 용어를 사용한다.
4. 군 소식통 중 하나는 중국의 그레이존 활동은 "국제적 명성에 최소한의 비용으로 야당과 맞서 정치적 목표를 달성하고 확대되는 것을 막으려는" "전폭적인 국방 동원의 산물"인 "저강도 해상권 보호 투쟁이라고 묘사했다. 国防 [Yang Shengli and Geng Yueting], (低强度海上维权斗争)维权国防动员的战略思考" ["The Strategic Thinking of Strengthening National Defense Mobilization for Low−Intensity Maritime Rights Protection"], 国防[*National Defense*]1(2017):29-32.
5. The Chinese phrase is "一场没有硝烟的战争." 그것은 때때로 해안경비대에 의해 수행되는 최전방 권리 보호 활동의 맥락에서 사용된다. 예컨데, "纪念中国海监南海总队成立10周年" ["Commemorating the 10th Anniversary of the Founding of the South China Sea Contingent of China Marine Surveillance"], 国家海洋局南海分局 [website of the State Oceanic Administration's South China Sea Branch], September 21, 2009, www.scsb.gov.cn/scsb/fjdt/200909/0f4cc3256ebf4b8cbd157b8e264dfd3e.shtml. See also张延敏 [Zhang Yanmin], "坚定信心维护海洋权益" ["Confidently Safeguard Maritime Rights and Interests"], 中国海洋报 [*China Ocean News*], January 18, 2013, 3; 赵叶苹 [Zhao Yeping], "亲历中越舰船南海对峙" ["Personal Witness to a Confrontation between Chinese and Vietnamese Ships in the South China Sea"], 国际先驱导报 [*International Herald Leader*], July 24, 2009, http://news.xinhuanet.com/herald/2009−07/24/content_11764017.htm; and 芦垚、钱亚平 [Lu Yao and Chen Yaping], "东海海监维权十年: 如同一场没有硝烟战争" ["10 Years of CMS Rights−Protection in

the East China Sea: Just Like a War withoutGunSmoke"],瞭望东方周刊 [*OrientalOutlook*],September24,2012, http://news.sina.com.cn/c/sd/2012-09-24/114225240228.shtml.

6. 이 책에서 "민병"은 남성과 여성 PAFMM 인원을 모두 포함한다.

7. Office of the Secretary of Defense, Military and Security Developments involving the People's Republic of China 2018 (Arlington, VA: Department of Defense, August 16, 2018), https://media.defense.gov/2018/Aug/16/2001955282/-1/-1/1/2018-CHINA-MILITARY-POWER-REPORT.PDF, esp. 71-72; Andrew S. Erickson, "Exposed: Pentagon Report Spotlights China's Maritime Militia." *National Interest*, August 20, 2018, https://nationalinterest.org/feature/ exposed-pentagon-report-spotlights-china%E2%80%99s-maritime-militia-29282.

제1부

그레이존의 개념

Michael B. Petersen

중국 해양 그레이존

정의, 위험성 및 권리보호활동의 복잡성

2009년 3월 초의 10일은 USNS Impeccable에 탑승한 승무원들에게 쉽지 않은 시간이었다. 잠수함 탐지용 견인된 수중 음파탐지 장치를 갖추고 있었지만, 무기를 장착하지 않은 보기 흉한 쌍동선형 선박은 남중국해의 하이난(Hainan)섬 해안에서 약 75마일 떨어진 곳을 순찰하고 있었다. 3월 5일, Impeccable을 미행하던 중국 인민해방군 해군(PLAN) 소형 구축함 1척이 불과 100야드 전방에서 아무런 경고도 없이 항로를 방해했다. 2시간 후, 중국해양감시국(China Marine Surveillance)이 운영하는 중국 Y-12 해상 초계기가 11번의 근접 비행을 수행했고 소형 구축함은 그 날 늦게 다시 Impeccable의 항로를 방해했다. 이틀 후인 3월 7일, PLAN의 AGI (Auxiliary General Intelligence) 수집선은 Impeccable의 선장에게 무선으로 미국 선박이 해당 지역을 즉시 벗어나지 않으면 "결과를 감수해야 한다"고 알렸다.

다음날 이미 근처에 있던 AGI 선박에 4척의 새로운 선박이 합류하면서 사고가 발생했다. 이들 선박에는 하이난에 본부를 둔 인민해방군 해상민병대(PAFMM) 소속 어선 1척과 중국 국기의 소형 어선 2척이 포함됐으며 이들 5척의 배는 Impeccable를 에워쌌고 어선들은 25피트(약 1m) 이내로 접근했다. Impeccable의 선원들이 소방호스로 저인망 어선들을 막으려고 애쓰고 있음에도 불구하고, 중국인들은 수중 음파탐지기 케이블을 잡거나 절단하려고 시도하는 등의 행위로 미국 선박을 공격하였다. 사건 후 미국 언론 보도에 따르면 트롤어선들이 Impeccable의 진로를 차단해 3,400톤급 선박을 긴급 정지시켰다. Impeccable은 결과적으로 큰 피해없이 그 지역을 떠날 수 있었지만, 다음날 Arleigh Burke급 유도 미사일 구축함 USS Chung Hoon이 산탄총을 장착하고 돌아와 순찰을 재개했다.

이 사건에서 중국 어선들이 직접적이고 적극적으로 개입한 것은 중국이 오랜 국제규범과 법에 강력하게 도전하고 소위 권리보호 작전을 통해 중화인민공화국의 해상권을 주장하기 위해 준 해군력을 활용한 많은 두드러진 사례들 중 하나일 뿐이다. 베이징은 또한 이러한 작전에 중국 해안경비대(CCG)와 같은 해양법 집행군을 정기적으로 활용하고 있다. 해안경비대의 사용은 명목상으로는 적극적인 외교정책과는 관련이 없는 법집행기구라는 점에서보다 공식적이지만 그에 못지않게 도전적인 전술을 제공한다. PAFMM 및 CCG 자산의 활용은 국가 전략적 목표를 달성하기 위해 외교적, 법적 및 군사적 그레이존을 활용함으로써 모든 상대에게 중요한 문제를 야기한다. 그들의 노력은 국가간의 평화적인 경쟁이라고 여겨지는 것을 넘어서는 직접적인 강도와 의도성으로 수행되지만, 명백한 군사력을 활용하지 않으며 전시에서 기대하는 무력과 공공연한 적대감이 결여되어 있다. 실제로, 이러한 활동들은 국제 경쟁의 그레이존이라고 알려진 곳에서 이루어진다.

그레이존이라는 용어는, 그럴듯한 이유로, 최근 몇 년 동안 점점 더 많은 관심을 받고 있다. 그레이존 활동은 전쟁과 평화의 전통적인 이중성 사이에 있는 경쟁적인 상호작용이다. 그들은 특정한 목적을 지향하고 전통적인 평시 경쟁보다 더 직접적 강도(directed intensity)로 수행되지만, 또한 공공연한 군사적 충돌도 수반하지 않는다. 정치학자 마이클 마자르(Michael Mazarr)는 "평화와 전쟁 사이의 모호한 무인의 땅에서의 교묘한 작전을 의미하고, 전쟁의 가장 큰 특징인 일종의 공격적이고 집요하며 단호하지만 명백한 군사력의 사용은 없다"고 정의하였다. 궁극적으로, 이러한 작전의 목적은 완전한 갈등에 의존하지 않고 특정한 전략적 이점을 달성하거나 국제 현상을 개선하는 것이다. 물론 그레이존 활동이 역사적으로 새로운 것은 아니지만, 세계화와 군사기술이 직접적인 공격비용을 터무니없는 수준으로 높이고 있고, 사이버 무기와 첨단 정보 운용과 같은 새로운 비살상 무기들이 상대적으로 낮은 비용으로 국가 전략 목표를 달성할 수 있는 더 큰 기회를 만들어 냄에 따라 점점 더 많이 활용되고 있다.

그레이존 활동은 단순히 "정치 전쟁"에 대한 조지 케나네스크(George Kennanesque)의 개념을 재인용하는 것이 아니다. 케난의 개념은 "전쟁을 제외한 국가 목표를 달성하기 위해 국가의 명령에 모든 수단의 사용"이라고 정의되었지만, 그는 1948년에 훨씬 다른 전략적 맥락에서 이 용어를 사용하였다. 냉전은 때때로 국제질서에 대해 대략 이해된 일련의 규칙과 규범에 고정된 기간으로 널리 특징지어지지만, 초창기에는 그 이해가 확립되지 않았다. 케난은 세계 질서에 대한 근본적으로 다른 비전을 가진 두 국가 간의 극심한 국제 경쟁의 시기에 그의 정치 전쟁 개념을 소개하였다. 게다가, 프랭크 호프만(Frank Hoffman)이 강조했듯이, 케난의 정치전의 정의는 정치적 전복과 반대 전복에서의 비군사적, 비살상적 노력에 초점을 맞추고 있다. 정치 전쟁이라는 용어를 사용하는 것은 기껏해야 요점을 혼란스럽게 할 뿐이고 최악의 경우에는 그 의미가 모순된다. 그레이존 개념은 치명적인 전쟁터에서 이러한 활동을 보다 명확하게 묘사한다는 점에서 더 유용하다. 또한, 그레이존 전략은 주로 국제질서의 파괴를 목표로 하지 않는다. 오히려, 그들은 명시적으로 군사력을 피하면서 그 질서의 특정 측면에 대한 부분적 변화를 시도한다. 그러므로, 이 장에서는 그레이존의 개념을 비살상적인 외교, 정보, 경제, 금융, 정보, 법집행, 그리고 불규칙한 힘의 수단을 강조하기 위한 의미로 사용하기로 한다.

마자르의 설명처럼 국가가 지원하는 그레이존 접근법은 세 가지 주요 특성을 공유한다. 첫째, 이러한 활동에 내재된 핵심 요소는 전략적 수정주의이다. 중국과 같은 그레이존의 국가 행위자들은 그들이 일부 이익을 창출한 지역적 또는 국제적 시스템을 강화시키기보다는, 그 안에서 더 큰 영향력을 얻기 위해 국제질서의 특정 측면에 대한 변화를 적극적으로 추구하고 있다. 중국은 지난 20년 동안 주로 기존의 국제규범과 법의 테두리 안에서 일함으로써 경제적, 외교적 영향력이 크게 확대되었다. 그럼에도 불구하고 중국은 자국의 해상권을 방어하고 발전시키기 위해 일본에서 대만, 필리핀, 인도네시아에 이르는 제1도련선(First island chain) 내에서 이러한 규범 일부에 도전하기로 결정했다. 동시에, 중국은 명백한 교전과 정복에 반대하는 강력한 국제적 성향이 있음을 인식하고 있으며, 적어도 동중국해와 남중국해에서는 공공연한 군사력의 사용이 자신의 이익과 그 이익이 발생한 체제 모두를 위협하는 것으로 인식하고 있다. 그럼에도 불구하고 중국은 지역적 및 국제적 현상을 순순히 받아들이지 않고 있으며, 미국의 영향을 너무 많이 받고 있다고 믿고 있는 현 체제에 대한 중대한 수정을 추진하고 있다. 중국이 국제질서에 대한 공통의 이해에 도전하는 접근방식을 채택한 것도 부분적으로는 이러한 이유에 기인한다.

둘째, 그레이존 활동은 의도적으로 모호하다. 행위자들은 경쟁과 갈등의 표준 개념 사이의 격차를 목표로 하고, 특정한 국가적 목표를 달성하기 위해 전통적인 군사, 외교, 법률, 정보 및 경제 메커니즘의 틈을 활용한다. 예를 들어, 다른 국가에 대한 무력 공격은 유엔헌장에 의해 금지되어 있지만, 'Impeccable 사건'과 같은 공격적인 그레이존 활동은 무력 공격에는 미치지 못하며, 고강도 보복을 위한 어떠한 법적 군사적 근거로도 활용되기에도 모호하다. 또한 그레이존에서 활동하는 국가는 군사활동과 민간활동 사이에 확립된 경계를 넘나드는 광범위한 국가 및 하위 국가 권력 수단을 사용한다. 이 모든 것은 적절한 대응을 혼동, 복잡 또는 지연시키는 역할을 하므로 그레이존 행위자들이 그들의 전략적 의제를 진전시킬 수 있는 더 많은 방법을 제공한다. 또한 이러한 활동의 애매한 성격은 그레이존 행위자들이 이용할 수 있는 책임회피 및 부인의 근거를 제공하여 그들이 운용하기로 선택한 바로 그 모호성을 강화시킬 수 있다.

그러나 이러한 모호성에는 점층성이 있다. PAFMM부대는 중국 국가와의 명확한 연관성을 모호하게 만들 수 있지만, 중국 해양법 집행부대가 그들 주변에 존재하면 해상에서의 사건과 그러한 선박을 배치하기로 한 지도부 결정 사이에 직접적인 연관성을 밝힘으로써 모호성을 명확히 할 수 있다. 대부분 상황에서 함대가 분쟁의 주장을 더 강력하게 밀어붙일수록 중국이 애당초 그 주장을 더 심각하게 받아들인다고 결론짓는 것도 무리가 아니다. 이러한 점층성은 정부가 자신들의 주장을 다루는 심각성의 증거이거나 베이징에서 수행된 일종의 위험편익분석의 지표가 될 수 있다.

그레이존 접근의 세 번째 특징은 전략적 점진주의이다. 이러한 노력은 즉시 결정적인 결과를 얻기 위한 시도로 동시에 펼쳐지는 것이 아니라 시간이 지남에 따라 점진적으로 진행되도록 조정된다. 토마스 셸링(Thomas Schelling)은 이 점진주의를 "살라미 전술" 또는 "침식의 전술"이라고 묘사했다. 이 전술은 국가가 경쟁국들로부터 중요한 군사적 반응을 일으키지 않는 방식으로 그들의 목표를 향해 제한적이지만 꾸준한 행동을 한다. 그레이존 전략을 추구하는 44개의 국가는 결정적이고 압도적인 군사작전을 피하고 이러한 점진적 접근방식을 선호한다. 중국은 조용한 통합과 정상화의 시기를 통해 저항을 완화시키고, 새로운 현상에 대한 인식을 확산하려는 노력을 함께 하는 경향이 있으므로 그레이존 전략의 이점을 잘 알고 있는 것으로 보인다.

억제력과 강제력

이러한 종류의 점진주의의 목적 중 일부는 억제력을 복잡하게 하고 억제력 위협의 신뢰도를 떨어뜨리는 것이다. 실제로, 그레이존 경쟁은 공격적이고 강압적이지만, 그것은 또한 레드라인을 넘는 것을 피하고 억제 임계값 아래로 유지하기 위해 계산되기도 한다. 강대국에 의한 전통적인 억제력 위협은 상대적으로 약한 국가들로 하여금 억제하기 매우 어려운 그레이존 전략에 착수하도록 압박한다. 점진적인 접근방식은 이를 더욱 복잡하게 만든다. 더 강력한 국가가 억제 메커니즘을 만들기 위해 선택할 때쯤에는 더 이상 억제력이 없는 상태가 되며, 그레이존 행위자에게 활동을 중단하도록 강제하기 위하여 훨씬 더 위험한 접근방식을 추구하도록 선택해야 한다. 확실히 상대적으로 약한 국가들은 대규모 전쟁이나 다른 형태의 강제성을 피하기 위해 정확히 그레이존에서 활동하지만, 그럼에도 불구하고 그레이존에서 우위를 점하기는 극도로 어렵다. 게다가, 그레이존 전략 자체는 적대적인 국가에 대한 위험을 최소화하면서 약한 국가를 묵인하도록 유도한다는 점에서 상대적으로 약한 다른 세력들에 대한 일종의 강제력을 구성하기도 한다.

따라서 상대적으로 약하고, 강한 상태에 대한 그레이존 활동에는 자체적인 보존 요소가 내재되어 있다. 이와 관련하여 셸링(Schelling)의 공식에서의 문제는 비용이다. PRC는 단지 미국의 대응을 복잡하게 만든다는 이유만으로 해안경비대와 해상민병대를 사용하지 않는다. 중국의 그레이존 작전은 또한 베트남과 같이 미국과 조약이 체결되지 않은 상대적으로 약한 국가를 겨냥한 것이다. 심지어 약한 국가들에 대해서도, PRC는 직접적인 공격의 형태로 보복하는 것을 피하고 싶어하는 것처럼 보인다. 그레이존 활동은 베트남과의 불필요한 분쟁이나 미국을 포함한 다른 강대국들의 광범위한 반발을 피하기 위한 방법이다. 셸링의 관점에서, 그들은 "권리"를 주장하는데 드는 비용을 가능한 한 낮게 유지하려고 노력하고 있다. 반면 베트남은 강력한 경쟁국과의 군사적 대결을 피하고 싶어하며(즉, 낮은 비용 유지) 그레이존 작전을 활용하여 중국에 대한 자국의 해상권을 주장하고 방어한다.

그럼에도 불구하고, PAFMM 또는 CCG 병력이 분쟁 수역을 통과하고 순찰하거나 심해 시추 장비를 해당 해역까지 호위할 때 경쟁 국가들에게 대응하거나 아니면 당사국의 영유권 주장을 무력화하도록 활동한다. 2014년 Hai Yang Shi Yoo 981 석유 굴착기 사건의 경우처럼, 대응 국가는 자국의 영유권을 방어하기 위해 중요하고 적극적인 중국 그레이존 작전에 직면하게 된다. PAFMM 자체가 강제력 강화를 위한 유용한 도구를 제공하는 반면, 고급 기능과 보다 눈에 띄는 공식 연결을 갖춘 CCG의 존재는 더 강력한 억제 메시지를 전달하고 개선된 강제력 메커니즘을 제공한다. 물론 이 모든 영역을 넘나들며 활동하는 것은 억제와 강압의 가장 심각한 수단을 제공하는 PLAN이다.

그레이존 활동, 특히 해상 그레이존 활동은 종종 논쟁의 여지가 있는 영토에 대한 영유권을 주장하는 방법으로 사용된다. 그러나 그레이존 활동은 일반적으로 분쟁 청구를 통합하는 역할도 한다는 점에 유의해야 한다. 학자들은 남중국해 영토에 대한 중국의 지배권을 강화하려는 중국의 군사적 노력에 초점을 맞추는 경향이 있다. 그러나 더욱 복잡하고 도전적인 것은 비군사적 통합 노력, 즉 새로운 주장을 "민간화"하려는 노력이다. 예를 들어, 중국은 파라셀 산맥의 우디섬에 학교, 식당, 상점을 지었다. 싼샤시 지도부는 남중국해에서 생태관광 기회를 적극적으로 개발하고 있다. 하이난의 싼야시에서 파라셀 군도로 가는 테마 유람선 계획이 진행 중이며 스프래틀리스 군도로 가는 유람선도 계획되어 있다. 남중국해의 민간 기반시설 건설을 지원하기 위한 민간 투자가 활발하게 장려되고 있다. 이러한 계획들은 새롭게 확립된 주장을 국가와 더 밀접하게 연결시키고 본질적으로 다른 관련인들에게 확실한 보상을 제시한다. 특히, 이 전략을 채택하고 있는 나라는 중국뿐만이 아니다. 예를 들어 러시아는 케르치 해협을 가로지르는 3마일의 도로와 철교를 건설해 러시아와 불법적으로 빼앗은 크림반도를 연결했다. 이 "크리메안 다리"는 크라스노야르스크주에서 직접 상업, 민간 및 에너지 접근을 제공하여 우크라이나에 대한 현재 합병 영토의 의존도를 줄이고 전략적으로 필수적인 지역을 모스크바에 직접 연결시킨다. 어떤 경우에도 민간활동은 분쟁지역에 대한 통제를 정상화하고 일상화하기 때문에 그레이존 운영의 가장 도전적이고 효과적인 측면 중 하나이다.

해양 그레이존의 문제점

해양 환경은 잠재적인 그레이존 행위자에게 고유한 복잡성을 나타낸다. 첫째, 해양법 질서를 규율하는 규칙 자체에 다툼이 있기때문에 해양 분쟁은 틀림없이 토지 분쟁보다 의견 불일치 문제가 더 많이 발생한다. 예를 들어, UN 해양법 협약은 해안에서 200해리까지 확장되는 배타적 경제수역(EEZ)을 설정하지만, 동중국해와 같이 두 국가의 영토가 인접해 있을 때 EEZ 경계를 결정하는 방법에 대한 명확한 지침을 제공하지 않는다. 게다가 국제 해양법 체제의 복잡성은 새로운 형태의 문제를 야기한다. EEZ와 영해에 대한 경쟁적 주장은 어업권, 에너지 탐사, 화석 연료 개발, 해양 안보 및 기타 중요한 국가 우선 순위에 대한 경쟁이 된다. 따라서 해양 그레이존 경쟁에서 모호성은 분쟁 문제를 둘러썬 환경 자체의 기본 특성이다.

영유권 주장은 해양 영역에서 주장하고 방어하는 것이 더 역동적이고 어려울 수 있다. 그렇게 하기 위해서는 영구적이지는 않더라도 정기적으로 존재감을 보여줄 수 있는 능력이 필요하다. 그러나 관련된 거리와 해상 작전의 고유한 문제를 고려할 때, 해양은 쉽게 방어될 수 없으며, 그레이존 운영자들은 일반인들과 쉽게 섞일 수 없다. 해상민병대를 창설하면서 중국은 모호성을 조성하고 외국의 대응을 복잡하게 만드는데 특화된 해상 그레이존 부대를 조직함으로써 이 문제를 극복하려고 시도해왔다. 그러나 그러한 전문화된 세력 내에서도, 해양 환경은 다른 의존성을 만들고 더 많은 전문성을 필요로 한다. 해상에서의 PAFMM 운영의 지속 가능성, 즉 병력을 주둔시킬 수 있는 능력은 해상에서의 운영에 필요한 훈련은 말할 것도 없고 항법 및 통신 기술, 선박 건조 및 물류 분야의 주요 투자에 달려 있다. 중국은 민병대에 정교한 통신과 위성 항법, 경우에 따라서는 소형 무기를 운반할 수 있는 강철로 만든 강화 선박, 그리고 보급과 급유를 위한 대형 "모선"을 공급했다. 그러면서도 확장 가능한 내구력을 갖춘 3,000~10,000톤급의 쾌속정 수십대를 해양경비대에 제공하고 있다. 해상 그레이존 작전은 비해상 작전에는 필요하지 않을 수 있는 상당한 국가 자원을 필요로 하며, 중국은 지역 경쟁국들보다 훨씬 더 많은 투자를 하고 있다.

실제로, 분쟁에 휘말린 지역에서 정규군을 주둔 시키는 것은 매우 어렵다. 이것은 왜 중국이 남중국해의 몇몇 암초들, 특히 Firy Cross, Subi, 그리고 Mitchiv 암초에 공격적으로 지형을 구축했는지 설명하는 데 많은 도움이 된다. 이러한 새로운 지형들의 비행장, 항구, 그리고 생활 시설은 모두 그들 주변의 해양 공간에 대한 권리를 주장하는데 필요한 영구적인 주둔지를 유지하는 데 도움을 준다.

중국만이 남중국해에 지형을 건설하는 것이 자국의 주장을 확장하고 강화하고 있는 것은 아니다. 대만과 베트남도 이 지역에서 간척 사업을 시도했다. 필리핀 또한 해양 청구권을 강제하기 위한 영구 주둔의 가치를 인정한다. 1990년대에는 제2의 토마스 쇼알(Thomas Shoal)에 제2차 세계대전의 탱크 상륙함 시에라 마드레를 상륙시켰고, 녹슨 선체에 소규모 해병대가 주둔하고 있다. 그러나 시에라 마드레 사건은 저렴한 비용으로 해양 그레이존 작전 시도의 성공 가능성이 얼마나 낮은지를 보여주는 예이기도 하다. 시에라 마드레는 영주권을 거의 제공하지 못하며 마닐라는 제2의 토마스 쇼알에 대한 영유권 주장을 강화하는 데 필요한 자원을 투자하지 못하고 있다. 한편, 해양 그레이존 플랫폼에 막대한 투자를 한 중국은 수륙양용 선박이 바다에 녹슬기를 끈기 있게 기다리고 있다.

그레이존 vs 하이브리드 전쟁

그레이존과 하이브리드 전쟁을 구별하는 것이 필수적이며, 이 두 용어는 종종 동일시되지만 사실은 분쟁 스펙트럼을 따라 다른 지점에 놓여 있다. 간단히 말해서, 하이브리드 전쟁은 육지, 해상, 공중, 심지어 사이버 영역의 전쟁터에서 공통적인 정치적 목표를 가진 정규군과 비정규군이 결합된 전쟁의 한 형태이다. 하이브리드 전쟁은 갈등과 전투의 영역에 정면으로 존재하기 때문에 그레이존 활동과 구별되는 갈등 스펙트럼에서 한 위치를 차지한다(그림 1-1 참조). 하이브리드 전쟁에 대해 평화로운 것도, 회색적인 것도 없다. 원하는 정치적 목표를 달성하기 위해 전장에서 재래식 무기와 불규칙한 전술을 동시에 적극적으로 사용하는 모든 적에 의해 수행될 수 있다.

자료 1-1. 전투작전을 위한 미 국방부 작전 계획 단계와 중첩된 전쟁 스펙트럼

0단계, 1단계: 형성과 저지			2-5단계: 주도권 확보, 지배, 안정, 민간권한 활성화			
평화	그레이존 활동	불규칙적 전투, 테러리즘	하이브리드 전쟁	전통적 전쟁	대량살상무기를 활용한 재래식 전쟁	국제 핵전쟁

출처: Adopted from Hoffman, "The Contemporary Spectrum of Conflict," 29.

복합전의 개념은 특히 중국의 해상민병대와 관련이 있는 하이브리드 전쟁 사이에는 미묘한 뉘앙스 차이가 있다. 복합전은 별도의 비정규군을 가진 별개의 주력부대를 의도적으로 활용하는 것을 포함하지만, 둘다 통일된 지휘체계 아래에서 통제된다. 이 공식에서 정규군과 비정규군은 더 높은 수준에서 조정되는 별도의 군사력이다. 하이브리드 전쟁에서 정규군과 비정규군의 구분은 전쟁터에서 병력이 합쳐지면서 완전히 사라질 수도 있다. 그러나 해상 전투의 고강도, 첨단 기술 특성은 해상 전쟁의 거리, 위험 및 요구 사항과 결합되어 하이브리드 전쟁에 대한 전통적인 이해를 해상에서 거의 불가능한 것으로 만든다. 현대 분쟁에서 PAFMM이 PLAN 군대와 함께 싸우는 것은 극히 어려울 수 있다. 그럼에도 불구하고 민병대는 주력부대에 정보, 보급품 및 인력을 제공할 수 있고, 정규군은 훈련, 자금, 장비 및 전략 정보를 제공할 수 있다. 중국의 해상민병대가 정확히 이런 방식으로 PLAN과 협력하기 위해 노력하고 있다는 증거가 존재한다.

그레이존과 하이브리드 또는 복합전의 또 다른 중요한 차이점은 군대의 역할과 이를 사용하려는 국가의 의지이다. 그레이존에서는 군사력이 억제 역할을 한다. PLAN은 종종 PAFMM 및 CCG 작전에 참여한다. 이러한 해군의 존재는 중국의 적들이 청선박 또는 소수의 백선박인 해안 경비선에 탑승한 "어부(민간인)"를 공격하기 위해 군사력이나 살상 무기를 사용하는 것에 대해 매우 신중하게 생각하도록 한다. 따라서 PLAN은 중국에게 그레이존 시나리오에서의 절대적인 우위를 제공한다.

그레이존 역학은 군사력을 강압의 메커니즘으로 사용한다는 것에서 하이브리

드/복합 전쟁과 구별된다. 이러한 역학의 가장 좋은 예는 태평양 지역이 아니라 민간인 비정규 민병대가 전통적인 러시아 군대의 지원을 받는 우크라이나 동부에서 찾을 수 있다. 러시아는 고전적인 그레이존 기술을 사용하여 2014년 초에 정치적, 경제적 강압을 통해 키예프를 모스크바 친화적인 정부로 포섭하려고 노력했다. 모스크바는 실패했고, 4월 중순에 하이브리드 전쟁에서 지역 비정규군인 소위 리틀 그린맨을 사용하는 것으로 전술을 변경했다. 이 역시 실패했고, 모스크바는 궁극적으로 제한된 목적을 가진 정규부대의 재래식 침략을 선택했다. 실제로 러시아는 목표를 달성하기 위해 중국보다 훨씬 더 적극적으로 군사력을 사용해 왔으며, 이는 각 국가의 하이브리드 전쟁 대 그레이존 기술 전개에 반영되었다.

하이브리드 및 복합 전쟁의 개념은 인민 전쟁의 마오쩌둥 전략(Maoist strategic)에 속하는데, 인민 전쟁이란 중국의 정치적, 경제적, 기술적 및 인구학적 강점을 이용하고 전쟁을 위해 중국으로부터 법적 제재를 받은 군사적 혹은 민간 자원을 조직하는 형태를 의미한다. 1998년 이후 중국 국방에 관한 모든 백서는 인민 전쟁의 개념을 지지해 왔다. 중국의 국방동원법은 국가의 주권, 통일, 영토보전, 안보가 위협받을 때 민간 자원을 군사작전에 통합할 수 있는 법적 근거를 제공하고 있다. PRC의 가장 권위 있는 교리 간행물 중 하나인 군사 전략과학은 "상황에 맞는 유연하고 공격적인 작전"으로 군대와 준 군사력을 통합하는 틀을 마련하였다. 따라서, 큰 위기나 분쟁의 순간에 민병대와 해상의 정규군을 결합하는 전략은 중국 전략사상의 전통에서부터 온 것이지 비장상적인 것이 아니다.

물론, 성공적인 하이브리드 및 복합전은 강력한 재래식 병력에 달려 있으며, 중국은 지난 20년 동안 공격적으로 해군을 확장하고 현대화했다. 새로운 구축함과 군함은 해상민병대가 있는 지역에서 일상적으로 운용된다. 이러한 지상군에 의해 제시된 잠재적 위협은 항공모함 기반 미사일 무장 잠수함, 향상된 항모 기반 공군력, 세계 최초의 항모 탄도미사일 위협, 그리고 남중국해 전역으로 확대된 레이더와 센서 범위에 의해 뒷받침된다. 재래식 해군 능력의 확대 및 개선, PAFM의 전력 증강의 결합은 적대행위가 발생할 경우, 중국이 실제로 해상에서 하이브리드 전쟁이나 복합 전쟁에 돌입할 것이라는 우려스러운 전망을 제기한다.

역설과 문제

그레이존 경쟁은 일련의 역설들을 제시한다. 그레이존 활동은 미국이 주도한 국제안보체제에 대한 명백한 도전인 동시에, 인간 분쟁의 역사에서 더 광범위하고 틀림없이 더 긍정적인 경향을 나타낸다. 시리아, 남수단, 그리고 그 밖의 기타 장소에서 전쟁의 공포가 줄어들지 않고 최근 몇 년간 증가하고 있지만, 국가 간 무력충돌에서의 전투 사망률은 1945년 이후 최저 수준에 머무르고 있다. 최첨단 무기를 활용한 국가간 전쟁도 마찬가지로 극히 낮은 수준을 유지하고 있다. 1988년 존슨 사우스 리프 근처에서 70명의 베트남인들이 중국과의 해전에서 사망한 이후, 분쟁이 있는 남중국해의 지역에서는 전투 사망자가 거의 없었다. 그러므로, 그레이존 활동은 부분적으로 현대 전쟁의 잠재적인 파괴성을 인정하고 비판한다. 이러한 관점에서 볼 때, 이러한 그레이존 활동 자체는 문제가 되지 않는다. 오히려, 그들에게 부여된 전략적 목적이 또다른 문제를 야기한다.

더 깊은 역설은 그레이존 경쟁이 전면전을 피하기 위한 의식적인 노력이지만, 이러한 위험을 최소화하려는 노력에도 불구하고 매우 높아진 위험이 이러한 활동의 핵심이라는 개념에 있다. 만약 이 경쟁이 하이브리드 전쟁으로 빠져든다면, 치명적인 결과를 초래할 수 있다. 하이브리드 전쟁은 민간인과 전투원, 전쟁과 평화 사이의 경계를 거의 인정하지 않는다. 향후 해상 분쟁에 민병대를 사용하려는 중국의 명백한 의지는 모든 중국 민간 선원들을 심각한 위험에 노출시킬 가능성이 있다. 또한, 이는 승리를 달성하기 위해서는 필요한 모든 수단을 강구할 것이라는 믿음을 암시하는 것이다. 러시아 학자 마크 갈레오티(Mark Galeotti)의 말에 따르면, 이런 종류의 갈등은 "최소한의 교전에 적용되는 전면전의 윤리"이다.

사실, 해양 복합전이나 하이브리드 전쟁은 이에 대항하는 모든 군대에게 심각한 문제를 야기한다. 베트남전쟁에서 처럼 미군이 민간인과 전투원을 구별하는 것은 사실상 불가능할 수 있다. 더욱이, 대규모 해상민병대는 적군에게 전술적 교전의 골칫거리를 야기하고, 의사결정을 저하시키고, 잠재적으로 제한된 연료, 무기 및 고급 전투원들에게 더 유리하게 사용될 수 있는 다른 자원을 낭비할 수 있다. 공격 부대의 난관은 단순히 민간 선박을 공격할 수 있는지 여부뿐만 아니라 적절한 법적 권한과 교전 규칙이 주어지면 공격해야 하는지 여부이다. 해상 전투에 결정적인 역할을 하는지 여부와 관계없이 PAFMM은 최소한 미국의 작전을 방해할 수 있는 중대한 법적, 작전적, 전술적 딜레마를 야기한다.

모건 클레멘스와 마이클 웨버(Morgan Clemens & Michael Weber)가 이 책에서 제시한 바와 같이, 부인 가능성과 효율성 사이에는 부적 관계가 있을 수 있다. 민병대를 사용하여 개입의 모호성을 높이는 것에 의존하는 국가는 이 군대들이 통제하기 훨씬 더 어렵고 전문적이지 않을 수 있으므로 위험성을 감수하고 있다. 그들은 정규군에 비해 능력과 자질이 떨어질 것이며, 자질과 능력이 나쁜 부대는 불필요하게 위험한 사고로 이어질 수 있다. 중국은 이를 인식하여 PLA를 통해 직접적인 권한을 행사하고 좋은 성과와 규율을 위한 더 나은 훈련과 인센티브를 제공함으로써 이러한 위험을 개선하기 위한 노력을 하고 있다. 동시에, 이러한 정책은 중국 정부가 바다에서 생계를 유지하기 위해 겉보기에 무고한 어부들이 수행하는 자발적인 비정부 활동에 직접 관여하고 있음을 보여준다.

이러한 연계에도 불구하고 중국의 경우 겉보기에 약해 보이는 세력이 확대 행동을 증가시키는 경향이 있다는 점은 놀랍다. 적어도 해상민병대의 경우 힘의 역학이 매우 인상적이다. 즉,민병대는 더 공격적으로 행동하는 경향이 있는 반면, 해안경비대와 군함은 더 신중한 경향이 있다. 해상민병대의 활용은 갈등 확대를 피하기 위한 포괄적인 전략적 시도에도 불구하고 궁극적으로 확대를 위한 추진력을 제공한다. 이것은 아마도 강철로 만든 어선의 치사율이 무장한 해상 전투원이나 심지어 해경 공격선보다도 훨씬 낮기 때문일 것이다. 이렇게 감소된 치사율과 겉으로 보이는 거부감은 보다 공격적인 전술과 비전문적인 행동을 조장할 수 있다. 예를 들어, 2015년 10월 27일, 미국 구축함 USS Lassen은 중국이 점령한 Subi Reef에서 12해리 이내로 항해했는데, 중국의 소형 “상업” 선박과 기타 선박의 “도발적” 공격을 받았다. PAFMM 요원들이 위험하게 Lassen의 선수를 지나 위험한 거리에서 배 주위를 기동했다. 한편 PLAN 구축함은 안전한 거리에서 Lassen의 이동에 대해 완전히 전문적인 미행임무를 수행했다.

궁극적으로, 중국이 소위 권리 보호 작전에서 해상권을 주장하기 위해 해안경비대와 해상민병대를 확대하는 것은 전시와 평시 활동에 대한 전통적인 개념을 의도적으로 혼재함으로써 전통적인 법적, 외교적, 군사적 관행에서 틈을 이용하는 등의 활동이 증가하는 추세이다. 이러한 활동들은 억제와 강제성을 복잡하게 만들며 위험한 역설로 가득 차 있다. 남중국해와 동중국해에서 전략적 목표를 달성하기 위한 점진적이고 수정주의적인 접근방식이 결합되면, 그들은 미국과 그 지역 동맹국들의 해결책에 쉽게 도움이 되지 않는 중대한 도전을 안겨준다. 그러나 실제 사건에 기반하여 전시와 평시 모두 분명히 묘사된 이 활동에 대한 보다 명확하고 신중한 정의는 이 활동에 대처하기 위한 첫 단계이다.

Notes

1. Jonathan G. Odom, "The True 'Lies' of the *Impeccable* Incident: What Really Happened, Who Disregarded International Law, and Why Every Nation (Outside of China) Should Be Concerned" *Michigan State International Law Review* 18, no. 3 (April 1, 2010): 4–6; Raul Pedrozo, "Close Encounters at Sea: The USNS Impeccable Incident, *Naval War College Review* 62, no. 3 (Summer 2009): 101–11.
2. Odom, "The 'True' Lies of the *Impeccable* Incident. 6–7; "RAW DATA: Pentagon Statement on Chinese Incident with U.S. Navy, March 9, 2009, http://www.foxnews.com/politics/2009/03/09/raw–data–pentagonstatement–chinese–incident–navy/.
3. In 2010, the term appeared in the U.S. Quadrennial Defense Review. See U.S. Department of Defense, *Quadrennial Defense Review Report* (February 2010), 73, http://www.defense.gov/Portals/1/features/defenseReviews/QDR/QDR_as_of_29JAN10_1600.pdf. Perhaps the best study of the subject is Michael J. Mazarr, *Mastering the Gray Zone: Understanding a Changing Era of Conflict* (Washington, DC: U.S. Army War College Press, 2015). See also Antulio Echevarria, *Operating in the Gray Zone: An Alternative Paradigm for U.S. Military Strategy* (Washington, DC: U.S. Army War College Press, 2016); Phillip Kapusta, "The Gray Zone" Special Warfare 8, no. 4 (October–

December 2015); Joseph L. Votel et al., "Unconventional Warfare in the Gray Zone." *Joint Force Quarterly* 80 (1st Quarter 2016); and David W. Barno and Nora Bensahel, "Fighting and Winning in the 'Gray Zone;" War on the Rocks, May 19, 2015, http://warontherocks.com/2015/05/fighting-and-winning-in-the-gray-zone/. 게다가, 2015년에 미국 특수작전사령부와 합동참모 J-39는 그레이존 활동의 현상을 연구하기 위해 미국 정부와 학계 전반의 사상가들을 모으는 프로젝트를 시작했다. 그러나 그레이존라는 용어에 비판적인 사람들이 없는 것은 아니다. 예를 들자면 Adam Elkus, "50 Shades of Gray: Why the Gray Wars Concept Lacks Strategic Sense;" War on the Rocks, December 15, 2015, http://warontherocks.com/2015/12/50-shades-of-gray-why-the-gray-wars-concept-lacks-strategic-sensel. 엘쿠스와 같은 비평가들은 일반적으로 회색 전쟁이라는 용어가 절망적으로 뒤죽박죽이고 역사적 기록으로부터 배우는 것을 거부하는 것을 보여준다. 이 비판은 그레이존 개념의 지지자들에 의한 자기비판에서 비롯된다. 마자르와 카푸스타를 제외하고, 위에서 인용한 모든 연구들은 전쟁도 평화도 아닌 회색 지대와 동등하게 경쟁하는 복합 전쟁에 의해 더 쉽게 설명될 수 있는 회색 전쟁의 변형을 혼동했다. 예를 들자면, Antulio Echevarria, "How Should We Think about 'Gray Zone' Wars?" Infinity Journal 5, no. 1 (Fall 2015). If gray zone activities fall short of war, then there is no suchthing as a gray war or gray zone wars.

4. This definition is adopted from Kapusta, "The Gray Zone."
5. Mazarr, Mastering the Gray Zone, 2.
6. 조지 케넌은 정치적 전쟁활동을 정치적 동맹, 경제적 조치(ERP, 유럽경제부흥계획), 백색 선전과 같은 공공연한 행동에서부터 "친한" 외국 요소에 대한 은밀한 지원, 흑색 심리전, 심지어 적대국에서의 지하 저항을 격려하는 것 같은 은밀한 작전에 이르기까지 다양하다"라고 묘사했다. See Kennan's memorandum on "The Inauguration of Organized Political Warfare." April 30, 1948, http://digitalarchive.wilsoncenter.org/document/114320.
7. 호프만은 "이런 형태의 전쟁은 '전쟁의 부족'이라는 맥락에 한정되어 있다. 전쟁이 없다면 전쟁이 아니다. 게다가, 케넌이 열거한 활동들이 전쟁에 못 미치는 일이라는 것은 나에게 분명하지 않다. 게다가, 케넌이 인용한 많은 활동들(선전, 제재, 전복 등)은 전쟁이 공식적으로 시작되었을 때 멈추지 않는다. 따라서 이 용어의 양면은 공통의 이해에 저항적이며 그 정의는 논리에 어긋난다"고 지적하였다. 이 용어에 대한 설득력 있는 비판을 위해, see Frank Hoffman, "On Not-So-New Warfare: Political Warfare vs. Hybrid Threats," War on the Rocks, July 28, 2014, http://warontherocks.com/2014/07/on-not-so-new-

warfare－political－warfare－vs －hybrid－threats/.

8. 많은 저자들은 비정부 행위자들 또한 그레이존 운동을 수행할 수 있다고 지적하지만, 이 장은 중국 정부가 주도하는 해상의 그레이존 노력에 초점을 맞추고 있다.
9. Mazarr, *Mastering the Gray Zone*, 17－18.
10. Hal Brands, "Paradoxes of the Gray Zone," Foreign Policy Research Institute, February 2016, http://www.fpri.org/article/201601/paradoxes－gray－zone/.
11. Mazarr, *Mastering the Gray Zone*, 4.
12. Frank J. Hoffman, "The Contemporary Spectrum of Conflict: Protracted, Gray Zone, Ambiguous, and Hybrid Modes of War" in *2016 Index of U.S. Military Strength: Assessing American's Ability to Provide for the Common Defense*, ed. Dakota L. Wood (Washington, DC: Heritage Foundation, 2015).
13. Mazarr, *Mastering the Gray Zone*, 33.
14. Thomas C. Schelling, *Arms and Influence*, 2nd ed. (New Haven, CT: Yale University Press, 2008), 66－67.
15. Ibid., 66-81.
16. Ryan D. Martinson, "Shepherds of the South Seas." *Survival* 58, no. 3 (June－July 2016): 200－201.
17. Joanna Chu, "China's Secret Weapon on Disputed Island: Beer and Badminton," *Japan Times*, June 23, 2016.
18. "China Launches New Cruise Ship Tour in South China Sea Reuters, March 2, 2017; Jesse Johnson," China to Launch Cruises to Hotly Contested Spratly Island Chain, *Japan Times*, June 23, 2016.
19. Zhibo Qiu, "The Civilization of China's Military Presence in the South China Sea." *The Diplomat*, January 21, 2016, http://thediplomat.com/2017/01/the－civilization－of-chinas－military－presence －in－the－south－china－sea/.
20. "Bridge Connects Annexed Crimea to Russia－And Putin to a Dream Dating Back to the Last Tsar," *South China Morning Post*, June 4, 2018, https://www.scmp. com/news /world/russia－central－asia/article/2146158/bridge－connects－annexed－crimea－russia－and－putin－dream. 21. See United Nations Convention on the Law of the Sea, Part V, Exclusive Economic Zones, http://www.un.org/depts/los/convention agreements/texts/unclos/unclose.pdf.
22. Williamson Murray and Peter Mansoor, eds., *Hybrid Warfare: Fighting Complex Opponents from the Ancient World to the Present* (New York: Cambridge University Press, 2012), 2.
23. Hoffman, "The Contemporary Spectrum of Conflict." 29. Hoffman includes in

his definition the use of terrorism and criminal activity, but such concepts do not encompass China's maritime militia.

24. Thomas M. Huber, ed., *Compound Warfare: That Fatal Kno*t (Fort Leavenworth, KS: U.S. Army Command and General Staff College, 2002); Frank J. Hoffman, "Hybrid vs. Compound War, *Armed Forces Journal* (October 2009), www.armedforcesjournal.com/hybrid-vs-compound-war/.
25. This refers to the 2005 English edition of *Science of Military Strategy*, published by the Military Science Publishing House. Dennis J. Blasko, "Chinese Strategic Thinking: People's War in the 21st Century." *China Brief* 10, issue 6 (March 18, 2010): 5-7, https://jamestown.org/program/chinese-strategic-thinking-peoples-war-in-the-21st-centuryl.
26. On China's expanding naval capabilities, see Office of Naval Intelligence, *The PLA Navy: New Capabilities and Missions for the 21st Century*, http://www.oni.navy.mil/Intelligence Community/China. For Chinese radar construction in the South China Sea, see Asia Maritime Transparency Initiative, "Another Piece of the Puzzle: China Builds New Radar Facilities in the Spratly Islands Center for Strategic and International Studies, http://amti.csis.org/another-piece-of-the-puzzle/.
27. "Armed Conflict by Type, 1946-2015," Uppsala Conflict Data Program, http://wwwpcr.uu.se/digitalAssets/595/C_595102-1_1-k_type_jpg.jpg.
28. See Min Gyo Koo, *Island Disputes and Maritime Regime Building in East Asia*(Dordrecht: Springer, 2009). For an excellent review of the 1974 conflict between Vietnam and China over the Paracels, see Toshi Yoshihara, "The 1974 Paracels Sea Battle: A Campaign Reappraisal." *Naval War College Review* 69, no. 2 (Spring 2016): 41-65.
29. Mark Galeotti, *Hybrid War or Gibridnaya Voina? Getting Russia's Non-linear Military Challenge Right* (Prague: Mayak Intelligence, 2017), 7.
30. 군사사학자 윌리엄슨 머레이는 그들의 국/정치적 실체를 방어하기 위해 하이브리드 전쟁을 사용하는 사람들에 의해 제시된 기본적인 도전은 공격자들이 어떻게 재래식 병력에 초점을 맞추거나 비정규군에 집중하거나 적군을 준비되지 않은 여러 동시 작전 모드로 강제하는 것에 대한 기본적인 질문을 하도록 강요하는 그들의 능력이었다고 지적한다. .See Murray and Mansoor, *Hybrid Warfare*, 289-307.
31. Conor M. Kennedy and Andrew S. Erickson, *China's Third Sea Force, The People's Armed Forces Militia: Tethered to the PLA*, China Maritime Report no.

1 (March 2017), http://www.andrewerickson. com/wp-content/uploads /2017/03/Naval-War-College_CMSI_China-Maritime-Report_No-1_People%E2%80%99s-Armed-Forces-Maritime-Militia-Tethered-to-the-PLA_Kennedy-Erickson_201703.pdf.

32. Andrew S. Erickson, "The South China Sea's Third Force: Understanding and Countering China's Maritime Militia" testimony before the House Armed Services Committee Seapower and Projection Forces Subcommittee, hearing on Seapower and Projection Forces in the South China Sea, Washington, DC, September 21, 2016, 7, http://docs.house.gov/meetings/AS/AS28/20160921/105309/HHRG-114-AS28-Wstate-EricksonPhDA-20160921. pdf.

33. Yeganeh Torbati, "Hope to See You Again': China Warship to U.S. Destroyer after South China Sea Patrol." Reuters, November 6, 2015, http://www.reuters. com /article/us-southchinasea-usa-warship-idUSKCNOSV05420151106.

Peter A. Dutton

중국의 해양 그레이존 작전의 개념

이 책은 동아시아의 해상에서 일어나는 중국 주도의 변화의 본질과 형태의 중요한 측면을 다루기 위해 기획되었다. 중국이 남중국해에 있는 스카보로 암초에 대한 물리적 통제권을 장악하기 위해 해안경비대와 해상민병대를 함께 동원한 2012년 이후로 새로운 일이 벌어지고 있다. 이보다 앞서 2009년 USNS Impeccable 사건에서 인민해방군(PLA) 해군(PLAN), 중국 해안경비대(CCG) 선박 및 인민해방군 해상민병대(PAFMM) 간의 협력이 두드러졌다. 그 이후로 이러한 패턴은 여러 번 반복되었다. 예를 들어, 이는 동중국해 센카쿠/댜오위다오 분쟁지역에서 진행 중인 중국 해양활동의 핵심적 특징이다. 이는 중국이 2014년 베트남과 파라셀 군도 사이 해역에서 하이양시유(Hai Yang Shi You) 981 시추 장비를 보호한 사례에서 분명하게 나타났다. 그리고 나투나(Natuna) 앞바다의 인도네시아 배타적 경제수역에서 중국의 전통적 어업권 주장의 핵심이었다. 이 새로운 현상은 중국이 동아시아 해역에서 해상 목표를 달성하기 위해 비군사적 강제력을 사용하는 것이다.

2013년의 연구에서처럼 중국은 남중국해의 분쟁을 자신에게 유일하게 해결할 수 있는 빈틈을 발견했다. 이 틈은 평화적인 분쟁해결 선택지(주로 협상 또는 분쟁해결을 위한 제도적 접근)와 무력 충돌 사이에 존재한다. 중국은 다른 선택지들로부터 배제된 후에 이 틈세 전략을 활용하였다. 중국이 선호하는 양자협상은 진행되기

전에 상대방이 중국의 주장을 받아들이는 조건으로 접근했기 때문에 무산되었다. 이와 더불어 명백한 정치적, 경제적 불균형은 양자 협상을 약소국들이 받아들일 수 없게 만들었다. 마찬가지로 중국은 다자간 협상을 받아들일 수 없다고 생각했다. 권력의 위치를 양보하는 것을 꺼렸고, 협상결과를 동남아시아국가연합 국가와의 전반적인 관계와 연결하는 것을 원하지 않았다. 필리핀의 남중국해 중재 사건에 대한 중국의 반응에서 알 수 있듯이 소송, 중재 또는 조정도 중국에 받아들일 수 없는 선택지였다. 중국의 주장의 실질적인 측면과 지역 지도자 및 규칙 수립자로서의 중국의 특권 모두에서 잃을 것이 너무 많았다.

동시에 분쟁을 신속히 해결하기 위해 무력을 사용하는 것은 너무 위험했다. 미국은 필리핀과 조약 동맹국임으로, 만약 중국이 필리핀과 중국 사이의 영토 분쟁을 해결하기 위해 무력을 사용할 경우 필리핀을 도울 것이다. 게다가, 냉전 종식 후 이 지역에 대한 미국의 가장 중요한 전략적 목표는 안정을 유지하는 것이었다. 미 7함대는 제2차 세계대전 이후 남은 많은 분쟁지역들 중 분쟁해결을 위해 누구도 군사력을 사용하지 못하게 할 목적으로 전 세계 어디에나 배치된다. 따라서, 시멘트의 틈을 향해 물이 흐르듯이, 중국의 남중국해 분쟁에 대한 정책은 평화적인 분쟁해결과 무력 충돌 사이의 괴리로 자연스럽게 흘러갔다. 이는 평화도 전쟁도 없지만, 각각의 속성을 가지고 있는 그레이존이다.

중국은 무엇을 이루려고 하는가? 전략의 요소는 무엇인가? 그리고 왜 그것이 효과가 있는 것처럼 보이는가? 중국의 근본적인 목표는 모든 차원의 국력을 해양 영역에 투영하는 것이다. 중국 전략에는 적어도 세 가지 하위 요소가 있다. 첫째, 안보 측면에서 중국은 해양 위협으로부터 안보를 강화하기 위해 해양 완충지대를 찾는 대륙 강대국이다. 이런 점에서 중국은 자국의 해안선을 넘어 통제, 거부, 경쟁의 고리를 넓힘으로써 내부 안보전략을 발전시키고 있다. 이를 위해 중국은 미국의 해상력이 본토에 영향력을 미치기 전 이에 대응하기 위해 강화된 해상 통제 행사에 필요한 조건을 만들고자 한다. 이것은 해상력과 해안 방어 사이의 고전적인 투쟁이다. 그것은 고대 로마의 전쟁용 갤리선과 대포알만큼 오래되었다. 그러나 이번 안보전략의 차이점은 동아시아 해역에 대한 지배력 확대와 동시에 직접적인 충돌도 피하고자 한다는 점이다. 이 전략은 다른 어떤 국가로부터도 동적인 반응을 촉발하지 않고 동아시아의 작은 나라들에 대한 중국의 통제를 확대하기 위한 것이다.

둘째, 중국의 해상력 투사 전략에도 자원 요소가 있다. 중국은 자원이 부족한 국가이다. 중국의 정책 입안자들은 엄청난 인구, 대기 및 수질 오염, 지하수 감소, 사막화 증가, 중국의 주요 강에 공급할 티베트 고원의 연간 빙하 부족과 씨름하고 있다. 중국의 전략 문서는 바다를 중국 인민의 미래 생존을 위한 필수 공간으로 반복해서 지적하고 있다. 그들은 현재 국제법이 허용하는 것보다 거의 10억 5,000만 명에 달하는 인구에 해당하는 이상의 바다 공간을 주장하는 것이 근본적으로 공정하다고 배운다. 중국이 생존을 위해 싸우고 있다고 믿는 사람들에게 법은 별로 중요하지 않은 것으로 보인다. 따라서 중국은 법과 관계없이 어업과 양식업을 위해 개발할 권리를 주장할 수 있는 해역을 확장하고 있다. 이와 유사하게 중국은 해저와 해저의 무생물 자원, 특히 탄화수소에 대한 통제를 확대하려고 하지만 이 문제에 대해서 중국은 다소 타협적인 접근방식을 취하는 것으로 보인다.

셋째, 중국은 자신의 이익과 선호를 중심으로 지역 관계를 집중시키는 한 가지 방법을 해양 영역에 정치적 영향력을 투영하려는 떠오르는 지역 강대국이다. 언급한 바와 같이 중국은 지역 국가들과의 관계에서 스스로를 규칙 제정자로 여기고 있다. 예를 들어, 이는 남중국해 중재에 관한 성명에서 분명하게 나타난다. 또한 2012년 9월 센카쿠/댜오위다오 위기에서 중국의 행동은 중국 권력의 지역적 신뢰성을 높이는 것과 일치했다. 일본 정부가 세 곳의 섬을 매입하자 중국은 이에 반박하며 대내외적으로 영유권 분쟁의 정치적 중요성을 확대하기로 하였다. 중국의 정책이 시민들의 강력한 지지를 받고 있음을 보여주기 위해, 중국 신문은 9월 내내 양측의 행동에 대한 세세한 내용으로 가득 차 있었고, 특히 중국이 일본을 희생시키면서 만들어 낸 변화에 초점을 맞췄다. 이 기사는 중국인들의 관심을 이끌었고 중국 공산당 정책에 대한 지지를 구축하였다. 대외적으로 중국인들은 이 작은 섬들 주변의 바다를 해안 경비선과 어선으로 가득 채운 캠페인을 오늘날까지 지속하고 있다. 그 효과는 센카쿠 열도에 대한 일본의 독점적 통제에 성공적으로 도전하는 것이었다. 이는 중국이 더 이상 동아시아의 정치질서에서 2인자의 지위를 받아들일 필요가 없다는 외부 신호였다.

이것은 적어도 중국 전략의 목표 중 일부이다. 다른 것도 있을 수 있으며, 이 책은 다양한 관점을 제공한다. 그러나 전략의 요소에는 무엇이 있는가? 첫째, 이

전략은 중국의 첫 번째 선택이 아닌 것으로 보인다. 중국은 수십 년 동안 해상 분쟁을 보류하고 양자 협상을 통해 이를 해결할 것이라고 주장했다. 실제로 2016년 하반기 중국과 필리핀의 관계는 중재에 수반된 긴장을 완화하기 위한 주요 수단으로 직접 회담을 재개한 것으로 보인다. 때때로 중국은 분쟁 관리에 대해 최소한 온건한 다자간 접근을 시도했지만 실제로 해결되지는 못했다. 2002년 남중국해 당사자 행동 선언문에 다른 분쟁 당사자 서명란에 서명을 추가한 것이 그 예이다. 2005년에 무산된 남중국해 협정 수역에서의 해양 지진 공동 작업을 위한 3자 협상도 마찬가지이다. 2012년까지 중국 지도자들은 양자 또는 다자간 접근방식이 자신들의 이익을 증진하기에 충분하지 않다고 결론지었다. 그들은 근해 목표를 달성하기 위한 중국의 접근방식이 중국의 진지한 의도를 보여주고 당의 필요에 맞는 일정에 따라 해결을 진전시키기 위해서는 강압적인 요소가 필요하다고 느꼈다. 중국의 문제는 미국의 군사력과 지역 동맹이 군사력의 전면적인 사용을 억제하기에 충분하다는 것이다. 그러나 비군사적 강제력을 이용하는 데에는 허점이 있었다.

비군사적 강제력에 기반한 전략을 채택하기 위한 첫 번째 요구 사항은 목표를 정당화하는 것이다. 이를 위해서는 공격과 관련된 목표에서 국가적 자기방어로 묘사되는 목표로 변환하는 논거를 확립하는 것이 필요하다. 물론 침략은 유엔헌장에서 불법화되었고, 이는 보편적으로 받아들여지는 규범이다. 따라서 중국인이나 동남아시아인들이 침략으로 인식하는 중국의 정책은 중국의 목표에 역효과를 낼 것이 분명하다. 불법 행위로 인식되는 것을 방지하기 위해 중국은 스프래틀리 군도에 대한 자국의 주권이 "불가피하고, 섬 그룹 주위에 직선적인 기준선을 주장할 권리가 있으며, 이 기준선에서부터 9단선의 한계까지 배타적 경제수역과 대륙붕을 주장할 권리가 있다"는 주장을 확립했다. 이러한 영유권 주장은 국제법상 의문의 여지가 있다. 그러나 가장 중요한 것은 기선과 해양 수역에 관한 주장이 유엔에 반영된 국제 해양법에 정면으로 반한다는 것이다. 해양법에 관한 협약에 따라 중국은 국제법에서 명백히 다른 연안 국가에 양도하는 해양 수역에 대한 불법적인 주장을 하고 나서, 강압적인 힘으로 그 주장에 대한 통제를 강화함으로써 일종의 준침략행위를 하고 있다.

기본적으로 비군사적 강제력은 동중국해와 남중국해에서 중국이 주장하는 수역과 섬에 대한 중국의 통제를 강화하기 위해 국가 권력의 비군사적 측면을 활용한다. 그렇다고 하여 PLAN이 이 전략에서 아무런 역할도 하지 않는다는 것은 아니다. 이들은 억제 또는 확대 관리의 매우 중요한 배경 역할을 한다. 전략적 변화의 주체는 PLA의 지도와 통제하에 해상민병대로 조직된 비무장 또는 경무장 해안경비선과 어선이다. 이 선박은 물리적 강제력을 위해 특별히 제작되고 보강되었다. 군대는 이 전략의 일부로서 행해지는 중요한 사건이나 활동에서 결코 멀리 떨어져 있지 않다. PLA 함정이 적이 탐지할 수 있을 만큼 가까운 거리에 주둔하는 것은 오늘날의 중국 군대가 진정한 이(real teeth)를 가지고 있음을 다른 분쟁 당사자들에게 상기시키는 역할을 한다.

우리가 관찰하고 있는 것은 사실 군사 문제에 있어서 혁명일 수도 있다. 토마스 만켄(Thomas Mahnken)은 군사적 문제의 혁명을 전쟁의 성격이 불연속적으로 변화하는 것이라고 설명한다. 핵전쟁과 핵억제관련 선행연구의 대부분이 핵전쟁에 초점을 맞추고 있으며, 군사혁명에 관한 문헌은 미국의 신기술(정밀 유도 탄약, 스텔스, 첨단 센서, 명령 및 제어 시스템 포함)에 초점을 두며, 중국 전략가들은 국가 간 강제력을 그들의 머릿속으로 생각하고 있다. 사다리 상단에 에스켈레이션 횡대를 추가하는 대신 하단에 강제 횡대를 추가하고 있는 것이다.

지난 5년 동안 스카보로 리프(Scarborough reef)에서 중국의 행동은 이러한 관점에서 유익하다. 2012년 4월, 필리핀 해군이 스카보로 리프와 그 주변에서 중국 어부들에 대해 필리핀 자원 및 환경 보호법을 집행하려고 했을 때, 세 가지 일이 연이어 발생했다. 첫째, 중국해상감시(CMS) 선박이 중국의 존재를 알리고 어부들을 지원하기 위해 암초 쪽으로 빠르게 진출했다. 둘째, 일부 어부들은 PAFMM의 대원으로 활동하여 그들의 어선을 사용하여 내항의 좁은 입구를 차단했다. 셋째, PLAN은 이 지역에서 일부 외국 해군 함정을 적극적으로 감시하고 호위하기 시작했다. 이 세 가지 조치로 중국인은 먼저 암초에 대한 공동 통제를 보여주었고, 필리핀 선박이 떠났을 때 그들은 그 이후로 계속 유지해 온 완전한 통제권을 갖게 되었다. 이렇게 해서 중국이 스카보로 모델이라고 부르기 시작한 전략이 탄생했다. 상대적으로 온건한 중국 선박 소단의 조정된 행동은 경쟁 상대에 대한 공간적 우위를 창출했다. 중국은 강제력 범위에서 최하단에 있는 도구를 가지고 있어 곰어선(bear-fishing vessels)이 무력 사용 없이 공격적으로 기동하도록 하고, 비무장 CMS 선박은 약속사항을 보여주고 필요한 경우 비살상적인 강제력을 행사하고, 무장한 PLA는 지평선 바로 너머에 주둔시켰다.

그러나 아마도 이 모델은 계속해서 진화할 것이다. 2016년 6월 로드리고 두테르테(Rodrigo Duterte) 필리핀 대통령 당선과 7월 중재 사건 종결 이후에 중국은 필리핀과 협상을 재개했다. 10월까지 필리핀 어선들은 중국인의 방해 없이 암초 밖으로 돌아와 조업을 할 수 있게 되었다. 심지어 이전 경쟁국 사이에 우호적인 도움이 되었다는 보고도 있었다. 이는 긍정적인 발전인 동시에 중국의 영향력을 반영한 것이기도 하다. 필리핀이 중국의 조건을 받아들이도록 강요하기 위해 주어진 권한을 박탈할 수 있다는 것이다.

마지막으로, 검토할 가치가 있는 또 다른 질문이 있다. 왜 중국의 전략이 효과적인가? 이에 대한 가장 좋은 설명은 중국식으로 "두 개의 억제와 두 개의 비대칭"이라고 부를 수 있는 것이다. 아마도 가장 중요한 요소는 미국의 억제일 것이다. 소련의 붕괴와 함께 미국의 지역 목표는 소련의 힘을 억제하는 것에서 지역의 안정을 유지하는 것으로 변화하였다. 이는 미국의 세력에 도전할 수 있는 비동맹군이 존재하지 않는 단편적인 상황에서 적합했던 목적이었다. 중국의 군사력이 힘을 얻으면서 이 목표가 여전히 적절한지는 합리적인 논쟁의 주제이다. 그러나 어느 쪽이든, 중국은 미국의 목표가 무력충돌을 유발하지 않는 한 중국이 지역적 입장을 바꿀 여지를 준다는 것을 깨달았다. 따라서 중국은 비군사적 강제력을 사용하여 스카보로 리프를 장악하고 센카쿠/디아오위 제도에 대한 상징적인 통제력에 접근하며 이전에 스프래틀리스 군도에 거대한 군사시설을 건설하면서 미국을 억제했다. 이러한 모든 행동은 비무장 또는 기껏해야 경무장 함정으로 수행되었기 때문에 이러한 진출을 멈추려면 미국이 먼저 무력 사용을 확대해야 할 것이다.

미국의 억제에 관한 결과는 중국의 억제였다. 중국은 인내심을 발휘해 왔다. 그 전략이 효과가 있도록 하기 위해 무력이 아닌 시간을 기꺼이 소비했다. 본질적으로 중국은 무력을 증대하고 시간을 단축하게 함으로써 공간을 확보하려 했던 미국의 충격과 공포의 원칙과 정반대로 무력을 감소시키고 시간을 증대시킴으로써 공간을 확보했다. 이것은 남중국해에 있는 중국에 큰 도움이 되었다. 그러나 동중국해에서 이 전략은 부분적으로만 효과가 있었다. 중국은 원하는 전략적 변화를 달성하기 위해 훨씬 더 많은 시간을 소비하거나 해상에서 전략을 전환해야 할 수도 있다. 이러한 차이는 앞으로 지역 이익을 보호하기 위한 미국 전략의 틀을 마련하려는 사람들에게 유용할 것이다.

두 가지 제약과 밀접한 관련이 있는 것은 두 가지 비대칭성으로, 이는 중국의 전략을 효과적으로 만드는 두 번째 요인이다. 중국은 민병대와 공권력을 활용하여 남중국해의 반대 세력을 압도할 수 있었다. 이에 비해 필리핀 · 인도네시아 · 말레이시아 · 브루나이 · 베트남의 해안경비대의 규모는 매우 작다. 중국의 경쟁국 중 베트남만이 해상민병대를 보유하고 있으나, 중국에 비하면 상당히 규모도 작고 덜 발달한 것으로 보인다. 이는 동중국해에서도 마찬가지이다. 일본 역시 만만치 않은 해안경비대를 보유하고 있으나 확장중인 중국 해안경비대의 선박 수나 크기와 같은 것이 없다. 그리고 일본은 중국의 해상민병대와 견줄 수 없다. 이웃 국가와의 준 군사 능력에서의 비대칭성은 중국이 확대 사다리의 낮은 단계에서 사용할 도구가 더 많다는 것을 의미한다. 따라서 중국은 각 단계를 더 쉽게 지배할 수 있으며, 중국의 반대자들이 견디기 힘든 강제 조건을 만들 수 있다. 마지막으로, 중국은 점령한 지역에 대한 통제권을 공고히 할 수 있는 충분한 국가적 역량을 갖고 있다. 일단 중국이 통제권을 획득하면, 다른 어떤 지역 국가도 중국을 몰아낼 능력이 없다.

두 번째 비대칭성은 중국과 미국 사이에 존재한다. 이는 강제력을 개발하는 데 사용할 수 있는 도구의 비대칭성을 의미한다. 미국은 동아시아의 해안 국가가 아니며 현재 이 지역에 전진 배치된 해안경비대 능력이 없다. 마찬가지로 미국에는 미국 정부의 지시를 받는 어선은 고사하고 무장한 해상민병대가 없다. 따라서 미국과 중국 간의 역학 관계적 맥락에서 중국만이 사다리의 하단에서 사용할 운영 도구를 보유하고 있다. 미 해군이 분쟁의 역학관계에 개입하면, 이러한 역학관계가 비군사화에서 군사화된 무력활용으로 전환될 것이기 때문에, 이러한 조치는 본질적으로 규모 확대로 연계된다. 이는 미국의 어떤 효과적인 대응을 방해하게 된다.

결론적으로 이것이 내가 생각하는 중국의 그레이존 작전의 목적과 속성이다. 이 작전은 전쟁이 아니다. 그러나 그것이 평화를 상징한다면, 이는 확실히 평화의 새로운 형태이다. 이것이 지역 국가와 미국이 대응해야 하는 이유이다. 중국의 전략은 강제무력 중심이고 광범위하며 준 공격적이다. 그러나 전략적 변화의 원인은 중국군이 아니라 비무장 또는 경무장한 그레이존 병력이다. 이것은 미국과 다른 분쟁 당사국이 대응할 수 있는 능력에 도전하는 새로운 역학관계를 제시한다.

Notes

1. Peter Dutton, "Viribus Mari Victoria? Power and Law in the South China Sea," paper for Center for Strategic and International Studies conference, "Managing Tensions in the South China Sea Washington, DC, June 5–6, 2013, https://csis-prod.s3.amazon aws.com/s3fs-public/legacy_files/files/attachments/130606_Dutton_ConferencePaper.pdf.
2. Peter Dutton, "Three Disputes and Three Objectives: China and the South China Sea." *Naval War College Review* 64, no. 4 (Autumn 2011): 42–67.
3. Ministry of Foreign Affairs of the People's Republic of China, "Statement of the Government of the People's Republic of China on China's Territorial Sovereignty and Maritime Rights and Interests in the South China Sea." July 12, 2016, http://www .fmprc.gov.cn/mfa_eng/zxxx_662805/t1379493.shtml.
4. J. Ashley Roach, "China's Straight Baseline Claim: Senkaku (Diaoyu) Islands," *ASIL Insights* 7, no. 17 (February 13, 2013), https://www.asil.org/insights/volume/17/issue17/china%E2%80%99s-straight-baseline-claim-senkaku-diaoyu-islands.
5. Conor M. Kennedy and Andrew S. Erickson, "Riding a New Wave of Professionalismand Militarization: Sansha City's Maritime Militia" Center for International Maritime Security, September 1, 2016, http://cimsec.org/riding-new-wave-professionalization-militarization-sansha-citys-maritime-militia/27689.
6. Thomas G. Mahnken, "The Revolution in Military Affairs." *Journal of Military History* 67, no. 1 (January 2003): 316–17.
7. 늦어도 6월 중순까지 PLAN 선박은 이 지역의 교통을 적극적으로 모니터링하고 남중국해에 대한 중국의 권한을 주장했다. Ananth Krishnan, "In South China Sea, a Surprise Chinese Escort for Indian Ships." *The Hindu*, June 14, 2012, http://www.thehindu.com/news/national/In-South-China-Sea-a-surprise-Chinese-escort-for-Indian-ships/article12858744.ece.
8. Ely Ratner, "Learning the Lessons of Scarborough Reef," *National Interest*, November 21, 2013, http://nationalinterest.org/commentary/learning-the-lessons-scarborough-reef-9442.
9. "Updated: Imagery Suggests Philippine Fishermen Still Not Entering Scarborough Shoal" Asia Maritime Transparency Initiative, October 27, 2016,

https://amti.csis.org/china-scarborough-fishing/.

10. 이러한 제한은 센카쿠/디아오위 분쟁에서 한계를 발견했다. 버락 오바마 미국 대통령은 일본이 관리하는 섬이 도쿄에 대한 워싱턴의 안보 보장 대상임을 공개적으로 선언한 최초의 미국 대통령이 되었다.

11. Andrew S. Erickson, "Understanding China's Third Sea Force: The Maritime Militia," Fairbank Center for Chinese Studies, Harvard, September 8, 2017, https://medium .com/fairbank-center/understanding-chinas-third-sea-force-the-maritime-militia-228a2bfbbedd.

12. Ryan D. Martinson, "China's Second Navy." U.S. Naval Institute Proceedings 141, no. 4(April 2015), https://www.usni.org/magazines/proceedings/2015-04-o/chinas-second-navy.

Dale C. Rielage and Austin M. Strange

해상민병대가 해상에서 인민 전쟁을 추진하고 있는가?

2016년 8월 초 저장성에서 국가 방위력 동원 작업을 조사하면서 당시 중앙군사위원회 위원이자 국방장관이었던 장완취안(Chang Wanquan)장군은 중국 군대에 "해상에서 인민 전쟁의 놀라운 힘을 충분히 발휘할 것"을 요구했다. 장장군의 순시는 해안경비대의 호위를 받고 있는 수백 척의 중국 어선이 센카쿠 제도 근처의 바다로 항해하기 바로 며칠 전에 이루어졌다. 코너 케니디와 아담 리프(Conor Kennedy & Adam Liff)가 이 책에서 설명하는 것처럼 중국 선박들은 궁극적으로 일본이 관리하는 지형에 상륙하지는 않았지만, 그들의 활동은 장장군의 발언과 뒤따른 전례 없는 해상 작전 사이의 연관성에 대해 의문을 제기했다.

장장군이 말한 "해상 인민 전쟁"이 의미하는 것은 무엇인가? 그의 발언은 센카쿠로 떠날 준비를 하는 중국 어민들을 향한 것인가? 동중국해 및 남중국해의 분쟁지역에서 이러한 활동 및 기타 활동에서 중국 인민해상군 해상민병대(PAFMM)의 역할은 어떠한가? 이러한 주권(즉, 권리 보호) 작전은 해상 인민의 전쟁으로 간주될 수 있는가?

이 장에서는 이러한 질문을 두 부분으로 나누어 설명하도록 하겠다. 1부에서는 때때로 해양 인민 전쟁(maritime people's war)으로 번역되곤 하는 해상 인민 전쟁(people's war at sea)이라는 용어의 역사적 뿌리와 PAFMM의 초기 역할 및 임무를 검토한다. 2부에서는 중국 전략가들이 사용한 해상 인민 전쟁이라는 용어의 현대적 의미를 해석한다.

이 장에서의 결론은 다음과 같다. 중국 해상민병대의 초기 역사와 활용은 분명히 인민의 전쟁 교리 및 원칙에 영향을 받았다. 마오쩌둥 치하에서, 해상 인민 전쟁은 인민 전쟁의 해상 확장이었고 주로 해안 방어를 위한 전투 개념이었으며, 실제로 무력 충돌에서 사용되었다(예: 1974년 파라셀 전투). 이러한 영향은 체제의 정체성에 지울 수 없는 흔적을 남겼다. 그러나 현재 PAFMM이 중국의 해상 국경에서 점점 더 중요한 역할을 하고 있음에도 공개적으로 활용 가능한 중국 전략 담론에는 해상에서의 인민 전쟁에 대한 언급을 거의 하고 있지 않다. 존재하는 논의들은 중국의 그레이존 활동을 특징짓는 권리보호 작전이 아니라 PAFMM의 가능한 전시 기능에 초점을 맞추고 있다. 이 용어는 지금까지 중국의 전략적 해양 담론에서 상당히 미미한 수준으로 논의되었지만, 그 활용을 연구하면 평시 민병대 활동이 광범위한 해양 투쟁 또는 갈등의 일부로 개념화되는 정도를 측정하는 데 도움이 될 수 있다.

해상 인민 전쟁의 기원

인민 전쟁은 중화인민공화국 건국 이전 20년 동안 개발된 방어적 군사사상이다. 인민 전쟁은 종종 군사전략가들에 의해 '적극적 방어'와 함께 마오 시대 전략사상의 가장 중요한 구성 요소 중 하나로 여겨지는 경우가 많다. 혁명적인 전략에서 태어난 이것은 중국 공산당(CCP)에 의해 일본 제국주의자들과 국민당(KMT) 경쟁자들에 대항하여 사용되었다. 중국 내전 중 무장한 민간인이 본토 깊숙이 적군을 유인하려 하였다. 일단 적이 외국의 불리한 전략적 환경으로 유인되면, 인민 전쟁은 적과 맞서 점차적으로 인구와 군사적 이점 둘다의 지지를 얻는 수많은 작은 충돌을 통해 일어난다.

인민 전쟁의 본질은 변하지 않지만 그 형태는 유연하고 "인민에 의한 혁신"에 대해 개방적이다. 중국 교리 자료들은 현시대에 걸쳐 인민 전쟁의 특정 형태가 계속해서 인민의 직접 참여에서 간접 참여로 전환되고 있다고 선언한다. 공식 군대에 대한 정보 기반 형태의 지원을 통해 점점 더 많이 전투에 참여하고 있다. 여기에서 PAFMM은 수십 년 동안 귀중한 정보를 제공한 것으로 인정받았다. 마크 스토크(Mark Stokes)가 이 책에서 자세히 설명했듯이, 그들은 오늘날 그 어느 때보다 정교하게 작업을 수행하고 있으며, 일부 병력은 이 역할을 수행하도록 전문화되어 있다.

인민 전쟁에 대한 강조는 마오 시대와 그 이후에도 지속되었다. 그러나 중국은 국가 간 분쟁이 중국의 물리적 국경과 비교적 가까운 인구밀집 지역에 한정되어 있었기 때문에, 전쟁 초기 개념에서 인민 전쟁 교리를 실제로 사용한 경우가 거의 없었다. 그럼에도 이 개념은 잠재적으로 중요한 기능을 수행했다. 정치적으로, 인민 전쟁의 상향식, 혁명적 기원은 인민해방군(PLA)과 CCP 사이의 특별한 이념적 연결을 유지하고 있다. 교리적으로 볼 때, 인민 전쟁은 군부대와 민간부대 간의 안보협력을 광범위하게 강조한다. 작전상 인민 전쟁은 제2차 세계대전 중 마오쩌둥의 군대와 KMT에 대항하여 사용한 특정한 게릴라전 전술을 수용한다.

중국 군부 내에서의 인민 전쟁의 현대적 장점에 대한 논쟁은 그 개념을 분열시켰다. 구식이라고 주장하는 사람들은 사람들의 전쟁 전술을 불필요하게 만드는 군사기술의 진보, 중국과 관련된 미래의 갈등이 국경을 넘어 싸울 가능성이 증가하고 있으며, 선진 군대와 전쟁을 지속하는 데 있어서 사람들의 극단적인 정치적 비용을 강조한다. 대신 이 교리의 지지자들은 인민 전쟁은 중국의 독특한 전략적 교리를 보존하고, 방어적이고 정당한 군사원칙을 구현하며, 중국의 군대에 대한 민간인의 참여와 지원을 강조하며, 이 모든 것은 형태에 관계없이 여전히 중요하다고 주장한다. 이 개념은 완전히 포기하거나 유지되기보다는 서로 다른 전략적 목적을 위해 지속적으로 적용되고 변화되어 왔다. 따라서 인민 전쟁은 발발 이후 인민해방군 내에서 다양한 정치적, 교리적, 작전적 의미를 지니고 있다.

민병대를 특징으로 하는 인민 전쟁은 논란의 여지가 없지는 않지만, 여전히 현저하게 남아있는데, 이는 부분적으로 현대 중국 역사에서 민병대의 독특한 정치적 역할 때문이다. 마오쩌둥 치하에서 민병대는 지역 차원에서 "3인1" 체제의 중요한 부분이었다. 민병대는 다양한 공격 전술을 통해 중국 영토로 유인된 적군을 무력화시키는 일을 주로 담당했다. 이러한 분업 내에서 때때로 인민해방군과 민병대 사이에 긴장이 있었다. 민병대는 일부 PLA 장교들이 원했지만, 마오쩌둥이 반사회주의적이고 이념적으로 탐탁지 않다고 폄하한 직업화의 반대를 대표했다. 많은

PLA 지도자들은 마오쩌둥과 달리 민병대를 도움이 되지 않고, 희소한 자원을 낭비하는 것으로 보았다. 민병대는 실제 전쟁의 핵심 축이 아니라 주로 국내 정치 계획을 위해 동원되었다. 예를 들어, 민병대는 1970년대 엘리트 권력 투쟁뿐만 아니라 군사화된 대약진운동을 위한 동원 운동에서 중요한 세력이었다.

복잡한 정치 역사와 마오쩌둥 시대의 PLA 현대화와의 반대 관계를 고려할 때, 1978년 이후 민병대의 전략적 중요성이 감소한 것은 그다지 놀라운 일이 아니다. 덩샤오핑(Deng Xiaoping)의 지시에 따라 "3인1" 체제는 민병대가 독립적인 군이 아닌 PLA의 예비군으로 임무를 수행하는 체제로 교체되었다.

인민 전쟁의 개념은 중국 해군 교리에 직접적인 영향을 미쳤다. 프랑스와 러시아 역사에서 발전된 해군의 교리처럼 전쟁에서 영감을 받은 사람들의 해양 전략은 해안 지역의 육지 중심강국의 강점을 이용하려고 했다. 공산주의자들이 본토에서 승리한 직후 몇 년 동안, 종종 "해상 사보타주 기습(maritime sabotage－raid) 게릴라전"이라고 불리는 이 교리가 KMT 군대와의 해상 전투에서 적용되었다. 예를 들어, 1954－55년 내내 PLAN 수병은 저장성에서 KMT 군대에 대해 기습 공격을 수행했다. 이러한 작전은 작은 섬과 해안선에서 게릴라전에 의존했고, 근거리 및 야간 작전, 그리고 대형 선박에 대한 소형 선박의 활용을 동반했다. 그들은 또한 정보, 물류 지원, 그리고 심지어 직접 전투까지 다양한 중국 민간인들에게 크게 의존했다.

일부 사람들에게 마오쩌둥의 핵심 전략 사상을 해양 영역으로 확장하는 것은 자연스러운 진전이었다. 비평가들은 바다가 자연적으로 개방되어 있고 사람들이 거의 없으므로, 인민 전쟁은 해양 분쟁에 적합하지 않다고 주장했다. 마오쩌둥은 바다에는 지지를 얻을 수 있는 어부들이 있다고 지적하면서 동의하지 않았다. 그는 "해군은 고유의 특성이 있지만 해군의 특수성을 강조할 수는 없다. 우리는 군대의 좋은 전통을 계승해야 한다. 우리는 그것들을 옆으로 버릴 수 없다. 해군도 국민에게, 어부에게 의존해야 한다. 어부들 사이에 뿌리를 심어야 한다"고 말했다.

중국 본토에서의 주요 전투가 끝나면서 새 정부는 해안 안보 문제에 직면했다. 대만의 국민당 정부는 1960년대까지 해안 파괴와 침투 운동을 계속했다. PRC의 우려는 해안 이동 인구에 대한 통제를 확립하는 전통적인 문제로 인해 더욱 악화되었다. 이동하는 해안 인구에 대한 통제를 확립하는 문제는 토지의 독립성과 사회적 통제 노력에 대한 대응으로 재배치할 수 있는 능력으로 인해 중국 제국 전역의 이전 정권에 대한 도전이 되었다. 이러한 도전은 중국의 군사 기획자들이 중국의 광대한 해안선을 보호하기 위해 해안 민간단체와 협력하도록 인센티브를 제공한다. 이러한 활동은 보안 목표를 달성하기 위해 통합된 군사 및 민간 자원의 조합을 활용했다. 중국 정부는 여러 유형의 군사 및 민간 활동을 추구했다. 첫째, 해안경비대를 만들었고, 이는 1950년대에 미 해군 정보국에 의해 6,000~7,000명의 대원으로 구성된 것으로 평가된 각 해안 지방 해안 민병대 사단의 설립이 포함되었다. 지역 해안 주민들로부터 차출하여 해상 침공을 방어하는 임무를 맡은 그들의 행동은 기능적으로 혁명 인민 전쟁 서사에 부합한다. 그러나 이 부대는 좁은 해안의 방어 임무를 맡은 해안의 민병대임이 분명했다.

이러한 해안 기반 방어체계와 병행하여, PRC는 해양 경제를 새로운 정권과 결부시킨 사회구조를 만들기 위해 움직였다. 1949년까지 연안 어업 인구 사이에는 정당 활동이 거의 없었다. 집단화가 도입되는 동안 초기의 노력은 어선단을 재건하고 현대화하는 데 중점을 두었다. 민족주의 규제에서 해방되고 생산이 장려된 중국의 어부들은 1949년에서 1952년까지 어획량을 4배로 늘렸다. 그러나 1952년 말 정부의 생선가격 통제는 광둥성에서 홍콩으로 어선의 이동을 촉발시켰다. 제1차 5개년 계획(1953−57)은 어선에서 정치 조직의 노력을 배가시켰다. 선박은 단체로 등록하도록 요구되었고, 단체 회원들은 선박의 운항을 책임졌다. 각 선박마다 당 또는 공산주의청년동맹 회원이 필요했으며, 선원의 책임과 계획된 항로만을 운행하는 제도가 시행되었다. 항구를 떠나려면 허가가 필요했고, 많은 경우에 허가받은 가족의 여러 구성원이 해안에 거주해야 했다. 어업 집단은 나중에 어촌과 국유 어업 기업이 되었다. 정당이 지역 해안 지역 사회에 침투하여 통제하려는 이러한 시도는 주로 정치적 목적을 위해 수행됐다.

해안 인구에 대한 공산주의의 통제가 증가함에 따라 공동 방어에 기여하기 위해 단체를 조직하려는 노력도 증가하였다. 1951년 미 해군 정보국이 취득한 PRC 어업 허가서에는 공습과 침투 방지에 도움이 되는 내용이 포함되어 있었다. PRC 어부들은 민병대로서의 역할과 PLAN을 지원한 것으로 많은 찬사를 받았다. 1965년, 해상민병대가 동중국해에서 PLAN에 의해 격추된 미국제 대만 정찰기의 승무원을 생포했다. 신화통신은 그들의 공적을 "어업활동과 민병대의 통합"의 빛나는 예라고 칭송했다. 어업 선단과 PLAN 간의 긴밀한 조정은 1960년에 PLAN 부사령관에서 수산물국 차관으로 PLAN 제독을 재배정하면서 제안되었다.

초기기간 동안, 중국의 해상민병대는 때때로 후에 "해상권 보호"라고 불리는 중국의 해상권 주장을 방어하기 위한 임무를 수행했다. 예를 들어 민병대는 1967년 12월 상하이 근처에서 USS Pueblo의 자매함인 USS Banner와 대치하였다. 1978년 4월 약 100척의 중국 어선이 일부 무장한 센카쿠/디아오위 제도로 항해하여 중국 영유권을 선언하는 깃발을 펼치기도 했다.

요약하자면, 해상에서의 인민 전쟁의 개념은 육지 중심의 마오쩌둥주의 교리에서 비롯되었다. 해양 환경에 적용되었을 때, 처음에는 중국 해군이 연안 방어 및 상륙 공격 작전에서 게릴라와 같은 전술을 사용하는 것으로 묘사되었다. PLA에 의해 조직되고 동원된 중국 민병대는 KMT 점령, 섬 점령, 해안 방어를 포함한 다수의 초기 분쟁에서 역할을 수행했다. 그들은 또한 오늘날 "권리 보호" 작전이라고 부를 수 있는 소규모 작전을 수행하였는데, 그것은 분쟁 중인 영토에 대한 중국의 주장을 입증하고 외국 해군 함정을 공격하는 것이다.

오늘날 해상에서의 인민 전쟁

장 장군의 발언이 시사하는 바와 같이, 해상 인민 전쟁이라는 용어는 중국 전략적 담론에서 적어도 어느 정도 통용된다. 하지만 얼마나 통용될까? 그리고 어쩌면 더 중요한 것은 현대적 맥락에서 그것이 의미하는 바는 무엇인가? 이 절에서는 해상 인민 전쟁이 중국 전략 공동체 내에서의 제한된 개념이라고 주장한다. 그것이 사용되는 범위 내에서, 해상 인민 전쟁은 중국의 해상권을 옹호하고 발전시키기 위한 그레이존 접근방식이 아니라 고강도 분쟁에서 사용될 수 있거나 사용되어야 하는 교리로 계속 형성되고 있다.

부가적(marginal) 개념

이 주제에 대한 중국 자료를 바탕으로, 해상에서의 인민 전쟁은 중국 전략 담론에서 거의 다루지지 않았다(자료 3-1 참조). 중국의 2006년 국방백서에서는 "해군은 현대적 조건에서 해군 작전 이론에 대한 연구를 강화하고 해상 인민 전쟁의 전략과 전술을 탐구하고 있다"고 명시돼 있다. 사실이라면 그를 증명할 증거가 없는 것이다. "해상에서의 인민 전쟁(ESE)"이라는 용어는 거의 8년 동안(2010년 1월 1일부터 2017년 9월 25일까지) 인민해군 신문에 한 번도 사용되지 않았다. 이러한 관심 부족은 특히 시진핑(Xi Jinping) 주석이 탄먼(Tanmen)을 방문한 이후(2013년 4월) 중국 군사 문헌에서 PAFMM의 인기가 높아진 것과 현저한 대조를 보인다.

자료 3-1. '해상민병대'라는 문구가 포함된 중국 미디어 및 학술 기사, 2002-2016

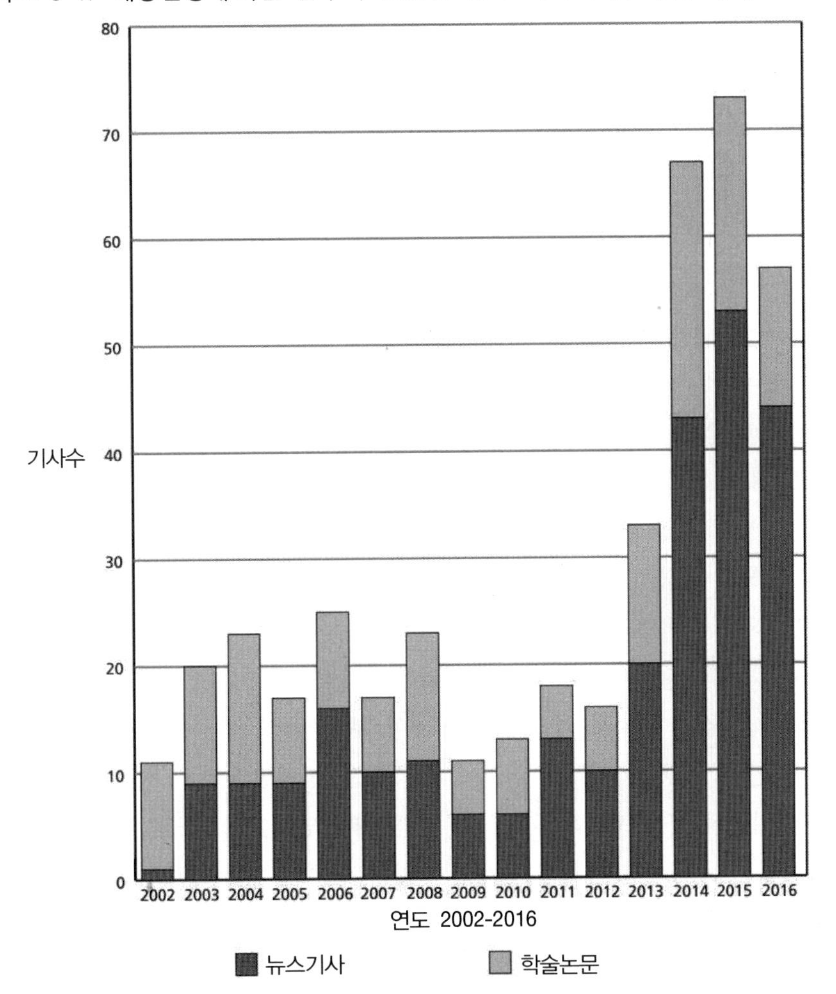

해상에서의 인민 전쟁에 대한 냉대는 이해할 수 있다. PLAN은 미국 해군과 같은 다른 세계 수준의 해군을 모델로 삼고자 자의식적으로 노력하고 있다. 이러한 근대화의 추구는 그것을 과거의 교리로부터 점점 멀어지게 한다.

실제로 인민 전쟁 개념이 소외된 것은 1970년대로 거슬러 올라갈 수 있다. 마오쩌둥이 사망한 후 덩샤오핑은 대대적인 군사 교리 개혁을 도입하고 1978년 "현대적 조건 아래의 인민 전쟁" 개념을 발표했다. 그는 긴급하게 필요한 군사 현대화를 촉진하면서도 마오쩌둥과 연결되어 있음을 강조하고 정치적 정당성을 유지하기 위해 이 표현을 선택했다. 용어의 "인민 전쟁" 부분은 대체로 명목상이었지만, PLA가 광범위한 현대화를 추구하기 시작하면서 이 용어를 유지한 것은 마오쩌둥의 이념적 유산이 불확실했던 민감한 시기였던 1978년 이전의 용어에서 잠재적으로 위험한 변화를 피했다고 할 수 있다. 인민 전쟁이라는 용어는 이후 "첨단 기술 조건에서 지역 전쟁에서 승리한다"는 장쩌민(Jiang Zemin)의 군사 교리에서 삭제되었다.

PLA와 마찬가지로 PAFMM도 현대화, 전문화되고 있다. 중국 전략가들이 인식하는 바와 같이, 보다 전문적인 민병대가 중국이 영유권을 주장하는 지역에 대한 통제권을 주장하는 데 필요한 행정 기능을 더 잘 수행할 것이다. 개선된 교육, 장비 및 전문화는 현대화 PLAN과의 상호 운용성도 개선시킬 수 있다. 기존 PAFMM 부대의 전환과 경제적 생산이 거의 또는 전혀 관여하지 않는 산샤 해상민병대(Sansha Maritime Militia)와 같은 새로운 부대 창설을 포함하여 이러한 개선을 달성하기 위한 많은 노력이 진행 중이다.

해상 인민 전쟁을 중국의 현대 해양 방어에 적용하는 데에는 최소한 두 가지 논리적 장애물이 있다. 첫째, 인민 전쟁은 약자가 강자를 이기기 위해 사용하는 전략으로 인식되어 처음에는 결정적인 대결을 피하게 하는 지침이었다. 그러나 중국의 해상군은 인도-아시아-태평양 지역에서 중국의 잠재적 경쟁자에 비해 빠르게 성장하여 중국의 현실과 인민 전쟁 이론이 분리되었다.

둘째, 인민 전쟁은 외국의 침략에 대응하는 방어전략으로 개념화되었지만 PAFMM에 위임된 것을 포함하여 중국의 현대 해양 안보 목표 중 많은 부분은 해안에서 수백 마일 떨어진 과거에 통제되지 않은 지역에 대한 새로운 영향력과 통제를 달성하기 위해 설계되었다. 데니스 브라스코(Dennis Blasko)가 지적했듯이 인민 전쟁은 본토에서 멀리 떨어진 대륙이나 해상 등지에서 중국인이 적은 지역에서 수행되기 때문에 본질적으로 덜 효과적일 가능성이 있다. 중국의 해상 방어전략이 순전히 연안 방어전략에서 공해 보호를 포함하는 전략으로 발전하고, 보다 일반적으로 중국으로부터 멀리 떨어진 작전으로 발전함에 따라, 인민 전쟁 전술은 점점 더 많은 비용이 들고 인민 전쟁의 기본 개념과 점점 더 멀어지고 있다.

전투(Focus on warfighting)

중국이 해상권 행사를 위해 어부로 위장한 민병대를 활용하는 것은 외국 관계자들에게 해상 전쟁의 이미지를 자연스럽게 떠올리게 한다. 실제로 카츠야 야마모토(Katsuya Yamamoto)와 이 책의 다른 저자들이 보여주듯이, 이러한 방향성은 틀림이 없어 보인다. 그러나 중국 문헌을 면밀히 살펴보면, 중국의 전략적 담론에서 해상 인민 전쟁이 통용되는 만큼 그것이 중국의 동중국해 및 남중국해의 그레이존 확장에 직접적인 영향을 미친다는 증거가 거의 없음을 시사하고 있다.

2014년 국방일보에 게재된 한 기사는 "해양권 보호" 작전을 마오쩌둥 시대의 개념과 연결하는 몇 안 되는 중국 군사 사상가의 사례 중 하나를 제공한다. 당시 게용홍(Ge Yonghong) 중령은 해상 인민 전쟁을 "주로 현역군이 민병대와 예비군과 같이 동원되고 조직된 군대와 광범위한 대중의 협력을 받아 연안 해역에서 수행하는 해상 군사작전이라고 정의했고, 국민뿐만 아니라 예비군도 해상권과 국가의 이익을 보호해야 한다"고 말했다.

게 중령은 분명히 해상에서 사람들의 전쟁을 일종의 하이브리드 전쟁 개념으로 간주하였다. 현대적 맥락에서 볼 때, 해상 인민 전쟁은 "우리 군대가 싸워서 승리할 수 있다는 목표를 달성할 수 있는 중요한 형태를 유지하고 있는가?"에 대한 지속적인 효용성을 설명하면서 이것이 중국이 "적과의 기술 격차를 상쇄함에" 이어 "강한 적(아마도 미국과 일본)을 무찌르기 위해서는 군의 주력에만 의존하는 것으로는 충분하지 않다"고 덧붙였다.

게 중령의 기사는 강력한 적과의 충돌에서 PAFMM이 부여받을 수 있는 임무에 대해 설명한다. 여기에는 봉쇄, 침투, 공격, 모의 작전, 수송 방어, 섬 방어 및 전장 지원과 같은 작전이 포함된다. 또한 게중령은 "전쟁의 변두리에서의 작전"으로 묘사되는 "해상권 보호"에 대한 한단락의 설명을 포함하고 있다. 따라서 중국 전략가들은 이를 전쟁과 평화 사이의 그레이존에서 중국의 해상권을 추구하기 위한 지침으로써 심각하게 여기지 않음이 분명하다.

요약하자면, 해상 인민 전쟁은 현대 중국 전략 담론의 부수적인 개념이다. 이것이 인용될 때 PLA, 특히 PLAN을 지원하는 중국 민병대의 기술과 능력을 활용하는 전투 교리를 가리킨다. 몇 가지 예외를 제외하고는, 동중국해와 남중국해에서 중국의 그레이존 확장을 특징 짓는 해양권 보호작전에는 적용되지 않는다. 실제로 현대화와 전문화를 위한 PLAN과 PAFMM의 노력은 인민 전쟁 개념을 인정하지 않는다. 마지막으로, 마오쩌둥 시대의 개념을 현재에 적용하는 데에는 중대한 논리적 장애물이 있다. 중국은 다른 주변국보다 훨씬 강력하며, 중국의 목표는 방어적인 것이 아니라 확장적이다.

결론

이 장에서 우리는 해상 인민 전쟁의 진화과정을 추적해 왔다. PLAN은 처음에 1950년대와 1960년대에 중국 해안선을 확보하기 위해 마오쩌둥의 인민 전쟁 사상을 해상 영역에 적용했다. 중국 공산당이 해안 인구에 대한 통제를 확립하면서 중국 선원, 특히 어민을 국방 활동에 활용하였다. 해안 섬을 탈환하기 위한 전투와 같은 일부 경우에는 민병대가 직접적인 전투 역할을 수행하기도 했다.

PLAN은 오랫동안 중요한 쟁점으로써 해상 인민 전쟁을 실질적으로 포기해 왔다. 최근 몇 년 동안 일부 중국 전략가들은 해상에서의 현대 분쟁에서 민병대가 할 수 있는 역할에 이 개념을 적용하였지만, 그 노력은 약하고 지속적이지 못했다. 중국의 해상민병대가 중국의 해상 국경을 확장하기 위해 그레이존 작전을 수행하는 데 점점 더 중요한 역할을 하고 있지만, 해상에서의 인민 전쟁은 전쟁과 어느 정도 관련이 있기는 하지만 여전히 서로 다른 개념으로 남아있다. PAFMM의 역할은 시간이 지남에 따라 진화했으며 인민 전쟁 전통은 오늘날 중국의 해상민병대가 무엇인지 알리는 데 중요한 역할을 하였다.

그렇다면, 왜 해상 인민 전쟁이 계속해서 언급되고 있으며, 개념적 대안은 무엇인가? 해답은 중국의 해상권을 뒷받침하기 위한 민병대의 작전을 지도하는 하나의 중요한 전략적 개념이 분명히 결여되어 있다는 데 있을 것이다. 이들은 국제법에 대한 중국의 (왜곡된) 해석을 바탕으로 중국의 "해양권"을 보호하기 위한 작전을 수행한다. 적어도 남중국해에서 민병대는 "PLA－공권력－민병 공동 방어 시스템"의 일부이며, 첫 번째 라인에 민병대, 두 번째 라인에 해양법 집행기관, 세 번째 라인에 PLA가 있다. 이것은 "권리보호법 집행체계"로 설명되었다. 이들의 운영은 웨이콴(weiquan, "권리 보호")과 웨이웬(weiwen, "안정성 유지")의 균형 유지 원칙에 따라 운용된다.

또한 계속되는 논의는 2016년 8월 장장군의 발언의 본질과 중요성에 대한 의문을 제기한다. 왜 동중국해에서 평화 권리 보호 작전 이전 시대에 시대착오적인 전쟁 개념을 불러일으키는가? 답은 장장군의 청중과 관련이 있을 수 있다. 그는 군사 전략가들과 대화한 것이 아니라 최전선 군대에게 연설하고 있었다. 장장군의 연설은 2016년 8월 센카쿠 해협 인근에서 전례 없는 중국 해안경비대와 어선의 활동에 대한 실질적인 지침은 아니었지만, PLA의 더 넓은 영웅적 역사의 맥락에서 그 작전을 고귀하게 하려는 노력이었을 수도 있다. 해상 인민 전쟁 개념의 역사적 진화와 전쟁과의 지속적인 연관성은 현재 전략에서 제한된 역할에도 불구하고 이 용어를 주목할 가치가 있게 만든다.

Notes

We thank Andrew Erickson, Taylor Fravel, Conor Kennedy, and Ryan Martinson for helpful comments.

1. 장장군의 공식 발언 요약에 따르면 장장군은 또 "해상에서의 인민 전쟁 전략과 전술을 혁신하고 발전시킬 것"을 주문했다. (创新发展海上人民战争的战略战术) and "earnestly research[ing] and explor[ing] the topic of win－ning people's war at sea" (把打赢新形势下海上人民战争,作为重大现实课题认真研究探索). "常

万全: 必须认真研究探索打赢新形势下海上人民战争" ["Chang Wanquan: We Must Seriously Research and Explore Winning the People's War at Sea under New Conditions"], 解放军报 [*Liberation Army Daily*], August 3, 2016, http://military.people.com.cn/n1/2016/0803/c1011−28606439.html.

2. M. Taylor Fravel, "The Evolution of China's Military Strategy: Comparing the 1987 and 1999 Editions of Zhanlue Xue," in *The Revolution in Doctrinal Affairs*: Emerging Trends in the Operational Art of the Chinese People's Liberation Army, ed. David Finkelstein and James Mulvenon (Alexandria, VA: Center for Naval Analyses, 2005), 79−100.
3. 그것은 또한 쿠바와 네팔과 같은 중국을 넘어 여러 사회주의 혁명에 배치되었다.
4. 최신 PLA 군사 용어 사전은 인민 전쟁을 "계급해방과 외세의 침략에 저항, 국민 통합을 위해 광범한 대중을 조직하고 무장하고 의존함으로써 행해지는 전쟁"이라고 정의한다. 中国人民解放军军语[*PLADictionary of Military Terms*], 军事科学出版社 (Beijing: Military Science Press, 2011).
5. 肖天亮 [Xiao Tianliang], ed., 战略学 [*The Science of Military Strategy*] (Beijing: National Defense University Press, 2015), 26-29.
6. Alastair lain Johnston, "Cultural Realism and Strategy in Maoist China" in *The Culture of National Security: Norms and Identity in World Politics*, ed. Peter Katzenstein (New York: Columbia University Press, 1996), 216—68.
7. Alexander Huang, "Transformation and Refinement of Chinese Military Doctrine: Reflection and Critique on the PLAs View," in *Seeking Truth from Facts: A Retrospective on Chinese Military Studies in the Post−Mao Era*, ed. James C. Mulvenon and Andrew N. D. Yang (Santa Monica, CA: RAND, 2001), 131−41.
8. Ibid.
9. Ibid.
10. Ellis Joffe, "People's War under Modern Conditions," *China Quarterly* 112 (1987), 555−71.
11. Ibid.
12. Martin Murphy and Toshi Yoshihara, "Fighting the Naval Hegemon: Evolution in French, Soviet, and Chinese Naval Thought," *Naval War College Review* 68, no. 3(Summer 2015): 13−39.
13. 师小芹 [Shi Xiaoqin], 论海权与中美关系 [*On Sea Power and Sino−U.S. Relations*](Beijing: Military Science Press, 2012), 207.
14. Jeffrey Becker, "Who's at the Helm? The Past, Present and Future Leaders of

China's Navy." *Naval War College Review* 69, no. 2 (Spring 2016): 66–90.

15. Murphy and Yoshihara, "Fighting the Naval Hegemon."

16. 喻永红, 胡鹏, 周德华 [Yu Yonghong, Hu Peng, and Zhou Dehua], "人民海军海上破袭游击战思想的历史回顾" ["A Look Back at the People's Navy's Maritime Sabotage–Raid Guerrilla Warfare"], 军事历史研究 [*Military History Research*] 1(2012): 100.

17. 战立鹏 [Zhan Lipeng], "毛泽东人民海军建设思想及启示" ["Contemporary Lessons from Mao Zedong's Thought on Building the People's Navy"], 军事历史[*Military History*] 3(2009): 20.

18. Gang Zhao, *The Qing Opening to the Ocean: Chinese Maritime Policies, 1684–1757* (Honolulu: University of Hawaii Press, 2013).

19. Bruce Swanson, *Eighth Voyage of the Dragon: A History of China's Quest for Seapower* (Annapolis, MD: Naval Institute Press, 1982), 187.

20. David G. Muller Jr., *China as a Maritime Power: The Formative Years, 1945–1983*(Lexington, VA: Rockbridge Books, 2016), 85–86.

21. Swanson, *Eighth Voyage of the Dragon*, 216–19.

22. Ibid., 218.

23. "东海渔民民兵活捉美制蒋机驾驶员" ["East China Sea Fishermen Maritime Militia Capture Pilots of American–Manufactured Jiang Plane"), OK (China Fisheries) 1 (1965): 28.

24. Swanson, *Eighth Voyage of the Dragon*, 221.

25. Ibid., 252. The Banner class consisted of Banner, Pueblo, and Palm Beach

26. Reinhard Drifte, "The Japan China Confrontation over the Senkaku/Diaoyu Islands–Between 'Shelving and' Dispute Escalation," *The Asia–Pacific Journal* 12, no. 30 (2014): 28. 중국 어부들이 행한 다른 국방활동은 해상에서의 인민 전쟁으로 묘사되었다. 예를 들어, 1964년 중국 수산지 기사에서 광둥성의 어부들과 민병들이 인민의 전쟁 사고 아래 외국 적들에 대한 높은 경제적 생산과 해상 방어를 성취한 사례 연구를 탐구한다. 1965년 같은 저널에 실린 한 기사는 해상민병대에 의한 대만 해군 선원들의 생포 사건을 해상에서의 인민 전쟁의 성공적인 사례로 인용하고 있다. See "把政治、组织、军事工作落实到渔船 渔业生产和对敌斗争取得显著成绩—莲花山公社建成一支坚强的渔民民兵队伍" ["Shining Accomplishments Achieved by Implementing Political, Organizational and Military Work in the Struggle against the Enemy and Fisheries Production: Lianhuashan *Fisheries*] 8(1964): 19-20; "东海渔民民兵活捉美制蒋机驾驶员" ["East China Sea Fishermen Maritime Militia Capture Pilots of American–

Manufactured Jiang Plane"], 中国水产[*China Fisheries*], 1(1965): 28.

27. *China's National Defense in 2006* (Beijing: Information Office of the State Council, December 29, 2006), http://www.china.org.cn/english/features/book/194421.htm.

28. Joffe, "People's War under Modern Conditions."

29. 张践 [Zhang Jian], "围绕'六化'抓建 推动海上民兵转型" ["Push Forward the Transformation of the Maritime Militia around the 'Six Changes'"], 国防 [*National Defense*] 10 (2015): 21-23; 荣森之 [Rong Senzhi], "切实加强新形势下的海防管控能力建设" ["Conscientiously Strengthen the Construction of Ocean Defense Management and Control Capabilities under New Circumstances"], 国防 [*National Defense*] 12 (2015): 67-69; 周洪福 [Zhou Hongfu], "适应海洋强国要求 加强海上民兵建设" ["Adapting to the Demands of a Strong Maritime Power, Strengthening the Construction o fthe Maritime Militia"], 国防[*National Defense*] 6(2015): 47-48.

30. 杜怡琼 [Du Yijing], 佟欣雨 [Tong Xinyu], and 胡耀中 [Hu Yaozhong], "海南省琼海市潭门民兵连集体学习讨论十九大报告" ["Tanmen Militia of Hainan Province Jinghai City Have Group Study and Discussion of Xi Jinping's 19th Party Congress Report"], 中国国防报[*China National Defense News*], October 26, 2017, http://www.mod.gov.cn/mobilization/2017-10/23/content_4795353.htm.

31. 확실히, 중국은 여전히 스스로를 약자로 생각하고 있고, 더 강력한 자국의 위치를 완전히 내면화하지 않았기 때문에, 이것은 논리적이지만 실질적인 장애물은 아니다.

32. Dennis Blasko, "Chinese Strategic Thinking: People's War in the 21st Century, *China Brief* 10, no. 6 (March 18, 2010), https://jamestown.org/program/chinese-strategic-thinking-peoples-war-in-the-21st centuryl.

33. For more on people's war at sea as a wartime doctrine, see 袁兴华 [Yuan Xinghua], "扎扎实实做好海上人民战争准备" ["Steadily Prepare for the People's War at Sea"], 国防[*National Defense*]3(2002): 23-24; 南京军区司令部军研室 [NanjingMilitary Region Command Research Office], "海上人民战争——海南岛登陆作战及启示" ["The People's War at Sea: Fighting and Lessons from the Landing on Hainan Island"], 华北民兵 [*Huabei Militia*] 1 (2006): 62-63; 王正 [Wang Zheng], "信息化条件下坚持和 发展人民战争思想的对策和思路" ["Insist On and Develop the Countermeasures and Thinking of People's War Thought under Informatized Conditions"], 西安政治学院学 报 [*Journal of Xian Politics Institute*] 18, no. 6(December2005), 88.

34. 葛永宏 [Ge Hongyong], "打赢新时期海上人民战争的几点思考" ["A Few Thoughts on Winning People's War at Sea in the New Era"], 国防 [*National Defense*] 12(2014): 65-67.
35. Ibid., 65.
36. Ibid.
37. 2015년 기사에서, 당시 하이난 성 군구 사령관이었던 장젠 소장은 권리 보호 목표를 달성하기 위해 "바다에서의 인민 전쟁 방법"을 사용할 것을 요구했다. See Zhang Jian, "Push Forward the Transformation of the Maritime Militia around the Six Changes;" 22. 38. "三沙市推动军警民联防机制 构建三线海上维权格局" ["Sansha City Promotes Joint Defense Mechanism between Military, Law Enforcement and People: Building a Three-Line Maritime Rights Protection Structure"], 中国新闻网 [*China News*], November 22, 2014, http://military.people.com.cn/n/2014/1122/c172467-26072250.html.

Jonathan G. Odom

그레이존이 블랙레터를 만났을 때

중국의 준 해군 전략 및 국제법

중화인민공화국(PRC)의 해군과 준 해군력 간의 상호 관계는 학자와 분석가에 의해 점점 더면밀히 조사되고 있는 주제 중 하나이다. 한 가지 특징은 중국의 "제3해군"인 중국의 인민해방군 해상민병대(PAFMM)였다. 중국 본토 문헌과 웹싸이트에 공개된 자료조사를 통해, 이미 중국의 해상민병대에 대한 방대한 정보가 드러났고, 해당 정보를 요약하고 종합하는 여러 기사를 선별하였다. 이러한 노력으로 PAFMM이 무엇인지에 대한 질문에 대체적으로 답할 수 있었다. 지금 필요한 것은 조직의 의미("so what")에 대한 학제 간 검토이다. 이 문제가 국제 관계에 영향을 미칠 수 있다는 점을 감안할 때, 그러한 검토의 핵심 요소는 논리적으로 중국의 준 해군력의 잠재적 파급효과를 국제법 문제로 고려하는 것이다.

이 장에서는 그레이존 작전에서 중국이 준 군사력을 활용하는 것에 대한 법적 문제를 간략하게 설명할 것이다. 첫째, 국가책임에 관한 국제법상 일반원칙의 기본 내용 및 토대를 검토한다. 다음으로 중국의 준 해군력 사용과 관련된 세 가지 전문 국제법 기구를 논의하고 적용할 것이다. 여기에는 영토 주권법, 해상법, 국가의 무력 사용에 관한 법률이 포함된다. 궁극적으로, 이 장은 중국의 준 해군력 사용이 국제법에 따라 심각한 잠재적 결과를 초래한다는 것을 보여줄 것이다. 이 장은 중국의 그레이존 행동에 대응하고자 하는 국가를 위한 몇 가지 정책적 제언을 제공하는 것으로 결론을 맺는다.

이러한 법적 문제를 효과적으로 검토하기 위해 본 장에서는 여러 가지 방법으로 분석하는 것에 중점을 둘 것이다. 첫째, 주로 중국의 PAFMM을 검토하고 필요한 경우 중국 해안경비대(CCG)에 대해 간략하게만 논의할 것이다. 둘째, 특정 국가의 국내법이 아닌 국제법에서 발생하는 법적 문제 또는 쟁점 사항에만 초점을 맞출 것이다. 셋째, 실제 무력충돌이 존재하는 경우에만 적용되는 또 다른 국제법 전문기구인 해전법(the law of naval warfare)은 다루지 않을 것이다.

국가 책임

국가 책임은 주권 국가가 법적 의무를 위반할 수 있는 상황을 제한하고, 어떤 국가가 다른 국가의 책임을 주장할 수 있는 상황을 결정하며, 그 위반으로 인해 어떤 결과가 초래될지를 결정하는 국제 공법 시스템의 기본 원칙이다. 국가 책임에 관한 국제법을 성문화하는 단일 조약, 협약 또는 기타 협정은 없다. 대신에 법은 본질적으로 관습적이다. 이 법률 체계는 2001년에 국제법 위원회가 채택한 국제재판소의 사법 결정과 국제 불법 행위에 대한 국가의 책임에 관한 조항(이하 국가 책임 조항)에 주로 반영된다. 국제 사회의 모든 회원들과 마찬가지로, PRC는 조약만큼이나 관습에 얽매여 있다.

일반적으로 개별 국가는 그 국가가 저지른 모든 "국제적 불법 행위"에 대해 어떤 "국제적 책임"을 가지는가? 그러나 국제법이 해당 국가의 특정한 행동을 규제할 자격이 있는가(즉, 국가에 귀속되는 행위)? 국가 책임 조항은 행위 또는 부작위가 "국제법에 따라 국가에 귀속"되고 "국가의 국제 의무 위반을 구성"하는 두 요소를 충족하는 경우, "국제적으로 불법"이라고 규정하고 있다. 국가 책임 조항(State Responsibility Articles)에 대한 논의와 같이, 국가의 모든 행위는 "인간 또는 집단에 의한 어떤 조치 또는 부작위를 포함해야 한다." 기관의 법률 이론에 따르면, 국가의 행위나 부작위는 해당 국가의 대리인 또는 대리 기관에 의해 수행되어야 한다. 따라서 귀속 임계값을 평가할 때 중요한 질문은 "어떤 사람이 국가를 대표할 수 있는가?"이다. 국가 책임 조항은 다양한 근거 또는 이유를 통해 행위가 귀인하는 방법을 검토한다. 이러한 확인된 근거 중 일부는 중국의 준 해군 부대에 적용할 수 있는 것으로 보인다. 여기에는 국가 기관의 행위, 권한 있는 직원의 행위, 정부의 지시, 지시 또는 통제에 따른 행위, 국가가 인정하거나 채택한 행위가 포함된다. 특정한 사실과 상황에 따라, 이 네 가지 방법 중 어느 하나라도 중국의 준 해군력에 의한 구체적인 행동이나 부작위를 PRC에 귀속시킬 수 있으며, 특히 처음 세 가지 기준 중 하나를 충족하는 행동이 될 수 있다. 이해해야 할 중요한 점은 이러한 법적 근거 중 어느 하나라도 기준에 충족된다면 중국의 준 해군 부대의 행동이 중국 정부로부터 기인할 수 있다는 것이다. 따라서 이러한 각 근거는 더 자세히 조사하고 알려진 사실에 적용할 가치가 있다.

국가 귀속에 대한 첫 번째 법적 근거 아래에서 중국의 준 해군력은 중국의 PRC의 "주요 기관" 중 하나인가? 국가 책임 조항 4조에 따르면 국가 기관의 행위는 기관이 입법, 행정, 사법 또는 기타 기능을 행사하든, 국가 조직에서 어떤 위치에 있든, 그리고 중앙 정부 기관 또는 국가 영토 단위의 성격이 무엇이든 상관없이 국제법상 해당 국가의 행위로 간주되어야 한다.

CCG는 명백하게 중국의 국가 기관이며 국제재판소는 그 사실에 대해 구속력 있는 결정을 내렸다. 개별적이고 뚜렷한 증거에 따르면, 중국의 해상민병대도 국가 기관일 수 있지만 모든 사실과 상황을 고려해야 한다. 민병대 부대는 명목상으로 남중국해 수산회사와 산샤시 수산개발회사와 같은 어업회사로 조직되어 있지만, 민병대 부대는 국가로부터 허가받고 훈련받는다. 민병대 내 인력의 책임은 대개 사실상 비정규직으로 이루어지며, 이는 개인 대부분의 시간동안 "불균일하고 경제적 생산(예: 어업)에 종사"함을 의미한다. 그러나 새로운 PAFMM 부대들은 어업하지 않는 어민들, 즉 PRC 야전 상근 해상민병대들로 구성되어 있다.

게다가, 모든 민병대의 국가 기관으로서의 지위는 1982년 PRC 헌법만큼이나 권위 있는 문서에서도 명백히 알 수 있다. 중국 헌법 2장 55조에는 중화인민공화국 시민의 기본 권리와 의무가 명시되어 있다. "중국의 모든 국민은 조국을 수호하고 침략에 저항할 신성한 의무가 있다. 법에 따라 병역을 수행하고 민병대에 입대하는 것은 중화인민공화국의 명예로운 의무이다." 이 헌법 조항에 따라 중국의 병역법(MSL)은 다음과 같이 규정한다. 중화인민공화국은 중화인민해방군, 중국인민

무력경찰, 민병대로 구성된다.

MSL 6장에서는 조직의 성격, 임무, 부대 구성방법을 포함하여 민병대에 대한 세부 정보를 규정한다. 일반적으로 PAFMM 부대를 구성하는 기관은 어업 회사이지만, 몇몇 회사는 국영기업이다. 이 특정 세부규정은 중국 경제시스템에서 국영기업(SOEs)의 하이브리드 특성을 고려할 때 분석범위를 더욱 모호하게 만든다. 그러나 MSL의 37조는 민병대가 지방 정부 또는 "기업과 기관"에 의해 설립될 수 있음을 분명히 한다. 앤드류 에릭슨과 코너 케네디(Andrew Erickson & Conor Kennedy)가 언급한 중국 민병대원에 대한 보상과 관련된 특정 세부 규정에 따르면 "모기업은 주로 영리 기업이 아니라 본질적으로 최전방 조직일 수 있음을 시사하므로 이러한 구분조차 오해의 소지가 있을 수 있다"고 명시하고 있다.

이 문제의 양측 증거를 따져보면, 중국의 해상민병대가 중국의 기관이 될 가능성이 더 높아 보인다. 만약 그렇다면, 고려해야 할 남은 문제는 특정 사건이나 상황에 관련된 각 개인 또는 개인이 "명백한 공식 자격으로 또는 해당 기관의 권위에 따라" 행동하는지 여부이다. 이 결정은 특정 사건 또는 상황의 사실 및 경우에 따라 사례별로 결정된다.

중국의 해양 민병대가 중국의 기관이 아니라고 가정해 보자. 해양 민병대의 행동이 국가 귀속에 대한 다른 법적 근거에 따라 여전히 중국에 귀속될 수 있을까? 고려해야 할 두 번째 근거는 해양 민병대가 PRC의 법률에 따라 행동할 권한이 있는지 여부이다. 구체적으로, 국가 책임 조항 5조에는 "개인이나 단체가 특정한 경우에 그 자격으로 행동하는 경우에 한하여, 국제법에 따른 국가의 행위로 간주한다"와 같이 명시되어 있다. 따라서 개인이나 단체가 국가 기관이 아닌 것으로 판단되더라도 해당 국가가 법률에 의해 국가를 대신하여 행동할 수 있는 권한을 부여한 경우에 해당되는 행위는 여전히 국가에 귀속될 수 있다.

중국의 해양 민병대는 "국가 기관" 기준보다 이 두 번째 귀속 기준을 충족할 가능성이 훨씬 더 높다. 이러한 근거가 "공기업, 준공기업, 다양한 종류의 공공기관, 심지어 특수한 경우에 해당하는 민간기업"이 국가의 법률에 의해 권한을 부여받을 수 있음을 감안할 때 중국 경제시스템 내에서 공기업의 모호성은 상대적으로 관련성이 낮다. 에릭슨과 케네디는 중국 민병대를 관장하는 적어도 두 개의 중국 법률을 강조했다. 중국의 MSL 외에도 중국의 2007년 긴급 대응법에 따라 중국 민병대원은 긴급 구조 및 구호 활동에 참여해야 한다.

그러나 동시에 국가 책임 조항 5조에 반영된 전체 요구 사항을 인식하는 것이 중요하다. 특히, 해당 국가의 특정 법률은 "개인 또는 단체"에 적용되어야 할 뿐만 아니라 그들에게 일부 정부 권한을 부여해야 하며 "해당 개인 또는 단체"는 그 자격으로 행동해야 한다. 중국의 해상민병대가 긴급 대응법 상의 긴급 구조 및 구호 노력 이외의 상황에서 행동할 수 있도록 힘을 실어줄 중국 법률이 있는지 여부는 불분명하다. 예를 들어, 해상민병대가 알려진 다른 임무(예: 해양 이익 보호)를 수행할 의무를 명시하는 다른 PRC 법률이 존재하는가? 그러한 법률의 존재는 해상민병대의 행위가 "법에 의해 권한을 부여받은" 것에 기초하여 중국 정부에 기인한다는 주장을 강화시킬 것이다. 그러한 법률이 존재하지 않는 경우, 두 번째 근거로 중국에 귀속된 해상민병대의 유일한 행동은 긴급 구조 및 구조와 관련된 조치가 될 것이다. 따라서 이 두 번째 근거에 대한 기준을 충족하는 것에는 약간의 불확실성이 남아 있다.

다시 한 번 중국의 해상민병대는 PRC의 "국가 기관"도 아니며 공식적으로 PRC 법률에 의한 "권한이 부여된" 것도 아니라고 가정해보자. 그럼에도 불구하고 국가 귀속에 대한 다른 법적 근거에 따라 해양 민병대의 행동이 중국에 귀속될 수 있는가? 고려해야 할 세 번째 근거는 민병대가 PRC의 지휘, 지시 또는 통제에 따라 행동하는지 여부이다. 특히 국가 책임 조항 8조는 "개인이나 집단이 실제로 그 행위를 수행함에 있어 그 국가의 지시에 따라 행동하거나 그 국가의 지시나 통제하에 있는 경우 국제법에 따른 국가의 행위로 간주한다."고 명시하고 있다. 중국 해상민병대의 경우, 각각 합리적으로 적용될 수 있는 구체적으로 논의된 세 가지 근거 중 이 세 번째 귀속 근거를 해상민병대가 충족시킬 가능성이 가장 높다.

PRC가 중국의 해상민병대를 지시, 통제 및 지휘한다는 것을 보여주는 압도적인 양의 증거가 존재한다. 첫째, PRC의 정치 및 군사 당국은 "군－민 이원구조"를 통해 중국의 해상민병대에 대한 권한을 행사한다. 둘째, PRC 정부는 PAFMM 부대에게 특정 작전을 수행하도록 임무를 부여한다. 셋째, 정부(특히 인민해방군 해군 포함)는 활동 자금을 지원하거나 보조금을 지급한다. 넷째, 정부는 할당된 임무를 수행하기 위해 해상민병대를 무장시키고 재보급한다. 다섯째, 정부(특히 인민해방군 해군을 포함)는 PAFMM의 인원을 훈련시키고 부여된 임무를 수행하게 한다. 여섯째,

정부는 해상민병대의 개별 구성원에게 보상한다. 일곱째, 정부는 PAFMM 요원을 징계할 권한이 있다. 이 증거는 중국 정부가 다양한 수준에서 중국의 해상민병대에 대한 권력을 행사한다는 것을 증명한다. 따라서 "국가 기관", "법에 의해 권한 부여된 기반" 또는 "지시 또는 통제" 기준으로 하여, 중국 해상민병대에 대해 알려진 사실들이 그들의 행동을 국가 책임법에 따라 중국에 귀속된다고 증명할 수 있다고 결론내리는 것은 타당하다.

조치가 "국제적으로 위법"인지 여부를 결정하는 두 번째 요소는 행위 또는 부작위가 "국가의 국제적 의무 위반"을 구성하는지 여부를 평가하는 것과 관련된다. 일반적으로 특정 활동 분야에 관한 전문화된 법률인 특별법을 고려해야 한다. 중국의 준 해군 부대를 분석할 때, 관련 국제법에는 영토 주권법, 해상법 및 국가의 무력 사용에 관한 법률이 포함된다.

영토 주권법

영토 주권에 관한 국제법은 조약이나 기타 국제 협정에 성문화되어 있지 않으며, 관습법의 개정판에도 발표되지 않았다. 대신, 이 전문화된 법체계는 경쟁적인 영토 주장을 포함한 국가 간의 분쟁에서 국제재판소 및 중재 패널의 결정에 반영된다. 이러한 국제법령의 두 가지 요소는 중국 해상민병대에 영향을 미칠 수 있는데, 그것은 효과적인 점령이나 통제에 대한 문제와 중요한 날짜의 개념이다.

둘 이상의 국가가 영토에 대한 영유권을 주장하는 상황에서, 영토 주권법은 특정한 경우에 청구인이 우선해야 하는 엄격한 규칙이나 검증체계를 가지고 있지 않다. 대신에, 국제법은 "영토의 획득(또는 귀속)은 일반적으로 지속적이고 평화로운 기반 위에서 관할권과 국가 기능의 행사를 통해 영토에 대한 권력과 권위의 의도적 표시"가 있어야 한다고 인정한다. 일반적으로 영유권은 여러 가지 방법 중 하나를 통해 획득할 수 있는데, 중국 정부는 동중국해와 남중국해 섬에 대한 발견과 실효 점령을 통해 중국이 영유권을 획득했다고 주장하는 경우가 많다. 이런 이유로 중국 준 해군 부대의 활동이라는 맥락에서 자세히 검토할 가치가 있다. 중국이 두 번째 점령 요소에 대한 자신의 입장을 관찰시키기 위해 준 해군 부대를 활용할 수 있는가? 국제사법재판소는 청구국이 "국가 권위의 효과적이고 지속적인 표시"를 보여줄 것을 기대한다. 중국이 효과적인 점령과 통제에 대한 중국의 법적 사례를 강화하기 위해 준 해군력을 활용할 수 있는 두 가지 방법이 있다. 첫째, PRC는 하나 이상의 기능에 대한 PRC의 효과적인 점유를 입증하기 위해 준 해군력을 사용하려고 시도할 수 있다. 둘째, 대안적이든 추가적이든, 중국은 다른 청구국에 의한 하나 이상의 기능에 대한 효과적인 점유 및 통제를 불신하거나 훼손하기 위해 해당 군대의 활동을 사용하려고 시도할 수 있다. 민병대를 고용하는 이 두 가지 이유 중 어떤 것을 선택하는가는 특정한 특징이나 현재 상황, 즉 PRC 또는 다른 청구국이 분쟁지역에 대한 물리적 소유권을 가지고 있는지 여부에 달려 있다.

PRC가 물리적으로 점유하고 있는 지역의 특징을 고려해보자. 예를 들어, PRC는 베트남과의 해상 전투에 부분적으로 참가한 해상민병대 덕분에 1974년부터 Paracels를 물리적으로 통제해 왔다. 2014년 5월 중국이 Paracels 남쪽 해저의 석유 매장량을 탐사하려고 할 때, PRC는 중국 해양 석유 회사의 하이양시유 981 석유 시추선을 베트남 선박으로부터 보호하기 위해 정교하고 조율된 작전을 수행했으나, 중국이 주장하는 활동은 단순히 중국의 자원 관련 권리의 일부일 뿐이다. 중국 PAFMM 소속 어선 수십 척이 굴착기 주변에 중국 외교부에 의해 "밧줄"로 묘사된 경계 방어를 제공하기 위해 이 지역에 배치되었다.

중국이 영유권을 주장하지만 물리적으로 점령하지 않은 지역의 특징은 어떠한가? 가장 대표적인 예는 동중국해의 센카쿠 열도다. 중국 정부는 센카쿠에 대한 일본의 존재를 설명하기 위해 "통제" 및 "실제 통제"와 같은 언어를 사용하여 센카쿠에 대한 일본의 점령 및 통제에 대한 질문을 반복적으로 시도했다. 센카쿠 근처의 활동에 대하여, 중국은 센카쿠 인근 해역에서 해양국제법 상의 "주권 순찰"을 수행하는 것임을 강조했다.

센카쿠에 대한 일본의 점령과 통제를 상쇄하기 위해 해상민병대를 사용하려는 중국의 의도적인 노력은 어떠한가? 현재까지 동중국해에서 조업 중인 중국 어선 및 함대의 활동은 이 책의 다른 부분에 포함되어 있음에도 불구하고 논리적 연결고리를 구축할 수 있는 연구가 부족한 상태이다. 그러나 센카쿠 주변을 둘러싼 대형 중국 국기를 단 어선 사례가 있었다. 또한 우리는 중국 국기 어선이 같은 해역에서 공격적인 행동을 하는 특정한 사건이 있다는 것도 알고 있다. 예를 들어,

2010년 9월 중국 어선 선장 잔치숑(Zhan Qixiong)은 센카쿠 제도 인근에서 일본 해안경비대 선박 2척에 돌진한 혐의로 일본 정부에 체포되었다. 결국 그는 중국과 일본 간의 외교 협상을 통해 석방되었고, 석방되어 중국 정부의 전세기편으로 귀가하던 중 그는 "댜오위다오도는 중국의 일부이다. 나는 낚시를 하러 거기에 갔다. 그건 합법이다. 그 사람들이 나를 잡은 것이 불법이었다"고 진술하였다. 이 사건과 같은 황해 사건으로 연루된 중국 어민들이 단지 생계를 유지하기 위해 자력으로 행동하는 것인지, 아니면 그들이 국가 정책을 수행하는 중국 해상민병대의 일원인지는 불분명하다.

PRC가 경쟁국에 대한 영토 주장을 강화하기 위해 준 해군력를 사용하려는 정도에 관계없이 현대 시대에서의 그러한 시도는 법적으로 무익한 것이 현실이다. 주목할 만한 것은 국제법이 청구국의 최근 조치를 어떻게 다루는가 하는 것이다. 특히, 분쟁 중인 영유권 주장의 상대적 가치를 평가할 때, 국제법은 결정적 날짜 이후 청구국이 취한 "최근" 조치를 의도적으로 인정하지 않는다. 국제사법재판소(ICJ)는 이러한 결정적 날짜의 개념을 "둘 이상의 청구 국가 간의 분쟁이 '결정화(crystallized)'된 시점의 결정적 날짜는 각 사례의 고유한 사실에 따라 다르다"고 판시하였다. 특정 분쟁의 실제 결정적 날짜와 상관없이, ICJ는 분쟁 발생 시 중요 날짜 이후에 청구국이 취한 조치가 "청구를 뒷받침할 목적으로 엄격하게" 취해지거나 "개선을 목적으로 취해진 경우"에는 "의미 없는 것"으로 간주한다는 법률상의 문제로 결론지었다. 특히, 국가는 국제법에 따라 "평화로운 수단으로" 영토 및 해양 분쟁을 해결할 의무가 있다. 그러나 한 청구국이 자신의 주장을 입증하기 위해 독단적인 행동(경쟁 청구국으로 하여금 자신의 주장을 입증하기 위해 적극적인 행동으로 대응하도록 유도할 수 있음)으로 대응하고 상황이 통제가 불가능한 상태가 되어 무력충돌로 확대되면 이러한 법적 의무는 훼손될 수 있다.

PRC와 동중국해 및 남중국해의 인접 국가들과의 영토 분쟁의 중요한 시기를 결정하는 것은 간단한 작업이 아니다. 그러나 구체적인 날짜 또는 날짜들을 정확히 밝힐 필요는 없다. 합리적인 관찰자라면 파라셀, 스프래틀리스, 센카쿠에 대한 분쟁의 중요한 날짜가 모두 과거 어느 때라는 것을 인정할 것이다. 결론적으로, 중국이나 다른 청구국가의 새로운 주장은 토지와 해역에 대한 법적 주장을 개선하는데 있어 아무런 영향을 미치지 않는다. 그러한 일방적인 행위는 평화적 수단으로 국제 분쟁을 해결하려는 청구국의 법적 의무를 위반할 위험이 있다.

해양법

국제해양법은 주로 PRC가 1996년에 비준한 유엔해양법협약(UNCLOS)의 관습과 조약으로 구성되어 있다. UNCLOS는 320개의 조항으로 구성되고, 해양 공간의 모든 부분(예: 연안, 근해, 공해 등)에서의 국가의 이해관계를 균형 있게 조정하고, 모든 범주의 선박을 다루므로 범위가 매우 포괄적이다. 중국의 준 해군력 세력에 영향을 미칠 수 있는 해양법의 몇 가지 요소가 있다. 여기에는 다른 국가가 누리는 해상 자유에 대한 국가의 의무, 항해 안전에 대한 국제 표준을 준수해야 하는 개별 선박의 의무, 선박이 이러한 표준을 준수하도록 보장해야 하는 국가의 의무가 포함된다.

첫째, UNCLOS에 반영된 법적 체제는 모든 국가가 전 세계 대양 전역에서 광범위하고 정의된 해양 자유를 누리고 있음을 인정한다. 일반적으로 연안국과 사용국의 이익은 국제법상 균형을 이루고 있는데, 연안국은 자국 영토 근처의 수역에서 더 큰 통제권을 갖고 있고, 사용국은 다른 국가의 영토에서 멀리 떨어진 수역에서 더 큰 자유를 누린다는 것이다. 이러한 사용국은 영해와 영공의 특정 권리, 자유 및 합법적인 사용에 대한 자격이 있다. 해양 자유의 이러한 요소 및 하위 요소 각각에 대해 설정된 매개변수는 단일 국가의 일방적인 행위에 의해서가 아니라 국제법에 의해 정해진다. UNCLOS는 연안 국가가 제정한 법률과 규정이 협약의 내용과 일치할 것을 요구한다. UNCLOS는 당사국이 다른 국가가 따라야 하는 연안 국가의 법률 및 규정에 대한 전제 조건으로 "이 협약에 따라" 자체 법률을 성문화하거나 적어도 11번은 그러한 취지의 문구를 성문화할 것을 특별히 명했다.

또한 UNCLOS 제56조에 명시된 바와 같이 연안 국가가 누리는 경제적, 자원 관련 주권인 "권리, 관할권 및 의무"에 초점을 맞춰서 해양수역인 배타적 경제수역(EEZ)을 포함한 모든 국가가 누리는 해양자유에 대해 "충분히 고려"할 것을 의무화하고 있다. 이 구역은 특정 해안 국가가 일방적으로 선호하거나 원하는 권리와 의무는 포함하지 않는다. 게다가, 일부 모호한 "공익"을 포함하지 않는 것처럼, 일부 모호한 안보 이익을 포함하지 않는다. 그러므로 국제법은 EEZ 내에서 연안국은 "다른 국가의 권리와 의무에 관하여 마땅히 고려되어야 한다"고 명시하고 있다.

그러나 그 매개변수는 무엇을 의미하는가? 첫째, 이러한 "권리와 의무"는 UNCLOS 제58조에 열거되어 있다. 구체적으로 외국 선박 및 항공기는 항해 및 상공 비행의 자유, 해저 케이블 및 파이프라인 부설의 자유, 기타 국제적으로 합법적인 바다 이용을 향유한다. 둘째, 국가가 다른 국가의 해상 자유를 적절하게 고려해야 한다는 것은 국제법이 허용하는 범위를 제외하고는 그 자유의 요소를 손상시키거나 간섭하지 않는다는 것을 의미한다.

중국이 준 해군력을 활용한다는 맥락에서 이것이 의미하는 바는 무엇인가? 행위 또는 부작위가 "국제법에 따라 국가에 귀속"되고 "국가의 국제 의무 위반"을 구성하는 경우, 국가는 "국제적으로 잘못된" 행위 또는 부작위에 대해 책임이 있음을 상기해보자. 다른 국가의 해상 자유에 대해 "정당하게 고려"하지 않는 것은 UNCLOS의 당사국으로서 중국의 국제적 의무를 위반하는 것이다. 더욱이 중국의 준 해군력의 행동은 그러한 행동이 다음의 근거(예: PRC가 인정하거나 PRC 정부의 지시, 지시 또는 통제에 따라 법률에 의해 권한을 부여받은 국가 기관) 중 하나를 충족한다면 중국에 귀속될 것이다.

2009년 3월 중국 어선 2척에 의한 USNS Impeccable 공격이 그 좋은 예이다. 우선, 그 어선들이 산야의 해상민병대에 의해 조직되었기 때문에, 그 상황에서 귀속되는 국가 기관의 근거가 충족되었다. 둘째, 중국 공공어업단속국의 남중국해 국장이 "어선을 방해한" 어선들에게 명령함에 따라 지시 또는 통제 근거가 충족되었다. 셋째, 현장에서 중국 정부 선박 3척의 어선이 Impeccable을 공격하는 것을 직접 목격하고도, 그러한 행위를 방지하거나 시정하는 데 아무런 조치도 취하지 않았기 때문에 승인이나 채택 기준에 충족되었다. 이 세 가지 중 어느 하나라도 두 어선의 행동을 PRC의 탓으로 돌리기에 충분하지만, 이 배들은 세 가지 요건을 모두 충족시켰다. 산야의 해상민병대 어선들의 Impeccable 사건에서 한 "중심적 역할"을 고려할 때, PRC는 그 상황에서 다른 국가의 해상 자유를 손상시키거나 방해하는 것에 대해 분명히 책임이 있었다. 마찬가지로 －미국의 중요한 관심사로서－ 중국의 해상민병대가 미래에 미 해군 함정이나 다른 나라의 군함에 의한 다른 해상 자유행사를 손상시키거나 방해하기 위해 유사한 방식으로 활용되는 것 또한 해양 국제법을 위반한 것으로 볼 수 있다.

둘째, 국제해양법은 해상충돌방지에 관한 국제협약(COLREGs)을 비롯한 기타 해양 조약 및 협약으로 구성된다. 주요목표는 "바다에서 높은 수준의 안전을 유지하는 것"이다. COLREGs 협약의 본문 자체는 비교적 간략하다. 실질적인 본질은 그것에 첨부된 세부 규정에서 찾을 수 있다. 구어적으로 "도로 규칙"으로 알려진 이 규정에는 충돌을 방지하기 위해 선박이 다른 선박과 관련하여 해상에서 안전하게 항해하는 방법을 규정하는 38개의 매우 상세한 규칙이 포함되어 있다.

COLREGs는 해상의 모든 선박을 구속하는 기존의 국제규정이다. 일부 논평가들은 중국의 준 해군력을 해군 함정에만 적용되는 2014년 계획되지 않은 조우 법규와 같은 항해 안전에 대한 최신 다자간 지침의 대상이 아니라고 지적한다. 그러나 COLREGs는 "이 규칙은 공해상의 모든 선박과 해상으로 항해가 가능한 선박으로 연결된 모든 해역에 적용되어야 한다"고 명시적으로 언급하고 있다. 따라서, 국제법의 문제로서, COLREGs는 의심할 여지없이 동아시아의 바다에서 활동할 때 중국의 준 해군력에 의해 준수되어야 하는 항해 안전에 대한 국제표준으로 적용되며 법적 구속력을 갖고 있다.

Impeccable 사건에 연루된 중국 해상민병대는 8조 충돌을 피하거나 안전운항 조치를 취하지 않음으로써; 13조 추월하는 선박의 진로를 피하지 않음으로써; 15조 사건의 상황이 그렇지 않았다고 인정했을 때 다른 선박의 선수를 건너서 다른 선박보다 앞서서; 16조 다른 선박과의 거리를 좁히기 위해 조기에 실질적인 조치를 취하지 않음으로써; 그리고 18조 기동 능력이 제한된 다른 선박의 방해를 피하지 않음으로써 COLREGs 규정을 위반하였다. 보다 최근에 필리핀과 중국 간의 남중국해 중재 사건에서 중재 재판소는 중국 해양법이 집행 선박들이 "안전운항을 하지 않고 모든 예방 조치를 소홀히 했다"고 판결하였다.

셋째, UNCLOS의 법적 체제와 COLREGs 협약은 UNCLOS 제94조의 한 규정에서 법적 문제로 교차한다. 기국의무는 일반적으로 그리고 구체적으로 선박이 각각의 국기를 게양하고 해당 관할권에서 운항하도록 승인하는 국가에서 요구하는 사항을 설명한다. 이 조항의 첫 번째 문장은 "모든 국가는 자국 국기를 게양하는 선박에 대해 행정적, 기술적, 사회적 문제에서 관할권과 통제를 효과적으로 행사해야 한다"고 직접적이고 명확하게 규정하고 있다. 조항의 나머지 각 호는 기선이 있는 모든 선박과 해당 선박의 활동에 적용되는 조치를 시행하여 기국이 해상 안전에 대한 위협을 효과적으로 완화해야 할 구체적인 의무를 규정한다.

COLREGs와 함께 UNCLOS의 제94조는 정부 선박과 어선을 포함한 모든 선박이 항해 안전에 대한 국제 표준을 준수하도록 PRC에 대한 특정 의무를 부여하고 있다. 이는 중국의 법과 규정이 "공해 및 이와 연결된 모든 수역"에서 운항하는 모든 기선 선박에 적용되어야 함을 의미한다. PRC는 해당 선박에 탑승한 모든 고위 요원이 해당 선박을 운영할 수 있는 완전한 자격을 갖추고 COLREGs에 따라 운영하는 방법을 알고 있는지 확인해야 한다. 중국의 준 해군력 선박과 관련된 사건이 중국 정부의 주의를 끌면, 정부는 잠재적인 COLREGs 위반에 대하여 해당 사건을 조사해야 한다. 조사 결과 위반 사항이 입증되면 중국 정부는 관계자들에게 책임을 묻도록 해야 한다.

중국 어선과 관련된 과거 사건은 중국 정부가 기국 책임이라는 국제적 의무를 이행했는지 여부에 의문을 제기한다. Impeccable 사건 이후, 중국 정부는 두 척의 깃발이 지정된 어선이 COLREGs 규정 위반 가능성을 통보받았다. 첫째, 미국 정부의 공식 성명과 이를 뒷받침하는 물리적 증거를 통해 PCR 정부에게 이러한 잠재적 위반 사항을 통지하였다. 둘째, 현장에 있는 3척의 PCR 정부 선박도 비정부 선박의 COLREGs 위반 가능성을 직접 관찰했다. 이러한 통지에도 불구하고 중국 정부가 COLREGs 위반을 시정하기 위해 조사하거나 필요한 조치를 취했다는 징후는 없었다. 보다 최근에, 중재 재판소는 PRC가 UNCLOS 제94조를 위반했다고 판결했다. 따라서, 이러한 사건에 연루된 개별 중국 선박들은 해상에서 안전운항을 하지 않음으로써 국제법을 위반했을 뿐만 아니라, PRC 정부도 별건이지만 선박 등록을 효과적으로 감시하여야 할 의무에 관한 국제법 규정을 위반하였다.

무력행사(Use of Force)

중국의 준 해군력의 맥락에서 고려해야 할 국제법의 세 번째 법적 체제는 국가의 무력 사용과 관련이 있다. 유엔(UN)헌장이 채택되기 전에 국제관습법은 한 국가가 다른 국가에 대해 선전포고를 하거나 한 국가가 다른 국가에 대해 "전쟁을 시작하는 행위"를 했을 때 두 국가 사이에 전쟁 상태가 시작되었음을 인정했다. 그러나 UN 헌장이 채택된 이후 국가가 "선전포고" 또는 "전쟁행위"를 수행하는지 여부가 아닌, 국가가 "무력행사"에 관여했는지 초점을 맞춘다. 특히, UN 헌장 제2조 제4항은 회원국이 "국가의 영토 보전 또는 정치적 독립에 대한 위협이나 무력 사용, 또는 연합의 목적과 일치하지 않는 기타 방식으로 국제 관계를 삼가할 것을 요구한다." 헌장에 반영된 법적 체제 내에서 제2조 제4항에 포함된 무력사용 금지는 "초석"으로 기술되어 있다.

무력행사를 구성하는 것은 정확히 무엇인가? UN 헌장에는 조약 내에서 사용되는 용어를 정의하는 특별 조항이 포함되어 있지 않기 때문에 "무력행사"이라는 문구에 대한 명확한 정의는 없다. 그러나 헌장의 규정과 맥락은 제2조 제4항의 금지가 무력행사에 초점을 맞추고 있음을 보여준다.

"무장 공격"은 무력사용과 관련된 헌장 개념이다. 헌장 제51조는 UN 회원국들이 그 국가에 대해 "무력공격"이 발생할 경우 "본질적인 권리"를 갖는다는 것을 인정한다. 헌장 제2조 제4항은 국가의 무력행사를 전면적으로 금지하고 있지만, 제51조는 국가가 무력공격을 가하는 것을 금지하는 것과 유사하게 표현되지 않는다. 대신, 그것은 한 국가가 다른 국가에 대해 중요한 결과를 촉발할 수 있는 한 상태에 의한 작용으로 간접적으로 구성된다. 특히, 국가(또는 비정부 행위자)가 무력공격을 저지르면, 공격받은 국가는 자기 방어를 위해 합법적으로 무력을 사용할 수 있다.

무엇이 무장공격을 구성하는가? 헌장의 규정과 문맥상의 증거는 "무력행사"와 "무장공격"이라는 문구가 다른 의미를 가지고 있음을 시사한다. 헌장 51조와 제2(4)조 사이의 관계를 논할 때의 헌장에 대한 주요 평가는 "제51조와 제2조 제4항의 범위는 서로 정확히 일치하지 않는다는 것이다. 즉, 제2조 제4항에 반하는 모든 무력행사를 무장 자기방어로 대응할 수 있는 것은 아니다"라고 언급했다. 이 논평은 무력공격이 위협이나 무력행사보다 좁은 개념이라고 결론지었다. 이 차이는 매우 크다. 이는 "무장공격" 수준에 도달하지 않는 다른 국가의 불법적인 무력행사를 받은 국가가 대응 옵션(즉, 자기 방어를 위한 무력행사 이외의 행동으로)이 제한받음을 의미한다. 이 차이의 잠재적인 법적 효과는 때때로 "간극"이라고 불린다.

국제사법재판소는 무력행사에 해당하는 것과 무력공격을 구성하는 것 사이의 이러한 차이를 확인했다. ICJ는 니카라과 대 미국 사건에서 이러한 구분을 처음으로 인정했다. 무력공격의 개념을 논의하면서 법원은 "가장 심각한 형태의 무력행사(무력공격을 구성하는 것)를 다른 덜 심각한 형태와 구별"할 필요가 있다고 언급했다. 나중에 동일 사건에서 법원은 특정 무력행사가 무력공격에 해당하는지 여부를 결정하는 것은 작전을 수행하는 요원의 특성(즉, "정규군" 대 "비정규군")에 의해 결정되는 것이 아니라 작전의 "규모와 효과"에 의해 더 많은 영향을 미친다고 말했다.

거의 20년 후, ICJ는 이란과 미국 간의 석유 플랫폼 사건에서 무력행사와 무력공격의 차이를 다시 언급했다. 법원은 법적 문제를 분석하면서 니카라과 사건과의 '중력' 차이를 반복했다. 법원은 이란이 이전에 행한 행동이 미국에 대한 무력공격에 "자격이 있는 것"인 경우에만 자기 방어가 무력행사에 대한 유효한 근거가 될 것이라고 가정했다. 이 기준을 사건의 사실에 적용하여 볼 때, 법원은 석유 플랫폼 사건에서 이란의 행동이 무력공격을 구성하기 위한 "가장 중대한" 형태의 무력행사에 해당하지 않는다고 결론지었다. 따라서 이 두 ICJ 판결을 종합하면 법원의 해석은 "무장공격"을 구성하는 임계값의 의미는 행동의 "규모", "행동의 중력" 및 행동의 "효과"에 달려 있다고 할 수 있다.

중국의 준 해군력의 행위가 유엔헌장 2조 4항을 위반하는 무력행사를 구성할 수 있는가? 그들의 행동이 무력공격을 구성하여 다른 국가(예: 다른 남중국해 청구 국가)에 대한 개인의 자기 방어권을 유발할 수 있는가? 더욱이, 동일한 행위가 동중국해(예: 일본) 또는 남중국해(예: 필리핀)에서 조약 동맹국 중 하나를 방어하는 미국과 같은 제3국의 집단적 자위권을 촉발할 수 있는가? 마지막으로, 중국은 국제법에서 금지하는 "무력행사"를 구성하지만 "무력공격"을 구성하지 않는 "간극"을 악용하여 자기 방어권을 촉발하지 않는 준 해군력을 활용할 수 있는가? 이러한 질문에 답하기 위해 특정 상황에 대한 법적 분석은 관련된 인력의 성격과 그들이 수행한 활동의 성격을 모두 반영하여 검토해야 할 것이다.

UN 헌장, 국제법 및 국가 관행에 따르면 상황에 관련된 인원의 성격은 행동이 무력행사 또는 무력공격에 해당하는지 여부를 결정짓지 않는다. 분명한 것은 국가의 정규군이 특정 상황에 연루되어 무력이 사용된다면, 문제행동은 무력행사나 무력공격을 구성할 가능성이 더 높다. 그러나 비정규군이 어떤 상황에 연루되었다는 사실만으로 무력행사나 무력공격이 불가능한 것은 아니다. 더 중요한 것은 상황에서 개인, 그룹 또는 조직이 수행하는 활동의 성격이다.

무력행사나 무력공격을 구성하거나 구성하지 않을 중국의 준 해군력의 모든 가상적 행위를 범주화하는 것은 불가능하다. 중국의 행동은 연속체에 속한다. 한편으로는 더 공격적인 행동이 될 것이다. CCG 또는 PAFMM 부대가 해상에서 미사일 발사 또는 지뢰 설치와 같은 무기시스템을 사용하는 경우 그러한 행위는 무력행사 또는 무력공격으로 간주될 수 있다. 유사하게, 어느 한쪽 군대가 다른 청구국이 물리적으로 점유하고 있는 섬에 대한 사실상의 해상 봉쇄에 참여했다면 그 행위는 무력행사 또는 무력공격이 될 수 있다. 또는 다른 청구국이 물리적으로 점유하고 있는 섬에 상륙하는 것과 동등한 작업을 수행한 경우(예: 해당 국가의 동의 없이 남아 있고 요새화할 의도로 소형 무기 사용)에도 무력행사 또는 무력공격에 해당될 수 있다. 연속체의 다른 쪽 끝에서 부상이나 인명 손실을 초래하지 않은 CCG 또는 PAFMM의 한 선박에 의한 불안전한 기동은 무력행사 또는 무장공격을 구성하지 않을 가능성이 매우 높다. 유사하게, 중국의 준 해군 선박 중 하나와 다른 국가의 군, 민, 법집행기관 또는 비정부 선박 사이의 단일 교전은 아마도 무력공격을 구성하지 않을 것이다. 이 연속체의 두 끝 사이에 있을 수 있는 많은 상황의 경우, 법적 결정은 실제 행위의 중대성, 규모 및 영향에 초점을 맞춘 특정 사실과 상황에 따라 달라진다. 요컨대, 중력, 규모 및 영향이 클수록 중국 준 해군력의 행위가 국가의 무력행사에 관한 적용 가능한 국제법에 따라 무력행사 또는 무력공격을 구성할 가능성이 더 커진다.

좋든 나쁘든 상황을 분석하고 정리하기 위한 이러한 힘의 사용 연속체는 단지 개념적 참조 프레임일 뿐입니다. 중국의 준 해군력이 수행할 수 있는 전술을 포함하여 모든 그레이존 전술을 분류할 수 있는 명확한 검증시스템은 존재하지 않는다. 아마도 이것이 바로 중국이 이러한 전술을 사용하는 이유일 것이다. 그레이존 작전에 대한 한 획기적인 연구에서 설명했듯이 “그레이존 전략의 한 가지 목표는 이러한 활동이 특정 임계값 미만으로 유지하여 국제법에 따라 합법화된 보복 근거를 상대국에게 제공하지 않는 것이다.” 대체로 이러한 불확실성은 중국의 준 해군력에 의한 그레이존 작전이 법적인 문제가 되기 어려운 이유이다. 그러나 위에서 자세히 설명했듯이 중국 해상민병대가 수행하는 구체적인 행동은 이 임계값을 쉽게 위반할 수 있다.

결론 및 제언

중국의 준 군사력 활용은 국제법에 따라 몇 가지 심각한 잠재적 결과를 수반한다. 기본적으로, 그러한 준 군사력의 행동은 국제법에 반영된 국가 귀속의 법적 근거 중 하나 이상에 따라 법적으로 중국에 귀속될 수 있다(정부 조직에 의한 행위, 권한이 부여된 개인의 행위, 정부의 지시, 또는 통제에 따른 행위 등). 또한 PRC의 준 해군력 사용은 국제법과 일치하지 않는다. 영토 주권법에 따라 PRC는 해상권 주장을 강화하거나 이웃 국가의 주장을 불신하기 위해 준 해군력를 활용하려 할 수 있다. 그러나 이러한 활동이 분쟁이 발생한 결정적 날짜 이후에 발생한다는 사실은 그러한 행동이 국제법상 무의미하고 단지 갈등 확대로 이어질 수 있음을 의미한다. 해양법에 따라 다른 국가의 해상 자유를 손상시키거나 방해하는 PRC 준 군함 선박의 행동은 UNCLOS에서 규정한 적절한 존중을 유지해야 한다는 PRC의 의무를 위반하는 것이다. 더욱이 중국 선박이 COLREGs 규칙을 준수하도록 하지 않는 것은 UNCLOS에 따른 기국으로서의 의무를 위반하는 것이기도 하다. 마지막으로, 행위의 중대성, 규모 및 효과에 따라 중국의 준 해군은 무력행사 또는 무력공격을 구성할 수 있으며, 후자는 다른 국가의 자위권을 촉발시킬 수도 있다.

앞으로 중국의 준 해군력에서 발생하는 이러한 문제를 해결하기 위해 다른 국가가 취해야 할 몇 가지 정책적 제언은 다음과 같다. 첫째, 공식적인 대화를 통해 중국 정부 대표에게 직접 중국의 준 해군 군대의 불법적이고 비전문적인 행동에 대한 구체적인 우려 사항을 전달해야 한다. 이러한 우려 사항의 전달은 고위 정치, 외교, 군사 및 해양법 집행기관(예: 해안경비대)을 통한 중국과의 공식 대화와 정부기관의 중간관리자 및 기술담당자 간의 반복적인 양자 대화를 포함하며 포괄적이어야 한다. 가능한 경우 이러한 양자 대화에는 양국 정부의 여러 기관이 단일 포럼을 포함하여 진행되어야 할 것이다. 복수의 기관이 이러한 양자 대화에 참여하면 중국 정부기관이 대화에 참여하지 않은 기관에 대한 첩보를 부인하거나 책임을 전가하려는 위험을 완화할 수 있다.

둘째, 다른 국가들은 유엔안전보장이사회, 유엔해양법협약(UNCLOS) 당사국연례회의, 국제해사협회(International Maritime of Maritime)의 항해안전회의와 같은 다자 간 포럼에서 중국의 준 해군력에 의한 사건과 행동 패턴에 대해 알려진 사실뿐만 아니라, 국제 해양 기구의 항해 안전 회의에서도 발생할 수 있는 법적인 우려까지도 공표해야 한다. 다자간 포럼에서 중국 해상민병대에 대한 이러한 우려를 논의하면 다른 국가들이 중국 PAFMM의 부적절한 행동이 단독 사건이 아니라 우려되는 행동 패턴의 일부임을 인식할 수 있도록 할 것이다.

마지막으로, 다른 국가들은 중국의 준 해군 군대의 공격적인 행동으로부터 스스로를 방어할 준비를 해야 한다. 이러한 사전 준비에는 적절한 권한(예: 국가 교전 규칙)뿐만 아니라 효과적인 능력(예: 무기시스템)도 포함된다. 다른 국가의 고위 정치 및 군사 지도자들은 이제 중국 군사 민병대의 문제적 행동을 인지하고 있다. 자국의 군대와 해양법 집행 요원이 위험을 관리하고 스스로를 적절하게 방어할 수 있도록 고위 관리는 중국 PAFMM의 공격적이고 불법적이며 비전문적인 행위에 효과적으로 대응할 수 있는 적절한 권한과 능력을 갖출 책임이 있다.

이 마지막 권장 사항은 본질적으로 적대적인 것처럼 보일 수 있지만, 그레이존 운영의 진정한 본질은 종종 다른 국가의 한계를 시험하는 것이다. 가장 중요한 것은 한 국가에 의한 준 해군활동의 그레이존이 국제법의 검은 글자를 충족시킬 때, 다른 국가는 기꺼이 레드라인을 명확히 하고 그것을 시행하기 위한 필요한 조치를 강구해야 한다는 것이다.

Notes

1. 해군 전쟁 대학의 연구원들이 이 노력을 주도해 왔다. See, e.g., Andrew S. Erickson and Conor M. Kennedy, “Riding a New Wave of Professionalization and Militarization: Sansha City's Maritime Militia” Center for International Maritime Security, September 1, 2016, http://cimsec.org/riding-new-wave-professionalization-militarization-sansha-citys-maritime-militia/27689.
2. Andrew S. Erickson and Conor M. Kennedy, “Countering China's Third Sea

Force:Unmask Maritime Militia before They're Used Again," *National Interest*, July 6, 2016, http://nationalinterest.org/feature/countering-chinas-third-sea-force-unmask-maritime-militia-16860.

3. Andrew S. Erickson and Conor M. Kennedy, "China's Maritime Militia: What It Is and How to Deal with it," *Foreign Affairs*, June 23, 2016, https://www.foreignaffairs.com/articles/china/2016-06-23/chinas-maritime-militia; Erickson and Kennedy, "Countering China's Third Sea Force"; Erickson and Kennedy, "Riding a New Wave."
4. 그레이존 작업에 대해 보편적으로 인정되는 정의는 없다. One of the better descriptions of gray zone is outlined in Michael J. *Mazaar, Mastering the Gray Zone: Understanding a Changing Era of Conflict* (Carlisle, PA: U.S. Army War College Press, 2015), https://ssi.armywarcollege.edu/pubs/display.cfm?pubID=1303. Regarding a gray zone campaign, Mazaar states: "그레이존 활동의 핵심은 도구가 아니다. 비록 정의상 도구가 사용되는 단계적이고 점진적인 방식만큼 강도 높은 갈등이 부족하고 활동이 짧은 기간 동안 정치적 목표를 달성하려고 한다는 사실에도 불구하고, 연합군 작전을 위한 토대를 마련하거나 수행을 지원하는 것이 아니라 주요 전쟁에 대한 정보를 제공하는 것"이다(60항). 그레이존 분쟁과 관련하여 그는 다음과 같이 주장한다. "그레이존 분쟁은 정치적 목표를 향한 점진적인 진전을 달성하기 위해 전투 작전이 아닌 민간 및 군사 도구의 모자이크를 총체적으로 적용하는 것이다"(64항).
5. 해상 전법은 중국 해상민병대의 행동을 분석하는 것은 비교적 간단한데, 이는 주로 국제법의 하위특성의 적용 가능성이 이미 어려운 문턱을 넘은 상황을 전제로 하기 때문이다. 보다 구체적으로, 중국이 다른 국가에게 무력 공격을 하든, 다른 국가가 중국에 대해 무력 공격을 하던 중국과 관련된 국제적 무력 충돌이 존재한다고 가정한다. 따라서 그러한 상황은 더 이상 해상민병대의 활동이 국가에 의한 무력 사용을 구성하는지 여부에 대한 근본적인 질문을 포함하는 그레이존에 있지 않을 것이다.

   PRC와 관련된 국제 무력 충돌 시나리오에서, 중국의 해상민병대의 사용은 해상 전법의 몇 가지 요소와 관련될 것이다. 첫째, 선박과 인력의 범주에 적용되는 구별 또는 차별의 일반적인 원칙이 있다. 무력 충돌에서, 교전국들은 전투원과 군사적 목적, 그리고 민간인과 민간물자를 구별할 의무가 있으며, 그들은 대부분의 상황에서 전자만을 공격할 수 있다. 그러나 중국 해상민병대가 해상에서의 무력 충돌로 인해, 중국 해상민병대의 함정과 인력이 중국 민병대를 대표하여 호전적인 행동을 하거나, PRC를 대표하여 해군 보조병으로 일하거나, PRC를 대표하여 정보를 수집하는 등 특정한 상황에서는 합법적인 표적이 될 수 있다.

둘째, 해상 전법은 배신을 특히 금지하고 있다. 교활한 행위에는 민간인 지위를 가장하면서 적군에 대한 공격을 개시하는 것이 포함된다. 해상 맥락에서 민간 어부 지위를 가장한 교전국은 모든 민간 어부의 안전을 위험에 빠뜨린다. 비극적인 결과를 초래한 책임은 주로 음흉한 전술을 사용한 국가(이 경우에는 중국)에 있다. 따라서, 2014년 1월 PLA 데일리 신문이 "위장을 하면 군인의 자격이 주어지고, 위장을 벗으면 법을 준수하는 어부가 된다"고 말한 것은 국제법의 문제로 잘못되었다.

6. UN International Law Commission, Articles on Responsibility of States for Internationally Wrongful Acts (State Responsibility Articles), September 6, 2001, http://legal.un.org/ilc/texts/instruments/english/commentaries/9_6_2001.pdf.
7. Ibid., art. 1.
8. 국가가 국제법상 긍정적인 의무를 가지고 있고 그렇게 하지 않을 때 국가에 의한 행동의 누락은 국제적으로 부당한 행위를 구성한다. See, e.g., The Case of the S.S. "Lotus" 1927 P.C.I.J. (ser. A.) no. 10 (Sept. 7), http://www.icj-cij.org/pcij/serie_A/A_10/30_Lotus_Arret.pdf.
9. Ibid., art. 2.
10. Ibid., art. 2, commentary para. 5.
11. Ibid.
12. Ibid., art. 4, 5, 8, 11.
13. 중국 해안경비대는 국가 기관으로 쉽게 인식된다--e.g., In the Matter of the South China Sea Arbitration (*Philippines v. People's Republic of China*), Award of July 12, 2016, para. 1091 (determining that the actions of vessels from China Marine Surveillance and China's Fisheries Law Enforcement Command are attributable to the PRC) https://pca-cpa.org/wp-content/uploads/sites/175/2016/07/PH-CN-20160712-Award.pdf.
14. Conor M. Kennedy and Andrew S. Erickson, *China's Third Sea Force-The People's Armed Forces Maritime Militia: Tethered to the PLA*, China Maritime Studies Institute Report no. 1 (Newport, RI: Naval War College, March 2017), http://www.andrewerickson.com/wp-content/uploads/2017/03/Naval-War-College_CMSI_China-Maritime-Report_No-1_People%E2%80%99s-Armed Forces-Maritime-Militia-Tethered-to-the-PLA_Kennedy-Erickson_201703.pdf.
15. Andrew S. Erickson and Conor M. Kennedy, "Trailblazers in Warfighting: TheMaritime Militia of Danzhou," Center for International Maritime Security, February 1, 2016, http://cimsec.org/trailblazers-warfighting-maritime-militia-

danzhou/21475; Erickson and Kennedy, "Riding a New Wave"; *Kennedy and Erickson, China's Third Sea Force ... Tethered to the PLA.*

16. Andrew S. Erickson and Conor M. Kennedy, "Model Maritime Militia: Tanmen's Leading Role in the April 2012 Scarborough Shoal Incident" Center for International Maritime Security, April 21, 2016, http://cimsec.org/model-maritime-militia-tanmens-leading-role-april-2012-scarborough-shoal-incident/24573.
17. Erickson and Kennedy, "Riding a New Wave."
18. Constitution of the People's Republic of China, art. 55.
19. People's Republic of China, Military Service Law, May 31, 1984, as amended, art. 1, art. 4, http://www.npc.gov.cn/englishnpc/Constitution/node_2825.htm.
20. Ibid., art. 36, 37.
21. Erickson and Kennedy, "Trailblazers in Warfighting."
22. See, e.g., Emily Feng, "Xi Jinping Reminds China's State Companies of Who's the Boss," *New York Times*, October 12, 2016, https://www.nytimes.com/2016/10/14/world/asia/china-soe-state-owned-enterprises.html?mcubz=3.
23. PRC Military Service Law, art. 37.
24. Erickson and Kennedy, "Riding a New Wave."
25. State Responsibility Articles, art. 4, commentary para. 13.
26. Ibid.
27. PRC Military Service Law; People's Republic of China, Emergency Response Law, August 30, 2007, http://english.gov.cn/archive/laws_regulations/2014/08/23/ content_281474983042515.htm.
28. Erickson and Kennedy, "China's Maritime Militia"; Andrew S. Erickson and ConorM. Kennedy, "Directing China's 'Little Blue Men': Uncovering the Maritime Militia Command Structure." Asia Maritime Transparency Initiative, September 11, 2015, https://amti.csis.org/directing-chinas-little-blue-men-uncovering-the-maritime-militia-command-structure/; Erickson and Kennedy, "Riding a New Wave.
29. Andrew S. Erickson and Conor M. Kennedy, "China's Daring Vanguard: Introducing Sanya City's Maritime Militia," Center for International Maritime Security, November 5, 2015, http://cimsec.org/chinas-daring-vanguard-introducing-sanya-citys-maritime-militia/19753; Erickson and Kennedy, "China's Maritime Militia," 81; Andrew S. Erickson and Conor M. Kennedy, "From Frontier to Frontline: Tanmen Maritime Militia's Leading Role Pt. 2" Center for

International Maritime Security, May 17, 2016, http://cimsec.org/frontier-frontline-tanmen-maritime-militias-leading-role-pt-2/25260; Erickson and Kennedy, "Model Maritime Militia."

30. Erickson and Kennedy, "China's Daring Vanguard"; Erickson and Kennedy, "Directing China's Little Blue Men"; Andrew S. Erickson and Conor M. Kennedy, "Meet the Chinese Maritime Militia Waging a 'People's War at Sea,'" *Wall Street Journal*, March 31, 2015, https://blogs.wsj.com/chinarealtime/2015/03/31/meet-the-chinese -maritime-militia-waging-a-peoples-war-at-sea/; Erickson and Kennedy, "Model Maritime Militia."
31. Erickson and Kennedy, "China's Maritime Militia" 71; Erickson and Kennedy, "From Frontier to Frontline;" Erickson and Kennedy, "Meet the Chinese Maritime Militia;" Erickson and Kennedy, "Model Maritime Militia."
32. Erickson and Kennedy, "China's Maritime Militia 77-78; Erickson and Kennedy, "From Frontier to Frontline;" Andrew S. Erickson and Conor M. Kennedy, "Irregular Forces at Sea: Not Merely Fishermen-Shedding Light on China's Maritime Militia." Center for International Maritime Security, November 2, 2015, http://cimsec.org/ new-cimsec-series-on-irregular-forces-at-sea-not-merely-fishermen-shedding-light-on-chinas-maritime-militia/19624; Erickson and Kennedy, "Meet the Chinese Maritime Militia;" Erickson and Kennedy, "China's Maritime Militia."
33. Erickson and Kennedy, "Riding a New Wave"; Erickson and Kennedy, "China's Maritime Militia"; Erickson and Kennedy, "Trailblazers in Warfighting."
34. Erickson and Kennedy, "From Frontier to Frontline."
35. State Responsibility Articles, art, 2.
36. See, e.g., Island of Palmas Case (*United States v. The Netherlands*), 1928, http://legal.un.org/riaa/cases/vol_II/829-871.pdf; Clipperton Island Arbitration (France-Mexico), 1931, https://www.ilsa.org/jessup/jessupio/basicmats/clipperton.pdf; Legal Status of Eastern Greenland (*Den. v. Nor.*), 1933, http://www.worldcourts.com/pcij/eng/decisions/1933.04.05._greenland.htm.
37. Award of the Arbitral Tribunal in the First Stage of the Proceedings between Eritrea and Yemen (Territorial Sovereignty and Scope of the Dispute), October 9, 1998, http://legal.un.org/riaa/cases/vol_XXII/209-332.pdf.
38. Ian Brownlie, *Principles of Public International Law*, sixth ed. (Oxford: Oxford University Press, 2003), 135
39. Erickson and Kennedy, "China's Daring Vanguard"; Erickson and Kennedy,

"From Frontier to Frontline."

40. Qin Gang, PRC Ministry of Foreign Affairs, regular press conference, April 23, 2014;http://www.fmprc.gov.cn/mfa_eng/xwfw_665399/s2510_665401/t1149585.shtml; PRC Ministry of Foreign Affairs, press statement, "China Again Demands Japan Repeal Its Decision to 'Purchase' Diaoyu Islands" September 12, 2012, http://www.china.org.cn/china/Off_the_Wire/2012-09/12/content_26507255.htm.
41. PRC Ministry of Foreign Affairs, press statement, "Diaoyu Islands Cannot Be Bought." September 14, 2012, http://www.fmprc.gov.cn/mfa_eng/topics_665678/diaodao_665718/t970602.shtml.
42. "Japan Protests after Swarm of 230 Chinese Vessels Enters Waters Near Senkakus," Kyodo, August 6, 2016, https://www.japantimes.co.jp/news/2016/08/06/national/japan ramps-protests-china-fishing-coast-guard-ships-enter-senkaku-waters/#WcThp_oUnIU.
43. Mure Dickie and Kathrin Hille, "Japan's Arrest of Captain Angers Beijing." Financial Times, September 8, 2010, https://www.ft.com/content/a09e651a-bb04-11df-9e1d-00144feab49a.
44. Martin Flackler and lan Johnson, "Japan Retreats with Release of Chinese Boat Captain" *New York Times*, September 24, 2010, http://www.nytimes.com/2010/09/25/world/asia/25chinajapan.html?mcubz=3.
45. "Japan Rejects China's Demand for Formal Apology." BBC, September 25, 2010, http://www.bbc.com/news/world-11410568.
46. Choe Sang-Hun, "Chinese Fisherman Kills South Korean Coast Guardsman" *New York Times*, December 12, 2011, http://www.nytimes.com/2011/12/13/world/asia/chinese-fisherman-kills-south-korean-coast-guardsman.html?mcubz=3.
47. *Sovereignty over Pulau Ligitan and Pulau Sipadan (Indonesia/Malaysia), Judgment, I.C.J. Reports 2002* (Hague: International Court of Justice, 2002), para. 135, http://wwwicj-cij.org/files/case-related/102/102-20021217-JUD-01-00-EN.pdf.
48. *Case Concerning Territorial and Maritime Dispute between Nicaragua and Honduras in the Caribbean Sea, Judgment, I.C.J. Reports 2007* (Hague: International Court of Justice, 2007), http://www.icj-cij.org/files/case-related/120/120-20071008-JUD-01-00-EN.pdf; Sovereignty over Pulau Ligitan and Pulau Sipadan (Indonesia/Malaysia)
49. United Nations Charter, 1945, art. 2(3), https://treaties.un.org/doc/publication/

ctc/uncharter.pdf.

50. UNCLOS, art. 19(1), 21(1), 24(1), 41(1), 69(1), 70(1), 73(1), 240(d), 254(3), 256, and 257, http://www.un.org/depts/los/convention_agreements/texts/unclos/unclos_e.pdf.
51. UNCLOS, art. 56.
52. International Tribunal for the Law of the Sea, M/V Saiga (No. 2) (St. Vincent v. Guinea), Judgment of July 1, 1999, para. 131, https://www.itlos.org/fileadmin/itlos/documents/cases/case_no_2/merits/Judgment.01.07.99.E.pdf.
53. UNCLOS, art. 56(2).
54. UNCLOS, art. 58(1).
55. In the Matter of the South China Sea Arbitration (*Philippines v. People's Republic of China*), award of July 12, 2016, para. 742, quoting Chagos Marine Protected Area Arbitration (*Mauritius v. United Kingdom*), award of 18 March 2015, para. 519, http://www.pcacases.com/pcadocs/MU-UK%2020150318%20Award.pdf; Satya N. Nandan and Shabtai Rosenne, eds., *United Nations Convention on the Law of the Sea 1982: A Commentary*, vol. II (Boston/London: Martinus Nijhoff Publishers, 2002), 86.
56. Erickson and Kennedy, "Chinas Daring Vanguard."
57. Ibid.
58. Erickson and Kennedy, "Countering China's Third Sea Force."
59. Erickson and Kennedy, "China's Daring Vanguard."
60. Convention on the International Regulations for Preventing Collisions at Sea(COLREGS), October 20, 1972, 28 U.S.T. 3459, 1050 U.N.T.S. 16, amended by Amendments to the International Regulations for Preventing Collisions at Sea, November 19, 1981, 35 U.S.T. 575, 1323 U.N.T.S. 353, https://treaties.un.org/doc/Publication/UNTS/Volume%201323/v1323.pdf.
61. Ibid., preamble.
62. See, e.g., Erickson and Kennedy, "Irregular Forces at Sea."
63. COLREGs, Rule 1(a)(emphasis added).
64. Jonathan G. Odom, "The 'True Lies' of the Impeccable Incident: What Really Happened, Who Disregarded International Law, and Why Every Nation (Outside of China) Should Be Concerned" *Michigan State Journal of International Law* 18, no. 411 (2010): 428-31, https://papers.ssrn.com/sol3/papers.cfm?abstract_id=1622943.
65. In the Matter of the South China Sea Arbitration (*Philippines v. People's*

Republic of China), Award of July 12, 2016, para 1094. Specifically, that international tribunal concluded that the PRC government vessels had violated rules 2, 6, 7, 8, 15, and 16 of the COLREGs in two incidents involving Philippines vessels, occurring in April and May 2012. Ibid., paras. 1090–1109.

66. UNCLOS, art. 94(1).
67. Odom, "The 'True Lies' of the *Impeccable* Incident," 431-32.
68. In the Matter of the South China Sea Arbitration (*Philippines v. People's Republic of China*), Award of July 12, 2016, para. 1109.
69. See Hersch Lauterpacht, ed., *Oppenheim's International Law*, 7th ed., vol. II (London:Longmans, 1952).
70. UN Charter, art. 2(4).
71. Case Concerning Armed Activities on the Territory of the Congo (*Democratic Republic of The Congo v. Uganda*), International Court of Justice (December 19, 2005), para, 148; Brownlie, *Principles of Public International Law*, 699.
72. UN Charter, art. 51.
73. Bruno Simma, ed., *The Charter of the United Nations: A Commentary*, vol. II(Oxford: Oxford University Press, 2012), 1401.
74. Ibid.
75. Ibid.
76. See, e.g., Simma, *The Charter of the United Nations*, 1402; James A. Green, *The International Court of Justice and Self–Defence in International Law* (Oxford Portland: Hart Publishing, 2009), 138–43.
77. Case Concerning Military and Paramilitary Activities in and against Nicaragua (*Nicaragua v. United States of America*) Merits, International Court of Justice (June 27, 1986), para. 191, http://www.icj–cij.org/files/case–related/70/070–19860627– JUD–01–00–EN.pdf.
78. Ibid., para. 195.
79. Case Concerning Oil Platforms (*Islamic Republic of Iran v. United States of America*), International Court of Justice (November 6, 2003), para. 51, http://www.icj–cij.org/files/case–related/90/090–20031106–JUD–01–00–EN.pdf.
80. Ibid., para. 64.
81. 미국이 법원의 "공격지점의 중압성"을 국제법을 반영하는 것으로 받아들이지 않고 있다는 점에 주목해야 한다. See William H. Taft IV, "Reflections on the ICJ's Oil Platform Decision: Self–Defense and the Oil Platforms Decision,"

Yale Journal of International Law 29 (2004): 295, 300, http://digitalcommons.law.yale.edu/cgi/viewcontent.cgi?article=1232&context=yjil.

82. See Mazaar, *Mastering the Gray Zone*, 66.

제2부

중국 해안경비대와 그레이존

Lyle J. Morris

그레이존을 위한 조직화

새로운 중국 해안경비대의 권리보호 능력 평가

모든 해안 국가와 마찬가지로 중국은 주권과 관할권을 주장하는 해양 공간과 영토를 관리하려고 한다. 그러나 중국이 주장하는 많은 공간은 다른 국가와 경쟁되고 있다. 수십 년 동안 중국은 이러한 분쟁지역 대부분에 대한 행정적 통제를 주장할 수 있는 능력이 약하거나 아예 없었다. 이러한 상대적 약세의 한 가지 이유는 중국에 통일된 해양법 집행(MLE) 시스템이 없었기 때문이다. 대신 5개의 다른 기관(때로는 "다섯 마리의 용"이라고도 함)을 운영했는데, 각각은 고유 임무와 전문화된 기능을 가지고 있어 비효율적이고 협조가 미흡하였다.

2013년 중국은 MLE 시스템을 개혁하기 위한 대대적인 노력을 시작했다. 이 개혁의 핵심 동력은 중국이 영유권을 주장하고 있는 해상 공간에 대한 행정통제권을 행사할 수 있는 능력을 향상시키려는 열망이었다. 4개의 MLE기관을 CCG(China Coast Guard; 중국 해안경비대)라는 새로운 조직에 통합하여 SOA(State Oceanic Administration; 국가해양청)의 권한 하에 두었다. 이러한 개혁 노력은 중국의 MLE 역량을 어느 정도 향상시키는 데 도움이 되었지만 궁극적으로 기대에 부응하지 못했다. 2018년 초 중국 지도자들은 CCG를 SOA에서 인민무장경찰(PAP)로 이전하기로 결정했다.

이 장에서는 2013년 개혁의 원동력을 살펴보고 SOA 기간 동안 CCG 권리보호 운영의 효율성에 어떤 영향을 미쳤는지에 대한 평가를 제공한다. MLE 조정은 2013년 개혁 이후 개선되었지만, 다른 많은 조직적 문제가 지속돼 새로운 서비스를 약화시켰다고 주장한다. 이러한 지속적인 문제로 인해 CCG를 PAP로 이전하기로 결정했을 가능성이 크다.

중국의 통합 해상법 집행부 설립노력

대부분의 기준에서 중국의 해상법 집행 능력은 오랫동안 중국의 요구를 충족하지 못했다. 중국의 정책 입안자들과 학자들은 외국이 중국의 해양 주권을 침해하고 착취하도록 허용한 미약하고 분산된 해상법 집행의 책임이 있다고 지적했다.

통일된 해안경비대의 필요성에 대한 가장 중요하고 선구적인 논문 중 하나는 2007년에 중국 해양경찰학교의 교수인 헤중롱(He Zhonglong)이 쓴 중국 해안경비대의 형성에 관한 연구라는 저서이다. 이 책에서 헤 교수는 중국의 현재 법집행 전략의 결함을 설명하고 "통합된 MLE 교리와 능력"을 옹호했다. 그는 MLE 역량을 강화하는 것은 중국이 "중국의 해양 문제에 대한 약한 관리를 극복"하는 데 도움이 될 뿐만 아니라 "분쟁 영토에 대한 중국의 행정 통제력을 강화하고 중국이 해양 주권의 주도권을 장악하고 대중의 만족도를 높이는 데 도움이 될 것"이라고 주장하였다.

헤 교수의 책은 크게 세 가지 주제를 다루고 있다. 첫째, 중국이 분쟁지역에 MLE를 배치하지 않았기 때문에 수십 년 동안 외국이 중국의 해양 영토를 불법적으로 점유하고 동중국해와 남중국해의 자원을 착취도록 방치하였다. 둘째, 중국은 주권 침해행위에 대한 체포권과 기소 관련 법규가 미비했다. 마지막으로, 다수의 MLE기관이 해상에서의 통합 전략 및 작전을 방해했다.

이러한 주제 중에서 세 번째 주제가 가장 중요한 것으로 확실하게 입증되었다. 중국의 MLE 기관은 오랫동안 중복되는 임무와 관할권으로 어려움을 겪었고, 이는 비효율적인 운영과 자금 조달 및 중국의 해양 영유권 주장 추진에 관한 타당성에 대한 내분으로 이어졌다. 2009년 한 중국학자는 "중국의 현재 해양 행정운영과 효율성은 급변하는 해상 개방 및 개발 환경과 관련하여 이미 시대에 뒤떨어진 것으로 보인다"고 말했다. 학자에 따르면 "해양 통제는 효율적인 운용을 위한 집중된 통합시스템이 없는 상태에서 여러 관련 당국에 의해 수행되고 있었다 … 결과적으로 [관련] 부서에서 별도로 법을 시행하여 긴급사태에 대한 대응을 지연시킨다."

개혁의 원동력: 중국의 해상전력 전략

2012년 11월 제18차 중국 공산당 전국대표회의에서 이러한 조직적 결함을 개선하기 위한 노력이 시작되었다. 퇴임하는 중화인민공화국(PRC)의 후진타오(Hu Jintao) 국가주석은 중국이 "해양 강국"이 되기 위해 노력할 것이라고 선언했다. 후주석은 "우리의 해양 자원 개발 능력을 강화하고, 해양 경제를 발전시키며, 해양 생태 환경을 보호하고, 중국의 해양 권익을 단호히 수호한다"고 중국 해상 강국 전략의 4가지 핵심사항을 공표하였다. 중국의 해양 경제 개발 및 보호 역량 강화에 관한 전략의 세 가지 목표는 이전 정부에서 발행한 해양 정책 문서의 기존 기조와 대체로 일치하였으나 네 번째 목표를 추가함으로써 후주석은 해양 전략의 안보 및 군사적 차원을 해양 경제 발전 및 보호 수준으로 격상시켰다.

후주석의 후계자인 시진핑(Xi Jinping)은 2013년 7월 중국 공산당 중앙위원회 정치국의 제8차 집단연구 회의에서 해상 전력 개념을 더욱 발전시켰다. 시 주석은 "중국이 해양 강국으로 건설하는 새로운 성과를 지속적으로 달성하기 위해서는 바다에 대한 관심, 바다에 대한 인식, 해양 관리가 더 필요하다"고 말했다.

해상력 목표가 공식적으로 수립된 후 중국 민간 및 군 지도자들은 일련의 권위 있는 기고를 통해 개념을 상세하게 설명했다. 예를 들어, 2013년 5월 당시 SOA 국장이었던 류츠구이(Liu Cigui)는 해양 전력 전략의 원동력 중 하나는 "매일 증가하고 있는 해양권익 방어를 위한 투쟁과 해양 권리에 대한 침해에 대처하기 위한 욕구"였다고 설명했다. 그는 중국을 해양 강국으로 만들기 위해서는 "중국 관할 해역에서 우리의 권익을 일상적으로 보호하고 법집행-군사-외교 삼위일체 메커니즘을 개발하기 위한 순찰과 법집행 활동의 강화"가 필요할 것이라고 덧붙였다. 정부 전체의 해양 전략 윤곽이 형성되기 시작했다. 그러나 류츠구이 등이 제안한 것처럼, MLE 개혁은 이러한 목표를 달성하기 위한 모든 노력의 필수적인 부분일 것이다.

중국 해안경비대의 역할과 임무

중국 정책 입안자들은 2013년 3월 전국인민대표대회(National People's Congress)에서 중국의 MLE 시스템 개혁 계획을 발표하였다. 이 계획은 5개 MLE 조직 중 공안부 산하 국경수비대(BDG: China Maritime Police라고도 함), 농무부 산하 어업법 집행국(FLE)과 해관총국 산하의 밀수방지경찰이라는 4개 기관의 개편을 요구했다. 이 4개 기관은 중국 해안경비대(CCG)라는 새로운 이름으로 해양법 집행활동을 수행하고, SOA의 감독을 받게 되었다. 발표에서는 SOA가 "공안부의 운영 지시에 따라 해양 권리와 법률을 집행할 책임이 있을 것"이라고 명시했다. 마지막으로, 새로운 국가 해양 위원회(SOC)가 '해양정책을 수립하기 위한 고위급 정책조정기구' 역할을 수행하기 위해 설립됐으나 아직 구체적 내용은 공개되지 않았다.

2013년 3월 발표에서는 구체적인 세부 사항을 거의 공개되지 않았으며 실질적인 지침을 제공하기보다는 정책 변화에 대한 설명으로 한정되었다. 분명한 것은 중국이 일부 다른 국가와 같은 준 군사(예: 공안부) 또는 군사(국방부) 관료제와 달리 민간 조직인 SOA 아래에 모든 MLE 활동을 배치하기로 결정했다는 것이다. PLAN 인력이 투입되었다는 소문이 있는 SOC를 제외하고, 개혁은 해양 정책에 대한 중국의 법적, 행정적, 법집행 기능의 모든 측면을 민간의 지휘와 통제 하에 확고하게 두었으며, 이는 중국의 중요한 신호였다. 정책 입안자들은 분쟁 수역에서 중국의 치안 기능은 본질적으로 민간인이며 비군사적이라고 주장하였다.

몇 달 후인 2013년 6월, PRC 주 의회는 SOA에 따른 CCG의 책임, 조직 및 사명에 관한 보다 자세한 회람을 발행했다. "국가해양청의 주요 업무, 내부 조직 및 인사 조직에 관한 중국 국무회의 회람"(EES* 또는 "3가지 결정 계획"이라고도 함)이라는 제목의 문서는 새로 조직된 CCG의 직무에 대해 공개된 자료 중 가장 권위 있는 정책 문서이다. 여기에는 내용과 범위로 인해 CCG의 중심 임무로 해석될 수 있는 12개의 "주요 임무"가 나열되어 있다.

1. 중국 관할 해역에서의 권리보호 및 법집행활동 이행
2. 해상 경계 통제
3. 해상 밀수, 불법이민, 마약류 밀매 등 불법 범죄행위에 대한 예방 및 단속
4. 국가 해양안보 질서 보호
5. 중요 해상목표물의 보안경호 및 긴급 해상사고 처리
6. 특정 수산자원의 조업·어장 폐쇄지역 외 저인망 어선에 대한 법집행 점검 및 수산업 분쟁발생에 대한 대책 수립
7. 해양 지역 이용, 도서보호, 무인도 개발 및 이용분야에 대한 법집행 관련 점검 실시
8. 해양 환경보호, 해양 자원 탐사 및 개발, 해저케이블 및 송유관 부설, 해양 조사 및 측량, 외국의 해양 과학연구활동 수행
9. 지방 정부 법집행 작업의 조정 지도
10. 해상 긴급 구조 참여
11. 해양 어업안전사고의 조사 및 처리에 합법적으로 조직 또는 참여
12. 관계당국에 의한 해양 환경오염 등 사고 조사 및 처리

주요 임무에서 몇 가지 특징이 눈에 띈다. 첫째, CCG가 광범위한 "해안경비대" 임무를 수행하는 동안, 분쟁 해역에서의 작전은 분명히 우선 순위이다. 첫 번째 임무는 중국의 해양 권리와 이익을 보호하는 것과 직접적인 관련이 있다. 물론 권리 보호에 대한 이러한 강조는 중국의 영토 분쟁 상황을 고려할 때 놀라운 일이 아니지만, CCG는 법집행과 국방을 결합한 혼합적 정체성을 갖게 된다. 둘째, 이 임무 목록에는 동중국해 및 남중국해의 분쟁 수역 및 지형 보호와 직접적인 관련이 있는 섬 지형 및 "무인도"의 개발을 보호하기 위한 명시적 권한을 규정하고 있다. 목록은 6번과 11번 임무에 "분쟁의 검사와 처리"라는 문구를 포함시키면서 증명된 바와 같이, 어업권 보호에 상대적으로 더 중점을 둔다. 다른 연안 국가의 어선 간의 충돌로 인해 발생하는 분쟁이 증가함에 따라 중국 어업 권리의 수호자로서의 CCG의 임무는 시간이 지남에 따라 더욱 중요해질 것이다.

2013년 이후 권한보호 운영평가

"다섯 마리의 용"의 시대에 비해 분쟁지역에 대한 중국의 통제력은 훨씬 향상되었지만 조직 및 기타 과제는 여전히 남아 있다. 다음은 CCG 개혁이 동중국해와 남중국해에서의 중국 그레이존 작전의 조직구성에 어떤 영향을 끼쳤는지에 대한 설명이다.

중국의 해양 권리 수호자

CCG 개혁은 동중국해와 남중국해에서 MLE 능력을 향상시켰을 가능성이 있다. 의심할 여지 없이 네 마리의 용이 작전, 정보 및 물류를 능률화하여 CCG의 지리적 및 운영본부 역할을 하는 베이징과 함께 단일 명령 및 통제 시스템을 구성하였다. 그 결과, 동중국해와 남중국해의 CCG 선박은 이제 더 광범위하고 정기적이며 적극적으로 운용된다.

조직적 시너지효과는 새로운 전술로 이어졌다. 개혁 이전, CMS와 FLE 선박은 남중국해에서 중국이 관리하는 수역에서 외국 선박과 조우할 때 상대적으로 비대립적 접근방식을 채택했던 것으로 보인다. 그들의 전술에는 일반적으로 다른 선박에 출항 목적을 확인하고, 무선 통신을 통해 구두로 중국의 주권을 선언하고, 경우에 따라 투광 조명과 물대포를 사용하여 외국 선박을 추방하려는 시도 등을 포함했다. 개혁 이전에는 일반적으로 다른 나라의 해안경비대나 민간 어선을 충돌하거나 불법 승선하는 등의 도발적인 조치가 거의 관찰되지 않았다. 이제 대형 CCG 쾌속정은 외국 선박 근처에 소형 쾌속정이나 단단한 선체 고무보트를 배치한다. 그러나 이는 미국 해안경비대의 경우처럼 외국 선박에 승선하고 검사하기 위한 것이 아니라 이 지역을 떠나라고 경고하기 위한 것이다. 게다가, 일부 CCG 장교들은 이제 단순히 민감한 지역에서 선박을 "추방"하는 것 이상의 임무를 부여받았다. 그들은 준수 및 비준수 승선을 수행하고 필요한 경우 위반자에게 벌금을 부과할 권한이 있다. 그러나 현재까지 CCG가 분쟁지역에서 외국 선박에 승선, 검사 및 벌금을 부과하는 사례는 거의 없다.

4개의 기관 사이에는 여전히 조직적 장벽이 존재하지만, CCG는 동중국해 센카쿠 군도와 스프래틀리 군도가 남중국해에서 분쟁 해양 지역의 훈련 및 순찰 중에 장교들 간의 교류가 시작했다. 지난 몇 년 동안 CMS와 FLE 쾌속정의 인원이 합동 훈련을 실시했으며, BDG 선박과 장교들은 분쟁지역에서 중국의 이익을 보호하는 데 더 많은 역할을 담당했다.

마지막으로, CCG는 CGG 내의 다양한 지부와 중국 어업, PAFMM 및 PLAN 선박 등에서 수집된 첩보, 명령 및 통제를 이전보다 훨씬 더 많이 처리하고 있다. 개혁 후 얼마 지나지 않아 중국 해안경비대 지휘 센터가 베이징에 설치되어 본부와 지역 부대 운영을 조정하였다. 이 센터는 2014년에 말레이시아 항공 370편을 찾기 위한 수색 및 구조 임무를 위한 CCG 조정 노력 중에 강조되었다. 지휘 센터는 지역 CCG 부대와 협력하여 위기 상황에서 의사소통 능력과 지휘 통제를 강화시킬 가능성이 매우 높다. 이 센터는 남중국해에 새로 신설된 두 개의 정보 융합 센터와 협력하여 CCG, PLAN, PAFMM 및 민간 선원 간의 작전을 조율한다. 첫 번째 센터는 파라셀 군도의 우디섬 산샤시에 설치된 군-경-민간 통합 방어 메커니즘(EWS)이다. 두 번째는 역시 산샤시에 설치된 합동 방어 지휘센터로, 남중국해 권리 보호에 관한 민간인, 해양법 집행 기관 및 해군 요원 간의 "합동 지휘, 훈련, 정보 공유, 관리 및 전투 준비 물자 저장" 등을 촉진하는 역할을 한다.

해결되지 않은 문제

중국어 문헌자료는 CCG가 자체 성능을 평가하는 방법에 대한 광범위한 통찰력을 제공한다. 이 섹션은 주로 중국 해양경찰교육원(China Maritime Police Academy)의 경찰관과 강사가 작성한 중국 해양경찰교육 저널(Journal of China Maritime Police Academy)에 수록된 논문을 기초로 논의하기로 한다. 저널은 CCG 개혁 상태에 대한 정확한 평가를 제공하고 공개 자료에서 사용할 수 있는 CCG 전술, 운영 및 교육에 대한 최고의 통찰력을 제공한다.

2014년과 2016년 사이에 작성된 논문을 검토해 보면 몇 가지 해결되지 않은 문제가 있음을 알 수 있다. 첫째, CCG는 4개의 MLE 기관에 걸쳐 통합된 교육 및 채용 시스템을 구축하기 위해 고군분투하고 있다. 둘째, 선장은 동중국해와 남중국해의 분쟁 수역에서 CCG 선박의 존재 및 역할을 증가시키고 있지만, 많은 사람들이 임무를 효과적으로 수행하는 데 필요한 기술과 경험이 여전히 부족하다. 셋째, CCG는 해상에서 수행해야 할 역할, 임무 및 전술을 설명하는 적절한 법적 기반이 부족한 실정이다.

통합채용 및 교육제도의 부재

효과적인 해안경비대 작전의 기본은 해군 생도 모집과 훈련을 담당하는 기관이다. 개혁 이전에는 MLE 기관의 채용, 시험, 훈련을 기관별로 자체 실시하였다. 개혁 이후 이론상의 SOA는 4개의 MLE 기관으로 구성된 새로운 통합 CCG 단체를 위해 이러한 임무를 이어받았다. 그러나 새로운 채용과 훈련 시스템의 시행은 분명히 시작하지 않았거나 더디게 진행되고 있다.

한 해안경비대원이 2015년 9월 기사에서 언급한 바와 같이, 새로 구성된 CCG는 이제 하나의 훈련 시스템에 사병(BDG) 및 민간(CMS, FLE 및 밀수 방지) 인력을 통합하는 기념비적인 임무를 맡게 되었다. 업무부담을 가중시키는 요인은 각 기관별 고유한 문화, 선박, 훈련 기술 및 무력 교리 사용에 있으며 이는 기관마다 매우 다양하다. 예를 들어, BDG는 CMS 또는 FLE보다 낮은 교육수준의 젊은 병사를 모집하는 경향이 있으며, 일부는 PLAN의 고령(어떤 경우에는 퇴역) 장교로 구성되어 있다. 분쟁 해역 순찰은 근무 경험이 부족한 부대에 의해 점점 더 많이 실시되어 문제를 더욱 악화시키고 있다. 예를 들어, 최근의 추세는 중국 지도자들이 중국의 주권 주장에서 더 중요한 역할을 할 수 있는 전 중국 해양경찰 부대에게 권한을 부여했고, 결과적으로 "중국 해상 국경의 무장화"를 초래했음을 보여준다.

중국 해양경찰학교의 한 장교는 통일된 훈련의 부족을 해결하기 위해 중국 전역의 대학 공안학과에 새로운 "해양경찰 법집행" 과정을 만들 것을 지지하는 논문을 발표하였다. 이 과정은 모든 해안경비대 생도에게 해양법 집행 연구에 대한 공통의 기초 지식을 제공할 것이다. 현재 중국 대학에는 이와 같은 전문과목이 존재하지 않는다. 현재 존재하는 가장 유사한 전공은 공안 전공으로, 거의 독점적으로 바다가 아닌 육지에서의 법집행을 지향하며 형법, 약물 독성학, 국경 방어 및 소방 명령, 법집행 전술과 같은 내용이 교육과정에 포함된다. 이 논문에서 저자는 통합 CCG 군단이 훈련해야 하는 확장된 기술 범위를 설명하기 위해 현재 교육과정에 "해양법 및 질서, 해양 밀매 및 어업 규제" 등의 신규 과목을 추가할 것을 제안하고 있다. 결과적으로 저자는 BDG, CMS, FLE 및 밀수방지의 모든 주제 영역에 걸쳐 과목과 훈련방법을 표준화하는 통일된 "해안경비교육원"을 구상하고 있는 것이다.

기술과 경험의 격차

오룡시대의 전문화를 보여주는 사례로는 소수의 CCG부대가 진정한 의미의 포괄적인 법집행 능력을 가지고 있었다는 사실이다. 개혁 이전에는 MLE 기관마다 운영 영역이 달랐다. 예를 들어 BDG는 12해리 영해를 순찰하고 마약 밀수, 테러, 해상 세관 보호를 주로 관장했다. 약 2012년까지 동중국해와 남중국해의 분쟁해역을 순찰한 경험이 거의 없었으며, 이에 비해 CMS와 FLE는 민감하고 분쟁에 휘말린 해양 지역을 순찰한 더 많은 경험을 가지고 있었다. CMS는 2007년 처음으로 남중국해의 스프래틀리 군도를 순찰했으며, 2008년에 그곳에서 일상적인 순찰활동을 실시했다. 중국의 FLE는 2009년까지 스프래틀리 군도의 순찰을 시작하지 않았고 2013년까지 순찰을 일상화하지 않았다. 모든 CCG 직원이 새로운 서비스의 구성원으로서 직면할 수 있는 모든 운영 및 전술적 과제를 처리할 수 있는 기술이나 경험을 개발한 것은 아니다.

결과적으로 일부 숙련된 직원층은 상대적으로 매우 얇다. 한 CCG 작성자가 언급했듯이 "분쟁 수역에서 선박을 조종할 숙련된 장교의 만성적인 부족"이 존재한다. 일반적으로 순찰하는 동안 3,000톤의 선박은 4명의 법집행인(BE)을 승선해야 한다. 그룹 사령관(영국)과 3명의 하급 장교가 위반의 영상증거를 수집 및 기록하고, 레이더 및 통신을 작동해야 하지만 대부분의 임무에서 선박에 이러한 직위를 위한 4명의 장교가 배치되지 않으며, 승선하는 법집행 요원의 일부는 연간 250일

이상을 바다에서 보내며 매우 피곤한 상태이다. 다른 경우에는 선박에 해양법 집행활동에 필요한 3개월 자격 증명을 아직 취득하지 못한 신병을 채용하기도 한다. 저자에 따르면, 그 결과 CCG는 외국 선박과의 교전 또는 선원 중 한 명의 의료 응급상황과 관련된 해상 비상상황을 처리할 수 있는 장비를 갖추지 못한 채로 방치되고 있다. 중국은 동중국해와 남중국해의 관할권에 관한 법률을 가지고 있지만 아직 중국의 해양법 집행기관의 행정 및 법적 권한에 대한 윤곽이 명확하게 드러나지 않았다. 현재 존재하는 것은 2013년 발표된 국무회의 회람과 같은 민간 법집행 임무에 대한 광범위한 내용이 전부이다. 법률적 권한의 부재는 CCG의 발전에 가장 큰 장애 중 하나로 남아있다.

법적 체제의 부재로 CCG는 법집행관이 해상에서 취할 수 있는 행동과 할 수 없는 행동에 대해 4개 기관 모두에 걸친 공통의 법적 이해를 형성하지 못한다. 중국 해역에서 국내 그리고/또는 해외 침입에 대한 무력사용 또는 중국 국내법의 적용 가능성에 관한 기본 지침은 아직 공식화되지 않았다. 예를 들어, 자기 방어를 하거나 규정을 비준수하는 선박에 승선 시 권한이 있는 장교가 어떠한 무력을 사용할 수 있는지는 여전히 불분명한 상태이다.

CCG 경찰관은 1995년의 PRC 국가경찰법(National Police Law)과 1997년의 PRC 국가안보법(National Defense Law)의 두 가지 법률에서 권한을 부여받았을 가능성이 높다. 1995년 법률은 경찰관을 위한 특정 조치 및 법집행 절차와 방법을 제공하지만, 바다가 아닌 육지의 법집행에만 한정되었다. 1997년 법률에는 중국 당국이 법적으로 방어할 수 있는 영역에 대한 표현이 포함되어 있다. 그러나 이러한 임무를 수행해야 하는 행위자를 규정하지 않았으며 해상에서의 법집행 방법 및 절차에 대한 세부 정보를 제공하지 않고 있다.

이러한 법적 권한의 부족은 선박의 승선 및 검사, 해상에서 중국법을 위반한 선원의 체포와 같은 CCG의 특정 법집행 조치를 제한할 가능성이 있다. 따라서 이 글을 쓰는 시점에서 CCG가 동중국해 또는 남중국해에서 운항하는 외국 선박에 대한 승선 및 검사 준수를 강제하기 위해 발포한 사례가 없다는 것은 놀라운 일이 아니다. 한 중국학자는 “국가는 분쟁 수역에서 어업을 하는 어부를 체포하고 처벌하고 기소할 수 있지만 우리는 그렇게 할 수 없다. 따라서 우리는 외국 어선과 효과적으로 싸우고 중국의 해양 권익을 보호하기 위해 이 분야의 법률 초안을 작성해야 한다"고 주장하였다.

결론

수십 년 동안 중국은 동중국해와 남중국해의 해양 분쟁지역에 대한 통치권이 다른 국가에 뒤처져 있었다. 지난 몇 년 동안 중국은 그들이 영유권을 주장하는 300만 평방 킬로미터의 해양 공간에 대한 통제를 강화하기 위한 야심찬 전략을 추구했다. CCG의 신설은 가장 중요한 노력 중 하나이다. 2013년 개혁을 통해 이전에 서로 다른 4개의 법집행기관의 운영을 간소화하고 분쟁 수역에서 중국의 해양 이익을 보다 적극적으로 보호할 수 있게 되었다. 그 결과, 동중국해와 남중국해의 CCG 선박은 과거보다 더 효율적인 운영을 보장하는 통합 명령 및 정보 공유체계 내에서 더 정기적으로 운영되고 있다.

그러나 CCG에 대한 대중적인 묘사와 달리 이 장에서는 분쟁 수역에서 중국의 법집행활동이 미숙한 개혁 상태로 인해 본질적으로 한계가 있다는 결론을 내리고 있다. 중국은 효과적인 해양법 집행 작전을 위한 장비를 갖추고 있지만 통합된 모집 및 훈련 체계가 부족하고, 기술과 경험의 지속적인 격차를 겪고 있으며, 해안경비대 작전을 위한 법률적 기반이 부재한 상태이다. 특히 해상에서 MLE 조치 및 절차를 보증하는 법적 권한이 없기 때문에 CCG 담당자가 수행할 수 있는 임무가 크게 제한된다. 이러한 조직적 요인은 동중국해 및 남중국해의 분쟁지역에서 보다 효과적이고 전문적인 CCG 운영 및 집행의 개발을 방해하였으며 개혁으로 얻을 수 있었던 시너지 효과를 약화시켰다.

중국 지도자들이 2018년에 CCG를 PAP로 이전하기로 결정한 것은 이러한 도전들이 이전의 조직적 협정에 의해 극복할 수 없는 것으로 판단되었다는 것을 의미한다. PAP에 따라 CCG를 통합하는 것이 이 장에서 설명하고 있는 문제를 해결하는 데 어느 정도 도움이 될 수 있는지 평가하는 것은 아직 이르지만, 문제의 규모를 감안해보면 가까운 장래에 MLE 운영을 계속적으로 방해할 가능성이 높다.

Notes

1. Lyle Morris, "China Welcomes Its Newest Armed Force: The China Coast Guard," *War on the Rocks*, April 4, 2018, https://warontherocks.com/2018/04/china-welcomes-its-newest-armed-force-the-coast-guard/.
2. 张雪彦, 蒋昌昭, 孔灵 [Zhang Xueyan, Jiang Changzhao, and Kong Ling], "中国海警局诞生'不只是统一服装的问题'" ["Birth of China Coast Guard Is Not Justa bout 'Unification of Uniforms'"], 南方周末 [*Southern Weekend*], April 4, 2013, http://www.360doc.com/content/13/0410/23/3039173_277478818.shtml.
3. 何忠龙, 任兴平, 冯水利, 罗宪芬, 刘景鸿 [He Zhonglong, Ren Xingping, Feng Shuili, Luo Xianfen, and Liu Jinghong], 中国海岸警卫队组建研究 [*Research on the Formation of China's Coast Guard*](Beijing: Ocean Press, 2007).
4. Ibid., 70.
5. See, for example, Lyle J. Morris, "Taming the Five Dragons? China Consolidates Its Maritime Law Enforcement Agencies," *China Brief* 13, no. 7 (March 28, 2013), https://jamestown.org/program/taming-the-five-dragons-china-consolidates-its-maritime-law-enforcement agencies/.
6. 刘江平 [Liu Jiangping], "中国应有自己的海岸警卫队" ["China Should Have Its Own Maritime Border Guard"], 国际先驱导报 [*International Herald Leader*], March 20, 2009, http://bbs.tiexue.net/post2_3433753_1.html.
7. Ibid.
8. "Full Text of Hu Jintao's Report at 18th Party Congress," Xinhua, November 17, 2012,http://news.xinhuanet.com/english/special/18cpcnc/2012-11/17/c_131981259_9.htm.
9. "进一步关心海洋认识海洋经略海洋 推动海洋强国建设不断取得新成就" ["Unceasingly Making New Achievements toward Cultivating Greater Maritime Consciousness and Strategic Management of the Seas, and Pushing Through the Construction of Maritime Power"], 新华社 [*Xinhua*], August 1, 2013, http://news.xinhuanet.com/politics/2013-07/31/c_116762285.htm.
10. 刘赐贵[LiuCigui],"从新的历史起点出发为建设海洋强国而努力奋斗"["Starting from the New Historical Starting Point, Strive for New Victories for Becominga Major Maritime Power"], in 中国海洋发展报告 2013 [*China's Ocean Development Report 2013*](Beijing: China Ocean Press, 2013), 2.
11. Ibid.

12. 교통부 산하의 해양안전청은 이번 조직개편에 포함되지 않았는데, 그 이유는 해양안전청의 임무가 중국의 영토 보전을 보호하기 보다는 수색과 구조를 지향하고 있기 때문일 것이다.
13. "Ma Kai Briefs on State Council's Institutional Reform, Functions, Transformation." *Xinhua*, March 12, 2013, http://news.xinhuanet.com/2013/h/2013-03/10/c_114969788.htm. 14. Ibid.
15. "关于国务院机构改革和职能转变方案的说明" ["Explanation Regarding Reform of the Organization and Changes to Functions of the State Council"], *Xinhua*, March 10, 2013, http://www.gov.cn/2013lh/content_2350848.htm; Morris, "Taming the Five Dragons?"
16. See, for example, Lyle J. Morris, "Blunt Defenders of Sovereignty: The Rise of Coast Guards in East and Southeast Asia, *Naval War College Review* 70, no. 2 (Spring 2017): 76-12, http://digital-commons.usnwc.edu/cgi/viewcontent.cgi?article=1016&context=nwc-review.
17. "国务院办公厅关于印发国家海洋局主要职责内设机构和人员编制规定的通知国办发〔2013〕52号" ["PRC State Council Issues Circular Regarding the Main Duties, Internal Organization, and Personnel Organization of the State Oceanic Administration [2013] No. 52"], Beijing Central People's Government of the People's Republic of China, June 9, 2013, http://www.soa.gov.cn/zwgk/fwjgwywj/gwyfgwj/201307/t20130709_26463.html.
18. 본문에서 CCG는 임무를 수행하는데 있어 법적, 운영적, 전술적 절차를 규정하는 공식적인 해안 경비법이나 매뉴얼을 아직 발행하지 않았다. 이러한 문서 대신에 분석가들이 의존해야 할 가장 권위 있는 문서는 주 의회 회람이다. 추가적인 중국어 출처에 따르면 회람에 요약된 임무는 CCG 임무와 일치한다. "中国海警局举行首场记者会 明确海上维权职责" ["China Maritime Police Hold First Ever Press Conference, Clarifies Rights Protection Responsibilities"], *China News Agency*, May25,2015,http://www.chinanews.com/gn/2015/05-25/7300168.shtml.
19. "PRC State Council Issues Circular ... State Oceanic Administration," 2.
20. "蓝疆卫士" ["Blue Border Guards"], from the documentary "南海纪行" ["Travel Notes of the South China Sea"], "走遍中国" ["Journey through China"], 中央电视台 [China Central Television], December 31, 2013, http://tv.cntv.cn/video/C10352/3cc8c1e4f7c04e10acdee4ba1bf93ff4.
21. 李永级 [Li Yongji], "执法力量整合后的南海维权对策研究—以黄岩岛为例" ["On Rights Protection Countermeasures of South China Sea after Integration of Law

Enforcement Power—The Case of Huangyan Island as an Example"], 公安海警学院学报[*Journal of China Maritime Police Academy*] 15, no.1(March 2016): 58.

22. One article, written by a CCG officer, suggests that the CCG should "no longer adopt singular law enforcement action of expelling, but can now detain and fine vessels" ("不再单一采取驱离的执法措施, 还可以扣押侵渔渔船, 并对其处以罚金") as well as adopt more forceful measures to repel other countries' vessels from disputed waters, such as using several CCG ships to "redirect target vessels to new course of navigation" ("必要时, 两船协同追使目转向"). 冯志 [Feng Zhi], "当前海警巡航急需解决的问题及对策" ["Current Problems and Countermeasures of Coast Guard Patrols"], 公安海警学院学报 [*Journal of China Maritime Police Academy*] 14, no. 4(Winter 2015): 72.
23. "越渔船称在西沙遭中国船追击 中国海警持枪登船" ["Vietnamese Vessel Rams Chinese Vessel near Xisha Islands, Armed China Coast Guard Boards Vessel"], 环球网 [*Global Times*], August 8, 2015, http://mil.huanqiu.com/observation/2015-08/7170641.html.
24. 高悦[GaoYue],"亮剑东海!直击中国海警海空协同战术演练(图)"["China Coast Guard Holds Sword Flash East Sea Exercise: China Sea Police and Air Coordination Tactical Exercise (Figure)"], 中国海洋报 [*China Ocean News*], August 23, 2013, http://www.chinanews.com/mil/2013/08-23/5199083.shtml; Ryan D. Martinson, *The Arming of China's Maritime Frontier*, China Maritime Studies Institute Report no. 2(Newport, RI: Naval War College, June 2017, http://www.andrewerickson.com/wp-content/uploads/2018/04/Martinson_Ryan_The-Arming-of-China%E2%80%99s-Maritime-Frontier_China-Maritime-Report-2_Naval-War-College-CMSI-June-2017.pdf.
25. 崔鲸涛 [Cui Jingtao], "中国海警船在马航客机失联海域开展搜救工作" ["China Coast Guard Ship Begins Search and Rescue Work in Area Where Malaysian Passenger Jet Lost"], 中国海洋报 [*China Ocean News*], March 10, 2014, http://www.soa.gov.cn/xw/hyyw_90/201403/t20140310_30795.html.
26. 王晓斌 [Wang Xiabin], "三沙市推动军警民联防机制构建三线海上维权格局," ["Sansha City Advances Its Joint Military, MLE, MilitiaDefense System—Constructs a Three-line Maritime Rights Protection Layout"], 中国新闻网 [*China News*], November 22, 2014, http://www.chinanews.com/gn/2014/11-21/6803776.shtml.
27. Additional information on the Joint Defense Command Center: Additional

information on the Joint Defense Command Center: "省委2015年度践行'三严三实'理论研讨会论文摘登" ["Provincial Party Committee in 2015 to Practice the 'Three Stricts, Three Reals' Theory Seminar"], People's Government of Hainan Province website, January 25, 2016, http://www.hlmzj.cn/zhengwugongkai/2016/0526/679.html.

28. 郁文晋 [Yu Wenjin], "海警舰艇统一训练与人才选拔模式的探讨" ["On Unified Training and Selection Mode for China Coast Guard Vessel Personnel"] 公安海警学院学报[*Journal of China Maritime Police Academy*]14, no.3(September 2015): 17.
29. Ibid., 16.
30. Ryan D. Martinson, "Deciphering China's Armed Intrusion near the Senkaku Islands," The Diplomat, January 11, 2016, https://thediplomat.com/2016/01/deciphering-chinas-armed-intrusion-near-the-senkaku/.
31. Martinson, *The Arming of China's Maritime Frontier.*
32. 张辉, 任加顺, 阮智刚 [Zhang Hui, Ren Jiashun, Ruan Zhigang], "关于在公安学学科中增设'海警执法'特设专业的思考" ["On Adding a New Specialty Subject 'Maritime Police Law Enforcement' to Public Security Studies"], 公安海警学院学报 [*Journal of China Maritime Police Academy*] 14, no.3(September 2015): 34.
33. Ibid., 35-36.
34. 盖广生, 赵建东, 周超 [Gai Guangsheng, Zhao Jiandong, and Zhou Chao], "我海监83船南海维权: 开足马力猛冲对方逃遁" ["CMS Vessel 83 Carrying Out Rights Protection in the South China Sea: Full Steam Ahead in Repelling Our Adversaries"], 中国海洋报 [*China Ocean News*], May 31, 2012, http://mil.news.sina.com.cn/2012-05-31/1403691911.html.
35. 刘江平 [Liu Jiangping], "中国应有自己的海岸警卫队" ["China Should Have Its Own Maritime Border Guard"], *International Herald Leader*, March 20, 2009; Gai et al., "CMS Vessel 83 Carrying Out Rights Protection in the South China Sea."
36. Feng, "Current Problems and Countermeasures of Coast Guard Patrols," 72.
37. Ibid., 73.
38. Ibid.
39. 예를 들어 중국은 1992년 영해 및 인접 수역에 관한 PRC법과 1998년 경제특구와 대륙붕에 관한 PRC법을 발표했다.
40. 그러나 SOA와 PLAN 간의 합의는 전시 중 CCG에 대한 더 큰 연결과 역할을 암

시할 수 있다. See "Oceanic Administration, Navy Sign Cooperation Agreement" *Xinhua*, April 21, 2017.

41. 和先琛 [He Xianchen], "我国海洋维权的现实困境与法治化思考" ["Legal Difficulties of China's Maritime Rights and Interests From the Perspective of the Rule of Law"], 公安海警学院学报 [*Journal of China Maritime Police Academy*] 13, no. 4(December 2014): 58.

42. Ibid.

43. CCG가 분쟁 해역에서 선박을 격퇴하기 위해 경고 사격을 한 사례가 몇 건 있다. See "Philippine Fishermen Accuse China of Firing on Vessel." AFP, April 21, 2017, http://www.thestar.com.my/news/regional/2017/04/21/philippine-fishermen-accuse-china-of-firing-on-vessel/.

44. Feng, "Current Problems and Countermeasures of Coast Guard Patrols" 73.

Ryan D. Martinson

그레이존에서의 해안경비대 작전의 군사화

동아시아 해상에서의 중국의 팽창은 무엇보다 백선박(white-hulled)을 보유한 해상 병력의 비해군적 요소에 크게 의존해 왔다. 이는 전략적인 결정을 반영한 것이다. 통상적인 행정에 기반하고 강력한 군대의 지원을 받는 해안 경비정들은 무력 충돌을 감수하거나, 중국의 평판을 악화시키거나, 외부 강대국들의 군사 개입을 자극하지 않고도 중국의 많은 목표를 달성할 수 있다.

중국의 많은 해양 기관 중 중국 해양감시(CMS)와 중국 어업 법집행(FLE)의 두 조직이 특히 이러한 운용전략에 적합하다. 민간 관리자들이 탑승한 비무장 또는 경무장 소형 함선으로 구성된 함대를 통해 CMS와 FLE는 고전적인 군사력을 활용한 건보트(gunboat) 외교 관련 비용과 위험을 피하면서 중국의 해상권을 적극적으로 추구할 수 있었다.

이와 같은 논리는 중국해양경찰(CMP)의 무장부대를 동원하는 것에 반대하는 주장을 뒷받침한다. CMP는 중국이 주장하는 관할 구역의 300만 평방 킬로미터에 걸쳐 운영할 수 있는 권한과 능력이 있었지만, 중국 지도자들은 CMP를 분쟁이 많고 민감한 지역으로부터 멀리 배치하기로 결정했다. 군사 조직으로서의 이들의 정체성은 중국의 해양 분쟁 전략의 핵심 전제와 모순된다.

2013년부터 이러한 상황은 바뀌었다. 라일 모리스(Lyle Morris)가 본서에서 논의한 바와 같이, 그 해에 중국 지도자들은 분열되고 제 기능을 하지 못하는 해양법 집행 시스템에 대한 대대적인 구조조정을 시작했다. 이 개혁을 통해 중국은 CMS, FLE, CMP와 같은 4개의 중국 해양법 집행군과 관세청(GAC)이 소유한 네 번째 부대를 중국 해안경비대(CCG)로 "통합"하려고 노력하였다. 조직적 변화는 느리지만 한 가지 결과는 분명했다. 개혁으로 인해 중국 경찰의 무장 세력이 중국의 분쟁 중인 해양 국경에서 점점 더 중요한 역할을 수행할 수 있게 되었다는 것이다. 이는 중국 정책에 대한 미묘하지만 중대한 변화를 나타내며, 향후 중화인민공화국(PRC)의 행동과 조직으로서 CCG의 미래에도 영향을 미칠 수 있다.

최전선으로 이동

중국 경찰은 두 가지 주요 유형의 주권수호 임무를 수행한다. 첫째, 그들은 분쟁지역에서 행정적 지위를 유지한다. 이것은 다양한 목적을 위해 의도된 정치적 작전이며, 무엇보다도 외국인들에게 중국 주장의 심각성과 신뢰성을 보여주기 위한 것이다. 두 번째 역할은 본질적으로 훨씬 더 강압적이다. 중국 지도자들은 중국의 영유권 주장 지역에서 운항하는 외국 선박에 대해 중국 특권(prerogatives)을 부과하도록 법집행 기관에 지시했다. 이 임무는 정치적 목적에 의해 추진될 수 있지만, 공간을 통제하는 근본적인 목적 하에서 실행되는 것이다. 이러한 집행임무를 수행할 때 중국군은 충돌, 교란 통신 방해, 물대포와 같이 비살상 무기를 활용할 권한을 가진다.

해안경비대 개혁이 시작된 이래로, CMP는 두 가지 유형의 임무에 대한 참여를 증가시켜 왔다. 그들은 현재 개혁 이전의 몇 년 동안 거의 항해하지 않았던 해상에서 임무를 수행했다. 그들은 또한 이전에 CMS와 FLE에 의해서만 수행되었던 중국 해상권을 강제하기 위한 주요 작전에 관여해왔다. CMP 선박을 운용하는 CMP 병사들은 동중국해와 남중국해에서 주권 작전을 확대하였다. 더욱이, CMP 인력 팀은 현재 CMS와 FLE 선박에 승선하는 민간인 운영을 군사화하고 있다. 최근 몇 년 동안 중국 지도자들은 CMP의 초계임무를 수행하는 대양함대(blue-water fleet)의 규모를 크게 늘림으로써, 해양 국경의 무장화를 서두르고 있다.

동중국해에서의 CMP

동중국해에서 중국의 영유권 작전의 핵심은 일본의 센카쿠 열도 통제를 약화시키는 데에 있다. 2008년 12월부터 2012년 9월까지 이 접근법은 섬에 인접한 해역, 때로는 12해리 영해 내에서 정기적인 순찰을 포함하고 있다. 2012년 9월에 중국 법집행 선박은 영해에 자주 침입하는 지역 주변에 거의 지속적으로 주둔하기 시작했다. 수년 동안 중국 지도자들은 이러한 주둔 임무를 CMS와 FLE에만 할당했다.

이러한 운용방법은 2015년 말에 변화되기 시작하였다. 12월 26일, 처음으로 센카쿠 영해에 진입한 CCG 함대에는 2015년 중순 상하이 분견대로 이송된 과거 인민해방군(PLAN) 호위함 3척 중 하나인 CMP 쾌속정-CCG 31239가 포함되었다.

그 이후로 CMP 선박은 항상 CMS 및 FLE 소형 함선과 함께 센카쿠에 대한 수십 가지 임무를 완수하였다. 상하이에 본부를 둔 CMP의 한 부대로 옮겨진 3척의 PLAN 호위함은 모두 센카쿠로 향했다. 상하이에 본부를 둔 네 번째 소형 함선인 31101(이전의 1001)도 그곳으로 출항했다(2016년 9월 11일 및 2016년 10월 8일). 저장성(Zhejiang) 파견대 소속 선박(33115)과 푸젠(Fujian) 부대(35115) 소속 선박이 각각 2016년 8월 7일과 2016년 11월 6일에 처음으로 센카쿠 순찰을 마쳤다.

CMP 소형 함선은 동중국해의 분쟁 해역에서 수산 자원을 보호하고 중국의 "권리"를 집행하기 위해 적어도 하나의 주요 작전에 참여했다. 2016년 8월 며칠 동안 중국 당국은 200명 이상의 선원이 탑승한 중국 저인망 어선이 센카쿠 제도 인근 해역에서 조업할 수 있도록 허가했으며, 그 중 일부는 영해로 항해하였다. 이 배들은 CMP 소형 함선 9척을 포함하여 약 20척의 중국 해양법 집행 선박의 호위를 받았다. 자료 6-1에는 관련 선박의 배치, 선체 번호 및 기타 세부 정보가 나열되어 있다.

또한 동중국해에서 CCG는 쉬라카바/춘시오(Shirakaba/Chunxiao) 가스전에서 중국 시설 주변의 보안을 담당하고 있다. 중국의 굴착 장치는 일본과 중국 사이의 중간선 서쪽에 위치하지만 일본이 주장하는 경계를 넘어 자원을 채취하기도 한다. 따라서 일본은 그들의 굴착작업을 반대하고 있다. 2004년 CMS와 기타 민간군은 일본의 무력행사의 가능성을 억제하기 위해 이 민감한 수역을 순찰하기 시작했다. 최근 몇 년간 CMP도 함께 이 임무를 수행하였다.

위와 같은 사례는 CMP 승무원에 의해 알려진 CMP 선박과도 관련이 있으나, CMP 요원은 현재 분쟁 해역으로 향하는 CMS 및 FLE 선박에도 탑승하고 있다. 예를 들어, 2013년 중반부터 2015년 중반까지 12개의 사례에서 푸젠(Fujian) 파견대의 제3분대는 센카쿠로 항해하는 CMS 및 FLE 선박에 특수 무기 및 전술 요원을 파견했다. 이는 중국 형법에 따라 모든 CCG 선박이 외국인을 억류, 체포 및 기소할 수 있는 권한을 가지고 있는 무장선원을 배치할 수 있음을 시사한다.

자료 6-1. 2016년 8월 센카쿠 호위 작전에 연루된 중국 해상경찰선

배치장소	선박번호	세부정보
저장성	33115	1,700톤. 원래 FLE에 의해 조달되었다가 나중에 CMP로 이송됨 30mm 대포로 무장
	33102	600톤. 618B형 소형선. 30mm 대포로 무장
	33103	1,600톤. 원래는 GAC(General Administration of Customs)에 의해 조달되었다가 나중에 CMP로 이관됨. 30mm 대포로 무장.
복건	35115	1,700톤. 원래 FLE에 의해 조달되었다가 나중에 CMP로 이송됨. 30mm 대포로 무장
	35102	600톤 618B형 소형선. 무장하지 않음
	35104	600톤. 원래 GAC에 의해 조달되었지만 나중에 CMP로 이송됨. 30mm 대포로 무장
상하이	31101	1,500톤. 2007년 CMP에 의뢰. 30mm 대포로 무장
	31239	전 인민해방군 호위함. 37mm 대포 4문으로 무장
광동	44103	600톤. 618B형 소형선. 30mm 대포로 무장

남중국해의 CMP

CCG 개혁이 시작된 이후 CMP는 남중국해에서 주둔 및 법집행활동을 모두 확대하였다. 2013년 이전에는 CMP 소형 함선이 파라셀에서만 군사활동을 하였지

만, 이제 그들은 중국이 영유권을 주장하는 모든 해역에서 활동한다. 이를 9단선 내 200만 평방 킬로미터를 책임지고 있는 하이난(Hainan) 부대가 맡고 있다. 두 번째 파견대는 2015년부터 스프래틀리스 군도에 함선을 배치하기 시작했다. 2017년 1월 초에 두 번째 파견대의 CCG 46115는 몇 주간의 순찰을 위해 스프래틀리스로 출항했다. 세 번째 파견대는 스프래틀리스 군도에서도 활동하고 있다. 3,000톤의 CCG 46305는 2016년 2월까지 이러한 외부 요청에 대한 첫 번째 항해를 수행했다. 이제 정기적으로 그곳에서 운영될 것이다.

북부 지방에 주둔하던 선박을 포함하여 다른 CMP 파견대의 선박도 남중국해에서 운용되고 있다. 예를 들어, 2017년 3월, 2016년 8월에 수백 척의 중국 어선을 센카쿠로 호송한 저장성파견단의 1,500톤급 소형 함선 33115호가 9단선의 서쪽 경계선을 따라 남쪽으로 항해하였으며, 베트남 꽝응아이(Quang Ngai) 동쪽 해역에 도달했을 때 소속을 감추기 위해 자동 식별시스템 수신기를 껐다. 산둥성 멀리에 주둔하던 1,500톤급 소형함선 37115호도 남중국해에서 순찰을 실시했다.

동중국해에서와 마찬가지로 남중국해에서 활동하는 중국 경찰은 무력을 행사하지 않는 위협과 강압적 조치를 통해 해상권을 강화하는 임무를 맡고 있다. 이러한 작전은 외국 측량선을 방해하는 것부터 외국의 무력행위으로부터 중국 어민을 보호하는 것까지 다양하다. 최근 몇 년 동안 CMP는 이러한 작전에서 점점 더 많은 역할을 수행하고 있다.

그 대표적인 예가 2014년 중반 파라셀 바로 남쪽 해역에 배치된 중국 시추 장비인 하이 양시유 981 방어 사건이다. 이 사건은 CMP가 중국의 해양 주권수호 작전에서 큰 두각을 나타내는 이정표로서만 중요한 것이 아니다. 아래에서 논의하겠지만, 이는 중국 지도자들에게 해양 국경을 군사화할 필요성을 확신시키는 계기가 됐을 지도 모른다.

2014년 5월 초 중국해양석유공사(China National Offshore Oil Corporation)는 파라셀의 트리톤(Triton) 섬 남서쪽 분쟁 해역에 초대형 시추 장비인 HYSY 981을 배치했다. 중국 정부는 베트남의 무력 도발을 억제하기 위해 다수의 CCG와 PAFMM 선박을 보내며 강력하게 대응했다. 당시 신설된 지 1년이 채 안 된 CCG는 주변 해역에 대한 접근을 물리적으로 차단함으로써 유정을 보호하라는 임무를 부여받았다.

88일간의 작전 동안 CCG는 여러 다른 파견대에서 온 CMP 선박을 배치했다.

남중국해 지방을 제외하고 멀리 저장성, 상하이, 장쑤성(Jiangsu), 산둥성, 허베이성(Hebei)에서 함선들이 합류하였다. CCG의 다른 부대와 함께 작전을 수행한 CMP 선박은 베트남 선박과 교전, 추격 및 위협을 하며 전자장비와 연기더미(smoke stacks)를 향해 물대포를 발사했다.

CMP는 또한 2012년 CMS와 FLE가 PAFMM 선박과 협력하여 점유한 스카보로 암초에 대한 중국의 통제를 지원해 달라는 요청을 받았다. 2012년 4월 이래로 중국 해양법 집행군은 수빅 만(Subic Bay)에서 북서쪽으로 불과 100해리 떨어진 이 지형 근처에 지속적으로 주둔해 왔다. 최근 필리핀과의 관계가 회복될 때까지 중국군은 필리핀 어부들이 스카보로 암초에 접근하는 것을 금지하라는 명령을 받았다. CCG 개혁 이전에는 CMS와 FLE 선박만이 이 경비임무를 수행했다. 그러나 2014년 이후로 많은 CMP 부대로 교체되었다. 예를 들어, 2016년 말까지 광시(Guangxi) 파견대에서 온 선박은 파라셀과 스카보로 암초에 대해 21개의 임무를 수행하였고, 광동(Guangdong)에 기반을 둔 CCG 44101도 같은 임무를 수행했다.

대양(blue-water)함대 확보

2006년 말에 PLAN 호위함 2척을 인수한 이후부터, CMP는 중국의 해상 국경을 따라 원격지에서 작전을 수행할 수 있는 능력을 갖추게 되었다. 그러나 이 임무를 수행하기 위한 FLE 및 CMS와 같은 민간기관이 소유한 많은 수의 대양함선(blue-water cutters)이 존재하지 않았다. 2014년부터 중국 지도자들은 중국의 통치권 작전에서 해상 임무의 역할을 극적으로 확장하는 데 필요한 물질적 역량을 강화하기 위한 조치를 취했다.

첫째, 원래 다른 부대에 의해 조달된 선박을 CMP 부대로 재배치하였다. FLE와 GAC는 자원 재편성 과정에서 가장 큰 손실을 입었다. 예를 들어, CMP의 하이난 파견대가 소유한 주요 해상방어 목적 소형함선인 CCG 46305는 원래 FLE에서의 의해 조달되었다. 또한 FLE 및 GAC 부대에서 활용할 목적으로 제작된 1,500톤 소형함선 다수가 최종적으로 CMP 파견대로 이관되었다. 자료 6-2는 이에 대해 대표적인 예를 제시하고 있다.

자료 6-2. 2014년부터 중국 해양경찰에 대형 함선 납품

주둔지	선박번호	배수량(톤)	세부정보
랴오닝	21115	1,500	원래 FLE에 의해 조달
랴오닝	21111	2,700	Type 718 쾌속정
산동	37111	2,700	Type 718 쾌속정
산동	37115	1,500	원래 FLE에 의해 조달
상하이	31239	2,000	전 PLAN 호위함
상하이	31240	2,000	전 PLAN 호위함
상하이	31241	2,000	전 PLAN 호위함
상하이	31301	4,000	Type 818 쾌속정
상하이	31302	4,000	Type 818 쾌속정
상하이	31303	4,000	Type 818 쾌속정
저장성	33103	1,500	원래 GAC에 의해 조달
저장성	33111	2,700	Type 718 쾌속정
저장성	33115	1,500	Originally procured by FLE
복건	35111	2,700	Type 718 쾌속정
복건	35115	1,500	Originally procured by FLE
광동	44104	1,500	Originally procured by GAC
광동	44111	2,700	Type 718 쾌속정
하이난	46104	1,500	Originally procured by GAC
하이난	46111	2,700	Type 718 쾌속정; 2016년 후반 인수
하이난	46112	2,700	Type 718 쾌속정; 2016년 후반 인수
하이난	46113	2,700	Type 718 쾌속정
하이난	46301	4,000	Type 818 쾌속정; 2017년 초반 인수
하이난	46302	4,000	Type 818 쾌속정; 2017년 초반 인수
하이난	46303	4,000	Type 818 쾌속정
하이난	46305	3,000	원래 FLE에 의해 조달
광시	45111	2,700	Type 718 쾌속정; 2017년 초반 인수

둘째, 2015년 7월에 PLAN은 3척의 Type 053 소형함선을 CMP로 이관했다. 이 함선은 주함포를 제거하고 CCG 색상과 삼각기 번호로 보수한 후 상하이 부대로 전달되었다.

마지막으로 CMP는 자체적인 주요 조선 작전 활동에 착수하였다. 2016년 5월 중국 조선소는 2개의 새로운 선박 등급을 출시했으며 이후 연속 생산에 들어갔다. 첫 번째는 2,700톤급 Type 718급으로, 처음 건조된 선박은 이미 CMP의 하이난 파견대에 인도되었다. 두 번째 등급인 Type 818은 배수량이 4,000톤이 넘고 Type 054A 호위함과 유사하다. 이 등급의 처음 건조된 두 대(46301 및 46302)는 2017년 초에 하이난 파견대로 인도되었다. 두 신형 함정에는 모두 76mm 대포가 장착되어 있다.

새로운 무장 소형함선이 CMP 파견대에 전달되는 동안 비무장 CMS 선박은 CCG에서 다른 기관, 특히 SOA 산하 해양 연구기관으로 이전되었다. 이들 중 다수는 영해보호 임무에 활용되었다. 예를 들어, CMS 49는 센카쿠 인근의 많은 해상작전 및 순찰에 참여하였고, CMS 84는 2012년 4월 스카보로 암초에서 필리핀 해군과 10주간의 교착 상태에 직면한 두 개의 소형함선 중 하나였다. 두 선박 모두 현재 SOA 연구그룹이 보유한 것으로 조사되었다. CMS 선박의 대규모 용도 변경은 중국의 해양 안보를 책임지는 전체 함대의 구성을 무장하기 쉽게 변화시켰다 (자료 6-3 참조).

자료 6-3. 중국 해양 감시선, 중국 해양국 연구함대로 이전

선반번호	배수량(톤)	세부정보
169	4,600	구 인민해방군(PLAN) 보조 종합정보함(AGI) 함정. 1982년 취역. 2012년 말 중국 해양 감시(CMS) 남중국해 함대로 이전. CMS 8번째 파견대 소속
168	3,400	이전 계획 예인. 1982년 취역. 2012년 말에 CMS로 이송됨 CMS 8번째 파견대 소속
84	1,740	2011년 취역. 2012년 4월 스카버러 암초 사건에 관련된 두 개의 CMS 선박 중 하나. SOA 남중국해 지부 소속
111	4,400	이전 플랜 AGI. 1982년 취역. 센카쿠 순찰. SOA 북부 지사 소속
72	900	1989년 취역. SOA 남중국해 지점 소속. 2007년 6월 베트남 공격으로부터 조사 활동을 방어

47	800	중국 해양청 동 중국해 지점 소속. 1973년 취역. 5월 1985년 Hakuryu-5의 동 중국해에서 활동
49	1,100	SOA 동부 지사 소속. 1996년 취역. 센카쿠로 항해. 요 동 중국해(2월 2012년)에 일본 조사 선박의 활동에 관여
53	1,330	1976년 취역. 중국 해양청 동 중국해 지점 소속
62	800	1973년 취역. 중국 해양청 동 중국해 지점 소속. 일본 작전의 2002년 모니터링의 동 중국해(2001년 늦게)에 북한 간첩 선박을 투입 인양하기 위해 관여함
50	3,500	현재 샹양홍 19로 불림. 중국 해양청 동 중국해 지점 소속
83	3,500	지금은 하이체 3301로 불림. SOA 남중국해 지점에 소속

CCG의 미래

2013년 중반 해양법 집행 개혁이 시작된 이후 중국은 4개의 독립된 군대를 하나의 지휘 체계로 통합하려 하였다. 그러나 궁극적으로 중국 지도자들은 4개의 원래 군대의 모든 임무를 더 효과적이고 효율적으로 수행할 수 있도록 하는 통일되고 단일화된 조직을 만들려고 하였다. 이에 대해 자연스럽게 다음과 같은 질문이 제기된다. 중국은 미래의 CCG에 어떤 모델을 채택할 것인가? CMS나 FLE와 같은 민간기관이 될 것인가, 아니면 CMP와 같은 군사조직이 될 것인가? 2013년 3월 SOA 관계자는 이에 대해 곧 답할 것이라고 약속했지만, 결과적으로 답변하지 않았고, 이후 몇 년 동안에도 무응답으로 일관했다. CMP의 발전과정은 새로운 기관의 미래에 대한 단서를 제공한다. 실제로 CCG 채용 프로그램을 분석한 결과, CCG는 CMP 모델을 기반으로 한 군사 조직으로 형태로 진화하고 있음을 알 수 있다.

2013년 중반 이전에는 4개의 해양법 집행기관(용)은 각각이 고유한 채용 및 훈련 시스템을 보유하고 있었다. 지금은 CCG에서 장교가 되기 위해서는 인민무력경찰(PAP)의 위원회로 이어지는 프로그램을 통하는 것이 유일한 방법이다. 2014년 말에 설립된 본 프로그램은 대학 졸업생 중에서 신입생을 모집한다. 2017년 초까지 이 프로그램을 통해 1,000명 이상의 장교가 임관되었다. CCG는 2017년 1월에 3차 교육대상자 모집을 시작했다.

성공적인 채용은 PAP에서 위탁교육과정을 수료하고 교육 배경에 따라 직책/계급이 정해진다(자료 6-4 참조).

자료 6-4. 새로운 중국 해안경비대 장교의 등급과 계급

학력	직책	계급
기술학교 졸업	소대장	소위
학사학위	중대장 (Company Deputy Leader)	중위
석사학위	대대장(Company Leader)	대위

CCG의 유일한 장교 모집 프로그램이 PAP 위원회로 이어진다는 것은 이 기관이 CMP 모델에 기반한 군사 조직이 되고 있음을 분명하게 보여준다. 공식 채용 자료의 내용은 이러한 결론을 확인시켜준다. CCG 남중국해 지부 모집 공고에 따르면 해당 기관은 "군사화하는 경찰력을 지닌 법집행부대"로 명시하고 있다. 더욱이, 지원자는 모두 PAP의 구성요소인 "다른 공안군 조직(국경수비대, 소방대, 개인경비대 등)에 동시 지원"이 금지된다.

2018년 1월 기자 회견에서 국방부 대변인 우첸(Wu Qian)은 "해양권 보호법 집행"이 이제 PAP의 3가지 "주요 임무 및 부대 구성" 중 하나라고 밝혔다. 그는 중국이 CCG 전체를 중앙군사위원회의 직속 부대인 PAP로 이전할 계획이라고 전했다. 신화통신은 2018년 3월 21일 이 주장을 확인했고, 2018년 7월 1일 PAP는 중국 해안경비대를 공식적으로 편입되었다.

왜 CMP인가?

CMP의 부상은 결코 예상된 것이 아니다. 실제로 중국 지도자들은 CCG가 어떤 조직이 될지 알지 못한 채 CCG를 만들기로 했을 가능성이 매우 크다. 이후 몇 년 동안 중국 정책 입안자들은 CCG를 군사화하는 것이 중국의 해상권 작전에서의 긍정적 성과를 창출할 것이라고 믿게 되었다. HYSY 981 사건은 이 결정의 결정적

인 계기였던 것으로 보인다.

HYSY 981의 충돌은 CCG에게 엄청난 도전이 되었다. 개혁이 시작된 지 1년도 채 되지 않아 새 임무를 수행하는 데 있어 운영 조직과 체계가 제대로 통합되지 않은 상태였다. 다른 기관의 선박과의 효과적인 협력이 어려웠고, 이는 거의 재앙에 가까운 결과를 초래했다. 이 사건은 해양안전청(Maritime Safety Administration)과 중국구조대(China Rescue and Salvage)와 같은 해상권 집행활동을 거의 수행하지 않는 지방 해양법 집행기관 및 조직의 강력한 지원이 시급함을 시사하였다. HYSY 981 사건 직후 복건성 CMP 파견대 지휘부 장교인 딩차오핑(Ding Chaoping)은 "2013년부터 해안경비대는 남중국해와 동부에서 호위임무를 만족스럽게 완료했다. 그러나 이들은 전문성, 개별 함선 전술, 함대 편성 및 합동 작전의 조직 및 지휘, 통신 지원 측면에서 강력한 실제 전투 능력이 부족함을 드러냈다"고 한탄했다.

중국이 결국 무력을 사용하지 않고 HYSY 981을 방어하는 데 성공한 것은 CMP의 노력 덕분이었다. CMS와 FLE는 모든 장비와 지역을 방어하기 위해 최정예 함대를 급파하였다. 그러나 방어작전에서 주력부대의 역할을 한 것은 결과적으로 CMP요원들에 의해 운용된 CMP 소형함선이었다.

CMP의 괄목할 만한 성과는 중국 지도자들에게 민간인이 아닌 군대를 최전선에 배치하는 것의 가치를 확신시킨 것으로 보인다. 한 중국 해양경찰학교 교수인 리린(Li Lin)은 HYSY 981 방어와 같은 사건을 통해 "실제 전투에서는 군인만이 임무를 수행하는 데 필요한 전투력과 집행력을 갖고 있다"는 것을 보여주었다고 하였다. 리교수는 2016년의 연구에서 CCG 내에서도 CCG의 미래에 대한 지속적인 논쟁이 계속되고 있음을 인정했지만, "2년 이상의 경험을 통해 전투력이 필요하다는 것에 대한 합의가 이루어졌다"고 하였다. 이러한 특성을 가진 유일한 해상력이 바로 CMP이다.

최전선 작전을 위해 CMP를 활용하는 것에는 다른 이점이 있다. 중국이 영유권 주장하는 해역에서 조업하는 외국 선원에 대해 중국 형법을 집행할 수 있는 권한을 중국 정부가 제공한다. 하이난 공안법은 경찰의 대응을 정당화할 수 있는 하이난의 "관할 수역"(즉, 9단선 내의 모든 수역) 내에서 금지된 외국인 행동의 여러 가지 행위유형을 규정하고 있다. 이러한 행위에는 불법적으로 정박하고, 분쟁을 일으키고, 중국 섬에 상륙하고, 중국 주권을 침해하거나 중국 안보를 위협하는 선전 활동을 수행하는 것이 포함된다. 이러한 조항을 위반하는 외국인은 다음 중 하나의 처분을 받을 수 있다. CMP장교는 외국 선박에 승선, 검사 및 추방하고 선원을 억류할 수 있다. 이 법은 또한 외국 선박을 강제로 정지시키거나, 항로를 변경하거나, 회항을 할 수 있도록 법적 권한을 부여한다. 그들은 또한 중국 공안 및 국경법에 따라 외국 선박을 압수하거나 법적 조치를 취할 법적 근거를 갖는다.

2016년, 중국 최고인민법원은 "외국의 침해를 처리할 때 중국 해양경찰당국의 사법적 해석"이라는 두 가지 규정을 발표했다. 이중 첫 번째 규정은 중국의 "관할수역" 내에서 밀렵으로 의심되는 외국 선원에 대한 형사 기소를 허용한다. 두 번째 규정에 따르면, 외국이 중국 영해에 반복적으로 침입하는 것도 형사 기소 대상이 된다. 최전방 CCG 중 CMP 장교만이 이러한 조항을 집행할 권한이 있다.

CMP 지지자들은 수년 동안 이러한 장점을 강조했지만 아무 소용이 없었다. 중국의 민간 지도부가 CMP를 해안 가까이에 두기로 한 결정 뒤에 강력한 정치적 논리가 있었다. CMP는 총기를 소지한 군인들에 의해 선박이 운용되고 있다. 이들을 민감한 해역으로 보내는 것은 군사적 강압의 이미지를 불러일으킬 위험이 있다. 더욱이 격렬한 교전이 일어나기 쉬운 긴장지역에 병사를 배치하는 것은 자칫 "우발적 무력충돌"의 위험을 초래할 수 있다. 이 두가지 가능성은 중국이 후진타오(Hu Jintao) 정권 하에서 중국이 추구했던 외교노선에 반하는 접근법이었다.

이러한 정치적 고려는 그의 후임자 아래서 바뀌었다. 시진핑(Xi Jinping) 중국 국가주석은 안정성과 억제를 바탕으로 한 중국의 해상권 보호 능력을 구축하고 활용하는 것을 우선시했다. 이러한 변화는 HYSY 981 충돌 몇 달 전에 CCG 부국장이었던 쑨셴셴(Sun Shuxian)이 한 인터뷰에서 잘 나타나 있다. 쑨은 CCG의 미래가 불안정하다는 것을 인정하였고, 새로운 기관은 중국 군대의 구성 요소가 되어서는 안 된다고 주장하였다. 그렇게 하면 중국의 이웃 국가들을 "자극"할 수 있고, 중국의 부상에 대한 외국의 불안을 포괄하는 이른바, 중국 위협 이론에 연료를 제공할 수 있다고 언급하였다. 쑨의 이러한 반대는 결국 받아들이지 않았다.

시사점

2013년 중반에 시작된 CCG 개혁은 아직 진행 중인 작업으로 남아 있다. 새로운 기관에 통합되도록 선택된 4개의 세력은 어떤 형태로든 계속 존재하고 있다. 4개 중 3개는 여전히 이전 임무를 수행한다. 그러나 개혁은 네 번째 CMP의 운명에는 지대한 영향을 미쳤다.

아마도 2014년 HYSY 981 충돌 이후 내린 결정 때문인지, 중국 지도자들은 CMP가 중국의 해상 작전에서 주도적인 역할을 할 수 있도록 권한을 부여했다. CMP는 군대의 한 구성 요소였기 때문에 이는 중국의 해상 국경에 대한 현저한 군사화의 결과로 이어졌다. 군인들을 태운 무장 소형 함선은 한때 민간기관이 순찰하던 해역에서 활동하게 되었다. 분쟁 수역으로 항해할 때 CMS 및 FLE와 같은 민간기관이 소유한 소형함선에 CMP 장교가 빈번히 승선했다. CCG를 공식적으로 PAP의 지휘 하에 두기로 한 결정은 중국 해양법 집행기관의 군사화가 극에 달했음을 보여준다.

이 개혁은 적어도 두 가지 잠재적인 의미를 가지고 있다. 첫째, CMP의 부상은 분쟁지역에서 보다 강력한 법집행 노력을 예고할 수 있다는 것이다. 2012년부터 중국은 중국 법집행기관의 법적 권한을 강화해왔다. 현재까지는 중국에서 활동하는 외국인 민간인의 구금 및 기소와 같은 가장 공격적인 수단은 사용되지 않고 있다. 그러나 현재 CMP가 해양 국경에서 일상적으로 활동하고 있기 때문에 중국 지도자들이 국익을 위해 이를 사용할 필요가 있다고 판단하면, 이러한 법적 권한을 사용할 수 있는 것이다. 단순히 외국 선원들에게 중국이 영유권을 주장하는 지역을 떠나도록 명령하는 현재 관행은 미래의 침해행위에 대한 효과적인 억제책이 되지 못한다는 점 때문에, CCG 내에서는 이미 이를 강력하게 추진하고 있다.

둘째, CMP의 증가하는 힘과 중요성은 그레이존 분쟁과 무력충돌 사이의 전환단계에서 중국 전략에 엄청난 영향을 미칠 수 있다. 이 임무는 분쟁지역의 점령을 포함한 특정 시나리오에서 핵심적인 역할을 할 수 있다. 실제로, 최소한 하나의 CMP 파견대가 해상권 보호를 위한 가상시나리오 중 하나인 상륙작전을 준비하기 위한 훈련 센터를 건설하였다. 더욱이, 가장 최근의 CMP 소형함선 중 일부, 특히

818급 선박은 명백히 군사적 표준에 맞춰 제작되었으며, 향후 충돌에서 중요한 전투 기능을 수행하도록 할 수 있을 것이다.

Notes

1. For an expanded version of the present argument, see Ryan D. Martinson, *The Arming of China's Maritime Frontier*, China Maritime Studies Institute Report no. 2 (Newport, RI: Naval War College, June 2017), http://www.andrewerickson.com/wp-content/uploads/2018/04/Martinson_Ryan_The-Arming-of-China%E2%80%99s-Maritime-Frontier_China-Maritime-Report-2Naval-War-College-CMSI-June-2017.pdf. See also Ryan D. Martinson, *Echelon Defense: The Role ofSea Power in Chinese Maritime Dispute Strategy*, China Maritime Studies Institute Report no. 15 (Newport, RI: Naval War College, February 2018), http://digital-commons.usnwc.edu/cmsi-red-books/15/.
2. "Status of Activities by Chinese Government Vessels and Chinese Fishing Vessels in Waters Surrounding the Senkaku Islands," Japan Ministry of Foreign Affairs website, August 26, 2016, www.mofa.go.jp/files/000180283.pdf.
3. 蔡荣锟 [Cai Rongkun], "福建海警第三支队海防工作纪实" ["An Account of the Ocean Defense Work of the 3rd Detachment of the Fujian Contingent of the China CoastGuard"], 中国海洋报 [*China Ocean News*], July3, 2015, 3.
4. Ibid.
5. The second detachment of the Hainan contingent of the China Coast Guard began conducting patrols to the Spratlys in 2015. [Song Ti], "海南海警二支队举办建队20周年庆祝活动" ["The Second Detachment of the Hainan Coast Guard Holds an Activity to Celebrate the 20th Anniversary of Its Founding"], 中国新闻网海南 [*China News Net—Hainan*], November 22, 2016, www.hi.chinanews.com/hnnew/2016-11-22/428359.html. At least one ship from the second detachment of the Hainan contingent was operating in the Spratlys in January 2017. "为伟大祖国守岁, 边防官兵倍儿自豪!" ["For Staying Up All

Nights for the Motherland, Border Defense Soldiers Feel Extremely Proud!"], 中国军网 [*China Military Online*], January 28, 2017, www.81.cn/jmywyl/2017-01/28/content_7470178.htm. According to a *Xinhua* article, "최근 몇 년간 중국 해안경비대 하이난 제2파견대의 선박들이 권리보호법 시행을 위해 스프래틀리스로 여러 차례 출항하였다. See 郑玮娜、朱卫军 [Zheng Weina and Zhu Weijun], "海南海警二支队春节期间巡航南海保平安" ["Second Detachment of Hainan Coast Guard Patrols the South China Sea and Keeps the Peace during the Spring Festival"], 新华社 [*Xinhua*], February 2, 2017, http://news.xinhuanet.com/politics/2017-02/02/c_1120400685.htm.

6. "中国海警: 南沙海域 '跨年巡逻'" ["China Coast Guard: 'New Year's Patrol' to the Spratly Waters"], 北京电视台 [Beijing TV], January 30, 2017, www.china.com.cn/v/news/2017-01/30/content_40195902.htm.
7. See 南海研究论坛 [South China Sea Research Forum], June 5, 2016, www.nhjd.net/article-2949-1.html. This research forum shows a photo of CCG 46305 while on patrol in theS pratlys.
8. 이 선박의 해상 이동 서비스 ID 번호는 412371215이다.
9. 刘成龙 [Liu Chenglong], "海警37115舰以党建助推海洋维权" ["CCG 37115 Uses Party Construction to Promote Maritime Rights Protection"], 青岛日报 [*Qingdao Daily*], March 28, 2017, 3, http://epaper.qingdaonews.com/html/qdrb/20170328/qdrb
10. Guangxi sent 11 vessels and 330 soldiers. 万稳龙, 梁文悦 [Wan Wenlong and Liang Wenyue], "广东海警镇万里海疆不惧风浪, 维权对峙88天不退让" ["The Guangdong Contingent of the China Coast Guard Stands Watch at the Maritime Frontier and Is Not Affair of Wind or Waves, Conducts 88 Days of Rights Protection Operations without Retreating"], 南方日报 [*Southern Daily*], July 24, 2016, http://news.southcn.com/gd/content/2016-07/24/content_152142421.htm.
11. 叶永坚, 叶华南 [Ye Yongjiang and Ye Huanan], "福建海警第二支队开拓进取献礼建队20周年" ["The 20th Anniversary of the Creation of the 2nd Detachment of the Fujian Contingent of the China Coast Guard"], 福建法治报 [*Fujian Rule of Law Newspaper*], November 29, 2016, http://news.sina.com.cn/o/2016-11-29/doc-ifxyawxa3025409.shtml.
12. 董芳 [Dong Fang], "新快报记者揭开海警44101舰神秘面纱" ["*Xinkuai News* Reporter Lifts the Mysterious Veil of CCG 44101"], 新快报 [*Xinkuai News*], June 7, 2016,http://news.xkb.com.cn/guangdong/2016/0607/433552.html.

13. 肖中仁 [Xiao Zhongren], "国家海洋局重组 将明确海警局刑事执法权和武器配备问题" ["SOA Reorganization Will Make Clear Whether the China Coast Guard Will Have Police Powers and Be Equipped with Weapons"], 国际在线 [China Radio International Online], March 20, 2013, http://gb.cri.cn/27824/2013/03/20/6651s4059544.htm.
14. "南海海警分局2017年接收普通高等学校应届毕业生简章" ["Brief on the South China Sea Branch of the China Coast Guard Recruitment from the 2017 Graduating Class"], China Coast Guard recruitment website, www.chinahjzs.cn/Zcshow.asp?id=10.
15. "Defense Ministry's Interpretation of APF Flag," *China Military Online*, January 11, 2018, http://english.chinamil.com.cn/view/2018-01/11/content_7904961.htm.
16. The decision to place the China Coast Guard under the PAP was contained in the "Plan for Deepening Party and State Organizational Reform." See "Plan for Deepening Party and State Organizational Reform," *Xinhua*, March 21, 2018, www.xinhuanet .com/2018-03/21/c_1122570517.htm.
17. PRC Ministry of Defense Press Conference, June 28, 2018, http://eng.mod.gov.cn/ news/2018-06/29/content_4818080.htm.
18. 丁超平 [Ding Chaoping], "试论当前如何强化海警实战化训练" ["On How to Improve the China Coast Guard's Realistic Combat Training"], 公安海警学院学报 [*Journal of China Maritime Police Academy*] 13, no. 4(December 2014): 12.
19. 중국해양경찰학원 예쥔 교수에 따르면, HYSY 981을 방어하는 618B 쾌속정의 성공은 2011년에 시작된 훈련에 대한 새롭고 체계적인 접근방식 때문이었다. 叶军 [YeJun], "回顾与展望: 关于海警舰船长训练的思考" ["On China Coast Guard Ship Captain Training"], 公安海警学院学报 [*Journal of China Maritime Police Academy*] 15, no. 3(2016): 27.
20. 李林 [Li Lin], "论中国海警在改革实践中存在的不足及其完善" ["On the Inadequacies of the China Coast Guard Reformand Howto Fix Them"], 法制与社会 [*Law and Society*] 9B (2016): 50-51.
21. "海南省沿海边防治安管理条例" ["Hainan Province Regulations for the Management of Coastal Border Security and Public Order"], November 27, 2012, www.hq.xinhuanet.com/hngov/2013-01/04/c_114233756.htm.
22. Ibid., article 31.
23. Ibid., article 47.
24. Part one defines what those are.

25. Article Three, "最高人民法院关于审理发生在我国管辖海域相关案件若干问题的规定(一)" ["Provisions of the Supreme People's Court With Respect to Certain Questions on Trying Related Cases that Occur in China's Jurisdictional Waters (Part 1)"], 最高人民法院 [Website of the Supreme People's Court], August 2, 2016, www.court.gov.cn/zixun-xiangqing-24261.html.
26. Ibid.
27. 익명의 최고인민법원 대표는 새로운 규정에 대해 인터뷰하면서 이 규정이 중국의 해양 분쟁 전략의 도구로 고안된 것이라고 인정했다. 그들은 "중국의 해양 사법 주권을 더 강조하고" 중국 법원이 "중국의 영토 주권과 해양 권익을 단호하게 수호"하는 데 보다 적극적인 역할을 할 수 있도록 돕기 위한 것이다. 罗书臻 [Luo Shuzhen], "依法积极行使海上司法管辖权 统一涉海案件裁判尺度" ["Positively Enforce Maritime Judicial Jurisdictional Rights According to the Law and Unify the Judgment Standards for Maritime Cases"], 中国法院网 [*ChinaCourt*], August 2, 2016, www.chinacourt.org/article/detail/2016/08/id/2047234.shtml. 현재까지 중국 영해에서 활동하는 외국인들은 아직 형사 고발 대상이 되지 않았다. 확실히 이것은 외국인들이 위에서 설명한 "범죄"에 대해 무죄하기 때문이 아니라, 오히려 이러한 새로운 규정은 외국의 침해를 억제하고 중국 민간 지도자들이 이를 사용하는 것이 정치적으로 적절하다고 판단할 때 유용할 수 있는 새로운 도구를 중국 해안경비대에 제공하기 위한 정책적 조치로 보아야 한다.
28. 2011년 말에 쓴 글에서, 중국 해양경찰교육원의 세 명의 연구원들은 중국 정부 정책이 남중국해에서의 CMP 운영의 지리적 범위를 "제한"한다고 지적한다. 연구진은 CMP 법집행의 지리적 범위를 남중국해의 모든 중국 해역으로 확대하기 위해 관련 부서에 제안할 것을 권고하였다." See 何忠龙,潘志煊,王珂 [He Zhonglong, Pan Zhixuan, and Wang Ke], "就南海局势谈中国海警的建设与发展" ["Construction and Development of the China Maritime Police from the Perspective of the Current Situation in the South China Sea"], 公安海警学院报 [*Journal of China Maritime Police Academy*] 10, no. 4 (2011): 54.
29. 席志刚 [Xi Zhigang], "中国海警局的前路" ["The Way Forward for the China Coast Guard"], 中国新闻周刊 [*China Newsweek*] 5 (2014): 67.
30. 蓝志文 [Lan Zhiwen], "全国海警首座渡海登岛训练场在厦门落成" ["Xiamen Has Built the Coast Guard's First Training Center for Island Landings"], 中国警察网 [*China Police Online*], March 11, 2015, http://bf.cpd.com.cn/n26357304/c27947047/content_2.html.

Joshua Hickey, Andrew S. Erickson, and Henry Holst

중국 해양법 집행 체계

전투의 명령, 능력, 동향

중국의 군대는 3개의 주요 조직으로 나뉘며, 각 조직에는 해상 하위조직을 가지고 있다. 인민해방군(PLA)의 해군(PLAN)은 PLA의 인력과 자원의 증가를 요구하고, 인민무장경찰(PAP)이 중국 해안경비대(CCG)를 포함한 중국 해양경찰(MLE) 부대를 지휘하고 있으며, 민병대에는 해상기반 부대인 인민해방군 해상민병대(PAFMM)의 비율이 증가하고 있다. 중국의 3대 해상 임무는 각각 선박 수 면에서 세계 최대 규모이다. 미국의 군사중심의 조선 산업과 달리 중국의 대규모 상업 조선 산업은 3개 부대의 함정 건조에 대한 간접비를 보조한다. 이는 중국이 어떻게 통합 CCG를 중심으로 한 MLE군으로 구성된 제2 해군보다 신속하게 세 가지 임무를 수행할 수 있는 체계를 구축하고 현대화할 수 있었는지를 부분적으로 설명한다.

10년이 넘는 기간 동안 중국은 공해에서 MLE 선박을 운용할 수 있는 능력을 크게 향상시킨 대규모 현대화 프로그램에 착수했다. 근해 그레이존 해상 작전의 핵심 구성요소인 중국 해안경비대는 해군 전투원을 직접 활용하지 않고도 관할해역 내 해양 상황에 대한 영향력을 증대시켜줌으로써, 사태 악화의 위험을 줄이고 PLAN이 멀리 떨어져 있는 공해상에서 다른 해군 임무에 집중할 수 있도록 해준다.

이로 인해 중국은 강력한 "제2의 해군"을 얻게 되었다. 오늘날 중국은 상당한 차이로 세계에서 규모가 가장 큰 해군뿐만 아니라 세계에서 가장 큰 MLE 함대를 보유하고 있다. 본 장에서는 MLE 함대 구성에 관련하여, 국가해양국(SOA), 수산국(BOF)/수산법집행국, 해상 관세청(구 세관총국(GAC)), 공안국/인민무력경찰 해상과 같은 하위조직과 함께 최근 신설된 중국의 기관들은 CCG로 간주한다. 다른 두 개의 주요 중국 해양기관인 해양안전국(MSA)과 중국구조대(CRS)는 CCG와 직접적 관련성이 없다(따라서 본문 또는 자료 7-1의 전체 수치에 포함되지 않는다). 2017년 현재, 17,000명 이상의 CCG 인력으로 구성된 파견대는 근해에서 운항할 수 있는 500톤 이상의 선박 225척, 조금 먼 수역에서 운영가능한 1,050척을 포함하여 총 1,275척의 함선을 보유하고 있으며 이는 인근 지역의 모든 해안경비대를 합친 것보다 더 많은 수치이다. 이 중 만톤 이상의 적재량을 자랑하는 자오터우(Zhaotou)급 순찰선 두척은 세계에서 가장 큰 해안경비함이다.

질적 향상의 측면에서 중국은 성능이 떨어지는 오래된 대형 순찰선을 거의 모두 교체하였다. 이는 미국과 일본 해안경비대를 면밀히 조사함으로써 얻은 중요한 교훈과 CCG가 오랫동안 먼바다에서 작전을 수행하면서 쌓은 다양한 경험을 바탕으로 한 것이다. 그 결과 새로운 함선에는 헬리콥터, 요격 보트, 포탑, 고용량 물대포 및 향상된 항해 기능이 포함되었다.

새로 건조된 대부분의 CCG 함선에는 비록 헬리콥터가 많지 않지만 헬리콥터 갑판이 설치되어 있으며 일부 함선에는 격납고까지 설치돼 있다. 대다수 신형 CCG 선박 후미(fantail)에 신속 발사 보트 경사로(quick-launch boat ramps)가 설치돼 있어 약 10미터 길이의 고속 요격보트를 신속하게 배치할 수 있는데, 이는 어선 또는 기타 선박에 대한 방문, 승선, 수색 및 압수 등 법집행 능력을 향상시킨다. 다수의 신규 선박에는 30mm 함포가 장착되어 있으며 일부 대형 선박에는 76mm 주포가 장착되어 있다. 가장 최근에 건조된 CCG 함선은 상층 구조물에 고출력 물대포를 장착하였다. 2014년 하이양시유(HYSY) 981 석유 굴착 장치 대치 상황에서 베트남 선박의 교량 장착 장비를 손상시키고, 연료주입구에 물을 강제로 주입하면서 그 효과성이 입증되었다. 인터넷 사진에 따르면 지난 5년 이내에 건조된 많은 CCG 선박에는 PLAN 선박 및 미 해군의 Link 11과 유사한 데이터 링크 안테나(예: HN-900)가 있으며, 구형 CCG 선박 또한 이러한 안테나를 장착하고 개조되고 있다.

중국의 민간 해상 건설은 지연되고 있지만 아직 끝나지 않았다. 2020년까지 CCG는 연안에서 운항할 수 있는 260척의 선박을 보유할 것으로 예상되고, 이러한 함선들은 전 세계 어디에서나 운용 가능하다. 소형 선박의 수는 크게 변하지 않을 것으로 예상된다. CCG는 총 1,300개 이상의 선박을 보유하기 위해 연안에서 활동하는 1,050개의 작은 함선을 계속 소유할 것으로 예측된다. 이는 2005년부터 2020년까지 15년간 총 400척의 해안경비대 선박이 순수하게 증가한 것을 의미하며, 해양에서 운영할 수 있는 200척 이상의 추가 선박이 포함되어 후자를 기준으로 350% 성장률을 나타낸다. 자료 7－1에서 알 수 있듯이 모든 유형의 CCG 선박의 수가 증가했으며, 해상 순찰선(2,500톤 이상)의 전력이 상대적으로 가장 크게 증가하였다.

자료 7-1. 중국 해안경비대 수준, 2005-20

등급 (형식, 배수량(톤))	2005	2010	2017	2020	15년간 증가 수(%)
해양순찰선 (2,500-10,000)	3	5	55	60	57
지역순찰선 (1,000-2,499)	25	30	70	80	55
지역순찰선 (500-999)	30	65	100	120	90
계: 연안에서 운영 중인 선반수	58	100	225	260	202 (350%)
해안순찰선(100-499)	350	400	450	450	100
근해순찰선/소형선박 (〈100)*	500+	500+	600+	600+	100 (약)
총합: 중국 해안경비대	900+	1,000+	1,275+	1,300+	400 (약)

* 중국 근해의 섬들 중 적어도 한 곳에는 40톤급 요격선이 주둔하고 있다. 남중국해 분쟁지역에서 전진기지를 사용할 수 있기 때문에, 규모는 이전에 비해 작다.

본 장에서는 중국의 MLE 작전의 근거가 되는 교리 및 리더십 추진력에 대한 이전 논의를 바탕으로 중국이 이를 실행하기 위해 사용하는 선박, 전반적인 전투 절차, 능력, 동향 및 의미를 평가하고자 한다. 우리는 임무별로 구성된 하드웨어 중심의 관점에서 광범위한 중국 MLE 선박을 조사한다. 저자가 이 접근방식을 선택한 이유는 선박 자체가 리더십, 통제 및 조직의 상당한 변화 속에서도 서로 분리되어 있고 쉽게 식별되기 때문이다. 중국의 MLE 조직이 최근 몇 년 동안 대폭적으로 재편되었고(개혁은 계속 진행 중임), 선박들은 PLAN에서 이전되었을 뿐만아니라 그레이존과의 관계에서 그들 사이에 이동이 잦음에도 불구하고 이러한 주장은 여전히 유효하다. 지난 10년 동안 특정 지역에서 운영되는 중국의 MLE 자산 측면에서 여러 "최초"가 관찰되었으며, 일반적인 지역 상황과 마찬가지로 MLE 함대 활용은 유동적이다. 모든 기관(BOF, 세관 및 기타 기관 포함)의 선박은 그레이존 분쟁에 참여 그리고/또는 그 부근에 있는 것이 관찰되었다. 예를 들어, GAC 선박은 대부분의 그레이존 작전에서 제외되지만, GAC 순찰선은 HYSY 981 석유굴착 사건 현장 사진에서 그 존재를 확인할 수 있었다. MSA 및 CRS와 같은 중국의 해상인명안전(SOLAS) 기관은 일반적으로 그레이존 작전에 직접 참여하지 않지만, 결과적으로 발생할 수 있는 안전 또는 오염 통제 문제에 대응하기 위해 때때로 인근에서 운용되기도 한다.

그러나 이들 기관은 실제 외국군에 대한 작전에는 관여하지 않는 것으로 보인다. 또한 모든 CCG 선박이 그레이존 작전과 관련이 있는 것은 아니다. 비록 주관적인 용어이긴 하지만, 어떤 함선은 그 규모가 너무 작아서 원양 항해할 수 있을 것으로 판단되지 않는다. 예를 들어, 실질적인 규모에 대한 제한은 없으나, 분쟁지역 및 작전에 참여하는 선박 대부분은 500톤 미만이다. 반대로, CCG 외부에도 해양권보호 및 그레이존 작전과 직접적인 관련된 선박이 있다. 2013년 CCG 개편은 국가 수준의 자산만을 통합했다. 여기에는 지방, 군(county) 또는 지방자치 MLE 선박이 포함되지 않았다. 예를 들어, 중타오(Zhongtao)급 소형 경비함은 실제로는 CCG의 일부가 아니라 지방정부의 어업관리국 소속이며, 중국해양감시국(CMS) 또한 다양한 수준의 관할 해양권관련 임무를 수행하기 위한 지방(provincial-level)정부 소속 순찰함을 보유하고 있다.

창설(Foundation)

중국의 MLE 현대화 프로그램은 세 가지 주요 단계로 진행되었으며, 그 중 후자의 두 단계는 서로 중복된다. 1단계(2000－10)는 보통의 이중 역할 연구 및 순찰선에 중점을 두었다. 이들은 비교적 작았고(대부분 1,000－1,750톤, 몇 척의 더 큰 선박이 있음) 일반적으로 비무장 상태였다. 소수만이 헬리콥터 시설을 갖추고 있었다. 2단계(2010－17)에서는 수십 척의 새로운 특수 목적 해양 순찰선을 생산했다. 1단계 선박(만재된 3,000~10,000톤)보다 훨씬 큰 이 선박은 이전에 설명된 구형 선박보다 훨씬 더 많은 능력을 갖추고 있다. 3단계는 일반적으로 중소형 순찰정과 연안 및 근해용 순찰선(patrol combatants for coastal and near－coastal use)으로 구성되며 제한된 수의 대형 선박만 건조된다.

2013년에 중국은 5개 주요 해양법 집행 기관(5마리의 용) 중 4개를 통합하고 MSA만 독립 상태로 유지했다. 지난 10년 동안 20개 이상의 해군 및 상업용 조선소에서 CCG 선박을 생산했다. 강력한 상업용 조선 산업에 의해 간접비가 감소함에 따라 해안 경비선의 건조는 저렴하고 효율적으로 이루어졌다. 상업용 구동계와 전자장치를 사용하고 복잡한 전투시스템이 없기 때문에 여러 장치를 동시에 제작하여 신속한 조립이 가능해졌다. 계약서 및 언론의 세부 정보에 따르면 일반적인 총 건조 시간(시작부터 시운전까지)은 대형 순찰선(WPS, 1,000톤 이상)의 경우 12개월에서 18개월, 소형 순찰정 또는 순찰선(천 톤 미만)의 경우 9개월에서 12개월이 소요된다.

중국은 1999년까지 국가 차원에서 MLE 기관을 확장하고 현대화하기로 했다. 조선 예산의 대부분은 당시 CMS로 알려진 조직에 할당되었으며, 이들은 주로 중국의 영유권과 근해 법집행을 담당했다. 세기가 바뀌기 전에 CMS 부대는 주로 1970년대에 건조된 제한된 수의 군민 겸용 순찰 및 연구선으로 구성되었으며, 대부분은 비교적 작고 연안 지역에서 작전을 수행하였다. 총기류, 헬리콥터, 고속 요격 보트, 물대포 또는 기타 MLE 장비가 장착되지 않았기 때문에 이러한 선박 중 어느 것도 법집행 임무를 위해 특별한 장비를 갖추고 있지 않았다.

처음에 CMS 선박 현대화 프로그램은 제한된 연구 및 조사 활동뿐만 아니라 순찰 및 감시 임무를 수행할 수 있는 여러 크기의 군과 민간이 함께 활용할 수 있는 이중 용도의 다목적 선박 획득에 중점을 두었다. 이 초기 인수 프로그램은 2004년에 본격적으로 시작되었으며 대부분의 신형 선박은 2005년 말까지 진수 및 배치되었다. CMS는 슈요(Shuyou)급 1,000톤 초계함 3척(만재 시 1,428톤), 슈우(Shuwu)급 1,500톤 순찰선 3척(만재 시 1,740톤), 슈차(Shucha) 1호 3,000톤 초계함(만재 시 4,000톤)을 3개의 CMS 기지(북쪽, 동쪽, 남쪽)에 고르게 배치하였다. 초기 다목적 순찰선(소위 WAGORs)의 전형으로, 세 등급 모두 수로 및 해양 연구 장비를 장착할 수 있도록 선미 A-프레임과 크레인이 장착되어 있지만 그러한 연구 임무를 수행하는 경우는 거의 없었다. 특히, 슈차 1호는 헬리콥터 착륙 갑판과 격납고 시설을 갖춘 최초의 선박으로, CMS가 헬리콥터 지원이 필요한 해상 임무를 수행할 목적으로 제작 되었음을 알 수 있다. 그러나 SOA/CMS의 명시된 주요 과학 임무에 따라 이러한 신형 선박 중 어느 것도 영구적 무기를 탑재하지는 않았다. CMS 선박 건조의 핵심은 2010년에 시작된 지방자치 MLE 조직에 배치할 목적으로 600~1,500톤급 선박을 건조하는 36선박(thirty-six-hull) 프로그램이었다.

역사적으로 해양에서의 제한된 역할과 능력을 지닌 중국의 기타 해양법 집행 기관들은 근해에서 운항할 수 있는 선박 일부를 인수하기 시작했다. 2007년까지 PAP 해상경찰은 최초의 대형 순찰선인 하이순(Haixun)II급 종궈하이징(Zhong Guo Hai Jing) 1001호(현재 하이징 31101로 알려짐)를 인수하였다. 역사적으로 PAP 해상경찰은 국경 방어, 밀입국 방지, 출입국관리(정권유지)의 주요 책임을 지원하기 위해 작고 빠르고 중무장한 순찰선만 운영해왔다. 하이순(Haixun)II는 37mm 주포와 헬리콥터 갑판을 갖추고 있었다. 대부분의 PAP 해상 순찰선보다 배수량이 4배 이상 많았고, 몇 안되는 초기 작전에서 PAP 해상경찰은 대형 선박을 운영하는 것에 대한 미숙함을 보여주었다. 대부분의 초기 운영기간 동안 하이순II는 연안을 넘어서 작전을 수행하는 모험을 하지 않았다. 최근 몇 년 동안 CCG 하에서 해양경찰이 더 적극적인 해상 역할을 했음에도 불구하고, 주로 PAP 해상경찰의 의례적인 지위를 위한 플랫폼 정도로 여겨졌다.

이미 해양자원 보호 및 어업관리에 사용되는 수십 척의 노후화된 연안 순찰선을 운영하고 있는 수산국(BOF)은 2000년대 초반에 자체적인 현대화 프로그램을 시작하였다. 이것은 주로 새로운 연안 순찰 선박을 도입하는 것이었지만, 2010년에 진수된 당시에는 최신식 선박이었던 중양(Zhongyang)급 대형 순찰선 중궈유정(Zhong Guo Yu Zheng) 310호(후에 샤사시지역공안(Sansha City Municipal Authority)으로 이전됨)의 건조로 절정에 이르렀다. 다른 MLE 기관의 최근 인수에 따라 BOF는 WPS 310에 헬리콥터 갑판과 격납고를 장착하기로 결정했지만, 실제로 헬리콥터를 소유하고 있지는 않았다. 초기 BOF는 WPS 310을 근해 순찰 임무에 광범위하게 활용되었으며, 나중에는 BOF의 중추적 역할을 수행하였다.

네 번째 주요 해양법 집행기관인 GAC는 2000년대 초에 연안 밀매 작전을 위해 30척 이상의 새로운 200톤급 경비정(Hailin I/II급)의 건조를 마쳤으며, 2003년 이후로는 중요한 선박 건조 프로그램을 진행하지 않았다.

중국 MSA는 부표 관리, 환경 정화, 수색 및 구조, 해상 예인 및 인양, 항구 운영과 같은 전문 임무를 수행하기 위한 다양한 선박을 구입하며 자체 건조 프로그램을 계속적으로 진행하였다. 행정부는 또한 근해 해상 재해 및 비상사태에 대응하고 다른 태평양 국가의 주요 해안경비대와 상호 협업할 수 있는 몇 척의 대형 순찰선을 인수했다. 5개의 기관 중 MSA는 대양 횡단 작전이 가능한 특수 목적 대형 순찰선을 처음으로 확보했으며, 2척의 슈비안(Shubian)급 선박은 하와이와 다른 먼 지역에서 합동 훈련에 참가하고 후에 인도양에서 실종된 말레이시아 항공 370편에 대해 수색을 포함한 장기 임무에 참여하기도 했다. 중국의 다른 MLE 기관과 달리 MSA는 미국 해안경비대, 일본 해안경비대 및 기타 지역 MLE 조직과 긴밀한 협력 관계를 일관되게 유지하고 있으며, 영토 분쟁에 개입하지 않으려고 노력하고 있다. 다른 기관들과 달리 MSA는 역사적으로 상업 운송에 대한 항만 수수료 징수에서 운영 자금의 상당 부분을 충당하여, 중화인민공화국(PRC) 지도부와 국가 예산에 전적으로 귀속되지 않고 일정 수준의 예산 자율성을 확보하게 되었다.

도약: 중국의 새로운 해안경비대

언급한 바와 같이, 2013년에는 이들 중 4개 기관이 새로운 CCG에 통합(최소한 서류상)되었다. 이 개혁은 개별 기관에 의해 몇 년 동안 예정된 것으로, 그 중 몇몇 기관은 새로운 조직의 지휘구조 내에서 우위를 점하기 위한 시도로 2010년 이후에 공격적인 건설 프로그램을 시작한 것으로 보인다. 각 조직은 분명히 자체 선박 설계(특히 BOF와 CMS)에 중점을 두고 기관 간의 협력은 거의 존재하지 않았다.

CCG가 통합되기 직전에 CMS 함대는 최근 PLAN 임무에서 퇴역한 몇 척의 보조함도 인수했다. 이러한 선박 인수는 중국이 남중국해와 동중국해에서 보다 적극적으로 해상활동을 수행하기 시작하면서 발생한 순찰 능력의 격차를 메우기 위한 것이었다. 여기에는 3척의 전 첩보수집함(쇄빙선 옌빙(Yanbing)급 일반첩보선(AGI)-723, 샹양훙(Xiang Yang Hong) 9급 전 AGI-852 및 하이양(Haiyang)급 전 AGI-411)을 비롯해 개조된 케이블 및 지뢰설치용 선박, 대형 예인선 등 다양한 유형의 PLAN의 구형 선박이 포함되었다. 이러한 PLAN의 구선박은 CMS(후 CCG) 함선 건조 프로그램이 진행되는 가운데 즉시 작전에 투입되었고, 대부분은 함포와 전자 장비 없는 상태로 운용되었다.

최근 몇 년 동안 CCG 현대화의 특징 중 하나는 특정 임무를 위한 선박을 건조하고 이를 명확하게 전문화했다는 것이며, 이는 오룡시대에 시작된 조달 프로그램의 결과이다. 게다가 중국의 대규모 조선 산업(그리고 아마도 조선 예산)은 CCG가 범용성은 높지만, 특정 능력이 떨어지는 다목적 선박을 건조하기보다는 특별한 요구 사항에 맞는 기능별 맞춤형 설계에 집중할 수 있게 해주었다. 그러나 모든 선박과 기술은 분쟁 중인 남중국해 또는 동중국해 지역의 해상권 보호 작전 등과 관련한 다른 임무를 수행할 기능도 보유하고 있다.

CCG 현대화의 두 번째 특징은 진화적인 설계 수정을 선호한다는 것이다. 2010년부터 다양한 초기 설계 이후 구성 및 기능이 자주 수정되었다. 예를 들어 중국은 거의 10년 전에 프로그램이 시작된 이후 지역별 1,000톤 초계선 설계를 4번에 걸쳐 순차적으로 수정했다. 원래 모형(슈우급)은 본질적으로 CMS의 다목적 선박인 연구 및 순찰선이었다. 측량 활동을 수행하기 위해 선미에 A프레임과 크레인이 장착되었다. 설계가 슈케(Shuke) I/II/III 급으로 진행됨에 따라 선박은 크레인과 A프레임이 제거되고 소형 고속정을 위한 기둥(davits)이 추가되었으며 개방 수역 작전을 효율적으로 수행하기 위해 선체 및 상부 구조가 수정되어 법집행 역할을 성공적으로 수행할 수 있도록 발전하였다.

다른 등급에서도 유사한 업그레이드가 이루어졌다. 이러한 변화는 다른 현대식 MLE 선박(주로 미국과 일본 해안경비대에서 운용하는 선박)을 면밀히 연구한 결과와

CMS, BOF 및 기타 CCG 부대가 오랫동안 원양해에서 작전을 수행하면서 쌓은 경험에서 얻은 결과였다.

해상 세관 및 밀수 방지

해상 세관 집행업무를 수행하는 CCG는 1980년대와 1990년대에 건조된 대부분의 소형 순찰선 함대를 해양법 집행 및 관세 업무를 위해 특별히 고안된 3종류의 선박으로 대체하면서 최근 몇 년 동안 인수에 적극적이었다(전투명령은 자료 7-2 참조). 그 중 건조된 신형 자오가오(Zhaogao)급 순찰선 3척은 CCG에 더 먼 앞바다에서 밀수꾼을 단속하는 임무와 같은 배타적 경제 수역(EEZ)에서의 순찰 활동을 위한 추가 기능을 장착했다. 1,750톤의 이 선박은 길이가 308피트, 갑판보(beam)의 길이가 39피트이다. 최대 속도가 20노트를 약간 넘는 대부분의 CCG 순찰선과 달리 자오가오 설계에는 4개의 강력한 디젤 엔진을 장착하여 15노트에서 5,000해리(nm)의 범위에서 거의 30노트의 최고 속도에 도달할 수 있다. 이 선박에는 항해 중에 출동할 수 있는 고속 요격 보트를 위한 2개의 신속 발사대도 장착되어 있다. 또한 30mm 자동 주포와 헬리콥터 갑판을 갖추고 있다.

두 번째 전문 등급인 후타오(Hutao)I 순찰선은 중국의 EEZ 깊숙이까지 확대된 순찰활동을 위해 도입되었다. 자오가오와 마찬가지로 후타오I에는 4개의 샤프트와 프로펠러가 장착되어 있어 30노트 이상의 최대 출력 속도를 낼 수 있으며, 15노트에서 5,000nm의 범위를 항해할 수 있는 4개의 디젤엔진이 장착되어 있다. 625톤의 후타오I은 길이가 223피트, 갑판보의 길이가 28.5피트이다. 이 중 속사 선미 램프(dual quick-launch stern ramps)가 장착되어 있어 항해 중에 고속 요격정을 발사하고 회수할 수 있으며, 30mm 함포 1문, 소형 함포 2문, 물대포 등으로 무장하고 있다. 적어도 8척의 후타오I이 이미 운용중이며 추가적으로 선박을 계속 건조하고 있다. 2018년 중국은 CCG용으로 개선된 Hutao III 등급의 선박 두 척을 진수하였다(Hutao II는 수출품 설계임).

자료 7-2. 해상 관세 전투명령 (선택)*

등급	국가수	알려진 인식 번호	길이(피트)	배수량(톤)	총(밀리미터)
Zhaogao large patrol ship (WPS)	3	(Hai Jing) 33103 (Zhejiang), 44104 (Guangdong), 46014 (Hainan)	308	1,750	30mm
Hutao I patrol combatant (WPG)	8+	(Hai Jing) 31101, 31103, 31104, 35104, 44105, 44109, 45103 등	223	625	30mm
Hutao III WPG	2	44109, 44110	223	625	30mm
Haihei fast response cutter (WPC)	2	(Hai Guan) 905 등	205	450	37mm
Haifeng WPC	5	(Hai Guan) 900-904	190	440	14.5mm
Hulai II WPC	25+	(Hai Jing) 33004, 35007 37001, 44005, 44008, 44015-18, 44020, 44021, 45001, 45002, 46003 등	177	330	14.5mm
Hailin I WPC	25+	(Hai Jing) 44059, 44068, 44069; (Hai Guan) 853-880 (새로운 인식번호 부여 가능성 존재)	170	230	23mm, 14.5mm
Hailin II WPC	10+	(Hai Jing) 35089, 33086, 31088, 21091; (probGuan) 881-90 (새로운 인식번호 부여 가능성 존재)	170	230	23mm
Type 611 WPC	-10	(Hai Jing) 33028; (Hai Guan) 823-30 (새로운 인식번호 부여 가능성 존재)	145	170	14.5mm
Haigao WPC	10+	(Hai Guan) 810-20(새로운 인식번호 부여 가능성 존재)	140	100	14.5mm

* 중국의 해양법집행 기관은 수백 종류의 선박을 보유하고 있다. 이 표와 그 이후의 표를 다루기 위하여, 가장 중요한 등급만 포함된다.

세 번째 등급인 훌라이(Hulai) II는 전세계 12개 이상의 해군과 해안경비대가 운용하고 있는 어디서나 볼 수 있는 네덜란드 경비정(Damen Stan Patrol 4607)과 외관상 유사하다. 그러나 훌라이 II는 세 번째 엔진을 추가로 장착하여 중국 EEZ 내 임무(특히 해상 관세 단속 임무) 수행을 위해 30노트 이상의 최고 속도와 1200해리 범위 내에서 18노트의 속도를 낼 수 있다. 330톤의 훌라이 II는 길이가 177피트, 갑판보의 길이가 24피트이며, 고속 발사 선미 램프 시스템도 갖추고 있어 임무 수행 중에 요격선을 출동시킬 수 있다. 소형 무기와 연막탄 발사기, 고용량 물대포, 강화된 선체 마찰 레일 등을 갖추고 있다. 후타오 I(후타오 II) 및 훌라이 II의 디자인은 최근 몇 년 동안 다른 국가(파키스탄의 경우 훌라이II)에 판매되어 매우 경쟁적인 국제 기술시장에서 경쟁력 있고 효과적인 디자인임을 보여주고 있다. 지난 몇 년 간 20대 이상의 훌라이 II가 건조되었으며 1980년대와 1990년대에 제작된 CCG의 구형 Type 611 및 하이린(Hailin) I/II급 순찰정을 대체하기 위해 총 30대가 더 제작될 것으로 예상된다.

장거리 어업 단속

중국의 영유권 주장을 강화하기 위한 어업단속 및 해양자원 보호는 항상 중국 해양기관, 특히 BOF의 주요 임무였다. BOF가 CCG에 통합되면서 기관의 예산 상황이 크게 개선되었을 것으로 보인다. 역사적으로 이 기관은 임무를 수행하기 위해 낡고 성능이 떨어지는 순찰선, 잡동사니 같은 순찰선(a hodgepodge of patrol craft), 개조된 다양한 어선에 의존해 왔다. 그러나 지난 10년 동안 CCG의 어업 집행부는 전체 함대를 교체하고 현대화하기 위한 적극적인 프로그램에 착수했다(전투명령은 자료 7-3 참조).

장거리 어업 단속과 관련하여 가장 주목할 만한 것은 신형 자오위(Zhaoyu)급 대형 순찰선으로, 이 중 12척이 2014년부터 2016년까지 취역했다. 길이 360피트, 갑판보 높이 46피트인 3,500톤의 선박은 이론상으로 중국의 분쟁지역 이외의 다른 지역에서 작전을 수행할 수 있도록 설계되었기 때문에 거친 바다에서 장거리 순항에 최적화된 선박이다. 이 등급의 예상 최고 속도는 25노트이며 작전반경은 14노트에서 7,500nm에 달한다. 설계 수정은 BOF의 전 기함인 중양급 초계함 중궈유정 310에서 얻은 교훈을 바탕으로 이루어졌으며, 최근에 샨사시로 이전되었다. BOF는 배의 일부 설계 및 안정성 결함을 확인하고 후속 자오위급 선박의 구성을 개선하여 상부 구조를 한 갑판의 길이만큼(기울기 안정성을 위해) 낮추고 헬리콥터 갑판 아래에서 요격기와 승선기를 배치하기 위한 선미 발사 보트 램프를 추가하였다. 추가 장착된 장치로는 헬리콥터 격납고 1개, 30mm 주포 1개, 자동 12.7mm 주포 4개 등을 포함한다.

같은 급에 새로 추가된 자오창(Zhaochang) 순찰선은 새로운 텀블홈(tumblehome) 선체 디자인과 30mm 포를 사용하여 장거리 어업단속을 위해 특별히 제작되었다(3,500톤의 선박은 길이가 360피트이고 갑판보의 길이가 49피트이며 30mm 총을 탑재하고 있다). CCG의 첫 번째 전기 구동 추진 장치에 관한 기술을 탑재한 디젤 발전기가 장착된 유일한 자오창호는 최고 속도 20노트 밖에 낼 수 없지만 15노트에서 10,000nm의 넓은 작전반경을 제공한다.

특히 베트남(통킨만 등), 일본, 한국에 인접한 어업 분쟁지역의 어업단속 작전을 수행하기 위해 CCG는 자오팀(Zhaotim)급 소형 순찰선 15척을 도입하였다. 이 등급의 선박은 길이 269피트, 갑판보 길이 39피트, 1,764톤으로 최고 속도 13노트, 작전반경이 7,500nm이다. 또한, 북부 보하이만(Bohai Gulf)에서의 작전수행을 위해 얼음 강화(ice－strengthened)선체로 건조되었고, 30mm 함포, 2척의 소형 고속 요격정, 그리고 고장 난 어선을 지원하기 위한 중급 예인 능력 등을 갖추고 있어 지역 및 중간 해역 순찰에 최적화되어 있다. 지역 및 중간해역 임무수행에 초점을 맞춘 자오팀호는 헬리콥터 시설이 부족하다. 둥근 활모양(bulbous bow)의 선수가 있는 상대적으로 넓고 낮은 선체 설계는 단속 임무를 위해 설계된 다른 CCG 선박에서 우선시되는 고속 및 기동성보다는 악천후에서의 항해와 효율성이 핵심 설계 요소임을 보여준다(보통 저속인 어선은 자오팀과 같이 최고 속력이 20노트인 순찰선도 앞지르지 못한다).

지방단위의 어업 법집행기관도 주요 현대화 프로그램을 착수했다. 1990년대까지만 해도 중국 연안 어업단속은 주로 개조된 어선과 다양한 구형 순찰선에 의해 수행되었다. 그러나 지난 10년 동안 지역군은 더 많은 지역의 단기 집행 임무를 위해 35－60미터 길이의 해안 순찰선과 전투정을 설계를 위한 약 12가지 디자인을 고안하였다. 가장 주목할만한 점은 50미터, 450톤 중타오(Zhongtao)급의 선박이

자료 7-3. 수산단속전투 명령서 (선택)

등급	국가수	알려진 인식번호	길이(피트)	배수량(톤)	총(밀리미터/구경)
Zhaochang large patrol ship (WPS)	1	(Hai Jing) 2301	360	3,500	30-caliber
Zhaoyu WPS	12	(Hai Jing) 1301-4, 2302-4, 3301-5, 46305	360	3,500	30-caliber
Zhaotim WPS	15	(Hai Jing) 1102-4, 3104-6, 21115, 31115, 33115, 35115, 37115, 46115 (Yu Zheng) 45005, 45013, 45036	269	1,764	30-caliber
Dalang I WPS (전 PLAN 소속)	1	(Hai Jing) 3411	370	4,500	30mm
Zhongeng WPS	10+	(Yu Zheng) 13001, 32501, 33001, 33006, 35001, 37008, 44061, 45001, 46012 등	180	~1,000	14.5mm
Zhongwen WPS	1	(Yu Zheng) 21103	195	850	Unknown
Zhongke WPG	+6	(Yu Zheng) 21101, 21111, 33018, 33205, 27061, 45002 등(possibly more)	180	~500	Unknown
Zhongem WPG	1	(Yu Zheng) 3736	190	550	14-5mm
Zhongtao fast response cutter (WPC)	50+	(Yu Zheng) 12002, 21006, 21009, 21137, 21202, 21401, 32511, 32521, 32528, 32543, 32545, 33012, 33015-19, 33023, 33025, 33129, 33316, 33416, 33417 37001, 37005, 37015, 37529, 37601, 45012, 46013 등	160-170	300-400	14.5mm

Zhongsui WPC*	6	(Yu Zheng) 35199, 44601-3, 44606, 45003	165	~350	14.5mm
Duancude WPC*	10+	(Yu Zheng) 21402, 31006, 37057, 37206, 37518+ more	130	~200	None
Nanhua Type A WPC*	~10	(Yu Zheng) 44025, 44081, 44121, 44168; (Hai Jian) 9040, 9060 (추가 선박이 CMS와 PLA MTS에 의해 운영 중)	110	150	23mm
Zhongbong WPC*	10+	(Yu Zheng) 13203, 13301, 32511, 37078, 37163, 37606, 37607	100-120	~50	없음
Fisheries Patrol trawlers	30+	(Yu Zheng) 다양한 디자인과 번호	100-120	다양함(250-600tons)	일반적으로 없음
Red Arrow large patrol boat*	100+	H를 포함한 4자리 수	40	15	없음

* 이러한 등급은 톤수는 비교적 적지만 남중국해의 중국 점령 지역에 배치될 수 있으므로 충분히 활용될 수 있다.

2000년대 초반부터 지속적으로 생산되어 여러 조선소에서 50척 이상 건조되었다는 것이다. 모든 선박은 공통의 선체와 기본 상부 구조 설계를 공유하지만, 운영 위치와 전형적인 기상 조건에 따라 상단 측면의 설계가 크게 다르다. 주로 무장한 어부들이 활동하고, 선박충돌 및 숄더링(shouldering) 등의 진압방법을 활용하는 작전 지역(예: 통킨만)의 경우, 중타오급 선박 전체의 프레임을 강화하였다. 국가간 갈등이 첨예한 작전지역(예: 동중국해)의 경우, 선박의 선수 방벽을 높게 올렸고, 황해(Yellow Sea)와 보하이만에 주둔하는 일부 부대는 쇄빙장치를 선수에 장착하였다. 초기 선박에는 기둥을 활용한 소형 요격보트를 활용하였지만, 나중에는 선미 탑승구와 고속발사 램트를 장착하여 활용하였다. 중타오급 선박은 신형 선박과 순찰선을 설계하고 건조할 때 운용시 다양한 문제점을 파악하고, 이를 시정하기 위해 노력하는 해안경비대의 또 다른 예이다.

근해 감시, 순찰 및 영유권 집행

CCG 전체가 국경 방어와 영토권 집행뿐 아니라 해상 감시 및 순찰(특히 대형 순찰선)의 일반적인 역할을 하지만 역사적으로 이러한 역할은 주로 이전에 검토되지 않은 두 용인 CMS와 PAP 해양경찰(구 해안경비대로 알려진)에 의해 수행되었다. CMS는 주로 해상 임무를 담당했으며, 전력 대부분은 장기적인 작전 수행이 가능한 대형 선박과 해양 연구 임무 수행이 가능한 다중목적 선박으로 구성되었다.

자금이 넉넉한 SOA의 소속 부서인 CMS는 몇 개의 대형 선박(대부분 현재 통합된 CCG로 최종 위탁됨)을 발주와 함께, 기관 통합 중과 통합 후에 새로운 조선 프로그램을 실질적으로 강화했다. 새로운 CMS 선박은 2012년 이전에 건조된 CCG 선박보다 외해, 장기 순찰 및 감시 임무를 수행하기 위해 건조되었으며, 법집행 단속, 수산 관리, 해양 연구 또는 SOLAS 역할을 위한 장비는 상대적으로 덜 갖춰져 있다(전투명령은 자료 7-4를 참조).

최근 몇 년 동안 CCG를 위해 건조된 신형 선박 중 가장 주목할 만한 것은 각각 남쪽과 동쪽을 근거지로 하는 두 개의 거대한 자오터우(Zhaotou)급 기함이었다. 자오터우급 선박은 길이 165미터(541피트), 갑판보 길이 최소 20미터(65+피트), 만재 하중 10,000톤 이상의 거대한 크기와 현대 해군의 주력 구축함보다 이동거리가 더 길다는 사실로 인해 언론의 많은 주목을 받았다. 그들의 예상 속도는 25노트, 사거리는 15,000nm이다. 그러나 최근 CCG를 위해 건조된 다른 소형 순찰선과 비교해 기술적 이점이 크지 않기 때문에 현재로서는 건조 이유가 불분명하다.

일본이 2013년 센카쿠에 배치한 9,500톤급 시키시마(Shikishima)급 구축함에 대한 대응으로 이 선박이 직접 발주되었다는 소문이 있었고, 그 당시 CCG 선박목록의 모든 함정을 크기로 압도할 정도였다. 이 자오터우급 선박이 운용 능력은 그다지 좋지 않지만, 중국이 세계 최대의 해안 경비함을 보유하고 있다는 자부심을 갖게 할 수 있다. 그 근거는 기껏해야 추측에 불과하지만, 자오터우 설계는 CCG에 헬리콥터를 운반하고 76mm 주포를 장착하면서 최대 내구성으로 세계 어디에서나 작동할 수 있는 대형 플랫폼을 제공한다. 그러나 이 선박은 소형 CCG 초계함에 비해 성능상의 실질적 이득이 없고, 정박 요건과 높은 운영비용 때문에 추가로 건조될 것으로 보이지 않는다.

기관 통합 이후 CCG의 가장 효과적인 대형 순찰선의 세 가지 새로운 등급은 슈차(Shucha) II, 슈오시(Shuoshi) II와 자오라이(Zhaolai)였으며, 모두 CCG 개혁 이전에 운용된 이전 등급을 기반으로 설계되었다. 현재 10대가 운용 중인 슈차 II는 원래 2000년대 초 CMS용으로 제작된 슈차 I 설계를 기반으로 한다. 건조 당시 슈차 I은 CMS에서 가장 현대적인 선박으로 장거리 내구성과 해양 연구를 수행할 수 있는 상당한 능력을 가진 선박이었다. 슈차 II는 이 설계를 개선하여 조사 처리 장비와 선미 A프레임을 제거하고, 더 큰 헬리콥터 갑판과 소형 요격 보트를 위한 발사시설을 장착함으로써 순찰활동에 최적화되도록 건조되었다. 슈차 II는 이전 모델과 마찬가지로 조종 가능한 전기 추진 포드를 사용하는 하이브리드 디젤-전기 구동장치를 장착하여 뛰어난 기동성과 순항 효율성 및 넓은 작전반경을 제공한다. 또한 슈차 II는 필요에 따라 향후 30mm 주포를 설치할 수 있는 공간을 확보하고 있다.

틀림없이 CCG에서 가장 유능하고 다재다능한 등급인 4대의 슈오시 II 선박은 몇 년 전에 제작된 MSA의 기함 하이쉰오이(Hai Xun oi)를 기반으로 한다. 길이 130미터(426피트), 갑판보 길이 16미터(52피트), 배수량 5,800톤의 이 선박은 전체 크기와 일반적인 구성이 미국 해안경비대의 레전드급 소형함선과 유사하다. 슈오시 II는 어떤 기상 조건에서도 장거리 야외 작전을 수행할 수 있도록 설계되었다. 고용량

자료 7-4. 근해 감시, 순찰 및 영유권 집행 전투명령 (선택)

등급	국가수	알려진 인식번호	길이(피트)	배수량(톤)	총(밀리미터)
Zhaotou large patrol ship (WPS)	2	(Hai Jing) 2901, 3901	541	10,000+	76mm, 30mm
Zhaoduan WPS	6		450	4,000+	76mm
Zhaojun WPS	9	(Hai Jing) 31301, 31302, 31303, 46301, 46302, 46303 (Hai Jing) 21111, 33111, 35111, 37111, 44111, 45111, 46111, 46112, 46113	328	2,700	76mm
Shuoshi II WPS	4	(Hai Jing) 1501, 2501, 2502, 3501	426	5,800	76mm (prov.)
Zhaolai WPS	4	(Hai Jing) 1401, 2401, 3401, 3402	325	4,800	76mm (prov.)
Shucha II WPS	10	(Hai Jing) 1305-7, 2305-8, 3306-8	321	4,000	30mm
Hai Yang WPS (PLAN)	1	(Hai Jing) 3368	345	3,325	없음
Kanjie WPS (전 PLAN)	1	(Hai Jing) 2506	425	5,830	제거됨
Type 053 Jiangweil WFF (전 PLAN)	3	(Hai Jing) 31239 (전 PLAN FF 539), 31240 [전 PLAN FF 540), 31241 [전 PLAN FF 541]	367	2,000	37mm
Shusheng WPS	5	(Hai Jian) 1010, 2115, 3015, 7008, 9010	290	1,750	14.5mm (prov.)

Shuke I/II/III WPS	20	I: (Hai Jing) 1127 II: (Hai Jing) 1123, 1126, 2166, 3175 III: (Hai Jing) 2112, 2113, 3111, 3112, 3113; (Hai Jian) 1002, 1013, 2032, 2168, 4001, 4002, 4072; (Yu Zheng) 46016	246-265	1,450	없음
Shuyou WPS	3	(Hai Jing) 1117, 2146, 3171	242	1,000	없음
Shuwu WPS	3	(Hai Jing) 1115, 2151, 3184	288	1,750	없음
Tuzhong WPS (전 PLAN)	3	(Hai Jing) 1310, 2337, 3367	278	3,300	없음
Haixun II WPS	1	(Hai Jing) 31101	311	1,900	37mm, 23mm
Haijian WAGOR/ WPS	4	(Hai Jian) 1118, 2149, 3172, 3174	230	1,350	없음
Shuzao II/III WPG	15	II: (Hai Jian) 9012 III: (Hai Jian) 1015, 1116, 1117, 2030, 3011, 3012, 4067, 4073, 5030, 7018, 7028, 7038, 8003, 8027	215	600	12.7mm
Type 618B-II WPG	30+	(Hai Jing) 015,* 12001, 13101, 13102, 21101, 21102, 21103, 21104, 31102, 32102, 33101, 33102, 35101, 35102, 35103, 37101, 37102, 44101, 44103, 45101, 45102, 46101, 46102, 46105, 46106 + more	201-208	650	25mm or 30mm

* 이것은 해양경찰사관학교 예하 훈련함이지만, 충분히 전투가 가능하다.

물대포와 헬리콥터 착륙 갑판 및 격납고가 장착되어 있으며, 향후 76mm 주포를 장착할 수 있도록 설계되었다. 그러나 CCG가 운영하는 다른 많은 대형 순찰선과 달리 슈오시 II의 선미는 경량 구조 및 구조 작업을 수행할 수 있을 뿐만 아니라 해상에서 선박의 예인작업을 수행할 수 있도록 건조되었다. 추가 선체 건조 여부는 아직 불확실하지만, 세계에서 가장 유능하고 다재다능한 MLE 선박 중 하나이다.

자오라이급 초계함은 센카쿠와 남중국해에서 일본과 베트남의 상호작용에 신속하게 대응하기 위하여 기존 설계를 활용했을 가능성이 크다. 자오라이는 CRS 하이주(Hai Jiu) 111급 구조선을 기반으로 하며, 견고한 선체, 강력한 엔진, 최악의 해상 및 기상 조건에서도 작동할 수 있는 능력을 가지고 있다. 4,800톤의 자오라이 설계는 CRS 기종에 있던 대형 인양 크레인을 제거하고, 소형 요격 보트를 위한 갑판을 추가했다. CCG의 자오라이 4척은 헬리콥터 착륙 갑판도 갖추고 있으며, CCG에서 함포를 재장착할 시에는 76mm 포를 전방에 장착할 수 있다. CCG 함선 중에서 자오라이는 다른 함선의 무거운 선박 예인 및 다른 선박과의 숄더링(shouldering) 전술에 가장 적합하며, 높이 장착된 대형 물대포는 근접한 비폭력 진압작전, 소규모 외국 선박의 화재진압 및 침몰 작전 등에 모두 활용할 수 있다. 자오라이는 처음에 CCG 기능 부족에 대한 임시방편이었고, 더욱 전문화된 설계에 비해 그 기능이 열등하므로 추가 선박이 건조될 가능성은 낮다.

PAP 해상경찰은 대부분이 지상의 PAP 부대에서 유래했기 때문에 구성원의 항해 기술을 숙지하지 못한 해안 및 연안을 담당하는 부대였다. 당시 PAP 해상경찰이 CCG를 통합하기 전에 주문한 것으로 보이는 새로운 두 척의 고성능 순찰선은 현재 건조되고 있다. 이들 중 더 큰 등급인 자오단(Zhaoduan; Type 818)은 제작 중인 CCG 최신형의 가장 빠른 선박이다. 이 선박은 PLAN의 장카이(Jiangkai; Type 054) II급 유도 미사일 호위함을 기반으로 하며, 거의 동일한 선체와 강력한 2+2 CODAD 엔진을 사용하지만, 상부 구조는 크게 수정되었다. 장카이 II 디자인은 아덴만의 PLAN 해적 통제작전에서 높은 신뢰성을 입증했다. 자오단의 전체 구성은 메인 갑판 위의 장카이 II와 유사하지만, 상당히 변형된 상부 구조 갑판을 가지고 있다. 자오단은 HQ-16 수직 발사 지대공미사일 시스템, 근접 무기시스템 및 장거리 군용 전자 장치를 제거하였기 때문에 장카이 II에 비해 전투력이 강력하지는 않으나, 장카이 II와 동일한 76mm의 주포를 장착하고 있다. 이 배는 30mm 함포 2

문과 함께 CCG에서 가장 중무장한 함선이다. 헬리콥터 착륙장과 격납고는 Z-9, AW109 또는 EC-135 헬리콥터를 수용한다. 자오단은 장카이 II의 추진 시스템을 사용하지만 배수량이 4,000톤 이상으로 감소하여 최고 속력이 30노트 이상을 달성할 수 있고 항속이 15노트에서 10,000해리인 세계에서 가장 빠른 대형 해안 경비함 중 하나일 것이다. 이러한 특징 때문에 자오단은 CCG의 주력 함선이 될 것이다. 일부 미디어 소식통에 따르면 이 등급의 선박은 현재까지 6대가 출시되었으며 추가 건조가 예정되었다.

CCG는 또한 독창적인 디자인을 활용하여, 소형 자오쥔(Zhaojun; Type 718)급 고속 함선을 제작하고 있다. 이 함선의 배수량은 2,700톤으로 길이는 328피트, 갑판보 길이는 43피트이다. 예상 최대 속도는 25노트이고 사정거리는 6,500nm이다. 현재까지 최소 9척이 진수되었으며, 몇 척은 이미 운용중이고, 추가로 더 건조될 가능성이 있다. 자오쥔에는 헬리콥터 갑판과 소형 요격 보트 발사 시설이 있다. 자오단과 마찬가지로 전방에 76mm 주포가 장착되어 있다.

지역 보안 임무를 위해 근해에서 작전수행이 가능한 Type 618BII 순찰선은 2014년 HYSY 981 석유 굴착기 대치 상황에서 뛰어난 활약을 펼쳤다. 이 선박은 배수량 650톤, 길이 208피트, 갑판보의 길이 30피트, 최고 속도 약 30노트, 사정거리 2,000해리를 담당할 수 있는 대형 엔진을 탑재하였으며 기동성이 매우 뛰어나다. CCG가 보유한 25척 이상의 순찰선에는 30mm 주포와 고용량 물대포가 장착되어 있다. 일부 선박에는 선미에 고속 보트 발사 램프가 설치 되어 있다.

이러한 목적으로 제작된 국경 방어선과 선박 외에도 CCG는 3척의 전 PLAN 소속 장웨이(Jiangwei) II 순찰선을 인수하였다. 미사일과 해군 무기 시스템의 대부분은 제거되었지만 2연장 37mm 함포와 헬리콥터 격납고는 그대로 유지되었다. 배수량은 2,000톤, 길이는 367피트, 갑판보의 길이는 40.7피트에 불과하며 최대 속도는 약 30노트이고 작전반경은 18노트에서 4,500nm이다.

시설

최근 몇 년 동안 공개된 풍부한 문헌자료에 따르면, 중국은 다수의 MLE 시설을 실질적인 정박과 해안 기반시설을 갖춘 소수의 대규모 기지로 통합하고 있다. 중국에 있는 CCG 해상 시설의 정확한 수를 파악하기는 어렵지만, CCG가 선박이나 소형 선박이 주둔할 수 있는 약 200여 개 이상의 시설을 보유하고 있는 것으로 추정되고 이들 중 40개 미만이 근해 순찰선을 수용할 수 있는 대형 기지로 파악된다. 나머지는 해안 또는 지역 순찰선과 경비정을 거점으로 한다. 이러한 소규모 기지 대부분은 항구나 항구 근처에 위치하며, 통제된 해안시설이 어업 순찰선의 본거지이다. 다른 많은 시설은 작은 해안순찰선을 수용하고 있으며, 기본적으로 작은 부두와 방파제에 위치한 단일 건물(있는 경우)인 경우가 많다.

최근 몇 년 동안 모든 신형 함선을 수용할 수 있는 큰 부두와 막사, 운동 시설, 일부 경우 폐쇄된 선박 수리 시설을 포함하는 상당한 크기의 해안 시설 등을 포함하여 실질적으로 CCG 기지의 규모가 크게 확장되었다. 또한, 여러 개의 대규모 CCG 기지가 신설되어 해당 지역의 여러 소규모 기지를 대체하였다. 선박 수리에 대한 중요성이 증가함에 따라, 정상적인 함대의 운영 요구와 선박의 유지 보수를 위해 PLAN 시설에 의존하지 않으려는 노력을 동시에 보여준다. 이러한 노력의 일환으로 CCG는 최초의 부유식 드라이 도크(floating dry dock)를 건설했다. 남중국해를 포함하여 다른 위치로 이동할 수 있으며 더 작은 순찰선을 수용할 수 있다.

CCG 개혁은 2013년에 시작되었지만, 대부분의 경우, 부대 시설은 조직적 임무에 따라 다소 분리되어 있다. 즉, 이전 BOF 선박을 유치했던 기지는 어업 단속 활동을 수행하는 선박을 계속 유치하고 있다. 이러한 중복 시설이 앞으로 없어질지는 불확실하다.

중국해양안전국(China Maritime Safety Administration)

2013 CCG 통합에 포함되지 않은 MSA는 자체 함대와 시설을 갖춘 독립 기관으로 남아 있다. 중국의 해상 항구, 상업 해상 교통, 항해 보조 장치(부표, 등대 등), 오염 통제, SOLAS 등의 통제 및 보안을 책임지고 있다. MSA의 존재는 대부분 중국 영해에 국한되어 있지만, 다른 국가의 해안경비대와 합동 훈련을 하거나 수색 구조작전을 수행하기도 한다(예: 실종 말레이시아 항공사). 그러나 대부분의 MSA 함

대는 수백 척의 해안 순찰선, 수천 척의 연안 경비정, 부표 관리, 수로 측량, 오염 정화 및 기타 특수 목적으로 활용되는 다양한 특수 선박으로 구성된다.

법집행기관으로 분류되지만 MSA는 일반적으로 영토 분쟁(남중국해, 센카쿠 등), 어업통제, 세관 또는 기타 범죄 대응 활동에 관여하지 않는다. 미국, 일본, 한국 해안경비대를 포함한 지역군과 좋은 협력 관계를 유지하고 있으며 종종 이들 세력과 합동으로 훈련하기도 한다.

중국구조대(China Rescue and Salvage)

비록 법집행기관은 아니지만, CRS는 중국 해양에서 상당한 영향력을 행사하는 정부기관이다. CRS는 공식적 임무(SOLAS 지원)와 상업적 임무로 구분되어 운영되며, 좌초된 선박 견인에서부터 침몰한 선박 구조, 상업용 석유 굴착 장비 운송 및 배치에 이르는 계약 작업을 수행한다. 이러한 상업적 측면을 살펴보면, CRS 수익사업을 통한 독립적인 예산확보가 가능하며 그 중 상당 부분을 구조, 인양, 대형 운송, 반잠수식 및 대형 크레인 선박을 포함한 함대의 지속적인 현대화에 투자하고 있다. 가장 눈에 띄는 CRS는 30대가 넘는 현대식 구조 및 인양 선박을 보유하고 있으며, 대부분의 시간을 선박의 왕래가 잦은 해상 지역과 중국 항구에서 떨어진 항로 순찰에 할애한다. CRS에는 몇 개의 주요 기지 시설이 있으며, 그 중 일부는 CCG 또는 MSA 시설과 함께 배치되어 있지만, 일반적으로 CCG 군대와 작전을 같이 수행하거나 협력하지는 않는다. CRS의 대형 선박은 해상 분쟁지역에 배치되기도 하지만, 일반적으로 다른 기관(또는 외국) 선박에 손상이 발생하였을 때 구조 임무를 수행할 뿐 법집행 또는 억제활동에는 관여하지 않는다. CRS는 전문적이고 경험이 풍부한 직원, 현대적이고 유능한 함대, 해양 분쟁에 대한 직접적인 개입을 회피함으로써 국제 해양 커뮤니티에서 높은 평가를 받고 있다. CRS의 선박은 종종 전 세계에서 운송 또는 기타 작업을 수행하기 위해 계약을 통해 임무를 수행하기도 한다.

결론

세계 최대 규모의 해안경비대를 신설하면서 중국의 해상 전력은 인상적으로 향상되었다. 모든 규모의 순찰선 건조 능력, 상업용 선박 건조 이익에 따른 비용 절감, 대부분 시스템(엔진 및 전자 장치 포함)의 국내 생산을 포함한 막대한 생산역량을 활용하여 다양한 역할과 작전영역에 특화된 많은 수의 선박을 보유하고 있다. 향상된 CCG 역량으로 인해 PLAN은 지난 10년 동안 많은 수의 소형 순찰정을 감소시키면서 동시에 멀리 떨어져 있는 공해상에서의 해군 임무에 집중할 수 있었다. 더욱이, 세계적으로 가장 큰 규모의 공해에서 장거리 작전을 수행할 수 있는 신형 CCG 선박은 동아시아를 넘어 확장 배치되었다(예: 해적 방지 또는 해상 통신 호위용). CCG의 현대화 및 확장은 지역적으로 국내 및 국제 법집행 능력을 유지하면서, 더 나아가 동중국해 및 남중국해의 영유권 주장에 중국의 존재와 영향력을 발휘하고 있다.

중국은 통합된 CCG를 일차적으로 강조하면서 MLE 기관의 각 함대를 계속 현대화할 것이다. 그러나 2010－17년의 주요 선박 건조 프로그램의 축소로 인해 물류와 운영을 효율적으로 하기 위해서 소수(아마도 3~4개)의 주요 선박과 몇몇 소규모 선박을 건조하는 데 더욱 집중할 것으로 예상된다. 선박의 크기를 강조하는 동시에, 속도와 역량 격차를 메우는 것에 집중할 것이다. CCG는 수치적으로 계속해서 증가할 것이지만, 지난 10년의 성장률을 반복하지는 않을 것이다. 중국이 이제 거의 모든 노후화되고 성능이 떨어지는 대형 순찰선을 교체했기 때문이다. 향후 10년 동안 중국은 1990년대에 대부분 건조되어 운용 수명이 거의 다한 대형과 소형 선박의 교체를 계속하기 위해 소형 해안 순찰정과 순철선을 우선적으로 교체할 것이다. CCG는 의심할 여지 없이 심각한 공중력의 부재(약 50척의 선박이 헬리콥터를 수용할 수 있으나 가용한 헬리콥터가 거의 없음), 일관성 없는 승무원 훈련, 이전 기관에 지침에 따른 훈련, 훈련된 승무원의 부족 등과 같은 주요 문제점을 보완하는 데 중점을 둘 것이다. 이러한 문제를 개선하기 위해 CCG는 헬리콥터(수입 또는 국내)를 포함한 해상 초계기로 추가로 확보할 가능성이 높다. 이는 계획, 의사소통 및 운영 통제를 강화하기 위한 노력이라고 할 수 있다.

중국은 확립된 영해와 EEZ의 안전 확보에 임무에 계속 집중할 것이지만, CCG는 중국의 영유권 주장을 지원하고 법집행 및 감시 작전을 수행하기 위해 첫 번째 도련 내의 수역에서 계속적으로 활동할 것이다. 파라셀 및 스프래틀리스에서 증가된 전력을 바탕으로 CCG 선박을 전진 배치하여 작전 속도를 향상시키고 PLAN 및 PAFMM과의 협력이 용이하게 할 것이다. 이러한 CCG 전력의 확장은 지역 바다에 대한 3개 해상 부대의 집중에서 첫 번째 해상력인 PLAN이 해외 임무에 집중할 수 있도록 진화하는 분업에 이르기까지 중국 해양전략의 결정적 변화를 뒷받침한다. 이러한 지역 작전이 중국 제2해군의 주요 임무로 남아 있을 가능성이 크지만, 대형 CCG 선박은 미국, 일본, 한국, 러시아 및 인도를 포함한 다른 주요 국가와의 합동 훈련에 참여하고 영향력을 확대하기 위해 태평양 및 인도양으로 점점 더 전진 배치될 수 있다. 이전과 마찬가지로 설계는 새로운 임무에 맞게 조정된다. 또한 대규모 기반 시설, 진화하는 선박 설계 및 상용 기성 부품의 광범위한 활용은 중국이 원할 때, CCG 선박을 빠르게 건조할 수 있는 역량을 제공한다. 함대 확장과 현대화의 속도에 관해서는 중국의 제2해군이 이미 선두를 달리고 있다.

Notes

1. Andrew S. Erickson, “숫자는 중요합니다: 중국의 3개 해군은 각각 세계에서 가장 많은 선박을 보유하고 있다.” National Interest, 2018년 2월 26일.
2. Ryan D. Martinson, “중국의 두 번째 해군”, 미국 해군 연구소 Proceedings 141, no. 4(2015년 4월).
3. Lyle J. Morris, “무뚝뚝한 주권 수호자: 동아시아 및 동남아시아 해안경비대의 부상”, Naval War College Review 70, no. 2(2017년 봄): 84.
4. 일본 해안경비대는 약 80척의 함선을 가지고 있고 한국은 약 45척, 미국 해안경비대는 약 50척을 보유하고 있습니다. 달리 명시되지 않는 한, 이러한 모든 수치는 저자의 추정치이다. 중국 인민해방군 해군(PLAN), 해안경비대, 정부 해병

대 2018 인식 및 식별 가이드(Suitland, MD: Office of Naval Intelligence, July 2018).

5. 그러나 특히 베트남인들은 이러한 행동으로부터 보호하기 위해 자체 선박을 개조하고 자체 고용량 물대포를 설치했다.
6. 톤수와 배수량은 항해의 정확한 척도가 아니다. 예를 들어, 많은 PAFMM 보트는 바다를 가로질러 작동할 수 있지만 500톤 미만이다. 그리고 연안 작업에도 적합하지 않은 1,000톤 이상의 선박이 있다. 이 장의 표에서 우리는 가독성과 측정 기준을 쉽게 하기 위해 이러한 범주로 선박을 분류하지만 실제로는 선박이 항해중인지 또는 해상 운항 가능 여부에 대한 정해진 척도가 없다. "해외에서 운항할 수 있는 선박"이라는 문구 및 이와 관련된 숫자는 해안으로부터 상당한 거리에서 유능하게 운항할 수 있는 특정 선박과 불가능한 선박을 결정하기 위한 분석의 산물이다. 해상에서 운항할 수 없는 선박은 배수량에 관계없이 포함되지 않는다.
7. CCG는 진행중인 보충 능력이 부족하므로 추가 보급이 필요할 때 항구 접근이 필수적이다.
8. Ryan D. Martinson, "말에서 행동으로: 중국 해안경비대 창설." 2015년 7월 28-29일 버지니아주 알링턴에 있는 "'해양 강국으로서의 중국' CNA Corporation을 위한 회의 보고서.
9. 해군 정보국, PLA 해군: 21세기를 위한 새로운 기능 및 임무(Suitland, MD: 해군 정보국, 2015), 44-45, Martinson, "From Words to Actions"; Koh Swee Lean Collin, "남중국해에서 중국의 화이트 헐 도전" 국익, 2016년 1월 13일.
10. Stephen Saunders, IHS Jane's Fighting Ships 2015-2016, 116판. (London: IHS, 2015) 및 이전 판.
11. 이 용어는 1990년대와 2000년대 초반에 대부분의 연합군 군사 조직에서 화이트 헐을 설명하는 데 사용했습니다. "W"는 비해군 종속을 나타냅니다. "AGOR"는 해양 연구선을 나타낸다.
12. Masufumi Lida, "중국에 의한 해상 확장". 사사카와 평화 재단, 2014년 10월 22일,
13. 어업 법 집행기관은 또한 미국 해안경비대와 매우 긴밀한 협력 관계를 맺고 있다.
14. Xiao Ming, "새 천년의 중국 해양 안전 관리: 도전과 전략" World Maritime University, 2000, 특히 13, 21.
15. 예를 들어 Yang Chang, "CMS 천진 권리 보호법 집행 함대가 설치되었습니다("Zhongguo Haijian Tianjin Shi Weiquan Zhifa Chuandui Guapai"), China Ocean News, 2013년 4월 19일, 4; Martinson, "말에서 행동으로", 18, 44-45; Ryan Martinson, "지방에 대한 권력: 중국의 해양 권리 보호의 이양", China Brief 14, no. 17(2014년 9월 10일).

16. Sun Ding, “CMS 직원 교육 방법”, China Ocean News, 2013년 12월 27일, 3; Martinson, “말에서 행동으로”, 14, 국가 해양 관리국, 중국의 해양 개발 보고서(2013)(베이징: 국가 해양 관리 출판부, 2014), 267.
17. CCG 통합(2013) 이후에 건조된 새롭고 보다 전문화된 선박은 거의 없다. 통합은 불과 4년 전에 이루어졌으므로 지금까지 진수된 대부분의 선박은 그 전에 계획 및/또는 주문되었다. 현재까지 통합 후 CCG는 자체적으로 많은 새로운 선박을 받지 못했다.
18. 그러나 인터넷 추측에도 불구하고 Zhaogao는 Jiangdao급 초계함을 기반으로 하지 않았다.
19. 이것은 BOF가 수년 동안 작고 능력이 떨어지는 순찰선으로 수행해 왔던 동일한 종류의 합동 순찰 및 야외 어업 감시를 의미한다.
20. Lyle Goldstein, “중국 어업 단속: 환경 및 전략적 의미.” 해양 정책 40(2013): 187–93, “어업 법 집행 사령부” 글로벌 보안.
21. 텀블홈은 파도로부터 갑판을 보호하기 위해 흘수선 위로 거리를 두고 선박의 선체를 좁히는 것을 의미한다.
22. “CMS–중국 해양 감시.” 글로벌 보안, “중국 해안경비대” OPLAN 중국 블로그,
23. 중국 조선 산업 공사 보도 자료, 2005–17.
24. 특히 Shucha II급이 운용됨에 따라 두 개의 Shucha Is가 SOA의 과학 분야로 다시 이전되어 새로운 선박의 Zhong Guo Hai Jian 및 Hai Jing 접두사에 비해 Xiang Yang Hong 접두사로 이름이 변경되었다.
25. MSA Shuoshi I. 및 CCG Shuoshi II급 선박의 사진을 기반으로 한 직접 설계 분석.
26. CRS 대형 인양선과 비교한 설계의 직접 분석.
27. “인민무장경찰” 글로벌 시큐리티.
28. Jiangkai II 프리깃의 알려진 구성 및 설계와 비교한 www.cjdby.com 및 기타 웹 포럼의 사진.
29. Sinodefence 웹사이트 포럼 및 블로그 기사.
30. Hobbyshanghai 웹사이트 포럼 및 블로그 기사.
31. 이는 언론 기사, 사진 및 상업적으로 이용 가능한 위성 이미지(Google 어스 등)에 대한 광범위한 조사를 기반으로 한다.
32. 중국 국방 웹사이트 포럼 및 블로그, 이 사이트에는 오픈 소스 이미지를 통해 직접 검색을 보완하는 데 사용된 중국의 해상 및 해군 기지에 대한 논의에 관한 광범위한 하위 포럼이 있다.
33. Ibid. 오픈 소스 이미지 프로그램인 Google Earth를 사용하여 몇 년에 걸쳐 중국 해안선을 검색한 결과 CCG 선박의 확인되고 가능한 기지 위치가 밝혀졌다. Google 지도 2010–18은 이러한 기지 및 시설의 지역 이름을 결정하는 데 사용

되었다.

34. 중국 MSA 공식 웹사이트(다양한 날짜 2005-18)에는 MSA 선박 발주, 선박 주문, 선박 행사 행사, 작전 임무 세부 정보 및 사진을 자세히 설명하는 수천 개의 공식 보도 자료가 포함되어 있다.
35. Ibid.
36. MSA와 자주 조정한다.
37. 중국 구조 및 구조 공식 웹사이트인 The CRS는 CRS 계약, 선박 발주, 운영, 구조/인양 작업에 대한 보도 자료와 사진을 정기적으로 게시한다. 또한 CRS에는 자체 웹사이트를 유지 관리하는 여러 부서가 있다. CRS 임무, 기지 위치 및 전투 순서에 대한 세부 정보는 2009년 2월 캘리포니아 애너하임에서 열린 회의에서 CRS의 소장 Song Jahui, "중국 구조 및 구조 소개" 프레젠테이션에서 발췌.
38. Ryan D. Martinson, 중국 해양 국경의 무장, 중국 해양 연구 연구소 보고서 no. 2(뉴포트, RI: Naval War College, 2017년 6월), 9-10, 24.

제3부

중국 해상민병대와 그레이존

Morgan Clemens and Michael Weber

권리 보호 대 전쟁

평화와 전쟁을 위한 해상민병대 조직

해상민병대(Maritime Militia Forces)는 중국의 해군력 확대에 있어 점점 더 활동적이고 가시적인 요소가 되고 있으며, 권리 보호 임무를 통해 평시에는 국가의 군사 및 외교 전략을 실행하는 데 중요한 수단으로 활용된다. 인민해방군 해상민병대(PAFMM)는 이러한 역할에 매우 적합하며, 그레이존 작전에 적합한 무력의 강도가 높지 않고 전술적으로 효용성이 높은 작전을 수행하기 위한 대규모의 다재다능한 군사력을 중국과 인민해방군(PLA)에게 제공한다. 그러나 이러한 군사력은 본질적으로 중국이 귀속(attribution)의 경계를 모호하게 하고, 위기와 대립의 상황에서 상대국을 자극하여 위협을 고조시킬 가능성을 줄이도록 하는 힘을 의미한다. 이러한 속성과 활동으로 인해 해상민병대는 외국의 큰 주목을 받았고, 일반적으로 그레이존 임무의 프리즘을 통해 분석된다.

그럼에도 불구하고, PAFMM은 중국의 정규군을 직접적으로 지원하기 위한 전투부대로써, 광범위한 임무수행과 더불어 고강도 전투 및 재래식 군사 충돌에서도 여전히 활용된다. 이 장에서는 주로 PAFMM이 중국 정규군과 어떻게 통합되는지에 초점을 맞춰, 고강도(high-end) 역할과 기능의 관점에서 해상민병대의 조직을 검토하고 비판한다. 이를 위해 먼저 중국 군대 내의 다른 기관과 관련하여 해상민병대의 지위에 대한 개요를 살펴보고자 한다. 다음으로, 해상민병대가 참여할 가능성이 큰 전시 및 고강도 임무의 종류와 장비, 훈련, 준비 상태를 살펴보고, 가장 중요하게는 PAFMM의 PLA 정규군과 지휘체계 통합 측면에서 해상민병대에 미치는 조직적 함의를 검토하고자 한다.

이 장은 PAFMM과 PLA 사이의 하위 명령체계 및 조직적 연계(이는 잠재적으로 해상민병대 행동에 대한 책임을 즉시 전가는 것을 더 어렵게 만듦)와 같이, 해상민병대를 그레이존 작전에 사용하기에 적합하게 만드는 많은 특성이 PLA와 긴밀한 상호작용이 있어야 하는 고강도 전시 임무를 수행하는 데 있어 해상민병대의 효율성을 저해할 수 있음을 주장한다. 마찬가지로, 전력을 효율적이고 다목적으로 만드는 PAFMM 부대와 선박의 조직 및 기술의 단순성은 중국 정책이 전시에 부여되는 보다 전문적이고 기술적인 임무와 역할에 많은 부분을 부적절하게 만든다.

중국 국방동원체계에서의 해상민병대

여타 중국 민병대와 마찬가지로 PAFMM은 다양한 전시 및 평시 임무를 수행하고 PLA를 지원하고 유지하기 위한 국방동원체계(National Defense Mobilization System)의 구성요소 중 하나이다. 이처럼 해상민병대는 조직, 개발 및 활용을 책임지는 군-민 이중구조의 특성을 보인다. 민간적 측면에서 이것은 단순히 지방에서 시, 군 및 지방 자치 단체를 거쳐, 도시 지역과 농촌의 하위 자치단체에 이르는 당국가 행정조직으로 구성된다. 군사적 측면에서 PLA의 대응되는 영토 행정구조로 구성되어, 도 단위 군 관할지역(MD)에서 시 단위 군 하위 관할지역(MSD), 군 및 지방 단위 인민무력부(PAFD)에 이르기까지 각각의 민병대를 직접 관리 감독한다. 이러한 군과 민간조직은 국방동원위원회(NDMCs)를 통해 서로 연결되어 있으며, 군과 민간 지도자로 구성되며 평화와 전쟁에서 군대를 지원하는 데 필요한 자원 동원을 조직하고 지시하는 역할을 한다. 이처럼 각급 군과 행정기관은 민병대를 포함한 국방동원능력의 발전을 책임지고 있다. 민병대의 경우, 조직 구조는 종종 그들 자신의 파견대(detachments)나 펜듀이(BA)를 형성하는 임무를 맡는 개별 상업 및 산업 기업 수준까지 확장되기도 한다. 이러한 조직은 어촌 전체로 구성된 어업 회사, 해상 운송 회사, 조선소(또는 기타 조선 및 수리 시설)에 의해 조직된 해상민병대의 경우 더욱 두드러지게 나타난다.

이 중 군-민간 위계(NDMC에 구속된)는 국가 차원에서 감독되며, 국가 차원의 NDMC를 통해 국무회의와 중앙군사위원회(최고지휘권)로 통합된다. MD와 그 예하 조직에 대한 중앙군사위원회의 권한은 MD가 보고하는 국방동원부서(NDMD)를 통해 행사된다. 이러한 조직구성은 PLA의 지속적인 조직 개편과정에서 나타난 주요 변경 내용 중 하나이다. 2016년 이전에 각 MD는 MR 본부가 민병대와 예비군을 포함하여 관할지역 내에서 동원시스템의 기능뿐만 아니라, 현역 부대의 훈련, 행정 및 운영을 감독할 책임이 있는 군사 지역(MR)에 보고하였다. 조직 개편에 따라 7개의 MR은 MR의 다양한 행정 및 운영 책임과는 달리, 주로 전쟁 및 기타 작전의 계획, 준비 및 지휘에 중점을 둔 동부, 남부, 서부, 북부 및 중부라는 5개의 전역사령부(TCs)로 전환되었다. 전역 지휘관들의 동원 작전과 관련된 주요 행정 부담을 덜어주기 위해, PLA의 관할권에 대한 행정조직은 NDMD에 직접 종속되었다. 다음 섹션에서 논의하겠지만, 이는 PLA와 함께 해상민병대의 작전 및 전시 사용 측면에서 실제 모순을 보여준다.

회색이 검은색으로 변할 때: 해상민병대의 고강도 임무

중국 전략가들은 동아시아에서의 전쟁 위협, 특히 해상 분쟁의 위험을 중요한 것으로 보고 있다. 한 중국 군사전문가는 "현재 중국의 해상 안보 상황은 복잡하고 가중돼 해상방어 수역에서 국지전 가능성이 높아지고 있다"고 주장하였다.

전쟁의 발발은 중국 전체 국가의 모든 행정단위에 조직된 광범위한 국방 동원 시스템의 일부로서 해안과 해역에서 "PLA의 작전을 지원하기 위한 대규모 선박, 인력 및 물자의 동원"을 필요케 하므로 PAFMM에 직접적인 영향을 미친다.

따라서 이 시스템의 구성요소로서 PAFMM은 해상 작전을 지원하는 데 중요한 역할을 할 것이다. 실제로 광시성의 베이하이 MSD 사령관에 따르면 PAFMM의 주요 임무는 해상 합동 작전을 지원하고 보조하는 것이다. 여기에는 광범위한 활동과 임무가 수반되는데, 이들 중 다수는 평시와 전시 상황 모두에 적용되며, 그레이존 형태의 진압작전과 고강도 전투작전 모두에 해당된다. 이러한 역할은 수색 및 구조 임무 참여부터 병참 지원 제공, 정찰 및 감시, 장애물 제거 및 교통 통제 임무에 이르기까지 다양하다.

해상 정찰 및 조기 경보의 경우, 해상 정찰 파견대 또는 지원대(fendui)와 섬/해안 관측소뿐만 아니라 해상 작전을 엄호하거나 보호하고 정박, 순찰 및 추적과 관련하여 다른 부대를 지원하기 위한 역할을 한다. 여기에는 선박 수송 부대뿐만 아니라 육상부대도 수반되는데, 해상민병대는 남중국해의 '인공섬'에 위치한 관측소까지 일년 내내 점령하고 있다. 이러한 작전은 해당 지역의 상황 및 선박 이동에 대한 정보와 기밀을 수집하여 해당 지역에서 모든 종류의 해상 작전을 위한 기반을 마련하기 위한 것으로, 궁극적으로 전시 및 평시 작전을 지원 모두에 중요한 역할을 한다.

이는 항해 위험 및 장애물(적의 지뢰 포함) 제거, 항해 시설 및 표식기를 유지 관리하고, 미확인 보트 및 선박을 지정된 수로로 강제 예인하며 순찰을 통해 해상 수로의 보안을 유지하는 역할을 한다. 필요한 경우 경고를 무시한 선박을 검사, 압수 또는 파괴하는데 있어 인민해방군 해군(PLAN)을 지원한다. 이러한 지원 업무는 또한 한 지휘부나 권한에서 다른 지휘부나 권한으로 군대, 장비 및 보급품의 "지역간" 수송을 안내하고 지원하는 것을 포함한다.

해상민병대는 또한 연료 지원, 의료 후송, 신속한 장비 보수와 같은 직접적인 물류 및 서비스 업무를 맡고 있다. PAFMM 서비스 및 지원대는 PLA 부대 또는 단체의 물류, 장비 관련 부서와 협력하여, 도서 및 해안 지원기지를 구축하고 전방 지역, 민간과 군 연료 창고, 항만, 교각 및 기타 시설에서 지원업무를 수행한다.

따라서 최근 몇 년 동안 중국의 여러 지역에서 창설되고 유지되는 해상민병대의 유형과 수가 점점 증가하고 다양해지는 것은 놀라운 일이 아니다. 종종 단일 지역에서 광범위한 역할과 기능을 가진 여러 PAFMM 파견대가 운영되며, 수많은 사례가 중국의 유력 군사 보도 매체를 통해 소개되었다.

예를 들어, 2016년 9월 현재 허베이성(Hebei)의 친황다오(Qinhuangdao) MSD 민병대는 발해만(Bohai Gulf)에서 공해상 구조를 수행하는 헬리콥터 구조 파견대뿐만 아니라, 원격 감지 측량 및 기록하는 지원대, 지능형 통신 조정 및 제어 파견대를 운영하고 있다. 한편, 최근 몇 년 동안 저장성(Zhejiang)의 원저우(Wenzhou)

MSD는 해상 보급, 해상 구조 및 지뢰 탐지를 전담하는 해상민병대를 조직하여, 어업 회사, 어촌, 해안 병원 및 기타 지역 기관의 인력과 장비를 바탕으로 운용되었다. 또한 원저우 해상민병대는 정찰 지원대와 해상 장애물 제거 지원대를 조직하였다. 광시(Guangxi) 자치구의 베이하이(Beihai) MSD도 마찬가지로 운송, 시설 보호, 항구 수리, 연료 지원, 의료, 해상 통제, 정찰, 선박 엔진 수리, 위장 및 기만을 포함한 포괄적인 지원업무를 전담하는 해상민병대를 창설했다. 2015년 산둥성 리자오(Rizhao)시는 PAFMM 부대를 조직하고 건설하기 위한 계획을 수립·발표하였으며, 29개 지역 기업이 해상 수송, 해상 구조, 해안 방어 전쟁 준비 및 포괄적인 해상민병대 지원대를 위해 노력하고 있다. 이러한 사례를 통해, PAFMM은 전시 중에도 PLAN 및 기타 작전 수행 중인 군을 직접 지원하기 위해 광범위하고 복잡한 작전 임무를 수행하는 책임을 맡고 있음이 분명해 보인다.

고강도 민병대 작전에 대한 조직적 장애

이러한 임무의 확대는 PAFMM의 규모와 가용 능력에 대한 심각한 조직적 문제를 제기한다. 중국 전문가는 해상 작전을 지원하기 위해 연안 지역의 역량을 구축하는 것의 중요성을 강조한다. 이는 해상민병대와 예비부대의 수의 증가를 의미한다. 이들의 목표는 "해상작전 지원부대의 수를 실질적으로 늘리는 것"이며, 특히 해상 보충 및 해상운송 지원대(fendui)에 중점을 둔다. 이는 결국, 상당한 구조적, 조직적 변화를 필요로 한다. 특히 중국 전문가는 많은 해상민병대 지원대가 조직구조를 최적화하는 동안은 그 규모를 축소해야 하며, "공동 민병대"의 수를 줄이고 특수 기술 지원대 구축에 초점을 맞춰야 할 뿐만 아니라, 해상민병대 내 모든 종류의 지원대의 비율을 최적화하는 데 중점을 두어야 한다고 말한다. 물론 이러한 특성의 변화는 고강도 전시 임무를 수행하는 해상민병대의 능력을 향상하게 시키면서, 동시에 장비, 인력 및 훈련 시설에 대한 PLA에 대한 의존도뿐만 아니라 비용과 복잡성을 증가시킬 수도 있다.

더욱이, PAFMM의 구조와 조직 구성이 주로 지역단위 수준의 의사결정에 따라 주도된다는 사실과 함께 상당히 구체적인 작전 역할을 가진 새로운 유형의 해상민병 지원대의 확산은 기능 측면에서 과도한 중복의 문제를 발생시킬 가능성이 있다. 중국의 군사전문가들은 이러한 문제점을 인식하고 있다. 그들은 (아마도 주어진 지리적 영역 내에서) 불필요한 중복을 피하기 위해 협업 및 시스템 융합에 중점을 둔 현역, 민병대 및 예비 해상군의 역할에 대한 명확한 규정이 필요하다고 주장한다. 이를 위해서는, 민병대를 양성하고 지원하는 시민 당국과 PLA의 행정시스템(이를 관리하고 종종 지휘하는) 사이뿐만 아니라, 해당 당국과 해양 작전 중에 민병대의 다양한 능력을 사용하고 의존해야 하는 TCs 산하의 현역 군대 간의 상당한 조정이 필요하다. NDMC 시스템은 특히 첫 번째 유형의 협력을 촉진하기 위한 것이지만, 이 시스템(또는 다른 기존 조직시스템 또는 구조)이 민간 당국과 활동 세력 간의 후자 유형의 협력을 촉진하는 데 적합하다는 것은 명확하지 않다.

특수 부대의 비율이 증가함에 따라 해상민병대도 적절한 장비와 이를 사용하도록 훈련된 인원의 가용성에 대한 우려에 직면해 있다. PLA 소식통에 따르면, PAFMM 지원대는 종종 장비가 충분하지 않다고 주장하고 있으며, 해상 정찰 및 운송과 같은 통상적 작전뿐만 아니라, 기뢰 시설, 지뢰 탐지 및 대잠수함전과 같은 전문적인 작전을 수행하는 지원대조차도 부여된 임무를 수행하기 위한 필수장비가 부족하다고 주장한다. 또한 PLA의 자체 부대가 현대화됨에 따라 최첨단 또는 재래식 임무에 참여하는 해상민병대의 모든 조직은 정보화의 필요성에 직면해 있다. 이는 정보화 전쟁을 효과적으로 수행하고 현대화된 PLA와 함께 “해상 인민전쟁”에 참여하기 위해 해군 예비군 내에서 작전 방법을 개선하고 장비를 업데이트하거나 교체하는 것을 의미한다. 이를 위해 산둥성(Shandong), 광시성(Guangxi), 하이난성(Hainan) 및 기타 지역은 2016년부터 어업 당국과 관련 부서에 GPS, 항법 레이더, 초단파 라디오 및 기타 장비를 설치하여 PAFMM 선박의 통신 품질을 신속하게 개선하기 시작했으며, PLA 및 기타 부대와의 효율적인 작전수행 및 조정을 가능케 하였다.

따라서 지방 정부는 지원 및 작전을 위한 자연스럽고 준비된 조직구조를 제공할 수 있는 기존 해양 기업에 민병대 및 예비부대 건물을 집중시킬 필요가 있다고 지속적으로 인식하고 있다. 이 모델은 국방 목적을 위해 민간 해양자원을 동원하는 PAFMM의 목적과 정신에 부합하지만, 그럼에도 불구하고 준비태세와 가용성 측면에서 중요한 조직비용을 발생시킨다. 중국군 소식통에 따르면, PAFMM에 등록된 대부분의 상선은 계속 해상에서 운항중이고, 일부 선박은 타기업에 장기임대되었기 때문에(즉각적으로 동원할 수 없음) 해상 조직을 구성하는 데 매우 신중한 계획이 필요하다. 마찬가지로, PAFMM 준비 상태는 해상 회사의 파산과 민병대용으로 지정(및 장비)된 선박 중 개별 선박의 매각 또는 양도 때문에 영향을 받을 수 있다. 더욱이, 전용 훈련 기간(점점 더 전문화되는 부대에서 그 어느 때보다 중요함)은 필요한 선박 수리 및 유지 보수 기간뿐만 아니라 어업 기간 및 기타 경제 활동을 고려하여 결정되어야 한다. 결과적으로 중국의 엄격하게 통제된 레닌주의 사회정치적 시스템에서도, 경제 상황은 민병대의 준비태세와 효율성을 감소시킬 수 있다. 이러한 제한이 특히 전시 PLA를 지원하는 해상민병대의 성공적인 임무수행 능력을 저해하는 정도는 불분명하지만 상당할 것으로 보인다.

지휘체계 및 PLA와의 통합

현역군과 함께 필요한 임무에 참여할 수 있는 물리적 능력 외에도, 해상민병대가 특히 전시에 공통의 지휘 및 통제 구조 내에서 이러한 군대와 효과적으로 통합될 수 있을지에 대한 문제도 남아 있다. PAFMM이 PLAN에 작전 지원과 보조 임무를 성공적으로 수행하기 위해서는 그러한 통합이 필수적이라는 것이 상기에서 설명한 임무의 성격에서 분명하게 나타난다. 더욱이, 주둔 작전, 권리 보호, 해양감시와 같은 일상적인 임무에서도 해상민병대는 "해상 통제 합동 정찰 및 조기 경보시스템"의 한 구성요소일 뿐이다. 이러한 직간접적인 지원 역할을 감안할 때, TC 시스템 하의 현역 부대에게는 PAFMM 부대의 배치와 작전을 조정하고 지시할 수 있는 메커니즘이 필요하다. 이러한 메커니즘이 필요하고 원하는 것은 인민해방군이 전쟁 이외의 군사작전(MOOTW)과 전시 임무에서 통합된 지휘부의 활용에 중점을 두는 것을 고려할 때 PAPMM은 지역 정부의 관련 인력과 함께 합동 지휘소를 설립해야 한다. 인민무력경찰, 중국해안경비대, PLAN 및 PLA 공군은 TC의 합동 및 통일된 지휘하에 지방 MD 시스템의 지원을 받아 특정 작전을 직접 지휘한다. 그러나 최근의 TC와 지방 MD 시스템의 분리를 고려하면, TC와 그 예하 부대가 정확히 어떻게(그리고 얼마나 효과적으로) 해상민병대의 활동을 운영상의 필요와 계획에 부합하도록 지시, 안내 또는 명령할 수 있는지에 대한 의문은 남아 있다. PLA 관점에서는 전시작전 지원과 지원작전 지휘를 가능하게 하는 데 필요한 지휘 및 조정 절차는 아직 마련되어 있지 않다.

그럼에도 불구하고, PAFMM 부대는 고강도 임무를 수행하는 동안 현역 부대에 의해 지휘가 이루어지고 조정될 수 있어야 한다. 이것은 이미 정기적으로 발생하지만, 다음 장에서 설명하는 것처럼 정형화된 메커니즘이나 표준에 따른 것은 아니다. 이를 설명하기 위해 다음에서는 해상민병대 작전을 통제하는 데 사용되는 다양한 형태의 작전 명령 수립과정을 간략하게 살펴보고자 한다.

MD구조에서의 직접 명령 관계

PAFD는 일반적으로 해상민병대 조직에서 가장 직접적인 역할을 한다. 그들은 해상민병대와 MD 하위체계를 연결한다. 대부분 상황에서 명령은 군(county) 수준의 PAFD를 통해 일반 전임 PAFD 간부에게 전달되며, 이들은 해상민병대 지원대(fendui)에 직접 접촉한다. 이 일반(grassroots)간부는 해상민병대와 관련된 훈련, 조직, 모집 및 기타 업무를 지원한다. PAFD 간부가 해상민병대에 통합되고(지휘 역할을 차지함) PAFMM 동료(comrades)와 밀접하게 연관되면서, 이러한 일반 간부와 해상민병대원 사이의 경계가 모호해지거나 사실상 존재하지 않는 경우가 많다.

이러한 직접적인 평시 지휘 관계가 전시 작전 관계로 전환되는 정도는 불분명하며 지역에 따라 다른 것으로 보인다. 특히 한 가지 문제는 군(county)차원의 PAFD가 상위 당국과 개별 해상민병대 사이의 중개 지휘 기관 역할을 할 것인지 여부이다. 비상훈련과 전투훈련에 대한 PAFMM의 참여에 대한 설명은 때때로 카운티 차원의 PAFD에 대한 지휘 역할을 강조하거나 최소한 암시하고 있다. 많은 다른 소식통들은 이러한 훈련 중 민병대를 지휘하는 데 있어 MSD의 역할을 강조한다. 예를 들어, 한 군사 뉴스에 따르면, 허베이성의 친황다오 MSD가 해상민병 지원대에 대한 현장 지휘권을 행사한 것으로 보인다. 많은 경우에, 이러한 뉴스가 종속적인 PAFD 명령 역할을 무시한 것을 의미하는 것인지 또는 그러한 역할이 행사되지 않은 것을 의미하는지 명확하지 않다.

제한된 수의 정보는 다양한 MSD의 지휘기관이 그들의 권한 내에서 해상민병대를 직접 또는 거의 직접적으로 작전 통제하고 있다는 것을 보여주며, 명백히 카운티 차원의 PAFD에 대한 최소한 역할을 가지고 있음을 보여준다. MSD가 PAFMM을 지휘하는 '국방동원지휘소'를 구축한 사례는 최소 2건 정도 있다. 광둥성 잔장(Zhanjiang)시에 있는 지휘 센터 중 하나는 수많은 정부 정보 네트워크와 지휘 기능을 전자 지휘시스템으로 통합된 것으로 알려져 있다. MSD는 이 지휘체계를 통해 비상훈련에 참가할 특정 민병 지원대와 핵심 민병대 참모를 선발하고, 이들이 집결하는 실시간 상황정보를 파악하는 데 활용하였다. 이 시스템은 PAFMM 대원에 대한 실시간 인식 및 제어를 제공하는 것으로 설명되고 있으며, 이는 PAFD에 대한 지휘 역할이 최소화됨을 의미한다. 이는 실제 전투를 강조하는 지휘권을 얻기 위한 노력의 일환으로 설명된다. 특히 잔장 MSD는 해당 지역 내에서 시범운영 장소(pilot site)로 확인되었으며, 이는 광둥(Guangdong)의 다른 지역에서 이러한 시스템을 도입할 가능성이 있음을 의미한다. 산둥성(Shandong)의 리자오 MSD가 활용하는 국방동원센터도 이와 유사하다. MSD는 2015년 대규모 작전 훈련에서 통합 정보 네트워크와 실시간 영상 기능을 갖춘 '국방 동원 명령 정보 플랫폼'을 활용해 전시 모의 명령을 내려 해상민병대에 대한 직접 지휘권을 행사하는 것으로 보인다.

위의 두 경우 모두에서 이러한 명령시스템에 대한 설명은 MSD가 사용할 수 있는 명령 및 제어 기술의 개선에 따른 자연스러운 결과임을 의미하는 것으로 판단된다. 이론적으로 더 발전된 명령 및 통제 장비와 통합 정보 네트워크가 있는 지역의 MSD는 해상민병대에 대해 더 직접적인 통제를 행사할 가능성이 큰 반면, 다른 지역에서는 전시 PAFD가 더 적극적인 역할을 수행할 가능성이 있다. 장비를 더 잘 갖춘 MSD가 "등급을 넘어(skip grade)" PAFMM 부대에 직접 명령을 내릴 수 있는 능력일 수 있으며, 이는 PLA가 현대적이고 빠른 속도의 정보화된 작전에서 절대적으로 중요하다고 여기는 기능 중 하나이다. 특히 잔장 사례에서 MSD의 새로운 지휘시스템의 중추를 형성하는 정보시스템은 수동 제어를 감소시킴으로써 작전 지휘 효율성을 높이려는 것으로 명시적으로 설명되어 있다.

PLA 부대와 직접 연계

전시에 해상민병대는 정규 PLA 부대(일반적으로 PLAN)와 직접 연계될 수 있다. 이는 다양한 영역에서 임시방편으로 추진되고 있다. 중국 소식통은 민병대가 PLAN 요원에 의해 직접 훈련을 받고 PLAN 함선과 함께 작전을 수행하고 있다고 설명한다. 전시에 합동 작전에 참여할 것이라는 예상에도 불구하고, PAFMM과 정규 PLA 부대 사이의 통합 부족 문제가 아마도 연결의 주요 동기가 될 가능성이 크다. 그러나 활용 가능한 자료들은 3개 함대 사령부와 해상민병대 사이의 직접적인 상호작용이 있었음을 시사하지 않는다.

해상민병대가 정규 PLA 부대가 사용할 수 있는 장비 및 훈련 자원으로 훈련하고 이에 접근할 수 있도록 허용하는 것은 해상민병대 내 장비 및 역량 부족 문제를 극복하는 수단으로 볼 수도 있다. 일부 소식통에 따르면 PAFMM 강사를 겸임하는 현역 PLAN 요원이 있으며, 잔장시 샤산(Xiashan) 지역 해상민병대의 경우에는 PLAN에서 운영하는 특수 훈련 장비를 갖춘 예비훈련센터에 접근할 수 있는 권한을 부여받았다. 물론 PAFMM 훈련을 PLAN의 시설, 장비 및 활동과 더욱 긴밀하게 통합하면 해상민병대가 단순히 애국적인 어부 및 다른 유형의 해양 근로자로 구성되어 있지 않다는 것이 더욱 분명하게 나타난다. 이는 PAFM을 그레이존에서의 역할과 임무에서 매우 유용하게 만들기 위한 전략이다.

앞서 언급한 바와 같이, 해상민병대는 정찰, 장비 지원 및 장애물 소탕을 포함한 PLAN 전투 작전 훈련에서 다양한 지원 역할을 맡는다. 이러한 연계는 일반적으로 PLAN과 관련되지만 해상민병대는 때때로 다른 서비스와도 연계되어 있기도 하다. 예를 들어, 리자오시의 란산(Lanshan) 지역에서는 해상민병대 수송 및 의료물품 지원대가 PLA 상륙 훈련을 지원하기 위한 훈련을 하고 있다. 보다 규모가 큰 PLA 부대와 연계되는 일부 해상민병대는 PLAN 민병대의 형태를 취한다. 이러한 지원대는 때때로 전투 작전을 지원하기 위해 훈련된 특수 기능에 따라 임무를 수행하기도 한다. 예를 들어, 원저우 MSD의 해상민병대는 PLAN 민병대 정찰 지원대로 조직되었다. 이러한 지원대는 일반적인 PAFMM 부대보다 전투 지원 작전에 더 집중한다. 그들은 종종 PLAN 베테랑 또는 기술 전문가로 구성되며 일반적으로 더 높은 교육 수준을 요구받아 왔다. 이러한 특수 부대가 일부 지역에만 존재한다는 것은 지역별 해상민병대의 역량의 불균형을 잘 보여준다.

직접 연계된 해상민병대와 현역 부대 사이의 관계를 관리하는 데 있어서 MD 구조의 역할은 다소 불명확하다. 어떤 경우에는 이러한 합동 훈련이 MD 기관의 개입으로 운영되는 것처럼 보이는 반면, 다른 경우에는 MD 구조와는 무관해 보인다. 대부분의 경우, MD 지휘 기관의 역할은 민병대의 참여를 돕는 것으로 제한되며, PLAN의 하위조직이나 부대는 해상민병대에 대한 직접적인 작전 지휘권을 가질 가능성이 높다.

현재 MD 구조와 PLA 부대 간, 그리고 군 및 민간분야 간의 협력을 간소화하기 위하여 일부 영역에서는 조정 메커니즘이 설정되고 있다. 예를 들어, 잔장에서는 도시와 주둔군 사이에 "국방 조정 메커니즘"이 구축되었다. 이 메커니즘의 작동 방식은 불분명하고 보고서가 이러한 문제점을 극복하려고 과도하게 설명하고 있지만, MD가 NDMD에 배치된 이후 이러한 변화를 새로운 발전으로 설명한다.

현장(Theatre) 지휘체계와의 연계

하위 단계의 직접적인 지휘 관계와 상관없이, 전시 시나리오에서 해상민병대를 지휘하는 부대는 어떤 식으로든 새로운 TC 시스템과 연계되어야 한다. 그러나 전시 작전 하의 전력과 TC를 연계하는 명확한 메커니즘은 아직 존재하지 않는다. 일부 소식통에 따르면 MD는 아마도 민병대를 포함하여 그들이 속한 TC의 전시작전을 지원할 예정이지만, 이것이 실제로 어떻게 이루어질지 또는 작전 지휘 관계의 측면에서 무엇을 의미할지는 불분명하다. 위의 사례에서와 같이 PAFMM 부대와 PLAN 부대의 연계는 그들이 사용할 수 있는 하나의 수단일 수도 있다. TC의 지휘 하에 둘 수 있지만, 이는 명시되어 있지는 않는다.

TC 시스템과 관련하여 해상민병대를 직접 언급한 공식 보고서는 전무한 실정이다. 일부 소식통에 따르면 TC 합동 지휘체제 하에서 해상민병대와 예비군들과 함께 전투병력에 대해 모호하게 말하고 있을 뿐, 자세한 내용은 밝히지 않고 있다. PAFMM에 관한 것은 아니지만, 한 소식통은 민병대의 참여를 특징으로 하는 남부

TC 공군 물류부서가 조직한 교육훈련에 관해 설명하고 있다. 이러한 훈련은 MD 지휘기관의 개입에 대한 언급 없이 교차 구역으로 설명된다. 대조적으로, 저장성 지방의 닝보(Ningbo) MSD에 대한 설명은 해상민병대를 지휘하는 데 있어 TC와 MSD 사이의 연관성이 있음을 보여주고 있다. 이 보고서에서 닝보 MSD의 한 참모는 2016년 8월 (동부 지역으로 추정되는) TC가 동해함대 훈련에 참가하기 위해 PAFMM을 조직하는 것을 포함하여 조정 지원 및 훈련 참여 업무를 맡게 되었다고 설명한다. 그럼에도 그가 TC와 해상민병대 사이의 중간 조정역할을 수행했는지, 아니면 단순히 참가하는 데 그쳤는지 여부는 불분명하다. 그럼에도 불구하고 TC가 해상민병대를 간접적으로나마 지휘하기 위해 MSD 차원에서 MD 시스템을 동원한 사례로 보인다. 이러한 제한된 보고서는 PAFMM이 전시 및 기타 고강도 작전운용 시나리오에서 TC 하의 전력과 어떤 형태로든 통합될 것으로 예상되지만, 실제로 이러한 일이 발생할 수 있는지 명확하게 확인할 수단은 없다.

현장 지휘체계와 국방동원체계

앞의 예시를 통하여, 해상민병대에 대한 작전 지휘권과 통제권을 행사하기 위한 여러 가지 수단이 존재한다는 것은 분명히 알 수 있다. 그러나 이러한 메커니즘이 전시 또는 고강도 작전 시나리오에서 일관되게 효과적이고 신뢰할 수 있는 것으로 입증될 수 있을지 여부는 명확하지 않다. PAFMM은 일반적으로 주둔 작전과 권리보호 작전보다 훨씬 복잡하고 빠른 환경에서 현역 병력과 함께 운용될 것이다. 궁극적으로 NDMD 하의 국방동원체계는 TC 하의 현역군과 효과적으로 연계되어야 한다. 그러나 물론 이러한 시스템의 분리는 PLA의 2016년 개혁의 주요 과제 중 하나였다. 쓰촨(Sichuan) MD의 정치위원은 “개혁 이후, 현장사령부가 지방 MD를 직접 지휘하고 관리하지 않지만, 지방 MD의 고유한 전투 특성은 변하지 않았고, 그들은 전쟁 준비와 전투에 지속적으로 집중하여야 하며, 전쟁에서 승리 가능성을 높이기 위해 전쟁에 초점을 둔 의식을 활용하여 적극적으로 그들(현역 병력)과 연계해야 한다”고 주장하였으며 PLA는 이 발언을 재인용하고 있다. 그는 자신의 MD가 특히 서부 TC의 운영을 지원하기 위한 것임을 강조하고 지방 MD가 하위 부대 간의 합동 다중 목적 작전을 최하위 부대단위까지 적용하기 위해 TC를 모방해야 한다고 강조한다. 물론 이는 TC-MD 관계의 의도된 특성을 나타낼 수 있지만, 아직 일관되거나 효과적인 현실로 보이지는 않는다.

군 소식통은 동원 및 민병대 측면에서 지역 지휘가 원활하지 않고 "아직 현장 사령부 지휘체계 하에서 지역군민 합동 동원지휘체계를 구축하지 못했다"고 인정한다. 그들은 현역군에 대한 지역적 지원의 지휘와 조정의 약화는 불가피하고, 이는 지원의 결여로 이어질 것이라고 설명한다. 따라서 이는 근본적으로 '작전부대체계'와 '방위동원부서' 간 요구 사항과 필요성에 대한 공동의 논의가 이루어지지 않아 군·민간 합동 동원이 지연되는 등 동원체계와 현역군 간의 조율이 저대로 이루어지지 않는 문제이다. 그 결과로 인해 운영 계획이 상호 연결되지 않고 있다. 작전부대 체계와 국방동원부서가 각자 계획안을 수립하고 제안할 때마다 지휘권이 와해된다며 분개하였다. 마찬가지로 해상민병대와 현역군 간에 연계 훈련과 정기 훈련이 이루어고 있으나, 이는 체계화되지 않은 것으로 보인다. 중국 군 소식통은 이러한 체계화와 통합을 위한 '해상 지원 및 지원 훈련 개요'가 아직 공식화되지 않아, 정규군과 민병대 간의 훈련 및 정기훈련에 불규칙성과 불일치가 계속되고 있다고 한탄한다. 물론 이 문제에 대한 해결책의 일부는 정규군과 민병대/예비군 간의 훈련, 계획 및 비축된 군사력을 조화시키기 위해 전시의 필요와 요구 사항을 정확하게 측정하기 위한 "첨단 전쟁 시뮬레이션 평가시스템"의 활용과 정보화의 과정을 지속하는 것을 포함한 기술적인 것뿐만 아니라, "군민 통합, 상호 운용 가능한 지휘 및 통제 시스템"을 구축하기 위해 정보화의 과정을 지속하는 것이다. 그러나 보다 근본적으로 중국 정보통은 진정한 지원 노력(해상민병대 포함)을 효과적으로 동원, 조직 및 조정할 수 있는 기관인 "군민 지역 합동 지휘부대"의 필요성을 확인했다.

PLA가 적어도 그러한 기관과 시스템을 개발하는 수단을 고려하고 고안하기 시작했다는 증거가 있다. 이에 따라 2016년 10월에 동부 TC의 지도자들과 장쑤성, 저장, 안후이, 푸젠, 광동, 상하이의 관련 지도자들이 난징에서 회의를 개최하여, "TC의 전쟁 중심 기능 제공"의 일환으로 "MD 및 동원 시스템의 효과적인 업무 수행" 방법을 논의했다. TC 지도부에 따르면 "최전선 지원 작업"은 많은 새로운 상황과 도전에 직면해 있으며, MD와 그 하위 구성조직은 "평시 서비스와 지원" 및

"전시 지원과 전투"라는 핵심 임무에 집중해야 한다. 이 기사에서는 이를 달성하는 방법을 명시하지는 않았지만, 회의 참가자들이 최전선 군대에 지원을 제공하기 위한 "평시－전시 통합 군－민 조정 메커니즘"의 구축을 모색하기 시작했다고 언급하였다.

그러한 메커니즘이 어떻게 보일 수 있는지에 대한 적어도 하나의 중요한 제안이 난징(Nanjing) 육군 사령부 사관학교의 국방 동원 부서 구성원이 작성한 긴 기사의 형태로 존재한다. 그들은 TC와 군대의 조정 개선을 위해 한편으로는 국방 동원 시스템 및 그것의 병력과 구성요소의 조정 개선을 위한 권고안을 제시한다. 기사에서는 "TC가 전투에 집중하게 하는 것"의 개념에는 "국방동원사령부"를 수반해야 한다고 명시하고 있다. 이는 전쟁 동원 또는 평시 비상대응명령이 발령된 경우, 기술위원회는 "전역사령부 내에서 국방동원 및 최전선 지원활동에 대한 지휘 및 통제를 조직하고 조정해야 함"을 의미한다.

이 기사는 TC의 합동 작전지휘 기능이 매우 명확하게 이해되고 정의되어 있지만, 국방동원지휘 기능은 그렇지 않다고 주장한다. 기사에 따르면 TC의 동원령 기능은 평시와 전시 측면을 모두 갖고 있다. 평시에는 비상사태나 자연재해가 발생했을 때, TC는 MOOTW 임무에 참여하는 현역 또는 예비군을 통제하고 지휘하기 위해 지방 정부와 긴밀히 소통해야 한다. 반대로, 전시에는 TC가 합동 작전과 국방 동원의 요구를 통합해야 하며, TC 내 방어 동원의 지휘, 통제 및 조정을 책임지고, TC 동원활동과 작전활동이 유기적으로 결합되도록 해야 한다. 저자는 TC와 MD 시스템 간 조정을 위한 효과적인 메커니즘을 제공하면서도, 진행중인 개혁의 주요 혁신과제 중 하나인 두 조직의 구조적 분리를 시도하는 타협안을 제안하는 듯하다. 그럼에도 불구하고 TC 사령관과 그의 부하들에게 다시 한번 평시와 전시 방위 동원 작업을 감독하고 관리하는 직접적인 역할을 맡긴다면(기사의 저자들이 시사하는 바와 같이) 상당한 업무 부담을 가중시킬 가능성이 있다. 따라서 저자의 제안이 실제로(또는 정치적으로) 실현 가능한지는 불확실하다.

그레이존을 너머: 고강도 임무의 잠재적 한계

이 장에서는 조직구조에 의해 해상민병대에 부과되는 다양한 잠재적 한계 및 문제점을 검토하였다. 분석가들은 PAFMM 조직에 대한 통일된 모델의 부재가 지역 수준에서 유연성을 제공하여, 해상민병대가 그들이 임무를 수행하는 지역의 필요와 경제적 기반에 따라 발전할 수 있도록 해야 한다고 지적했다. 평시의 주둔과 권리 보호 작전의 경우는 분명하지만, 지역 경제와 정치적 이익의 필요성이 고려되어야 할 때, 해상민병대의 현재 규정은 전시에는 불리한 것으로 판명될 것이다. 이러한 시나리오에서 PAFMM의 지역 경제 및 기타 조건에 대한 취약성, 제한된(성장하고 있지만) 힘의 원리, 그리고 부대와 장비의 매우 가변적인 품질은 PLA를 지속해서 지원하는 능력에 대한 의문이 제기되며, PLA는 일종의 고강도 운영 지원을 제공하는데 점점 더 많은 임무를 부여받게 된다. 자료 8-1에서 알 수 있듯이, 해상민병대를 그레이존에서 매우 유용하게 활용될 수 있는 많은 속성과 특성은 실제로 높은 강도와 전시 작전 시 유용하게 작동되지 않을 것이며, 이에 따라 PLA의 정규군과의 긴밀한 효과적인 협력이 요구될 것이다.

자료 8-1. 해상작전에 대한 민병대의 영향

조직의 특성	작전 유형별 영향력 추정	
	그레이존/저강도	고강도
"공통 민병대" 로 구성된 군대 구조; 전문화된 방어 및 관련 장비의 상대적 부족	긍정적: 인민군 해상민병대의 비용 효율화 및 확대 가능성 감소	부정적: 중요한 역량 부족, 영역 간 과도한 중복 발생
조직 기반으로서의 지역 해양 기업	긍정적: 낮은 장애물/현지 상황에 맞는 조직 비용	부정적: 준비 및 가용성에 영향을 미치며, 전문 교육을 수행할 수 있는 능력이 저하됨
지역에 따른 상이한 명령체계 및 역량	긍정적: 현지 조건에 능동적으로 적응	부정적: 대규모 작전에서 조정·명령체계에 대한 문제 발생
현장지휘체계 하의 통일성 결여	약간 부정적 - 정규 인민해방군과의 협력에 지장을 줌	부정적: 군사 작전에 중요한 인민해방군과의 협력 저해

결국, PLA와 정보 당국에 따르면, 중국 분석가들은 PAFMM이 고강도 목적과 그것에 할당된 전시 임무를 성공적으로 수행하기 위해서는 규모를 축소하는 것뿐만 아니라 전문화하는 것이 필요하다는 점을 분명히 하고 있다.

이는 향후 민병대의 구축 노력이 실제로 PAFMM에 할당된 부대, 인원 및 함정의 총 수를 감소시키는 동시에 장비, 훈련 시설 및 기술적으로 숙련된 인력에 대한 PLA에 대한 의존도를 높일 수 있다는 것을 의미한다. 이는 개별적이든 집단적이든 부대와 함정이 PLA와 협력하여 고강도 목적이나 전시 임무를 수행하는데 있어 보다 유능하고 효과적인 역할을 할 것이 분명하다. 그러나 해상민병대가 그레이존 임무와 작전을 수행하는 데 매우 유용하고 효과적으로 만드는 능력과 특성(비용 효과, 다용도, 침투성 및 모호성 포함)을 감소시킬 수도 있다. 그렇다고 중국 지도자들이 이 두 가지 임무 사이에서 절대적인 선택을 해야 한다는 것은 아니며, 그들 자신을 둘 중 하나에 가장 적합한 해상민병대를 선택해야 한다. 오히려 앞으로 PAFMM 관련 정책을 수립할 때 각 경우에 어떻게 균형을 유지할지를 결정해야 할 것이다. 궁극적으로 중국의 정치 및 군사 지도부가 이러한 상충되는 작전 및 조직적 관심사의 균형을 어떻게 유지할지는 해상민병대의 발전 방향을 결정하고, 그들의 영토적 야망(territorial ambitions)과 정책 목적을 달성하기 위한 도구로서 그레이존 작전에 대한 지도부의 헌신도를 측정하기 위한 유용한 지표가 될 것이다.

중국 당국은 고강도 및 전시 임무와 관련하여 해상민병대의 부족한 부분을 해소하기 위해 현지 민간 및 군당국에 적극적이고 힘차게 압박하기 시작했다. 이는 주로 지역 및 지방 정부의 정치적 절차를 통해 이루어지므로 지역 공무원의 권한 남용, 부패 및 방조가 발생하기 용이하다. 더욱이 마지막 장에서 언급한 바와 같이 PAFMM의 조직적 문제는 부대 구조와 작전 능력을 넘어 PLA와 고강도 작전을 조정하는 능력을 포괄한다. 그러한 조정이 달성될 수 있는 수단은 아직 표준화되거나 체계화되지 않은 것으로 보이며, 중국 군사 소식통들은 분명히 이것을 조속히 해결해야 할 문제점으로 보고 있다. 그러나 해상민병대와 중국 군당국과 민간정부는 이러한 문제를 인지하고 있으며, 이를 해결하기 위한 움직임을 보이고 있다. 그러나 중국의 다른 많은 (군사적, 정치적, 경제적) 개혁 노력과 마찬가지로, 이러한 문제가 신속하고 고르게 해결될 것 같지 않다.

Notes

1. Fendui라는 용어는 특히 PLA 부대의 하위 연대 수준 구성 요소를 나타내는 데 사용되는 경우 "하위 부대"로 번역될 수 있다(budui/3). 펜두이(Fendui)라는 용어는 부대의 특정 유형이나 크기를 나타내는 것이 아니라 대대에서 소대, 심지어 분대까지 운영되는 부대의 범위를 나타낸다. 이러한 이유로 이 용어는 특정 유형의 단위(예: 회사 또는 소대)가 지정된 경우를 제외하고 전체적으로 사용된다.
2. 신장 및 티베트 MD는 NDMD가 아닌 PLA 육군 본부에 보고하는데, 이는 다른 MD보다 한 단계 높은 등급으로 NDMD로 인해 직접 보고 관계를 불가능하게 만든다.
3. Chen Qingsong, 해상 작전 지원 및 지원을 위한 연안 방어구의 문제 및 해결 방법"), 3(국방) 10(2016): 50.
4. Ibid.
5. Luo Wenyi, Liu Jinpeng 및 Yan Qiutao, "해상민병대 확장: 합동 작전에서 민병대는 부재하지 않는다", [중국 국방 뉴스], 2016년 1월 25일.
6. Zhang Guochen, "해상 통제 작전에 대한 해상민병대의 참여에 관한 연구", (국방) 11(2016): 41.
7. "외국 선박 추방 – 난사 인공섬에 주둔한 중국 민병대", Duowei News, 2016년 1월 27일.
8. Zhang, "해상 통제 작전에 대한 해상민병대의 참여에 관한 연구.
9. Luo et al., "해상민병대 확대."
10. Zhang, "해상 통제 작전에 대한 해상민병대의 참여에 관한 연구."
11. Wang He, "민병 비상 대응 및 전쟁 임무의 다양성–전반적인 상황을 제어하는 방법?", [중국 국방 뉴스], 2016년 9월 28일.
12. Xu Shouyang, "해상 지원 전투 능력이 상승하고 있다", 중국 국방 뉴스, 2015년 4월 4일.
13. Yu Zhanghong, Wang Xuebing, Meng Xiaofei, "온주: 민병대가 해상 경계를 지키다", PLA Daily, 2014년 11월 27일.
14. Luo et al., "해상민병대 확대."
15. Si Zhang Lichun 및 Liu Jun, "전투에서 핵심 동원 능력 업그레이드", 중국 국방 뉴스, 2015년 9월 2일.
16. Chen, "연안방위구역 준비의 문제점과 해결방안."
17. Wang Weidong, "해군 예비군 건설 강화에 대한 4가지 새로운 관점", 중국 국방 뉴스, 2016년 5월 12일.

18. Ibid.
19. Chen,"연안방위구역 준비의 문제점과 해결방안."
20. Wang, "해군 예비군 건설 강화에 대한 4가지 새로운 관점."
21. Luo Zhengran, Zhao Jichengl 및 Wei Lianjun, "새로운 상황에서 해상민병대 건물에서 어떤 이념 장벽을 허물어야 합니까?", 중국 국방 뉴스, 2016년 4월 20일.
22. Chen,"연안방위구역 준비의 문제점과 해결방안."
23. Luo et al., "새로운 상황에서 해상민병대 건물에서 어떤 이념적 장벽을 허물어야 하는가?"
24. Luo Zhengran, "해상민병대 동원 및 입대: 행정 명령은 '선장'보다 열등하다", PLA Daily, 2016년 11월 28일.
25. Wang Wenqing, "해상민병대 건설의 어려움 돌파", (PLA Daily), 2016년 7월 28일.
26. Zhang, "해상 통제 작전에 대한 해상민병대의 참여에 관한 연구."
27. Ibid.
28. Chen,"연안방위구역 준비의 문제점과 해결방안."
29. Li Feng과 Wan Feigang을 참조하십시오. "국방 동원 전선군 이양을 위한 새로운 어깨 패치 보고 카드", China Military Online, 2016년 12월 21일, Deng Xiong 및 Zhao Jichengl, "해상민병대 전시 정치 작업을 실질적으로 준비하는 방법?", 중국 국방 뉴스, 2016년 6월 14일.
30. Fan Zhao와 Li Yongzhi, "Smart Mobilization은 이제 막 정보화의 빠른 길에 들어서고 있습니다", China Military Online, 2016년 12월 24일.
31. Xu Shouyang, "해상 지원 전투 능력이 상승하고 있다", 중국 국방 뉴스, 2015년 4월 4일; 및 Luo et al., "해상민병대 확대."
32. Yu Chunling, "Qinhuangdao MSD의 해상민병대 구조 Fendui", 중국 국방 뉴스, 2015년 5월 12일.
33. Li Jun과 Zhou Jianming, "빅 데이터가 전투력을 향상시키고 있다", 중국 민병대 (2016).
34. Zhang Lichun 및 Liu Jun, "전투에서 핵심 동원 능력 업그레이드", 중국 국방 뉴스, 2015년 9월 2일.
35. Li와 Zhou, "빅 데이터는 전투력을 업그레이드하고 있다."
36. Conor M. Kennedy와 Andrew S. Erickson, 중국의 제3해군 – 인민군 해상민병대: PLA에 묶여 있음, 중국 해양 연구 기관 보고서 no. 1(뉴포트, RI: Naval War College, 2017년 3월).
37. Xu Liang, Wu Xiaolin 및 Liu Hua "용싱도 인근 하이난섬 암초의 전쟁 준비 강화", [중국 국방 뉴스], 2016년 2월 2일.
38. 중국 해군의 관영 신문인 인민하이쥔이 해상민병대를 거의 언급하지 않는다는

점도 주목할 만하다.

39. Luo et al., "해상민병대 확대."
40. Li Jiannan, Fang Kai 및 Luo Zhengran, "PLA 선박들이 타이저우 해안 근처에서 모여들고 있다", PLA Daily, 2016년 6월 20일.
41. Li와 Wan, "새로운 어깨 패치를 씌우다."
42. "일조란산구: 바다가 민병대를 위한 전쟁 준비 훈련장이 된다", (중국 국방 뉴스), 2016년 4월 12일; 및 Yu et al., "Wenzhou: 군사 민병대가 Sea Frontier를 보호한다."
43. "일조란산구: 바다가 민병대의 전쟁준비 훈련장이 된다."
44. Wang Weidong, "해군 예비군 건설 강화에 대한 4가지 새로운 각도", 중국 국방 뉴스], 2016년 5월 12일.
45. Yu et al., "원저우: 민병대가 해상 경계를 지키고 있다."
46. 케네디와 에릭슨, 중국의 제3해군; 및 Conor M. Kennedy 및 Andrew S. Erickson, "중국의 해상민병대", 위대한 "해양 강국" 되기: 중국의 꿈, ed. 마이클 맥데빗(VA 알링턴: CNA, 2016년 6월).
47. 전자의 예는 Xiang Liang and Liu Guojie, "Miltia는 바다를 강조하여 '바다는 바람직하지 않다'를 바라보며 병에 걸린다." 중국 국방 뉴스, 2015년 4월 21일 참조. 후자의 경우, 참조 "남중국 함대가 실제 군사 훈련을 하고 있습니다. 핵심 민병대가 주도적 역할을 합니다." PLA Daily, 2012년 10월 9일 및 Li et al., "타이저우 해안 근처에서 집결하는 PLA 선박－신비한 군대를 돕고 있다."
48. Luo et al., "해상민병대 확장."
49. Li와 Wan, "새 어깨 패치를 씌우다."
50. Sun Shaojian 및 Liang Yong, "전구부 사령부가 전투를 담당한다면 군사 구역의 위치는 무엇입니까?", 중국 국방 뉴스, 2016년 2월 26일.
51. "당신의 임무를 어깨에 메고, 게으름 때문에 당신의 주요 임무를 소홀히하지 마시오", 중국 국방 뉴스, 2017년 1월 20일.
52. Hu Tian Hua 및 Li Jiabao, "남부 TV는 전장에서 민병대의 독특한 사용을 전시하는 방법을 보여준다", PLA Daily, 2016년 10월 20일.
53. Li와 Wan, "새로운 어깨 패치를 씌우다."
54. 쑨양(孫梁), "전투사령부가 전투를 맡는다면 군구의 위치는 어디인가?"
55. Ibid.
56. Chen, "연안방위구역 준비의 문제점과 해결방안."
57. Ibid.
58. Ibid.
59. Ibid.

60. Zhang, "해상민병대 건설의 어려움 돌파."
61. Chen, "연안방위구역 준비의 문제점과 해결방안."
62. Cheng Yongliang과 발 Dai Feng, "전선 지원 군사-민간 조정 메커니즘 구축 탐색", PLA Daily, 2016년 10월 14일.
63. Ibid.
64. Shang Zelian 및 Zong Xiangui, "전구사령부 국방 동원 메커니즘 개선 가속화", 중국 국방 뉴스, 2016년 8월 4일.
65. Ibid.

Mark A. Stokes

중국의 해상민병대와 정찰 - 타격 작전

중국 인민해방군(PLA)은 국가 주권과 영토 보전에 대한 인식된 위협으로부터 자국을 방어하기 위해 센서와 장거리 정밀 타격 자산을 통합하는 능력을 향상시키고 있다. 시간이 지남에 따라 새롭게 부상한 PLA 반접근/영역거부(A2/AD) 기능이 등장하면서 이 지역에서 미국의 작전수행 능력을 어렵게 만들 수 있다. 적군이 작전 지역에 진입하는 것을 방지하도록 설계된 접근방지 기능에는 항공모함 전투 그룹과 같은 해상기지와 이동 목표물에 사용할 수 있는 장거리 정밀 타격시스템(특히 순항 및 탄도 미사일)이 포함된다. 영역거부(area denial)는 적군의 행동의 자유를 차단하기 위해 설계된 단거리 행동과 역량을 포함한다. 기존 정밀 타격 자산이 확대되면, 일본의 전방 기지와 서태평양에 주둔하고 있는 미국 항공모함 전투부대의 작전이 억제될 수 있고, 괌(Guam)에 있는 미국 기지의 작전을 어렵게 만들 수 있다. 우주 기반, 공중 및 지상 기반 센서는 명령과 제어를 용이하게 하고, 중요한 전략 및 작전 정보, 전역 인식 및 표적 정보를 제공하며, 전투 피해 평가를 용이하게 할 수 있다.

PLA는 A2/AD 기능을 지원하기 위해 정보, 감시 및 정찰(ISR) 목적으로 PLA 전략 지원군, PLA 육군 및 PLA 해군(PLAN) 기술 정찰 부대의 우주 기반 원격 감지 및 통신 정보(또는 중국 사전에서는 "기술 정찰") 자산, 지상활동, PLA 육군 및 PLAN 전자 정보부대와 같은 다양한 자산을 활용한다.

전시에 PLA는 외국 해군의 위치를 파악하고 표적으로 삼기 위해 인민해방군 해상민병대(PAFMM)와 같은 비전통적인 ISR 자산에 의존할 것이다. 중국은 오래전부터 평시든 전시든 PLA를 증강하기 위해 민병대를 동원하였다. 인민 전쟁의 현대적 요원(modern agents)으로 활동하는 고정 및 이동 부대를 포함한 동원 민병대는 PLA에 다양한 형태의 정찰 지원을 제공할 수 있다. 교전 중에 적절하게 훈련되고 장비를 갖춘 민병대가 PLA 해상 ISR 자산을 보완하여 전역 구성 사령부에 기술 정찰, 관찰 및 통신, 전자 정찰을 제공할 수 있다. PLAN 본부 부서의 두 장교가 주장하듯이 해상 충돌 시 PAFMM은 해군의 상대적으로 낮은 정보화 수준, 상대적으로 부족한 현역 정찰 자산, 다양한 정찰방법의 부족을 해소할 수 있을 것이다.

협조 하에 민병대와 그들의 함정은 인민해방군의 해상 감시시스템을 보완할 수 있다. 인민군부(PAFD)는 지시 및 경고, 장비 사용, ISR 요건, 수집, 보고 및 목표 인식에서의 PAFMM 파견대를 훈련시켰다. 민병대 어선에는 위성통신 단말기와 단파 라디오가 장착되어 해안 기반 시설과 데이터를 송수신하고 있다. 민병대 정찰 부대는 PLA의 기술 정찰 부서, PLAN 관측 및 통신 부대, 현장 전자기(electronic) 대응 부대에 센서 데이터를 제공할 수 있다.

해상민병대의 파견대는 PLAN의 관측 및 통신시스템에 표면 추적을 제공하기 위해 훈련받았으며 무장을 하고 있다. 예를 들어, 2014년에 광둥성(Guandong)의 차오저우(Chaozhou) MSD는 민병대 어선에 관측/통신 및 정찰 장비를 설치했다고 보고하였다. 2012년 5월 저우산(Zhousan) 푸퉈(Putuo) 지역의 PAFMM 파견대는 해안 방어 감시선과 PLAN 관측/통신소의 안내를 받으며 인민해방군 해안 방어 대대와 함께 훈련을 받았다. 2014년 8월, 민병대원으로 추정되는 어선들이 정체불명의 PLAN 수비대 지휘부에 의해 조직된 민·군 훈련에 정찰 지원을 제공했다. 그 훈련에는 해상 목표물에 대한 모의 타격 임무가 포함되어 있었다.

민병대는 현장 작전(theater operations)에 대한 기술 정찰 지원을 제공할 수 있다. 장쑤성(Jiangsu)의 내륙 MSD는 무인 항공기를 장착하고 기술 정찰을 담당하는 민병대를 감독한다. PAFMM 선박은 함선 레이더 방출 차단을 통해 현장 전자기 대응 부대를 지원할 수 있다. 어선이 수집한 통신 정보는 국경 및 해안 방어 작전을 지원하는 데 핵심적인 역할을 하는 해안 기반 PLA 기술 정찰국(TRB)으로 전송된다. PLA 개편으로 MR(Military Region)급 TRB는 현장 지휘부로 예속된 것으로 보인다. PAFMM 부대는 개념적으로 PLAN 기술 정찰국을 지원할 수도 있다. 각 TRB는 이동 그룹, 암호 해안 지원활동, 고정 수집 그리고/또는 고주파 탐색, 훈련 그룹으로 구성된다.

외국 해상활동에 대한 민병대의 보고는 PLA 통합 지휘 플랫폼(ICP)에 대한 지휘 계통을 소진시킬 가능성이 높다. PAFMM ISR은 PLAN 및 PLA 공군 지상 및 공중 감시와 통합될 수 있으며, PLA의 신호 정보 커뮤니티의 기술 정찰도 가능하다. 현장 사령부 ICP는 전시 합동 공격작전을 지원할 것으로 보인다.

해상민병대는 평시 ISR 기능도 수행한다. PLA 지휘계통 아래에서 직접 운영되는 민병대는 중국이 영유권을 주장하는 해역에서 외국의 주요 활동을 감시한다. 종종 PLAN 또는 해안경비대보다 기술적으로 덜 정교하지만, 분쟁지역에 편재되어 있기 때문에 공통작전 상황에서의 전력 격차를 메울 수 있다. 그들의 민간인 모습은 해군이나 해안경비대가 수행하기에는 어려운 도발적인 임무를 수행할 수 있게 해준다.

평시에는 ISR 임무를 포함한 해양권 수호 작전에서 PAFMM 군대를 활용하기 위해서는 두 개의 "자문 및 조정 기관"을 관할하는 정책이 있다. 첫 번째는 주 국경 및 해안 방어 위원회(BCDC)이다. 위원회와 상임 사무실은 해상 및 육상 경계 지역 내에서 운영 및 기반 시설 개발에 대한 기관 간 조율을 담당한다. 수직적인 권한 행사는 지역, 지방, 시 및 군(county) 수준의 다른 위원회와 유사하다. 중국이 주장하는 해양권과 이익의 집행을 조정하면서 BCDC는 남중국해 및 동중국해와 인도, 미얀마, 베트남 및 기타 인접 국가와의 국경에서 중앙 위기 관리 역할을 하도록 설계된 것으로 보인다. 이 기관은 예정된 해안경비대 순찰, 항구 보안, 밀수 방지, 어업 관리, 해저 광섬유 케이블을 포함한 중요 기반 시설 보호와 같은 해양법 집행활동의 군-민 조정 및 조율기능도 담당한다.

BCDC에서 내린 정책 결정은 2015년 말 해산될 때까지 총참모부(GSD) 운영 부서에서 실행되었다. GSD 운영 부서는 BCDC 사무국 역할을 했고, 정당, 주, 군대, 법집행 및 민병 관료에 걸쳐 정책 조정에 대한 공식 권한을 가졌다. GSD 운영 부서의 이사는 BCDC 사무국의 이사를 겸임했다. GSD에 배정된 경력 PLAN 임원을 포함하여 GSD 운영 부서의 5명의 부국장 중 최소 1명은 BCDC 사무소의 부국장으로서 이중 업무(dual-hatted)가 부여되었다. GSD 작전 부서의 국경 및 해안 방어국 직원이 BCDC 사무실에서 근무했다.

국방동원위원회(NDMC)는 평시 민병대의 활용을 지도할 책임이 있는 두 번째 주요 자문기구이다. 민병대는 ISR을 포함한 평시 해양 권리 보호 임무를 지원하기 위해 동원될 수 있다. 이러한 동원은 민간 및 군당국 전반에 걸쳐 조정되어야 한다. PLA 재편성 이전에 NDMC의 결정은 국가발전개혁위원회, 총참모부, 정치총괄부, 병참부에서 시행되었다. NDMC는 총리가 지휘한다. 다만, 국방부장관(BCDC 소장)은 NDMC 차관직을 수행한다. BCDC와 마찬가지로 NDMC는 국가, 지역, 지방자치 단체 및 군 단위에서 존재한다. 5개의 각각의 행정단위에서 NDMC와 BCDC 사이의 정확한 관계는 불분명하다.

평시에는 민병대가 이동식 ISR 작전과 고정식 ISR 작전을 모두 수행한다. 이동 작전에는 해상 선박이 포함된다. 중국 해안을 따라 있는 고정 민병대 전초 기지도 해안 방어 작전을 위한 감시 지원을 제공한다. 해안을 따라 그리고 근해 섬과 산호초에 주둔한 해상 방어 민병대 전초 기지가 레이더 및 전자 광학 센서 네트워크를 관리한다. 중국의 한 보고서는 하이난성 민병대가 어떻게 6천 평방해리 이상을 감시할 수 있는지에 대해 기술하고 있다. 산샤(Sansha) 수비대의 민병대는 Woody Island, Tree Island, North Island, Drummond Island, Yagong Island, Robert Island, Observation Bank, Antelope Reef 및 Mischief Reef를 포함한 9개 지형지물에 전초 기지를 관할하고 있다.

ISR 투입을 담당하는 민병대는 전용 민병 국경 및 해안 방어 관리 및 통제시스템을 지원하는 것으로 보이며, 통합 민병 관리 및 통제시스템에 대한 엔지니어링 연구개발은 2007년에 시작되었다. 이 시스템은 당, 주, 군, 법집행기관 및 민병대 커뮤니티 전반에 걸쳐 센서 데이터를 상호 연결하는 맞춤형 소프트웨어를 활용한다고 한다.

평시에는 해상민병대 ISR 자산은 아마도 연안 방어 관리, 통제 및 감시센터 기능을 제공한다. 이러한 센터는 국가, MR/현장 지휘부, 지방(MD), 시(MSD) 및 군(PAFD)의 5개 행정단위에 설치된 것으로 보인다. 중앙 수준에서 국경과 해안 방어 시스템의 장교들은 아마도 중앙 군사 위원회 합동 지휘센터 내에서 조직을 운영하고 있을 것이다. 다음 단계에서 현장 지휘 작전 지휘관들은 국가급과 지방 국경/해안 방어 사령부 사이의 지휘체계의 중간 역할을 할 것이다.

산샤시의 통합 민군 지휘센터는 민병대 ISR 작전을 지원할 수 있으며, 산샤시 당국은 남중국해의 선별된 암초에 위치한 전초 기지와 지방 정부(및 수비대)를 연결하는 해저 광섬유 케이블 및 위성통신 설비를 감독해왔다. 보도에 따르면, 남중국해의 민병대 전초 기지에 "정보화된" 지휘센터가 있다. 다른 지역에서는 민병대 전초 기지가 카운티 수준의 관리, 통제 및 모니터링 센터와 함께 배치된다.

중국의 국방개혁 개편은 국경 및 해안방어체계와 해상민병대에 큰 영향을 끼쳤으며, 적어도 2009년부터 선전매체들은 PLA와 지방정부 당국 간의 조정 개선과 명확한 법령을 공포하는 등 근본적인 개혁을 주창해 왔다. 2013년 11월 CMC는 국경, 해안, 방공 관리시스템에 대한 합리적인 조정 계획을 발표했다. 2016년까지 구 GSD 작전부의 국경 및 해안 방위국의 행정 책임이 신설된 CMC 국방 동원부로 이관되었다. 권위 있는 보고서는 CMC 국방동원국 국경과 해안방어국이 당, 주, 군, 법집행기관 및 민병대 기관의 통합 노력을 포함하여 국경과 해안방어 업무의 "계획과 조정"을 책임지고 있음을 보여준다. CMC 국방동원국장은 현재 BCDC의 부국장으로 활동하고 있다.

CMC 동원부의 지도자들은 해안 방위에 대한 민군 관리를 강화할 것을 촉구하였다. PLA의 조직개편과 함께, 전 GSD 작전부 해안방어 임무의 행정적 측면은 새로운 CMC 동원 부서로 이관되었다. 해안 방어 임무의 운영 측면은 새로운 CMC 합동 참모부 운영국에 의해 유지되었을 가능성이 높다.

결론적으로, PLA는 국가 주권과 영토 보전에서 인식된 위협으로부터 자국을 보호하기 위해, 센서와 장거리 정밀 타격 자산을 통합하는 능력을 강화하고 있다. 새롭게 부상하는 PLA A2/AD 기능에는 해상 기지 및 이동 목표물에 대해 사용할 수 있는 장거리 정밀 타격시스템이 포함된다. 시간이 지남에 따라 PLA의 정찰-타격 복합체의 범위가 확대될 가능성이 높다. 해상 지역의 민병대는 전통적으로 중국의 국경과 해안 방어시스템에 중요한 역할을 해왔다. 이 시스템은 국가 차원에서 이전 MR(현장 지휘부), 해안지방(MD), 자치단체(MSD), 군(PAFD)에 이르기까지 수직적으로 통일된 지휘권을 제공하도록 설계되었으며, 정당, 국가기관, 인민해방군, 사법기관, 민병대 간 수평적인 조정 수단을 제공한다. 해상민병대 ISR은 이 시스템을 지지한다.

CMC와 주 의회는 종종 통제하기 어려운 관료제를 효과적으로 조정하는 데 있어 이 시스템의 한계를 인식하여 진행중인 국방 개혁과 재편의 일환으로 연안 방어 위원회를 폐지했다. 이번 조직개편으로도 접경지역과 연안방어 관리 당국이 강화되었다.

해상민병대가 평시에 동원될 때는 주로 중국의 국경과 해안 방어시스템을 지원한다. 전시에 민간 어민부대는 인민해방군의 해상 감시체계를 보완할 가능성이 높다. 통신장비를 갖춘 어선의 수가 증가함에 따라, PAFD는 PAFM 파견대를 지시 및 경고, 수집, 보고 및 목표를 인식하도록 훈련시켰다. 현재 진행중인 개혁과 개편이 더 넓은 인도-태평양 지역의 해상민병대 작전에 영향을 미칠지는 두고 볼 일이다.

Notes

1. Liu Qihu and Zheng Yibing, "민간선과 민병대에 의존하는 정찰정보시스템 구축", 국방부 (2017): 59.
2. 해상민병대 ISR 훈련에 대한 참조는 "양장시 최초 해상민병대 중대 설립", Yangjiang Daily, 2013년 6월 22일, "Fuan City PAED가 해상민병대 정보 인력 훈련을 조직함", Fujian National Defense Education Network, 2014년 9월 19일, "Xiapu 현: 민병 정보 정보 훈련 파악에 있어 군-지방 협력" 강소 군사 지구 Nantong City 민병 정보 훈련 센터에 대한 참조는 Zuo Yi, Wang Yubin, Tian Yawei, "Jiangsu Military Region Conducts Scientific Planning of Training Resources" 전투 효율성 수준을 높이기 위해", PLA Daily, 2015년 5월 11일.
3. 점점 더 먼 거리에서 전송하는 원저우 민병대의 능력 향상에 대한 논의는 Xu Shouyang and Meng Xiaofei, "해상 작전 지원 능력 상승세", 중국 국방 뉴스, 2015년 4월 7일, Yao Yuanqing, Liu Hua, and Yang을 참조. Zongfeng, "하이난 군 및 지방 당국 구축 해상 정보 보안 방어 네트워크", 중국 국방 뉴스, 2015년

9월 2일, Yu Weiping 및 Li Jun, "Zhanjiang 군부구의 인터넷 + 해상민병대 교육 플랫폼 개발", 중국 국방 뉴스, 2015년 10월 10일.

4. "백서: 중국 군대의 다양한 고용", 중국 국방부, 2013년 4월 16일, Ban Yejin, Luo Zhengran, Meng Xiaofei, "Wenzhou 해양동원 혁신발전 기록", 중국 군사 온라인, 2016년 4월 5일, 민군 해상 감시에서 해상민병대의 역할에 대해서는 Zheng Lingchen, "해상민병대의 이점 활용: 민－군 융합 전투 참여", PLA 해군 포털, 10월 31, 2016, 연안 방어 및 공격 작전에 대한 정찰 지원에 대한 참조는 Zhang Guochen, "해상민병대가 해상 통제 활동에 참여하는 논의", National Defense, 2016년 11월 14일, "민병대를 위한 중요한 전쟁 방법론", Jiangxi 지방 국립 참조 국방 교육 네트워크.
5. 해상민병대 훈련에 참여하는 PLAN 관측 및 통신 여단 대표에 대한 참조는 "바오안 '해상'민병대가 날카로운 창으로 성형됨" 참조), 바오안 지역 정부 포털, 2016년 7월 27일, Sansha 주둔지 해상에 대한 참조 민병대, 관찰 및 통신, Ouyang Lesheng, "해상 여단, 목격담: 아름다운 Sansha, 내가 왔다!", 중국 밀리터리 온라인, 2016년 9월 25일, Ouyang Lesheng, "기자 저널: Sansha의 끝없는 느낌, 잊을 수 없음 'Darkness of the Paracels'", 중국 밀리터리, 2016년 9월 27일, Rui'an 지역민병대 관찰 및 통신 요소에 대한 참조는 "마을 제공 관찰 및 통신 민병대 요소와 종합 집중 훈련", Rui'an 참조 정부 포털, 2013년 8월 12일,
6. Hu Huasheng, Liu Tianyi 및 Huang Hongjian, "정예 해안 방어선 구축을 위한 올바른 길을 걷고 있는 조주 MSD 해상민병대", PLA Daily, 2014년 6월 19일,
7. Zhou Houjiang, Zhang Tao, Zuo Guidong, "저우산시 민병대가 해안 방위군과 동해 훈련 협력"), PLA Daily, 7월 12일.
8. 해상민병대가 훈련에 참여하는 것에 대한 논의는 Zhang Yigeng 및 He Peng, "시추 플랫폼 보호: 군사, 경찰, 민병 훈련에서 제거"를 참조하십시오. 중국 국방 뉴스, 2014년 8월 23일.
9. Bei Xiao 및 Wang Xiaoting, "다차원 지원 임무", 중국 국방 뉴스, 2017년 4월 17일.
10. 베이징의 Shahezhen에 본부를 둔 PLAN First TRB에 소속된 부대는 Wenzhou 시에서 해안을 따라 북쪽으로 확장됩니다. Xiamen의 Jimei 지구에 본사를 둔 PLAN Second TRB의 사무실은 Wenzhou 남쪽에서 Hainan 및 Guangdong 지방까지 뻗어 있습니다.
11. Ouyang Hao 및 Fan Xiaomin, "난징군구의 급속한 교차 네트워킹 시대, 10배로 증가한 네트워크 속도", PLA Daily, 2014년 6월 23일, Su Yincheng, "평화를 지킬 준비가 되어있다(PLA 건국 8월 1일의 소리, 국경 및 해안 방어 규율 시리즈 #8)." 인민일보, 2012년 4월 20일, 광저우 군구 통합 지휘 플랫폼과 국경 및 해

안 방어시스템에 대한 논의는 Zhang Kejin 및 Meng Bin, "광저우 군사구, 새로운 국경 및 해안 방어 정보시스템 구축, 20분 'Skynet" 제공, PLA Daily, 2012년 8월 2일, 통합 명령 플랫폼에 대한 배경 정보는 Kevin Pollpeter 외, "정보 기반 시스템 활성화" 참조시스템 운영: 통합 명령 플랫폼을 위한 연구, 개발, 획득 프로세스, "SITC Research Brief, 2014년 1월, Li Qiang 및 Jia Yizhen, "TA GSD 정보화 연구소 과학 그룹: 첨단 정보화 개발 ment Cadre", China News, 2012년 4월 24일, Hu Junhua, Zhang Yanzhong, Teng Huaxian, "첨단과학기술: 통신채널 변혁 가속화－GSD 정보화 연구소 R&D 연구원들은 육군 정보화의 최전선에서 열심히 일한다", PLA 매일, 2014년 3월 19일, 지난 군사구의 해안 방어 명령, 통제, 통신, 컴퓨터, 정보, 감시 및 정찰 프로그램에 대한 논의는 Mei Shixiong 및 Fan Yu, "Jinan Theatre는 정보화를 활용하여 해안 방어 발전을 확대하고 심화한다", 신화, 2015년 7월 21일.

12. 국경 및 연안 방어 시스템에 대한 중국의 공식 설명은 "중국의 2006년 국방 백서", "2010년 중국의 국방", 국방부, 2011년 3월 31일.
13. 1988년 승인 문서에 대해서는 "고문 조정 기관 및 임시 조직에 관한 국무원", [1988] 국무원 회람 7, 1988, 1993년 승인 문서에 대해서는 "국가 자문 및 조정 임시 기관 설립에 관한 고시" 참조 위원회, (1993) 국무원 회보 27, 1993, 2008년에 최신 버전 출판.
14. Dennis J. Blasko, 오늘날의 중국군: 21세기의 전통과 변혁(뉴욕: Routledge, 2012), 42－43.
15. PLAN에 직접 지원을 제공하는 별개의 민병대 해상 감시 및 관찰/통신 분리에 대한 참조는 Wu Weiman, "새로운 PLA 서비스 민병대가 Tri－Service Arena에 날카로운 빛을 제공", PLA Daily, 2010년 12월 27일.
16. Li Haoyi, Luo Gang 및 Zhou Yunchang, "하이난 링수이 해안 방어 민병대 전초 기지가 6,600제곱해리의 바다를 감시할 수 있음", 중국 군사 온라인, 2017년 2월 6일, "해상민병대 발전 문제 해결", 중국 군사 네트워크, 2016년 7월 28일, Zhejiang의 Yuhuan 카운티 PAFD 아래 해안 방어 민병대 전초 기지에 대한 논의는 Jiang Huijun, "동중국해 최초의 여성 전초기지", Zhejiang News, 2017년 3월 3일 참조, 외섬의 민병대 전초 기지 논의 Jiangxi의 해안, Lu Zhou, Ding Yong, Chen Xiaoshan, Zhao Jianwei, Zhu Da, 군주 Wang Yongzhong: 섬이 존재하는 한, 포스트는 직원이 있어야 합니다", 중국 군사 네트워크, 2012년 12월 27일 참조, 광전자 감시 시스템에 대한 기술적 세부 사항은 Huang Zili 및 Liu Yi, "광검출 지능 기술의 국경 및 해안 방어 정보 시스템", 중국 지휘 통제 회의 절차, 2015년 7월 22일 참조.
17. Shi Ruining and Hou Kun, "산샤시, 섬/암초 민병대를 위한 깃발 분대 구축",

PLA Daily, 2014년 9월 30일, Hou Kun 및 Yang Zongfeng, 남중국해 Sansha 민병대는 영해를 침범하는 외국 어선을 관리하고 장난 암초에 배치", 중국 국방뉴스, 2016년 1월 27일.

18. "일반 참모 정보화 연구소의 특정 과학자 그룹: 정보화 개척자", TW China News, 2012년 4월 24일, "특정 일반 참모 정보화 연구소가 10년 동안 300개 이상의 과학 기술 발전 상을 수상했다." , Zhongguang Network, 2012년 3월 10일, "시대의 개척자: 총참모부 정보화 연대기 및 우리 군의 전투 효율성 생성 방식 전환에 대한 도움", 인민일보, 2012년 4월 24일, GSD 정보화 부서는 또한 국경 및 해안 방위 모니터링 및 제어 검증 및 평가 센터를 관리했다. 주요 엔지니어는 Wu Zhihong과 Liu Donghong을 포함했다. 북항항공우주대학의 Li Bo는 GSD 설계자를 지원했다.

19. Shi Ruining, Li Huamin 및 Shi Bing "하이난 복원, 수십 개의 해안 방어 민병대 전초 기지 개발", PLA Daily, 2015년 7월 5일, Dalian, Qingdao, Pudong, Ningbo, Xiamen과 같은 하위 지방 자치 단체 내의 현 수준 PAFD , Shenzhen, Ili는 사단 부장급을, 다른 현 PAFD는 연대장급을 갖고 있다. 시 차원에서 국경 방어 협력 메커니즘에 대한 논의는 "특별 주의: 합동 PLA, 법집행을 심화하는 방법을 참조 및 민병대 방어", 중국 군사 네트워크, 2010년 11월 13일.

20. 통합 연안 방어 모니터링 네트워크에 대한 계획된 투자에 대한 2006년 참조는 "우리는 해안 방어 보안을 보장하기 위해 연안 방어의 정보화 및 통합 수준을 계속 높일 것이다", Xinhua, 2006년 11월 29일, "연안방위 해명"을 참조하십시오. 정보화된 국경 및 연안 방위 개발 비전, 중국 군대의 목표 및 조치", 신화, 2009년 5월 23일, Yan Hao and Li Yun, "중국 국경 및 연안 방위 정보화 발전은 디지털 통신 전송 네트워크를 캐리어로 활용", Xinhua, 2010년 2월 1일.

21. GSD 비상 사무소 지휘소에 대한 보고는 "무거리 접촉: 기자가 총참모부의 비상 지휘 사무소로 안내한다", PLA Daily, 2012년 9월 6일 참조, 국가 비상 관리 시스템에 대한 논의는 Fan Weicheng 참조 및 Chen Tao "국가 비상 플랫폼 시스템의 현황 및 발전 동향, 중국 정보 연감, 2008.

22. 합동 전구 사령부 정보에 대한 이론적 입문서는 Liu Wei, 전구합동작전사령부 (Beijing: NDU Press, 2016), 151–85를 참조하십시오.

23. Sansha의 관리 및 통제 센터에 대한 참조는 Li Xueshan, "Sanshas 합동 군법 집행–민병 지휘소 건설 시작", Renminwang, 2015년 7월 25일, Wang Ziqian, "Sansha City의 다중 기반 시설 엔지니어링 개시 3주년"을 참조하십시오. 프로젝트', China News, 2015년 7월 26일, "Sansha는 정치 권력을 발전시키고 강화하며 해양 권리와 이익을 보호합니다", China News, 2015년 10월 1일, Liu Yi, "Sansha 군도 해안 방어 보안 광학 감시를 위한 요구 사항 분석", Zhongguancun

온라인, 2012년 8월 10일.

24. 하이난 해안 방어 위원회의 우선 순위, 군사-민간 융합 및 해상민병대에 대한 논의는 Liu Mai, "Luo Baoming: 민군 통합과 남중국해 해상권 보호 노력을 고효율로 추진", South Sea Network 참조 , 2015년 1월 17일, Sansha 군사-민간 융합 기반 시설 프로그램에 대한 논의는 Gao Peng, "군민 융합의 모델로서 '10대 이중 지원 엔지니어링 프로그램'의 Sansha 구현", Sansha 정부 네트워크, 2월 23일 참조, 2016, Sansha와 종속 섬 및 암초를 연결하는 해저 광섬유 네트워크에 대한 참조는 "China Telecom Sansha 자회사 공식 형성", China Tel 보도 자료, 2012년 7월 26일, Xia Guannan 및 Wang Zichen "하이난, 새로운 통신 기지국 설치참조 해저 광섬유 케이블", 2012년 9월 14일, 비상 사태 해결을 위해 Sansha의 통신 인프라를 우선시하는 하이난 통신 당국 참조 결정 및 동원 목적은 "하이난 통신 관리국 국가 산업 및 정보화 작업 회의 실행 정신"을 참조하십시오. 차이나 모바일 보도 자료, 2013년 1월 9일, 남중국해 비상 위성 통신 네트워크에 대한 참조는 Xu Liang, Wu Xiaolin, Liu Hua 및 Du Haifeng, "남해 방어, 거기에 '신비한' 세력이 존재함", 중국 국방 뉴스, 2016년 2월 24일, Xu Liang, Wu Xiaolin 및 Liu Hua, "남중국해를 지키고 예비군이 준비하고 있다-하이난 군사 지역이 정보화 전쟁에서 승리하고 지원 능력을 강화하기 위한 노력을 문서화하고 있다", 중국 국방 뉴스, 2016년 2월 24일.
25. "성 해안 방어 모니터링에 대해 하이펑 현에서 개최된 작전 훈련", 광둥성 해안 방어 및 밀수 방지 사무소, 하이펑 현 정부 포털, 2010년 7월 28일.
26. Zhou Jianming, "군 대표: 전략적 수준에서 군사법 집행-민병대 해안 방어 시스템을 개발". China News, 2013년 3월 15일, 앞 기사에서 인터뷰한 전국인민대표대회 대표 류련화 소장은 광둥군구를 지휘했다. Zhao Zuoming, "중국특색의 국경연안방위법제도의 발전을 앞당기는 방법"도 참조하십시오. China Legal Network Library, 2012년 11월 12일, 저자는 국경 공안부 직원으로 근무하는 것으로 보인다. 국방국.
27. 중앙위원회 제18기 3중전회의 공식 성명은 중국 공산당 웹사이트, 2013년 11월 15일 "서치량: 국방과 군사 개혁을 단호히 전진시키기 위한 중앙위원회의 전면적 개혁심화 주요 문제에 대한 결의"를 참조한다", Renminwang, 2013년 11월, 인민 전쟁 및 군사-민간 융합과의 관계에 대한 탁월한 개요는 Dennis J. Blasko, "손자는 단순화: 중국의 지역 군사 전략 분석에 대한 접근," Asia Eye, 2016년 4월 10일 참조.
28. Sheng Bin과 BCDC의 연계에 대해서는 Li Zhi, Hou Guojie, Ti Xinke, "시안 국경 및 해안 방어 훈련 작업 세미나 허안 시안", 중국 육군 네트워크, 2016년 11월 1일 참조.

29. 동원의 맥락에서 국경/연안 방위에 대한 참조는 Sheng Bin and Zhu Shengling, “새로운 역사적 출발점, 국방동원운동에 힘썼다”, 진실을 찾아서, 3월 15일, 2016.

Cornor M. Kennedy

블루지역에서의 그레이포스

중국 해상민병대의 그레이존 작전 규칙

중국의 제3해군으로서, 인민군 해상민병대(PAFMM)는 중국 지도자들이 중국의 해상 주장을 방어하고 발전시키기 위해 사용하는 핵심 수단이다. 중국 해군이 약할 때 필요했던 수단에서 최근 중국의 적극적인 활동을 위한 선택 수단으로 발전한 해상민병대는 해상에서 여러 사건에 연루되어 왔다. 그러나 현재까지 분쟁 관련 업무의 범위를 정의하려는 체계적인 노력은 없었다.

본 장에서는 이러한 내용을 논의하고자 한다. 이장의 1부는 중국 정부가 분쟁 전략에의 민병대 활용 가이드라인이 되는 고려사항에 관해 논의한다. 중국은 자신들의 영유권을 강화하기 위해 강력한 해군과 해안경비대에 의존할 수밖에 없다. 그러나 정치적 또는 전략적 이유로 민병대는 중요한 역할을 하고 있다. 이 장의 2부에서는 민병대가 수행하는 특정한 형태의 그레이존 작전을 검토한다. 특히 공격 및 방해 행위, 호위, 정보와 감시 및 정찰을 역할을 하는 주둔군을 논의에 포함한다. 각각의 작전 유형을 특징짓는 기능과 전술에 대해 논의하고 이러한 작전이 수행된 사례를 중점적으로 설명한다.

그레이존의 장점

평시에는 해상민병대가 중국의 분쟁 전략을 담당한다. 중국은 영토, 관할 구역의 형태와 범위, 관할 수역에서 대외 활동, 무엇보다도 군사활동을 규제하는 연안 국가 당국의 세 가지 광범위한 범주의 분쟁 당사자이다. 처음 두 범주에는 중국의 이웃 국가인 동중국해의 일본과 대만과 남중국해의 필리핀, 말레이시아, 미얀마, 대만, 베트남, 인도네시아가 포함된다. 세 번째 범주는 주로 미국과 관련이 있다. PAFMM은 세 가지 유형의 모든 분쟁에서 중국의 입장을 방어하고 발전시키는 데 중요한 역할을 한다. 그들의 활동은 종종 "중국의 해양 권리와 이익을 보호"하기 위한 노력의 일환으로 보인다.

중국 해상민병대의 대다수는 비상근 인력이다. 상업 선원들, 종종 어부들은 국가를 위해 훈련하고 훈련에 대한 보상을 받으며 복무하고 준군사 조직원으로 동원될 수 있다. 인민해방군(PLA)과 중국 해안경비대(CCG)의 지휘에도 불구하고, PAFMM은 평시 작전을 수행할 때 일반적으로 비무장 상태이며 민간인으로 가장해 활동하는 경우가 많다. 이러한 이중 정체성(일용직 민간인과 국가 업무 수행 시 군인으로서)은 중국 분쟁 전략의 핵심 기능을 수행하는 데 특별히 적합하다. 2015년 산샤(Sansha)시에서 시작하여, 비살상 진압에 최적화된 식별 가능한 선박과 함께 보다 전문적이고 군사화된 상근 해상민병대가 등장했다.

민병대의 활용은 정치 및 전략적 고려 사항에 따라 결정된다. 정치적으로 민병대는 무력 외교에 대한 비판으로 국가를 개방하거나, 외국의 확대(또는 개입)를 정당화하지 않고, 중국의 주장을 적극적으로 추구할 수 있다. 제복을 입지 않을 때 그들의 활동은 사적인 행동으로 규정될 수 있다. 이러한 인식된 부인 가능성은 비록 그럴듯하지 않지만 전쟁과 평화 사이의 회색 지대에서 국가 목표를 추구하기 위한 이상적인 도구로 만든다. 잔장(Zhanjiang)시 샤산(Xiashan) 지역의 인민무력부(PAFD) 책임자인 천칭송(Chen Qingsong) 수석 대령은 전쟁 억제 수단으로서 PAFMM의 역할에 대해 "(해상민병대가) 평화롭게 주권을 수호하고, 외적의 공격에 맞서고, 권익을 보호하는 역할을 할 뿐만 아니라, 평화롭고 질서 있는 안정적인 해양 안보 환경을 조성하기 위한 전쟁의 완충 역할도 한다. (그들은) 해양을 전략적으로 관리하는 국가 전략의 이행을 보장하기 위한 효과적인 수단이다"이라고 설명하고 있다.

여러 측면에서 중국의 다른 두 해상 전투력(해군 및 해안경비대)보다 열세이지만, 해상민병대는 독특한 작전 능력을 제공한다. 민병대는 더 작고 기동성이 뛰어난 선박을 운용하는 경향이 있으며, 이는 얕은 바다를 항해하고 작은 외국 선박과 교전할 수 있는 장비가 더 잘 갖춰져 있다. 또한, 민병대는 중국의 회색 및 백색 선박(gray-and white-hulled) 자산보다 많은 청선박(blue hulls)을 활용하여 더 넓은 바다를 통제할 수 있어 존재감을 높이고 해상 영역권을 강화할 수 있다.

작전

PAFMM은 중국의 해양권을 수호하고 발전시키기 위해 몇 가지 다른 종류의 작전을 수행한다. 이러한 작전은 관련된 권리의 유형에 따라 다르다. 그러나 일반적으로 주둔, 공격 및 파괴, 호위, 정보, 감시 및 정찰이라는 네 가지 범주로 구분된다.

주둔

주둔 임무는 해상민병대의 권리 보호 기능의 핵심이다. 이것은 민병대를 민간 선원들, 즉 일반적으로 어부들로 위장하여 분쟁 해역에 보내 국기를 보여주고, 중국의 영유권에 대한 주장을 지원한다. 분쟁 해역에 그들의 존재는 또한 표면상 그들의 활동을 관리하고 안전을 보장하기 위해 파견된 중국 해군의 다른 해상력, 특히 CCG의 존재를 정당화 시킨다. 그들은 CCG와 함께 외국 지도자들에게 위협적인 행동을 함으로써, 중국의 강압적인 외교를 지원한다.

중국 해상민병대원의 경우, 종종 "주권 선언"(TEX)으로 설명되는 주둔 임무는 어업에서의 정규 고용과 밀접한 관련이 있다. 산업 전반, 특히 분쟁지역에서 활동하면, 연료 보조금과 선박 건조 및 업그레이드 인센티브를 받는다. 해상 민병들은 또한 시장을 완화하고 실적 변동성에 대해 자유로울 수 있다는 장점이 있어 점점 더 강력한 정부 및 군사 지원을 받는 것을 즐긴다. 해상민병대에 대한 이러한 경제적·사회적 지원은 중국이 분쟁 해역에 다수의 PAFMM 선박을 투입할 수 있는 환경을 만들어준다.

지리적 위치와 중국의 분쟁의 상황은 동중국해와 남중국해에의 주둔 임무를 다르게 만든다. 남중국해에서 해상민병대는 어업권을 주장하기 위해 대부분의 영유권 분쟁지역을 정기적으로 항해한다. 2013년 광저우 군구 동원부장 허지샹(He Zhixiang) 중령은 해상민병대를 "구단선 내의 모든 지역"에 배치하는 목표를 선언하였다. 하이난 군구(MD) 사령관 장젠스(Zhang Jian)는 자신의 글에서 이 목표를 되풀이했으며, PAFMM은 중국이 "정기적인 주둔과 정기적인 권리 시위를 달성"하여 자국 어선이 영해에서 계속 조업할 수 있도록 보호해주는 역할을 한다고 말했다.

또한 민병대는 위기 상황에서 분쟁 중인 지역에 대한 중국의 영유권 주장을 밝히는 데 중요한 역할을 한다. CCG와 협력하여 민병대는 2012년 대치 기간 동안 스카보로 암초(Scarborough Reef)에 주둔했으며, 필리핀이 베이징의 요구에 동의하도록 압력을 행사하는 것을 지원했다.

민병대는 2014년 초 두 번째 토마스 쇼알(Thomas Shoal)에서 비슷한 역할을 수행했다. 베이징은 시에라 마드레(Sierra Madre)로의 공급 선적을 반복적으로 공격하면서 마닐라에 압력을 가하기로 결정했다. 대부분의 외국 언론은 CCG의 역할에 집중했으나, 푸강수산회사(Fugang Fisheries Company)의 해상민병대도 이 위협 활동의 일환으로 참여했다. 2014년 2월 27일 어선 7척과 보급선 1척이 싼야(Sanya)를 출발하여 3월 3일 제2 토마스 쇼알에 도착했다. CCG의 승인을 받아 이 부대의 일부가 필리핀 전초 기지로부터 1해리 이내로 접근했다.

더 최근에는 민병대가 스프래틀리스 티투섬 근치의 사주(sand bar)에 민간 시설을 건설하지 못하도록 필리핀에 압력을 가하는 명백한 노력으로 활용되었다. 2017년 8월 13일부터 중국 해군, 해안경비대, 산샤 해상민병대의 연합군이 필리핀 점령지역의 서쪽인 샌디 케이(Sandy Cay) 근처로 이동했다. 위성 이미지는 해상민병대가 10월까지 주둔했음을 보여준다. 한 필리핀 관리는 PAFMM이 8월 15일 필리핀 어업 및 수산 자원국의 선박이 이 지역에 접근하는 것을 막았다고 주장했다.

분쟁지역 근처에 주둔하는 것 또한 일상적으로 일어난다. 2012년 스카보로 암초 점령에서 중요한 역할을 했던 탄멘(Tanmen) 민병대는 정규직 전문 민병대로 교체되었다. 산샤 수산개발회사라는 이름으로 2015년에 설립된 산샤의 해상민병대는 스카보로 암초와 스프래틀리스를 포함하여 남중국해에서 중국인이 영유권을 주장하는 많은 지역에서 지속적으로 주둔하기 위해 체계적으로 배치되었다. 강철로 된 대형 선박을 운용하는 그들은 순환 배치를 실시하여 어부보다는 해군에 더 가깝다. 이 부대의 구성원은 하이난 주변의 여러 항구에서 동시에 배치되며 45일 간격으로 교체된다.

일상적인 주둔 임무를 수행할 때, 중국 해상민병대는 중국 해역에서 일하는 평범한 중국 어부로 보이게 노력한다. 심지어 중국 해상민병대에서 가장 전문적인 민병대인 산샤 해상민병대의 경우, 이러한 노력이 성공적으로 수행되고 있다는 증거가 있다. 예를 들어, 2017년 4월 보고서에서 로이터 통신은 중국이 스카버러 암초에서의 소규모 외국 어업을 허용했음을 강조했다. 이 보고서는 "필리핀과 중국 어부들 사이의 상호 공존을 묘사했지만 사실 산샤 해상민병대의 위장된 이미지는 필리핀 어부들의 대나무 현외 장치(bamboo outriggers)를 왜소하게 만들었다. 그것은 중국이 해안경비대와 어선단의 주둔을 강화했다고 주장했지만, 중국의 해상민병대에 대해서는 언급하지 않았다.

PAFMM의 주둔 임무는 동중국해에서는 상대적으로 중요하지 않다. 중국의 그레이존 활동에서 해상민병대의 주요 기능은 분쟁지역에서 중국인의 어업권을 주장하는 것이지만, 중국과 일본은 광범위한 분쟁 수역을 포괄하는 어업 협정을 유지하고 있다. 더욱이, 동중국해에는 남중국해의 그레이존 영역을 특징짓는 영유권 분쟁이 많지 않다.

그럼에도 해상민병대는 센카쿠(Senkakus)에 대한 중국의 영유권 주장 전략에 큰 역할을 해왔다. 첫 번째 사례는 중국과 일본이 우호조약을 협상하던 1978년으로 거슬러 올라간다. 같은 해 4월 상하이에서 온 약 108척의 어선이 센카쿠에 접근했고, 그 중 16척은 12해리의 영해로 진입했다. 이 사건에 대한 일반적인 설명은 중국이 함대를 사용하여 일본을 압박했다는 것이다. 그러나 이 사건에 대한 일부 중국 문서는 중국 내 정치에 책임이 있음을 시사하였다. 실제로 그해 7월 전국 민병대 대책회의를 열어 네 가지 유형의 민병대 활용으로 야기된 문제를 시정하고 정당 통제를 재확인했다.

보다 더 최근에, 2016년 8월 센카쿠 열도 근처 전투 통신단 소형 함성의 호위 하에 수백 척의 중국 어선이 민병대 개입에 대한 의문을 제기하였다. 어선의 일부가 8월 5일부터 센카쿠의 영해로 진입했고, 8월 9일 일본군은 총 25척의 중국 어선에 퇴거를 지시했다. 센카쿠 인근에서 조업하는 모든 중국 어선은 막대한 보조금을 받고, 중국 정부의 승인을 먼저 받아야 하는 만큼 영해로의 진출은 국가 주도의 조치였다. 그러나 민병대 참여를 증명할 수 있는 증거는 무엇인가?

아담 리프(Adam Liff)가 이 책에서 지적했듯이 많은 정황 증거들이 있다. 2016년 8월 1일 중국의 연간 어업 금지령이 해제된 이후, 장완취안(Chang Wanquan) 국방부 장관은 중국 저장성(Zhejiang) 두 도시(Ningbo 및 Wenzhou)에 있는 PAFMM 부대를 공개적으로 방문했다. 그는 연설에서 중국이 "해양인민전쟁에서 싸워 승리하는 주제를 진지하게 연구하고 탐구할 것"을 요구하며, 해상 인민 전쟁의 전략과 전술을 발전시켜 현대전쟁의 양상을 이해하고 해양권 보호투쟁의 특성에 적극적으로 적응하고 혁신해야 한다고 강조했다. 그 직후 수백 척의 중국 어선이 다수의 CCG 선박의 호위를 받으며 항구를 떠나 센카쿠로 향했다.

또한 다수의 PAFMM 부대가 동시에 중국 해군과의 합동 훈련을 포함한 주요 훈련에 참여했다. 중국의 어선들이 항구를 떠날 때 해군의 북, 남, 동해 함대는 당시 사령관이었던 우성리(Wu Shengli)의 지휘 하에 동중국해에서 적대청(red-versus-blue) 훈련을 실시하고 있었다. 장 장군을 막 접견한 후, 닝보군은 해상 훈련을 지원하기 위해 해상민병대를 조정하느라 매우 바빴다. 다른 해상민병부대는 이러한 사건이 발생하기에 앞서, 적극적으로 훈련하며 준비하고 있었다. 한편, 연간 유예(annual moratorium)가 해제되는 이 시기는 어선이 한 지역에 집중되는 경향이 있기 때문에 PAFMM 훈련을 실시하기 위해 규정된 시기이다. 궁극적으로 이러한 강화된 훈련 활동이 센카쿠 인근에서 전개된 사건에 어떠한 영향을 미쳤는지는 명확하지 않다.

민병대가 개입했다는 가장 설득력 있는 증거는 센카쿠 인근 어선 중 해상민병대가 100명이 넘었다고 주장한 푸젠(Fujian)성의 한 어민의 진술에서 나왔다. 이 익명의 소식통은 일본 산케이 신문의 기자와의 인터뷰에서 민병대의 임무는 민병대가 아닌 어선을 지휘하고 해양 법집행 기관과 협력하여 어선 내 유기적인 통제 체계를 유지하는 것이라고 말했다. 이 설명은 알려진 민병대의 권리 보호활동 기능과 일치한다. 게다가 서론에서 설명한 바와 같이, 펜타곤의 2018년 중국 보고서는 2016년 8월 센카쿠 작전에 해상민병대가 개입했음을 공식적으로 확인했다.

공격과 방해 행위(Sabotage)

중국 민병대는 중국 영유권 내에서 활동하는 외국 선박의 활동을 방해하는 임무를 수행한다. 이는 다른 선박 근처에서 위험한 작전을 수행하거나, 고성능 물대포를 발사하는 등 비살상 무기와 방법을 동원하여 중국의 해상 영유권을 물리적으로 주장하기 위한 것이다. 일반적인 공격대상에는 외국 조사 및 감시 선박과 어선이 포함된다.

외국 조사 및 감시 선박에 대하여 민병대는 정규 항로 방향을 차단하거나 뒤에 예인된 케이블을 손상시키기도 한다. 해저 케이블의 경우, 케이블이 바닷물을 통과할 때 저항에 의해 발생하는 음향 소음을 방지하기 위해 데이터 수집 중에는 선박이 느린 속도로 움직여야 하므로 이러한 방해 행위에 매우 취약하다. 자료 10-1은 외국 조사 및 감시 선박에 PAFMM 요원이 탑승한 것으로 알려지거나 추정되는 중국 어선에 의해 괴롭힘을 당한 최근 사건의 일부 목록이다.

때때로 민병대는 외국 어선을 공격 목표로 삼기도 한다. 중국 당국은 대형 철제 어선에 대한 비교적 적은 투자로 PAFMM을 값싸게 고용해 중국이 주장하는 수역에서 외국 어업 활동을 통제할 수 있다. 전술에는 협박, 구두 경고, 공격적인 도선(shouldering)행위 또는 무력사용까지도 포함된다. 하이난 MD 사령관 장젠(Zhang Jian)이 설명했듯이 해상민병대의 핵심 역할 중 하나는 "민간인과 민간인을 대립" 시켜 확전의 위험을 최소화하는 것이다.

중국 언론은 외국 어선의 이른바 권리 침해로부터 중국 해역을 방어하기 위한 PAFMM의 최전선 활동에 대해 자주 보도한다. 예를 들어, 한 해상민병대원은 2015년 파라셀(Paracels)의 크레센트 그룹(Crescent Group)에서 자신과 다른 민병대원들이 해안경비대를 도와 퇴거 명령에 불응한 외국 어선에 탑승을 도왔을 때를 회상하였다. 전투가 벌어졌을 때 그는 외국인(베트남 선장으로 추정됨)을 제압하려다가 부상을 입었다.

외국 어부들을 저지하는 것은 산샤 해상민병대, 특히 파라셀의 민병대 전초기지에 주둔하고 있는 민병대의 중요한 임무이다. 이러한 작전의 민감성 때문에 산샤 민병대는 외국 어부와 교전하고 격퇴하기 전에 우디(Woody)섬의 주둔군 사령부에 신고하고 승인을 받아야 한다. 이 과정에서 민병대원은 군복을 입을 수 있다. 예를 들어, 산샤 해상민병대는 2014년에 외국 어부들이 파라셀 군도 중 하나에 상륙하려는 시도를 저지한 것으로 보고되었다. 중국 보고서는 그들의 성공 중 일부는 위장 유니폼 덕분이라고 하였다.

자료 10-1. 인민군 해상민병대가 연루된 것으로 확인되거나 추정되는 주요 폭력 및 사보타주 사건

일자	사건
2002년 9월	해양조사선 USNS 보우디치의 견인된 배열케이블이 중국 서해 연안에서 100km 떨어진 중국 어선에 부딪혀 파손되었다. 민병대가 개입된 것으로 추정된다.
2009년 3월 8일	해양 감시선 USNS 임프레커블호는 하이난성 남쪽 75마일 지점에서 싼야(Sanya)에 본부를 둔 한 어선 회사의 중국어선 2척으로부터 지속적으로 공격당하고 방해받았다. 민병대의 개입이 확인됐다.
2009년 4월 7-8일	보도에 따르면 중국 어선들은 해양 감시선 USNS 빅토리우스와 로열호가 중국 연안에서 140에서 200마일 떨어진 해상에서 조업하면서 접근하고 있다. 민병대가 개입된 것으로 추정된다.
2009년 5월 1일	두 척의 중국 어선이 USNS 빅토리우스호를 황해 연안에서 170마일 떨어진 곳에 정박하도록 강요하고 있다. 민병대가 개입된 것으로 추정된다.
2011년 6월 9일	방해 공작을 시도하던 중국 어선이 스프래틀리호의 뱅가드 둑 근처 베트남 바이킹 II 지진조사선의 견인된 케이블에 묶였다. 민병대가 개입된 것으로 추정된다.
2012년 12월 2일	두 척의 중국 어선이 통킹만 바로 외곽 콘코섬 남동쪽 43해리 지점에서 페트로베트남의 빈민(Binh Minh) 02호 지진조사선의 견인 케이블을 절단했다. 민병대가 개입된 것으로 추정된다.
2014년 7월	장쑤성에서 온 해상민병대 함정들은 USNS 하워드 로렌젠을 "둘러쌓고", 비디오를 촬영하고 그 위치를 PLA에 보고했다. 민병대의 개입이 확인됐다.

호위

중국 민병대는 때때로 분쟁지역에서 활동하는 중국 민간 선박의 작전을 보호하는 임무를 맡는다. 이러한 호위 작전은 특히 남중국해에서 수많은 해상 사고로 이어졌다. 이 작전의 가장 큰 수혜자는 중국 민간 탐사선이다. 민병대는 외부 장애물로부터 이 선박을 보호하고 잠재적인 손상으로부터 견인 케이블을 보호하는 선별부대 역할을 한다.

광저우(Guangzhou) 해양 지질 조사국은 잔장 웨수이(Zhanjiang Yueshui) 어업회사의 어선을 고용하여 조사선 Tanbao와 Fendou-4를 호위하고 있다. 출발 전에 필요한 안전 장비를 갖추고 있고 통신 장비가 제대로 작동하는지 확인하기 위해

이 선박을 검사하도록 직원을 보낸다. 2005년 5월 광저우에서 2척의 어선이 호위하던 Fendou－4호는 대만 남서부 배타적 경제수역에서 작전 중 대만 해군의 여러 척의 선박과 대치했다. 대만은 Fendou－4가 해군의 잠수함 작전을 위해 해저 지도를 그리고 있다고 주장했다. 3일 간의 대치 끝에, 중국 선박은 그 지역을 떠났다.

활용 가능한 자료를 통해서는 이 사건에 민병대가 관여했음을 확인할 수는 없었다. 그러나 PAFMM 부대는 다른 선원들보다 더 높은 기준을 가지고 있기 때문에 이 호위 역할에 이상적인 선택이다. 예를 들어, 그들은 유능한 원양 항해 선박을 운영하고, 포괄적인 통신 장비를 보유하고, 비교적 훈련된 선원을 고용해야 한다. 이러한 이점은 인센티브와 지방 정부의 지원이 혼합되어 강화된다. 민병대 조직에 널리 퍼져 있는 당 조직은 해병대 및 회사를 민병대 조직과 연결하는 추가적인 통로 역할도 할 수 있다.

또한 중국의 석유 및 가스 산업은 PAFMM을 활용하여 지진 조사선 및 시추 장비 함대를 호위한다. 하이난 해상안전국(Hainan Maritime Safety Administration)에서 발행한 항해 보고서에 따르면, 이러한 호위임무는 정기적으로 수행되고 있음을 알 수 있다. 일반적으로 최소 2척의 해상민병대의 함선이 조사선의 정기 호위임무에 활용된다. 예를 들어, 4대의 PAFMM 선박은 2016년 7월 26일부터 11월 10일까지 산야 남동쪽의 분쟁이 없는 수역을 조사하는 동안, 지진 조사선 하이양시유(HYSY) 721이 견인한 12개의 케이블을 보호했다. 그러나 PAFMM 호위선의 수는 분쟁 수역에서 조사 또는 시추 활동을 수행할 때 크게 증가한다. 2014년 HYSY 981 사건 동안 수십 척의 해상민병대가 석유 굴착 작업 기간 동안 배치되었다. 산야시의 푸강수산 회사에서만 29척의 PAFMM 선박을 파견했다. 자료 10－2는 남중국해에서 수행된 중요한 호위작전을 자세하게 설명하고 있다.

그 규모와 강도 때문에 HYSY 981 시추 플랫폼을 보호하기 위한 2014년 5월~7월 호위 작전에는 각별하게 주의를 기울일 필요가 있다. PLA의 광저우 MD(현재 남부 전역 사령부)가 감독하는 이 작전에는 광둥, 광시, 하이난 MD의 PAFMM 조직이 참여했다. 민병대는 베트남 해양경찰과 민간 선박이 중국의 주둔에 도전하려고 시도함에 따라 시추 플랫폼 주변의 방어선을 유지하기 위한 동원 명령을 부여받았다. 중국 해상민병대는 CCG군과 협력하여 수많은 베트남 어선을 성공적으로 추방했고, 궁극적으로 베트남인이 장비에 접근하는 것을 저지하는 데 도움을 주었다.

HYSY 981 시추 플랫폼을 방어하기 위한 PAFMM의 활동은 호위임무에서 어선의 역할에 대한 CCG의 설명과 직접적으로 일치한다. 2015년 9월에 닝보의 해양경찰학교 교수는 해안경비대의 호위 능력을 강화할 수 있는 부대에 예인선과 어선을 포함시켰다. 구체적으로 어선은 "호위 작전을 둘러싼 바다에서 정찰과 보안을 책임지고" 호위 부대를 유지하기 위한 추가 물류 기능을 담당한다.

자료 10-2. 남중국해의 주요 해상민병대 호위 작전

일자	작전	호위선박
2005년 5월 22일	대만 가오슝 남서쪽 110해리 해상에서 중국 지질조사선 펜더우-4 호위함	광저우에서 온 두 척의 어선 (Suiyu 140 and Suiyu 220); 민병대의 개입 추정
2013년 4월 중순 (30일)	파라셀 트리톤섬 인근 중젠난 분지에 있는 중국해양석유회사 조사선 호위함	Sanya Fugang 수산 주식회사의 해상민병대의 수를 알 수 없음
2014년 5월 4일 - 7월 15일	트리톤섬 인근 중젠난 분지의 HYSY 981 유정기 호송	광둥성, 광시성, 하이난성에서 온 수십 척의 해상민병대 함정
2017년 3월 14일	파라셀의 탄바오 측량선 호위	광동에서 온 해상민병대 2척 (Yuezhanjiang 03022 and Yuexiayu 90081)

* See https://twitter.com/rdmartinson88/status/841661528701050880/photo/l. Tanbao was previously obstructed by Vietnamese forces because of its operations in the Western Paracels. Ryan D. Martinson, "Shepherds of the South Seas," Survival 58, no. 3 (2016): 199-200, 211. See also "Nation Protests after Violation by Chinese Ship," Vietnam News, August 9, 2011, http://vietnamnews.vn/politics-laws/214173/nation-protests-after-violation-by-chinese-ship.html#wVm6FUKRKO483rYA.97.

첩보, 감시 및 정찰

중국 해상민병대의 주요 기능은 중국이 영유권을 주장하는 해역에서 "불법"으로 운항하는 외국 선박의 움직임을 추적하는 것이다. 이 ISR 임무는 효과적인 전술 및 전략 수준 의사결정에 필요한 정보를 사령부에게 제공함으로써 중국의 분쟁전략을 지원한다. 민병대는 그 수가 매우 많고 군대 및 해안경비대보다 더 신중하게 정보를 수집할 수 있기 때문에 특히 유용하다.

민병대는 ISR 임무를 수행하는 오랜 역사를 가지고 있다. 이러한 작전은 냉전 시대에 꽤 흔했던 것으로 보인다. 예를 들어, 중국 어부이자 산야시의 해상민병대원인 리 베이슈(Li Beishu)는 1973년에 미국 "간첩선"을 추적한 경험을 회상했다. 소총으로 무장하고 PLA 명령에 따라 작전을 수행하는 Li의 소대는 며칠 동안 선박의 활동을 감시했다. Li에 따르면 PLA는 불필요한 논란을 피하기 위해 해상민병대를 파견했으며, "군이 이 선박에 직접 접근하기 위해 파견되면 충돌이 쉽게 발생할 것"이라고 말했다. 다른 예는 자료 10-3에 인용되어 있다.

자료 10-3. 냉전시대 해상민병대 정보수집활동 사례

연도	민병대 기업	수집된 첩보 내용
1962-84	Shanghai Marine Fisheries Company	2,292건의 해상 및 항공 정보 보고는 1,985건의 외국 군자재와 항공기 잔해 복구 사례를 제공했으며 총 4,461개의 파편을 확인하였다. 1965년: 이 회사의 해상민병대는 동중국해에서 작전 중인 이름 없는 외국 해군의 전자 감시 선박을 추적하고 공해상으로 적선을 몰아냈다.
1964-77	Guangxi Beihai City Waisha Fisheries Group	통킹만에서 370개 이상의 외국 군사 및 공군 활동에 대한 보고. 물에서 3,000개 이상의 "물체"를 회수함
1970-77	Liaoning Dalian Ocean Fisheries Group Corporation	외국 해군 함정의 목격관련 보고 263건을 포함한 220건 이상의 보고가 있다.
1973-84	Zhejiang Province Zhoushan Fisheries Corporation	1976년 11월 24일부터 며칠 동안, 이 회사의 해상민병대는 중국 주산 군도 동쪽의 외국 구축함, 구조선, 보급선을 감시하고 활동을 방해하였다. 민병대 보고서는 외무부에 의한 공식적인 외교적 요청을 야기했다.

현대적 맥락에서 해상의 선박과 육상의 PLA MD 시스템 사이에 정보 채널이 구축되었다. 많은 경우 PAFD 또는 PLA 수비대의 근무실은 개별 선박에서 직접 PAFMM 보고서를 받거나 모기업에서 파견된다. 해상민병대의 선장은 베이더우(Beidou) 시스템과 보고 프로토콜 사용에 대한 고급 교육을 받고 PAFMM 정보요원

으로 동시에 활동한다. 해상민병대는 베이더우 위성 항법시스템, 해양 라디오, 위성 및 휴대 전화와 같은 상용 장비를 활용하여 보고서를 제공한다. 그런 다음 보고서를 평가하고, PLA 및 CCG의 다른 관련 부대와 공유한다. 이러한 정보 흐름은 임무 조건이 달리 명시되지 않는 한, 해양수산 부서에서 사용 및 관리하는 기존 통신 장비 및 채널에 의존한다. 특히 해상민병대를 위한 새로운 통신 채널을 설계하기 위해 자원을 소비하는 대신, PLA는 이미 구축된 효율적인 어업 관리 통신망을 활용하여 PAFMM에 명령을 전송하고 민병대의 위치를 감시한다.

민병대 보고의 형식이나 내용에 대해서는 전혀 알려진 바가 없다. 2016년 롄윈강(Lianyungang)시는 장쑤성 MD에 대한 "정찰 훈련"을 수행하기 위해 2,000여 척의 PAFMM 선박을 동원했다. 이로써 "효과적인 해상 정보"에 대한 36건의 보고서가 생성되었으며, 그 중 23건은 동부 현장 사령부에 제출되었고 10건은 장쑤성 MD에게 제출되었다. 해군과 정보를 공유하기 전에 전체 지역 지휘체계를 통해 정보를 전달하는 것은 매우 비효율적이다. 따라서 보다 신속한 정보 공유가 필요한 고강도 임무를 수행하기 위해 민병대와 중국의 다른 해상군 사이에 보다 직접적인 보고 채널이 구축될 가능성이 높다.

중요한 정보를 제공하는 해상민병대의 최근 사례 중 하나는 장쑤성의 하이난 민병대 연대와 관련이 있다. 2014년 7월 훈련 중 쑤하이안유(Suhai'anyu) 00101 함선이 "USNS Howard O. Lorenzen 미사일 사거리 계측함"을 발견한 것으로 알려졌다. 그런 다음 부대는 함선을 선회하는 동안 가까이 접근하여 감시하고 촬영했다. 2017년 5월 장완취안 당시 중화인민공화국 국방장관은 국방 교육 업무를 시찰하던 중 2017년 5월 이 군을 방문했다. 그곳에서 그는 쑤하이안유 00101의 선장을 만나 이 작전 중 그의 행동에 대해 칭찬했다. 그 이후 하이안 부대는 해상민병대를 증원하여 119척의 어선을 연대로 모집하고 있으며, "모든 함정은 첨단 레이더와 베이더우 위성 항법시스템"을 갖추고 있다.

결론

PAFMM은 중국이 해양에 대한 영유권 주장을 적극적으로 추구할 수 있도록 해주며, 전통적으로 눈에 띄는 국가권력 기구(예: 중국 해군)의 활용으로 발생할 수 있는 확전, 나쁜 국제사회의 평판, 그리고 기타 위험을 피할 수 있게 해준다. 이 장에서는 해상 분쟁에서 중국의 입장을 지원하기 위해 PAFMM이 수행하는 4가지 유형의 작전을 분류하고자 했다. 각각의 작전유형을 탐색함에 있어, 해상에서의 사건의 구체적인 사례가 확인되었다. 자료 10－4는 이러한 작업 유형, 주요 목적 및 작전 수행에 활용된 전술을 나타낸다.

자료 10-4. 해상민병대의 작전, 목적 및 전술

작전 종류	주요 목적	전술
주둔	중국의 주권에 대한 주장을 지지할 것, 다른 해상 서비스(해군 경비대 및 해군)의 전권을 정당화할 것, 중국의 강압 외교를 지지할 것.	분쟁 수역에서의 항해 및 경제적 활동 지속함.
공격 및 방해행위	외국 선박이 경제적 또는 군사적 목적으로 중국 해역을 사용하는 것을 방해할 것	외국 선박 근처에서 위험하게 조종하고, 충돌하고, 견인된 케이블 절단함.
호위	분쟁지역에서 조업 중인 중국 민간 선박 보호	중국 민간 선박에 대한 외국인의 접근을 물리적으로 차단하고, 필요에 따라 외국 선박을 들이받음.
첩보, 감시 및 정찰	군사 및 민간 의사결정자에게 중국이 영유권을 주장하는 해역에서의 외국 활동에 대한 정보를 제공할 것.	외국 선박 추적, 항해 및 외국인 점령 지역 감시, 관측 결과 보고, PLA 지휘계통에 보고

이 연구의 주요 결론 중 하나는 이러한 모든 PAFMM 활동이 이전 시대에 뿌리를 두고 있다는 것이다. 최근 몇 년 동안 분쟁이 심화되고 PAFMM의 물질적, 조직적 개선이 중국의 다른 해상 세력과 함께 계속 진행되고 있지만, 기본적인 운용 방식 자체가 새로운 것은 아니다. 해상민병대의 작전 빈도 및 역량 증가, 해군 및 해안경비대와의 협력 강화는 해양 분쟁에서 중국의 보다 적극적인 행동에 더 잘 대처하기 위해 이루어진 최근의 혁신으로 보인다.

Notes

1. Peter Dutton, “세 가지 논쟁과 세 가지 목표”, Naval War College Review 64, no. 4(2011년 가을): 43−55.
2. Yang Shengli 및 Geng Yueting, “저강도 해양권 보호를 위한 국방 동원 강화에 대한 전략적 사고”, 25 국방 1(2017): 29-32.
3. Chen Qingsong, “해상민병대 비상 대응 부대 건설 강화 및 발전에 대한 나의 의견”, 국방 12(2014): 35.
4. 일부 중국 소식통은 해상민병대가 2선에 해안경비대, 3선에 해군이 있는 3단계의 권익보호 태세에서 최전선에서 작전을 펼치고 있다고 설명한다. “삼사시, 군법 집행 민병대 합동 방어 체제 추진: 3선 해양 권리 보호 구조 건설”, China News Net, 2014년 11월 21일.
5. 반예진(Ban Yejin), “해상 동원, 오직 법치주의를 통해서만 동풍이 멀리 항해할 수 있다 −절강성 온주시 군사와 정부가 법에 따라 해상 동원 혁신과 발전을 전진시키는 기록”, 중국 국방 뉴스 , 2016년 4월 5일.
6. 허즈샹(He Zhixiang), “해상 안보 상황에 대한 적응 −해상민병대 조직 강화”, 국방 1호(2015): 48−50.
7. Zhang Jian, “‘6가지 변화를 중심으로 한 해상민병대의 변혁’, 국방 10호(2015): 21−23.
8. Andrew S. Erickson과 Conor M. Kennedy, “모델 해상민병대: 2012년 4월 스카보로 숄 사건에서 탄멘의 주도적 역할” 국제 해양 안보 센터, 2016년 4월 21일.
9. 일련의 사진 저널 게시물은 2017년 6월 13일부터 26일까지 한 기자가 푸강 해상민병대와 함께 Second Thomas Shoal까지의 여정을 자세히 설명했다. Xu Xinjian, “나와 함께 남중국해에 뛰어들자”, 2017년 6월.
10. 2017년 4월 21일 델핀 로렌자나(Delfin Lorenzana) 필리핀 국방장관과 기자 40명이 티투섬으로 날아가 티투섬 건설이 몇 주 안에 시작될 것이라고 발표했다. 인근 모래톱에 어부가 오두막 건설을 시도하였고, 필리핀 대통령 로드리고 두테르테(Rodrigo Duterte)는 중국의 대응 소식을 듣고 건설을 중단한 것으로 알려졌다. 사우스 차이나 모닝 포스트(South China Morning Post), 2017년 4월 21일, “두테르테 대통령이 남중국해 국방 국장에 PH 대피소 건설을 중단합니다” CNN 필리핀, 2017년 11월 9일.
11. 2016년 12월부터 2017년 6월 초까지 이 함대의 모든 84척 선박의 자동 식별 시스템 전송을 매일 관찰한 결과, 저자는 산샤 해상민병대의 배치 기간이 대략 45일인 것으로 추정한다.

12. Martin Petty, "독점: 전략적 해안에서 중국은 통제와 양보를 통해 권력을 주장합니다." 로이터, 2017년 4월 9일.
13. Masahiro Miyoshi, "신일중 어업협정—분쟁해결의 관점에서의 평가" 일본국제법 연보 제41호(1998).
14. 이러한 센카쿠 순찰은 상하이 해상민병대에 의해 수행되었으며 일본에 대한 덩샤오핑의 새로운 보다 화해적인 정책에 반대하는 사람들에 의해 조직되었을 수 있다. 이전 몇 년 동안 상하이의 민병대는 네 개 해상세력의 기지 역할을 했다. PLA에서 운영하는 기존 시스템과 병렬로 운영되었다. 적어도 하나의 중국 계정은 상하이 시 정부가 그들의 활동을 알게 된 후 해상민병대가 소집되었다고 설명한다. 또한, 이 사건에 대한 다른 설명에 따르면 상하이 수산국은 PLA가 아닌 해상민병대를 지휘하고 있었다. 겅뱌오 당시 중국 국무원 부총리는 일본 대담자들과 만나 센카쿠 열도 인근에서 활동을 하려는 중국의 인식이나 의도를 부인했다. 중국 전쟁 동원 백과사전 베이징: 군사 과학 출판부, 2003, 712—13 참조; Ji Shuoming, "댜오위다오 제도를 보호하기 위한 운동은 Mao Zedong의 인민 전쟁의 전략적 사고를 요구합니다", Asia Weekly, 2012년 9월 21일, "중국과 일본이 조약을 체결하기 전에 일본은 댜오위다오 제도를 장악하기 위해 슬로건을 위조", 글로벌 Times Military, 2014년 12월 22일, "1978, 중일 댜오위다오 사건의 전체 이야기", Global Times, 2010년 10월 13일, 현대 중국 민병대) (베이징: 중국 사회 과학 언론, 1989, 57—78.
15. "센카쿠 열도 주변 해역에서 중국 정부선과 중국 어선의 활동에 관한 연구", 일본 외무성, 2016년 8월 26일.
16. Takashi Funakoshi, "중국 어선단은 북경의 명령에 따라 센카쿠로만 항해한다." 아사히신문 2017년 9월 10일자.
17. "Chang Wanquan: 우리는 새로운 상황에서 해상 인민 전쟁에서 승리하기 위해 진지하게 연구하고 탐구해야 한다", PLA Daily, 2016년 8월 3일.
18. "동중국해에서 해군 삼해함대 대결연습", Shishi Daily, 2016년 8월 2일, "충격! 어제 동중국해에서 중국 3함대의 실사격 훈련—계획 사령관 참석", 신화통신, 2016년 8월 2일.
19. 2017년 7월 28일부터 29일까지 160명의 해상민병대가 취안저우 해양사관학교와 스시시 PAFD가 공동으로 설립한 푸젠성의 훈련 기지에서 훈련을 실시했다. 댄 웨이지. 2016년 8월 8일 "100명의 Shishi 민병대가 해상에서 집단 훈련에 참가했습니다", Quanzhou Evening News.
20. 이 점에 대해서는 중앙군사위원회 국방동원부 민병예비국 국장 왕원칭(王文慶) 소장을 참조하시오. Wang Wenqing, "해상민병대 건설 문제 해결", China Military Online, 2016년 7월 28일.

21. 2016년 8월 16일 듀오웨이 뉴스 "일본 언론이 센카쿠 열도에서 중국 어선의 정체를 폭로하다"에 산케이 신문 보고서가 요약되어 있다.
22. Luc Haumonte, "해양 지진 수집의 미래?" GEO ExPro 14, No. 1(2017).
23. 시간순: Xu Bingchuan. "청소년 참고서: 중국 어선이 미군 간첩선과 충돌", People, 2002년 9월 25일, "U.S. 중국 선박과의 사건을 경감", NBC 뉴스, 2009년 5월 5일, 어부들이 미국 측량선과 10시간 동안 대치 –미국인들이 소총을 꺼냈다", Straits Metropolis Daily, 2012년 7월 30일, "베트남, 중국에 선박 성추행 중단 촉구" TN News, 2011년 6월 9일, Tran Truong Thuy, "정치, 국제법 및 남중국해의 최근 개발 역학", 해양 관할권의 한계, ed. Clive H. Schofield, 이석우, 권문상(Leiden: Martinus Nijhoff Publishers, 2013), "중국 선박으로 인해 베트남 선박에 케이블 절단이 발생했습니다." Tuoi Tre 뉴스, 2012년 12월 4일, "Nantong Hai'an "Jiaoxie 붉은 깃발 민병대 연대": 시대와 함께 전진하고 미래를 발전시킵니다. Jianghai Pearl Net, 2016년 8월 5일.
24. 광둥성과 하이난성의 성군구 지휘관은 해상민병대의 전술에 돌격, 방해, 괴롭힘이 포함된다고 썼다. Zhang Liming, "전투 준비 자세로 해상민병대 현실적 전투 훈련 파악"), National Defence 11(2015): 25–27, Zhang, "해상민병대의 변환 진행" 참조.
25. Zhang, "해상민병대의 변신을 추진하라."
26. Ma Jun, "Paracels의 해양 권리 수호자 방문: 민병대가 '파인애플 보트, 병사들이 열심히 훈련하고 껍질을 벗기다'를 몰아내기에 동참합니다.", Global Times Online, 2016년 10월 12일.
27. Ma Jun, "남중국해의 어업권 보호에 대한 싼샤 민병대의 토론을 들어라", 글로벌 타임즈, 2016년 10월 20일.
28. 중화민국 해군도 이 사건 한 달 전에 같은 지역에서 중국 측량선 탄바오하오(Tanbaohao)를 추격했다. 대만 순찰선은 중국 해양 선박을 추방할 수 없습니다", Voice of America Chinese, 2005년 5월 24일.
29. Wang, "해상민병대 건설 문제 해결."
30. 각 조사 작업에 대해 게시된 하이난 해양안전국의 공지에는 이러한 작업 기간, 관련된 개별 조사 및 호위 선박, 각 조사의 폐쇄 영역을 나타내는 좌표, 사용된 케이블 스트리머의 수에 대한 세부 정보가 포함되어 있다. 개별 공지는 웹사이트에서 확인할 수 있다.
31. 2016년 7월 27일 하이난 해양 안전국, Andrew S. Erickson 및 Conor M. Kennedy, "전문화와 군사화의 새로운 물결을 타다: 산사시 해상민병대", 국제 해상 안보 센터, 2016년 9월 1일.
32. Jiao Zhu, "국방 동원의 현대적 가치와 전략을 완전히 인식", 중국 민병대(2016):

37–39.

33. HYSY 981 시추 플랫폼 방어에서 해상민병대의 성과에 대한 자세한 설명은 Andrew S. Erickson 및 Conor M. Kennedy, "From Frontier to Frontline: Tanmen Maritime Militia's Leading Role Part 2" Center for International Maritime Security, 2016년 5월 17일.
34. Gao Qi, "중국 해안경비대 군함의 호송에 대한 논의", 중국 해양 경찰 학교 저널) 14, no. 3(2015): 55–58.
35. "선인 중국 어부: 이미 1970년대에 미국 측량선을 감시하는 임무를 맡은 어부", 오리엔탈 네트, 2009년 3월 17일.
36. 현대 중국 민병대, 331–32.
37. "민병대가 바다에 나갈 때 어선이 이동하는 보초가 된다", 국방, 2015년 12월 8일, "절강 민병대 어선이 전투 준비 임무를 맡음", PLA Daily, 2016년 2월 4일," 민병대가 바다에 나갈 때 어선이 이동하는 보초가 된다", 국방, 2015년 12월 8일, "절강 민병대 어선이 전투 준비 임무를 맡음", PLA Daily, 2016년 2월 4일.
38. Liu Bing "Xiapu 현 인민무력부, 해상 민병 정보요원(대장) 집단 훈련 조직", 샤푸 국방 교육 네트워크, 2016년 6월 10일, "Fu'an시 인민무력부 해상 민병 정보요원 집단 훈련 조직", 복건 국방 교육 네트워크, 2014년 9월 19일.
39. "Beidou Star는 어업 산업 안전 정보 시스템 및 해상민병대 핵심 관리 인력 운영에 대한 강소성 교육 회의에 다양한 방식으로 참여", Nanjing BD star Information Service Co., Ltd, 2015년 12월 2일, Guan Weitong.
40. "연운항: 풀뿌리 민병대 당 조직 건설에 대한 적극적인 탐색", 중국 민병 4(2017): 24–26.
41. "Chang Wanquan, 강소성 국방 교육 시찰 – Jiaoxie Red Flag 민병대 특별 방문", China Jiangsu Net, 2017년 5월 16일.
42. "Nantong Hai'an" Jiaoxie Red Flag "민병대: 시대와 함께 발전하고 미래를 발전시킵니다." 2016년 8월 5일.

제4부

근해 그레이존 시나리오

Bonnie S. Glaser and Matthew P. Funaiole

남중국해

남해 9단선 내에서의 중국 준 해군력 행동 평가

거의 10년 동안 중국은 남중국해에서 잘못 정의된 영유권을 주장하기 위해 준 군사력을 활용하는 전략을 추구해왔다. 이 전략은 미국의 지역 질서에 반기를 들 필요가 있다는 인식과 분쟁 중인 수로에 대한 통제권 행사와 관련된 경제적, 정치적, 안보적 이익을 거두려는 욕구에서 비롯된다. 여러 관점에서 보면 이러한 문제는 드문 일이 아니다. 신흥 강대국들, 특히 중국의 경제적 비중을 지닌 강대국들은 종종 현상을 바꾸거나 도전하려고 한다. 그러나 특이한 점은 중국이 전쟁과 평화 사이의 그레이존을 체계적으로 이용함으로써 점진적으로 주도권을 잠식하는 데 성공했다는 점이다.

남중국해에서 중국은 중국 해안경비대(CCG)와 인민군 해상민병대(PAFMM)를 포함한 준 해군력(paranaval forces)을 활용해 해상 영유권 주장을 강화하고 있다. 이는 중국이 전면적인 충돌을 촉발시킬 수 있는 임계점을 낮은 수준으로 유지하면서, 다른 남중국해 주권국을 와해시키도록 한다. 현재까지, 그것은 매우 성공적이었다.

이 장에서는 남중국해에서 벌어지고 있는 중국의 그레이존 활동의 향후 전선을 평가하고자 한다. 본 장은 총 3부로 구성되어 있다. 1부에서는 알려진 중국 준 군사력의 작전을 바탕으로 중국이 남중국해 영유권을 주장하는 성격과 범위로부터 배운 교훈을 간략하게 설명할 것이다. 2부에서는 이러한 영유권을 주장하는 중국의 그레이존 전술의 주요 특징을 살펴볼 것이다. 마지막으로 3부에서는 가능한 미래 시나리오에 대해 논의할 것이다.

그레이존 무대

중국은 남중국해에서의 영유권 주장을 규정함에 있어 의도적으로 모호한 태도를 보이고 있다. 중국의 입장을 가장 구체적으로 표현한 공식 문서는 유엔해양법협약(UNCLOS)에 따라 필리핀이 중국을 상대로 제기한 소송에서 중재재판소의 2016년 7월 판결 직후 발표된 정부의 성명이다. 해당 성명은 "중국은 특히 남중국해를 포함한 남중국해에 대한 해상 영유권과 해상 이익권을 가지고 있다"고 주장했다.

1) 4개의 "영토"에 있는 모든 영토에 대한 주권(영토) 프라타스(동사), 파라셀스(시샤), 스프래틀리스(난사), 매클즈필드 뉵과 스카버러 리프(중사)
2) 남중국해 도서 기준 "내해, 영해 및 인접수역"
3) 남중국해 섬에 기초한 "배타적 경제수역[EEZ] 및 대륙붕"
4) 남중국해에 대한 역사적 권리

이 문서는 과거의 성명보다 더 명확하지만, 중국이 스스로 선언한 9단선(nine-dash line)의 의미를 해석하는 방법에 대한 새로운 통찰력을 제시하지는 않는다. '역사적 권리'를 강조하는 것은 중국이 9단선을 기준으로 적어도 일부 수역에서 해양권을 주장하고 있음을 시사한다. 그러나 이러한 주장의 지리적 범위나 그에 수반되는 것은 정의하지 않는다.

게다가, 2016년 7월 성명은 남중국해의 어느 부분이 내부 해역, 영해, 인접 수역, 배타적 경제 수역을 구성하는지도 정의하고 있지 않다. 이를 정의하기 위해서는 중국이 영유권을 주장하는 모든 지형 주변에 기준선을 그려야 하며, 이는 저층고도가 되든, 암반이 되든, 섬이 되든 그 상태를 표시하여야 한다. 현재 중국은 파라셀 산맥에서만 기준선을 그렸다. 따라서 중국의 주장은 특히 스프래틀리 군도에서, 광활한 바다 물결 속에 모호하게 남아 있다.

비록 공식적인 성명들이 아직 남중국해에 대한 중국 주장의 성격과 범위를 명확히 하고 있지는 않지만, 중국의 준 군대는 9단선을 중국 관할권의 경계로 여기는 것 같다. 인도네시아의 EEZ가 9단선과 겹치는 해역에서 나투나 제도 근해에서 조업하는 중국 어민들을 보호하기 위해 그레이존 병력을 사용하는 것을 고려할 때 이러한 해석은 매우 적절해 보인다. 이에 대한 한 가지 예로는, 2016년 3월 19일부터 20일까지, CCG는 인도네시아가 중국어선 Kway Fey 10078호를 나포하는 것을 막고 선원들의 체포를 저지하였다. 이와 비슷하게 2016년 6월 17일 CCG 선박이 같은 해역에서 조업하는 중국 어민들의 체포를 다시 방해하는 대립상황이 발생했다.

게다가, 1999년 이래로 중국 해양경찰은 위도 12도 북쪽에 있는 9단선 내의 해역에 연간 어업활동을 중지해 왔다. 어업 중단은 식량 안보에 대한 중국의 국내 우려를 해소하는 한편, 필리핀과 베트남의 EEZ의 상당 부분을 포괄하고 있으며, 따라서 중국이 UNCLOS 허가 구역을 훨씬 넘어서는 해양권을 주장할 수 있는 도구로서의 역할을 하고 있다. 중요한 것은, 중국이 어부들을 괴롭히는 준 군병력에 대한 정당화로 어업 금지를 사용해 왔다는 점이다.

2011년과 2012년 베트남 EEZ 내에서 운항 중인 베트남 지진탐사선의 케이블을 절단하기 위해 중국 해양경찰 선박을 활용한 것과 같은 강압적인 조치도 중국의 주장이 9단선에 근거하고 있음을 시사한다. 게다가, 이러한 행동들은 적어도 석유와 가스에 대하여, 중국이 본질적으로 배타적인 권리를 주장할 수도 있음을 암시한다.

캐비지(Cabbages) 넘어 남중국해에서의 중국의 그레이존 전술

준 해군력의 증가는 다른 국가의 보복을 유발할 수 있는 행동을 피하면서 남중국해에서 해양 영유권을 효과적으로 진전시킬 수 있는 수단을 중국에 제공한다. 아브라함 덴마크 전 미국 국방부 부차관보는 중국의 전략은 "분쟁의 문턱 아래에 머물지만, 점진적으로 그들의 주장을 입증하고 확고히 하기 위한 것"이라고 주장하였다.

이를 위해 중국은 해안경비대, 민병대, 민간 어선, 국영 석유 및 가스 회사 등의 다양한 그레이존 해양 자산을 활용한다. 이러한 군사력의 활용은 중국에게 의도적으로 불안정한 요소를 분쟁지역에 투입할 수 있는 수단을 제공한다. 민간인(어부로 위장한 민병대 포함)이 외국 세력에 대치할 때, 중국은 자국민을 돕기 위해 CCG를 배치하는 데 필요한 정당성을 확보한다. 이러한 유연성은 이 지역에서 활동하는 외국 군대가 취할 수 있는 조치를 제한하는데, 이는 중국이 그러한 행동을 확대하고 자국의 독단적인 행동을 정당화할 수 있기 때문이다.

전술적 차원에서 중국의 그레이존 행동은 종종 "캐비지(Cabbage) 전략" 또는 더 적절하게는 "캐비지 전술"로 묘사된다. 퇴역한 PLA 장자오중 제독이 함께 만든 이 문구는 한 지역을 여러 층의 보안망으로 포위하여, 경쟁상대의 접근을 거부하려는 노력을 묘사하고 있다. 캐비지 전술은 많은 어선, 해양경찰선, 해군 군함이 분쟁지역을 캐비지처럼 겹겹이 둘러싸고 있음을 의미한다.

장 제독에 따르면 다양한 자산을 활용하여 육지를 캡슐화하면 중국이 군사력을 사용하지 않고도 중국의 주권을 주장할 수 있다는 것이다. PLAN에서 캐비지 전략 개념을 공식적으로 채택하지 않았을 수도 있지만 저자는 중국 기사나 인터뷰에서 캐비지 전략이 사용된 다른 사례를 찾을 수 없었다. 그럼에도 불구하고 중국의 일부 그레이존 활동을 유용하게 설명할 수 있었다.

어선은 이 전략의 핵심이다. 2013년 5월 인터뷰에서 장은 2012년 스카버러 리프 대치 이후 중국이 암초에 대한 접근을 제한하기 시작했다고 언급했다. 캐비지 전략은 해상민병대와 선박을 석호 안에 들여보내고 MLE와 PLAN 선박으로 작전을 경호함으로써, 중국의 주장을 확고히 하고 필리핀 사법기관의 접근을 막는 역할을 했다. 특히 장은 필리핀인이 암초에 접근하기를 원한다면, 먼저 외부에 있는 해군에게 허가를 요청한 다음, "캐비지 잎(Cabbage leave)"의 내부에서 활동하기 위해서는 준 해군 세력의 승인을 받아야 한다고 말했다.

장은 분쟁지역의 특징과 관련된 시나리오를 설명했지만, 캐비지 은유(metaphor)는 또한 다른 종류의 작전을 유용하게 묘사한다. 중국은 2014년 중반 파라셀 남쪽 분쟁 해역에 하이양시유(HYSY) 981 유정을 배치할 때 다양한 해군력을 사용했다. 중국은 일주일간 대치하는 동안 120~140척의 어선, PAFMM, MLE, 해군 함정 등을 동원해 유정으로부터 최대 10해리(nm) 떨어진 경계선을 구축했다. 겹겹이 조직된 이 군대는 베트남 선박들이 그 지역에 접근하는 것을 막았다.

그러나 캐비지 은유는 남중국해에서 다른 유형의 중국 그레이존 작전을 설명하는 데 역부족이다. 보통은 중국이 쉽게 간과할 수 있는 소수의 선박만을 포함한 소규모 압력 행위의 형태로 준 해군력을 배치하는 것이 훨씬 더 일반적이다. 예를 들어, 중국은 일반적으로 분쟁 수역에서 해양 자원을 착취하는 민간단체를 보호하기 위해 해양경찰 선박을 배치한다. 민간인이 활용할 수 있는 안전한 환경을 조성함으로써 호위임무는 중국이 자신의 존재를 확립하고 주장을 발전시키는 수단으로서의 기능을 수행한다. 더욱이, 어떤 경우에 준 해군과 PLAN 해군력의 존재는 중국이 다른 국가의 법집행활동을 방해할 수 있는 권한을 부여하기도 한다. 혼합된 힘의 배열이 존재할 수 있지만, 이러한 작전 또는 유사한 작전 중 캐비지 전술을 활용한 증거는 명확하지 않다.

남중국해에서 중국의 영유권을 주장하기 위한 임무에서 중국 해안 경비선은 때때로 외국 민간인, 특히 외국 어부의 활동을 방해한다. 예를 들어, 2016년 7월 9일 두 척의 CCG 선박이 파라셀 군도 디스커버리 암초 근처 해역에서 조업 중인 한 쌍의 베트남 어선 QNg 90479 TS 및 QNg 95001 TS를 가로막았다. 중국 선박은 베트남 어선 중 하나에 충돌하여 침몰시켰다. 다시 말해, 스카버러 암초 또는 HYSY 981 사건에 비해 상대적으로 극단적인 방법은 아니지만, 이러한 유형의 그레이존 활동은 남중국해에서 훨씬 더 널리 퍼져 있으며 캐비지 전술을 사용할 필요가 없다.

캐비지 전술은 남중국해의 분쟁지역에 대한 통제권을 주장하는 데 사용되었지만, 때때로 중국 지도자들이 다른 분쟁 당사자에게 자신의 주장을 물리적으로 표현하는 것과 같은 매우 제한된 목표를 가지고 있다. 이런 경우 한두 척의 해경 경비정만으로도 정치적 목적을 충분히 달성할 수 있다. 예를 들어 2013년 9월 이후부터, CCG는 말레이시아 EEZ 내의 루코니아 숄즈(Luconia Shoals)에서 일정한 존재감을 유지해 왔다. 지금까지는 중국은 이 배들에게 외국 선박의 접근을 막도록 명령하지 않았다. 만약 중국이 루코니아 숄즈에 대한 지배권을 주장한다면, 그것은 스카버러 암초에서 그토록 잘 작동했던 캐비지 전술에 의존할 가능성이 높다.

중국 준 해군력과 관련된 잠재적 시나리오

중국의 3개의 큰 인공 "섬"(Fiery Cross, Subi 및 Mischief 암초)에 시설이 완공되면 중국은 남중국해 전역에서 준 군함선과 군사력을 지속적으로 유지할 수 있다. 중국의 백선박과 청선박은 잠재적 시나리오에서 다양한 목적으로 사용될 것으로 예상된다. 남중국해에서 중국의 이익을 방어하고 주장하기 위해 CCG와 PAFMM 병력을 사용하는 것은 가능한 고조 역학(escalation dynamics)을 포함하여 안정성에 대한 과제를 제시하므로 더 큰 주의가 필요하다.

에너지 권리 주장

중국의 준 해군 함정은 중국의 영유권을 주장하고 상대국이 석유 및 가스 매장량에 접근하는 것을 방지하기 위해, 9단선 내부에서 운항하는 지진 탐사선을 방해하는 목적으로 활용될 수 있다. 중국 선박이 타국의 200nm EEZ/대륙붕 내에서 동일한 목적으로 활용된 수많은 사례가 있으며, 해당 국가는 생물 및 무생물 천연자원을 탐색하고 이용할 수 있는 독점적인 주권을 가지고 있다.

필리핀

필리핀의 주요 섬인 루손섬의 주요 에너지원인 말람파야 가스전이 10년 안에 고갈될 수 있다. 새로운 탄화수소 공급원을 상용화하는 데 약 6년이 걸린다는 점을 감안할 때, 필리핀은 상당한 천연가스 매장량이 있는 것으로 알려진 팔라완 북서쪽 80nm의 거대한 해저 테이블마운트를 가진 리드 지역에서 시추를 시작하기를 더욱 원하고 있다. 중국 준 해군 선박은 2011년 3월 필리핀이 의뢰한 연구 선박의 활동을 방해하고 충돌하겠다고 위협하는 등 리드 지역의 측량 업무를 방해한 바 있다. UNCLOS 중재 재판소의 2016년 7월 판결은 중국이 리드 지역에 대한 필리핀 석유 탐사를 방해하고, 필리핀 대륙붕의 일부를 구성하는 리드 지역의 천연자원에 대해 필리핀이 권리를 가지고 있다고 판결했다.

2014년 말부터 사실상 리드지역의 탐사활동을 제한하는 금지령이 해제되어 투자자들에게 공개될 수도 있다는 필리핀의 발표에서 알 수 있듯이, 공동 에너지 탐사 합의를 위한 중국과 필리핀 간의 회담은 아직 큰 진전을 이루지 못하고 있다. 필리핀 기업들은 리드뱅크를 자체 개발할 기술과 자본이 부족하기 때문에 해외 파트너 확보가 필수적이다. 이런 노력이 성공한다면 중국은 또다시 준 해군 선박을 파견해 조사와 개발 작업을 공격적으로 방해할 수 있다.

중국이 일방적으로 리드지역을 탐사·개발하고 CCG와 PAFMM을 활용해 필리핀의 탐사활동을 방해할 수도 있다. 2014년 5월 중국의 심해 시추 장치인 HYSY 981이 베트남이 주장하는 해역에서 시추를 실시했을 때 시추작업을 방해한 선례가 있다. 그 사건에서, 시추선의 운영을 방해하려는 베트남 선박들은 중국 준 해군 선박들에 의해 격침되고 물대포 등의 공격을 받았다.

말레이시아

필리핀 사례와 같이, 중국의 준 군사력은 말레이시아 사라왁 해안에서 84nm 떨어진 사우스 루코니아 숄의 조사와 개발 작업을 방해할 수 있다. 자원이 풍부한 이 지역은 6개의 암초로 구성되어 있으며, 말레이시아가 이미 개발 중에 있다. 적어도 2012년 이후, PLAN과 MLE 선박이 이 지역을 침입하였다. 보도에 따르면 2013년 1월 사우스 루코니아 숄 인근 지역에서 중국 선박과 쉘 계약 탐사 선박과 관련된 사고가 있었다고 한다. 중국과 말레이시아 모두 사우스 루코니아 숄에 대한 영유권을 주장하고 있다. 중화인민공화국은 모든 지역에 공식적인 중국 이름을 붙였고, 그들을 영토 목록에 포함시켰다. 말레이시아는 남루코니아 숄과 주변 해역에 대한 영유권을 논쟁의 여지가 없는 것으로 간주하고 있다. 최근 몇 년간, 중국 CCG 선박은 그 지역에 정기적으로 주둔해 왔다.

베트남

베트남 EEZ와 중국의 9단선이 겹치면서 베트남이나 인도 석유회사 옹크비데시 등 외국계 기업과 베트남 업체와 계약을 맺은 탐사 및 시추작업에 중국이 개입할 가능성이 높다. 엑손모빌은 페트로 베트남과 100억 달러 규모의 가스화력발전 프로젝트인 “블루웨일” 공동 개발 계약을 채결했다. 가스가 매장된 지역은 중국의 구단선에 걸쳐져 있으며, 엑손모빌 프로젝트는 9단선 내 약 10nm에 위치해있다. 일본이 동중국해 중심선 쪽에서 가스를 시추한 혐의에 대해 중국을 비난한 것처럼, 중국은 베트남이 중국의 가스를 허가 없이 시추했다고 주장할 수 있다. 엑손모빌은 또한 중국이 이의를 제기할 수 있는 인접한 다른 구역에 대한 탐사권을 가지고 있다. CCG 선박은 엑손모빌의 운항을 방해하기 위해 사용될 수 있지만, 그렇게 하면 미국으로부터 강력한 대응을 받을 위험이 있다.

뱅가드 뱅크 근처에서도 비슷한 문제가 발생할 수 있다. 1980년대 후반부터 베트남은 중국의 침공을 막기 위해 상당한 에너지 매장량을 보유하고 있는 것으로 알려진 수몰 지역에 일련의 전초기지를 주둔시켜왔다. 현재 뱅가드의 탐사권은 페트로 베트남, 아랍에미리트의 무바달라 개발사, 스페인 리스 운영사 렙솔이 공동으로 소유하고 있다. 2017년 7월 베트남은 렙솔에게 하노이 남동부 해안에서 약 250마일 떨어진 블록 136-03에서 탐사 및 생산 활동을 중단하라고 지시했다. 이번 명령은 중국이 가스 시추 원정이 계속될 경우 스프래틀리 군도에 있는 베트남 기지를 공격하겠다고 위협한 데 따른 것으로 알려졌다. 136-03블록에서 베트남에 의한 탐사 및 생산 활동의 재개는 중국 준 해군 부대로 하여금 방해활동을 유발할 수 있다. 중국은 또 베트남과 합의하지 않고 블록 136-03을 일방적으로 점령하려 할 수도 있다. 중국이 동일한 해저 지역을 중국 기업에 임대한 것으로 알려졌다.

중국은 또한 베트남의 EEZ 내부에서 일방적인 시추를 재개하기로 결정할 수도 있다. HYSY 981호를 재배치하는 결정은 유정을 보호하고 베트남 해양경찰과 어선을 추방하기 위한 준 해군 선박을 활용하는 방안도 포함될 가능성이 높다.

인도네시아

인도네시아 국영 에너지 회사인 페르타미나는 중국의 9단선과 겹치는 대륙붕 지역에서 석유와 가스를 탐사할 계획이다. 만약 그렇게 된다면 중국 준 해군 선박들의 방해활동을 촉발할 수 있다. 페르타미나는 222조 입방피트로 추정되는 가스 매장량을 추출하기 위해 외국 석유회사들과 협력하여 동 나투나(East Natuna) 가스전에 대한 기술적, 상업적 평가 연구를 실시할 계획이다. 중국은 나투나 제도에 대한 인도네시아의 주권을 인정하지만, 2016년 6월 중국 외무부는 두 나라가 "해양권에 대한 과도한 주장을 하고 있다"고 주장하였다. 섬 주변의 바다는 9단선 안에 위치한다.

물자 공급방해

필리핀

2017년 3월에 발표된, 티투(Thitu)섬에 새로운 활주로와 항만, 항구, 부두를 건설하려는 필리핀의 계획은 중국이 건설 프로젝트를 방해하기 위해 준 해군 병력을 활용하도록 자극할 수 있다. 필리핀의 계획은 100명 이상의 필리핀 민간인들이 살고 있는 티투섬뿐만 아니라 필리핀이 점령하고 있는 스프래틀리 산맥의 8개의 암초에 대한 접근성을 향상시킬 것이다. 스프래틀리 산맥의 전자 서식 암초 티투는 스프래틀리에서 최근에 증강된 중국의 7가지 주요 지역 중 하나인 수비 암초(Subi Reef) 근처에 있다. 필리핀의 무장세력이 건설사업에 관여할 가능성이 큰 만큼 중국의 무력 봉쇄는 더 큰 대립을 초래할 위험이 있다. 마닐라는 자국군, 공공 선박, 항공기가 공격 위협을 받을 경우 미-필리핀 상호방위조약을 발동할 수 있다.

중국은 또한 필리핀 군함 BRP 시에라 마드레(Sierra Madre) 전함이 소규모 해병대의 전초 기지 역할을 하는 토마스 숄(Thomas Shoal) 2호에 대한 필리핀의 보급품 공급을 중단하려는 작전을 재개할 수도 있다. 녹슨 거대한 선박(rusted hulk)이 무너지면 중국이 필리핀의 재건 노력을 막을 수 있다. 2014년 3월에 CCG와 PAFMM 선박은 필리핀 함선의 주둔지 재보급을 막으려 했지만, 필리핀군이 건축자재가 아닌 식량과 물에 대한 재보급으로 제한한 이후 이러한 노력은 결국 실패하거나 간섭을 완화시켰다. 토마스숄 2호는 팔라완과 105nm 떨어진 지점에 위치해 있고, 중국이 새로 건설한 미스치프 암초(Mischief Reef) 군사 전초 기지에서 불과 21nm 떨어져 있어 중국에 근접성의 이점을 제공한다.

필리핀 해군이 도발할 경우, 중국은 회색선박을 준 해군 선박과 함께 작전을 수행하도록 배치할 수 있다. CCG와 PLAN 함정은 2012년 10월부터 합동훈련을 실시해 왔으며, 다양한 임무를 수행하기 위해 더욱 긴밀히 협력하고 있는 것으로 보인다. BRP 시에라 마드레함은 필리핀 해군 함정이 해병대를 수용하고 있으므로, 필리핀은 중국의 압력에 대응하여 상호 방위 조약에 따라 군사 지원을 요청할 수 있다.

대만

대만 민주진보당 정부가 9단선에 대한 중국의 입장을 반대하고, 2016년 7월 중재재판소의 판결을 지지하기로 결정하여 남중국해에서 미국, 일본과 동맹을 맺는다면, 중국은 타이핑섬을 봉쇄하는 방식으로 보복할 수 있다. 중국은 물자공급을 차단하기 위해 PLAN 선박 및 항공기와 함께 CCG 및 PAFMM 선박을 사용할 가능성이 크다.

중국이 스프래틀리 군도의 모든 영토에 대한 소유권을 주장한다면, 준 해군 선박은 군도 전체에 걸쳐 관련국의 모든 보급품 수송을 차단을 위해 활용될 수 있다. 이러한 시나리오는 단기적으로는 불가능해 보이지만, 중국의 군사력이 성장함에 따라 중국 지도자들은 목표를 달성하기 위해 당근과 채찍을 사용하여 분쟁 대상국에게 그들의 지위를 포기하도록 강요할 수도 있다.

중국 어민 보호, 외국인 어민 방해활동

중국이 관할권을 주장하는 남중국해 지역에서 불법조업을 하는 것으로 보이는 외국 민간인에 대한 중국 선박들의 공격 및 방해가 계속될 것으로 보인다. 이러한 방해활동(harassing)은 정기적으로 일어난다. 중국 MLE 선박들은 1974년 중국이 베트남으로부터 무력으로 압류한 파라셀 근처에서 조업하고 있는 것으로 보이는 베트남 어선들을 정기적으로 추방했다. 보도에 따르면 CCG 선박은 2015년 4월 스카버러 암초에 있는 필리핀 어부들에게 물대포를 사용했다고 한다. 중국 외교부 대변인은 중국 선박들이 "법에 따라 이 수역의 정상적인 질서를 유지하기 위해" 암초 앞바다에서 "경비 임무"를 수행하고 있다고 주장했다. 같은 달 스카버러 암초 근처에서 발생한 별도의 사건에서, 필리핀은 CCG 경찰관들이 필리핀 어부들을 총으로 위협하고 잡은 물고기를 훔쳤다고 비난했다. 2016년 3월 중국은 무려 7척의 CCG 선박을 잭슨 환초(Jackson Atoll) 지역로 보내 필리핀 어부들이 그들의 전통적인 어장에 접근하는 것을 저지했다.

1995년 이후 매년 여름, 중국은 남중국해 전역에서 조업 중단을 선언했고, 중국의 해양경찰 선박은 금지령을 어긴 베트남인, 대만인, 필리핀 어민을 공격적으로 방해하고 있다. 중국에 대한 필리핀의 법적 소송에서 중재재판소는 2012년 어업 중단이 EEZ의 생물 자원을 관리할 필리핀의 주권적 권리를 침해했다고 판시했다. 2017년 어업금지령은 예년과 마찬가지로 남중국해 12도선 이북 해역에 적용되었다. 언론 보도에 따르면 2017년의 금지령은 이전보다 더 엄격했으며, 더 오래 지속되었고 더 많은 유형의 어업 및 지원 활동을 금지했다. 중국이 향후 조업 금지령을 시행하기 위해 대규모 CCG 선박을 파견할 경우, 양국 간의 긴장이 중국과 관련국, 특히 베트남과 필리핀과 같은 국가들과 고조될 가능성이 크다.

현재 중국 국가해양안전법의 개정 고려 중인 새로운 조항에 따라, MLE 선박은 외국 어부의 조업을 방해하고 추방하기 위해 과거보다 더 공격적으로 운항할 수 있다. 법안 초안에는 중국의 해양 보안 기관이 "불법조업"을 포함한 심각한 행동 목록에 연루된 선박에 대해 관할 수역에서 추격할 수 있는 권리를 부여하는 조항이 포함되어 있다. 중국 최고인민법원은 관할 수역을 내수, 영해, EEZ, 대륙붕 및 "중화인민공화국 관할 하에 있는 기타 모든 해양 지역"으로 정의했다. 이 정의를 중국이 제안한 규칙에 적용할 경우, CCG 선박은 9단선 내 모든 해역을 관할할 수 있다.

중국 사법당국도 타국의 EEZ에서 불법 조업하는 중국 어민을 보호하기 위한 임무를 계속 수행할 것으로 보인다. 중국과 가까운 바다에 어류가 고갈되면서, 중국 어부들은 이제 생계를 위해 원거리로 나아가야 하는 실정이다. 이는 2016년 인도네시아 EEZ에서 발생한 것과 같은 사건이 더 많이 발생할 수 있다.

"내수(Internal Waters)" 방어

앞으로 몇 달 또는 몇 년 안에 중국은 1996년 파라셀 군도에서 자행했던 것처럼 스프래틀리 군도의 영유권을 주장하고 주장된 지역으로부터 기준점을 설정하고 직선 기준선을 적용하여 연결할 수 있다. 이러한 조치는 UNCLOS에 대한 명백한 위반행위이다. 중국이 스프래틀리 제도에 직선 기선을 긋는다면, 그 내부의 해역은 섬 주변 12nm 영해뿐 아니라 완전한 주권 내해라고 주장할 가능성이 높다. 중국은 CCG 선박을 활용하여, UNCLOS에 따라 선박이 내수에 진입하기 전에 연안 국가의 허가를 받도록 강제할 가능성이 높다. 또한 CCG 선박을 활용하여, 해양 당국이 중국 법률 또는 규정을 위반하는 외국 선박이 영해 또는 내수 내에서 통과, 운항 또는 정박할 때 정지 및 퇴출 권한을 부여하는 해양안전법 개정안을 시행할 수도 있다. 본서가 출판될 때까지 이러한 개정안은 채택되지 않았다. 법이 개정되면 중국은 연안 경비선이 자국 내해에서 항해하는 외국 선박, 특히 저성능 소형 선박을 위협하고 방해할 수 있는 권한을 부여받을 수 있을 것이다.

비점령지역(Unoccupied land features)에 주둔지 설치

2002년 중국과 동남아시아국가연합(ASEAN)이 남중국해 당사국 행동선언에 서명한 이후 지금까지 비점령지역에 대한 영유권을 청구한 국가는 없었다. 중국이 이 금기를 깨기로 결정한다면, CCG 및 PAFMM 선박을 활용할 가능성이 높다. 중국이 과거에 표식, 부표 및 건축 자재를 배치했던 3대 지역인 애이미 더글라스 뱅크(Amy Douglas Bank), 복셀 암초(Boxall Reef), 또는 이로쿼이 암초(Iroquois Reef)가 후보가 될 가능성이 높다. 중국은 준 해군 부대기를 설치하고 작은 구조물을 짓거나, 이러한 비점령지역을 군사 전초 기지로 활용할지 모른다. 2015년 10월 중국 고위 관리는 익명으로 "남중국해에는 아직 209개의 비점령지역이 있고 우리는 모두 탈취할 수 있다. 그리고 우리는 18개월 안에 해당 지역에 건물을 지을 수 있다"고 주장했다.

중국이 스카버러 암초에 기지를 건설할 것이라는 많은 추측이 있었다. 비록 이 지역이 점령되지 않은 채로 남아있지만, CCG 선박은 종종 필리핀 어선의 접근을 막으면서 석호 입구 바로 안에 정박하기도 한다. 스카버러 암초를 개발하기로 한 중국의 결정에는 중국 해군과 함께 작전을 수행하는 준 해군 선박이 포함될 것이다.

만약 미군이 스카버러 암초에서 중국의 개발 노력을 저지하고 중국군과의 군사적 충돌이 발생할 경우, CCG와 PAFMM이 대규모 배치될 수 있는데 이는 부분적으로 적의 상황 인식과 전장 관리를 혼란스럽게 하기 위한 것으로 파악된다.

중국은 또한 주변국들이 비점령지역에 주둔하는 것을 방지하기 위해, 해군 함정과 함께 준 해군 선박을 배치할 수 있다. 중국은 2017년 8월 해군 함정 3척, 해안 경비선, 어선 10척으로 비점령지역인 샌디 케이(Sandy Cay)를 포위하면서 캐비지 전술을 사용할 의도를 잘 보여주었다. 이 조치는 필리핀이 티투섬에서 약 2.5nm 떨어진 샌디 케이에 구조물을 건설할지 모른다는 우려에 의해 촉발되었을 수 있다. 2016년에 CCG 선박은 필리핀 민족주의 청년 그룹이 스카보로 암초에 필리핀 국기를 게양하는 것을 저지하였다.

미 해군 특수임무선 방해활동

CCG와 PAFMM은 중국 EEZ 내에서 미국의 감시 작전을 방해하기 위한 반격 작전의 중심에 있을 것으로 보인다. 남중국해에서 중국이 미국 정찰선의 활동을 방해한 최초의 사건은 2009년 3월에 발생했다. 이는 해상민병대가 탑승한 중국의 백선박 몇 척과 중국 국적의 소형 트롤 어선 2척이 미 해군 정찰선 USNS Impeccable에 도전한 사건이다. 증가하는 중국 준 해군 선박의 수와 크기는 미국 특수임무 선박을 무리를 지어 공격하고 작전을 방해할 수 있는 능력을 제공한다.

현재까지 남중국해에서 이러한 유형의 방해활동은 하이난섬 앞바다에서만 발생한 것으로 알려져 있다. 그러나 앞으로 중국은 이와 유사한 작전을 남중국해의 다른 지역으로 확장할 수 있다. 2016년 12월 중국 해군 함정이 무인 잠수정 나포는 그러한 의도를 보여주는 전조일 수 있다. 이 사건에서 PLAN Dalang III급 잠수함 구조선은 중국의 9단선 바깥쪽에 있는 수빅 만 북서쪽으로 약 50nm 떨어진 남중국해 국제 해역에서 미국 수중 글라이더를 불법적으로 억류했다. 글라이더는 비무장 해양 탐사선인 USNS Bowditch에 의해 회수되고 있었다. 중국 국방부는 “미군이 중국 영해 내에서 근접 정찰 및 군사 조사를 수행하기 위해 선박과 항공기를 파견하는 것”에 대해 단호한 반대 입장을 표명했다. 사건 이전까지 미국의 ‘근접’ 감시작전에 대한 비판은 하이난섬 인근 활동에 초점이 맞춰져 있었다. “중국해”라는 용어에 대한 광범위한 정의는 미래에 중국이 중국 해안에서 멀리 떨어진 미국이나 다른 외국의 감시작전을 방해할 수 있음을 시사한다.

글라이더 사건 이후, 은퇴한 중국 제독이 미국이 “우리의 문앞에” 보낸 물건을 중국이 소유하고 연구할 권리가 있다고 주장한 것도 중국이 해양 권리에 대한 개념을 확장하고 있음을 시사한다. 이전에 중국인은 “문 앞”이라는 문구를 중국이 공개적으로 주장하는 EEZ 내부의 수역을 설명할 때만 사용했다. 이 사건은 중국이 중국 본토에서 수백 해리 떨어진 남중국해 지역에 대한 해양 권리와 이익을 강화하기 위한 조치를 취할 수 있다는 우려를 잘 보여준다. CCG 및 PAFMM 함정은 특히 미 해군의 단계적 대응 가능성을 최소화하기 위해 향후 이러한 작전에 사용될 수 있다.

미국 항행의 자유 작전에 대한 방해활동

남중국해에서 미국의 FONOP(항행의 자유) 작전을 방해하기 위해 중국 준 해군 함정이 사용될 수도 있다. CCG 선박은 중국이 군사작전을 반대하면서도 확전을 최소화한다는 신호를 미국에 보내는 데 활용될 수 있다. PLAN 선박은 해상에서의 계획되지 않은 조우 수칙에 명시된 절차에 따라 안전하게 운항해야 할 의무가 있지만, 백선박은 현재 해상에서의 충돌 방지를 위한 국제 규정에 관한 협약을 적용받지 않다. CCG 선박은 해상민병대와 협력하여 중국 점령 지역 근처에서 FONOP를 수행하는 미 해군 함정을 견제할 수 있다. 미 해군 함정에 대해서는 과거 CCG 선박이 해왔던 충돌 및 물대포 사용 등의 조치가 취해질 수 있다. 예를 들어, CCG 선박은 미스치피 암초의 12nm 내에서 수행되는 구조활동 또는 기타 군사 훈련을 방해할 수 있다. 남중국해에서 주로 활동하는 중국의 최신 쾌속정 중 하나인 CCG 3901은 Arleigh Burke급 유도 미사일 구축함과 Ticonderoga급 유도 미사일 순양함을 포함한 많은 미 해군 함정보다 크다. 이것은 미국의 FONOP 활동을 어렵게 하고, 이로 인해 미 해군 함정이 12,000톤급 중국 함정 주위를 돌거나 사고를 피하기 위해 작전을 중단해야 할 수도 있다.

비록 중국은 남중국해에서 미국의 FONOP를 방해하기 위해 CCG 선박을 아직은 활용하지 않았지만, 중국의 해상민병대가 탑승한 것으로 추정되는 소형 상업선은 미국이 2015년 10월 스프래틀리 군도에서 FONOP를 수행했을 때 USS Lassen에 근접해 위험하게 항해했다. 보도에 따르면, 이 선박은 안전한 거리에 있음에도 불구하고 구축함의 뱃머리를 가로질러 항로를 방해한 것으로 알려졌다.

향후 10년

중국은 피어리 크로스(Fiery Cross), 수비 미스치프 암초에 활주로 건설을 완료하고, 중국이 점령한 지역에 첨단 감시/조기 경보 레이더 시설을 배치함으로써, 해상권에 대한 인식을 크게 향상시켰고 거의 남중국해 전역에서 작전을 수행할 수 있는 능력을 확보하였다. 확보하지 못한 지역은 현재 하이난섬과 새로운 스프래틀리스 기지로부터 레이더 범위를 벗어난 남중국해의 북동쪽 사분면뿐이다. 중국은 스카버러 암초에 공중 감시 레이더를 추가함으로써 이 공백을 메우려고 시도할지도 모른다. 이는 육지를 매립하거나, 레이더를 위한 플랫폼으로 활용 가능한 바지선을 활용하거나, 석유 굴착 기술을 기반으로 고정된 플랫폼을 건설함으로써 이러한 문제를 해결할 수 있다. 이 문제가 해결되면 중국은 해당 해역에 대한 완전한 관할권과 중국해 상공에 방공식별구역(ADIZ)을 구축할 수 있는 능력을 갖게 될 것이다.

중국은 ADIZ를 구축하기 전에 스프래틀리스에서 기준선을 설정할 가능성이 높다. 앞서 언급한 바와 같이, 중국은 스프래틀리스 군도 전체에 기준선을 활용하기 보다는 여러 섬 주변에 직선 군도 기준선을 활용할 가능성이 더 높다. 일단 기준선이 설정되면, 중국은 CCG와 PAFMM을 활용하여 해당 기준선 내의 천연자원에 대한 배타적 권리를 확고히 방어할 가능성이 높다.

광범위한 레이더 탐지 범위와 향상된 방공망, 중국 항공기에 대한 접근권 확대는 9단선 내의 해상 및 영공에 대한 효과적인 통제권을 확립하려는 중국의 목표를 달성시키는 데 도움이 될 핵심 능력이다. 앞으로 10년 동안 중국은 남중국해 전역에서 중국의 이익을 방어하는 다수의 항공모함 공격단과 다수의 CCG 함정을 보유할 것으로 보인다. 중국이 그때까지 관련 주변국들에게 9단선 내에서 그들의 지위를 포기하도록 종용하지 않는다면, 중국은 무력 사용에 의존하지 않고 중국의 이익을 옹호하면서, 모든 인근 국가의 행동에 영향을 미칠 충분한 능력을 갖게 될 것이다.

결론

점차적으로 지역의 현상(status quo)을 재편하기 위한 노력의 일환으로, 중국은 남중국해에서의 영유권 주장을 위한 의도적인 전략을 추구해 왔다. 이 접근방식의 핵심은 분쟁 해역에 대한 중국의 지배력을 집단적으로 강화하면서도 다른 국가와의 군사적 대립을 야기할만한 사건들을 피하기 위해 고안된 그레이존 활동의 점진적인 축적이다. 공격적으로 행동하면서도 명백한 무력사용을 피함으로써 중국은 관련 국가의 군사적 보복을 촉발할 수 있는 선을 넘지 않았고, 이를 통해 중국은 이웃 국가를 성공적으로 위협하고 상당한 전략적 이득을 얻을 수 있게 되었다.

중국의 준 해군력에 대한 분석은 분쟁지역에 대한 관할권을 입증하고 주장하기 위해 설계된 다양한 그레이존의 활동을 보여준다. 일부 사례에서는 중국이 목표를 달성하기 위해 캐비지 전술을 활용해왔으나, 일반적으로 중국은 해안경비대와 민병대를 활용하면서 9단선 내의 지역에 대한 중국의 행정적 통제를 강화하기 위한 소규모 작전을 수행하는 패턴을 보여주었다.

이 장에서는 중국의 준 해군 선박 활용을 포함하는 다양한 미래 시나리오에 대해 살펴보았다. 지금까지 논의된 중국의 기존 활동과 가정된 미래 시나리오가 결합되어 미래에 대한 전망이 암울한 것으로 보인다. 효과적으로 대응하지 않는다면, 중국은 계속해서 그레이존을 착취하고, 남중국해의 영공과 항로를 효과적으로 통제하려는 목표를 향해 광범위한 활동을 추진할 것이다.

Notes

1. "Full Text of Chinese Government Statement on China's Territorial Sovereignty and Maritime Rights and Interests in S. China Sea." *Xinhua*, July 12, 2016, http://news.xinhuanet.com/english/2016-07/12/c_135507754.htm.
2. UNCLOS 재판의 결과는 매우 명확했다. 재판부는 중국은 9단선 내 해역에 대해 역사적 권리를 법적으로 주장할 수 없으며 스프래틀리 군도의 지형이 암석보다 크지 않아 12해리를 넘는 해상수역에 대한 권리가 없다고 판단했다.
3. Center for Strategic and International Studies (CSIS), China Power Project, 2016, https://www.csis.org/programs/china-power-project. 두 경우 모두 중국은 어민들이 "전통적인 어장에서 조업하고 있었다. 이 해역에서 CCG 선박이 지원하는 중국 어선의 존재는 중국이 9단선 내부 수역에 대해 역사적 권리를 주장하고 있음을 시사한다. 이 해석에 대한 추가 증거로는 2016년 5월 27일 인도네시아 해군이 중국 어선에서 발견한 20년 된 지도로 입증된다. Ankit Panda, "South China Sea: Indonesian Navy Fires at and Arrests Chinese Fishermen." The Diplomat, May 31, 2016, https://thediplomat.com/2016/05/south-china-

sea-indonesian-navy-fires-at-and-arrests-chinese-fishermen/. The map was published in 中国农业部南海区渔政局 [Fisheries Bureau, South China Sea District, China Ministry of Agriculture], 南海渔场作业图集 [*Atlas of South China Sea Fishing Grounds*] (Guangdong: 广东省地图出版社 [Guangdong Provincial Mapand Atlas Press], 1994).

4. Julian Ku and Chris Mirasola, "Tracking Compliance with the South China SeaArbitral Award: China's 2017 Summer Fishing Moratorium May Rekindle Conflict with the Philippines," *Lawfare*, March 7, 2017, https://www.lawfareblog.com/tracking-compliance-south-china-sea-arbitral-award-chinas-2017-summer-fishing-moratorium-may.
5. "Deputy Assistant Secretary for East Asia Abraham M. Denmark Holds a PressBriefing in the Pentagon Briefing Room." *Department of Defense*, May 13, 2016, https://www.defense.gov/News/Transcripts/Transcript-View/Article/759664/deputy-assistant-secretary-for-east-asia-abraham-m-denmark-holds-a-press-briefi.
6. Brahma Chellaney, "China's Creeping 'Cabbage' Strategy," Taipei Times, December 1,2013, http://www.taipeitimes.com/News/editorials/archives/2013/12/01/2003578036.
7. 刘昆 [Liu Kun], "张召忠: 反制菲占岛 只需用 '包心菜'战略", ["Zhang Zhaozhong: Countering Philippines's Occupation of Chinese Islands Using the Cabbage Strategy?"], *Huanqiu*, May 7, 2013, http://mil.huanqiu.com/observation/2013-05/3971149.html.
8. For an effort to quantify dispute-related incidents in the South China Sea, see CSIS, China Power Project, "Are Maritime Law Enforcement Forces Destabilizing Asia?" http://chinapower.csis.org/maritime-forces-destabilizing-asia/.
9. Ryan D. Martinson, "Shepherds of the South Seas." *Survival* 58, no. 3 (May 24, 2016): 187-212.
10. China Power Project.
11. CSIS Asia Maritime Transparency Initiative, "Tracking China's Coast Guard Off Borneo," 2017, https://amti.csis.org/tracking-chinas-coast-guard-off-borneo/.
12. The South China Sea Arbitration (*Philippines v. China*), PCA Case No. 2013-19, Award on Jurisdiction and Admissibility, July 12, 2016, 263, 286, https://pca-cpa.org/wp-content/uploads/sites/175/2016/07/PH-CN-20160712-Award.pdf.
13. Enrico Dela Cruz, "Drilling for Oil in Disputed Sea May Resume This Year,"

Reuters, July 12, 2017, http://af.reuters.com/article/commodities News/idAFL4N1K335K. 에너지 자원 개발국의 필리핀 국장은 발표를 하면서 중국이 조사선의 선원들을 괴롭히지 않기를 희망한다고 밝혔다.

14. Jeremy Maxie, "Philippines Faces Post-Arbitration Dilemma over Reed Bank" *The Diplomat*, July 12, 2016, http://thediplomat.com/2016/07/philippines-faces-post-arbitration-dilemma-over-reed-bank/.
15. Scott Bentley, "Malaysia's Special Relationship with China and the South China Sea: Not So Special Anymore." *The ASAN Forum* 5, no. 1 (January February 2017), http://www.theasanforum.org/malaysias-special-relationship-with-china-and-the-south-china-sea-not-so-special-anymore/#19.
16. Helen Clark, "Exxon-Vietnam Gas Deal to Test Tillerson's Diplomacy" *Asia Times*, January 23, 2017, http://www.atimes.com/article/exxon-vietnam-gas-deal-test-tiller sons-diplomacy/.
17. 이러한 통찰력을 제공한 CSIS Asia Maritime Transparency Initiative의 이사인 Gregory Poling에게 감사드립니다.
18. "Vietnam Halts South China Sea E&P after Chinese Threats," *Maritime Executive*, July 25, 2017 https://www.maritime-executive.com/article/vietnam-halts-s-china-sea-ep-after-threat-from-china.
19. Prashanth Parameswaran, "China-Vietnam South China Sea Spat in the Spotlight," *The Diplomat*, July 25, 2017, https://thediplomat.com/2017/07/china-vietnam-south-china-sea-spat-in-the-spotlight/.
20. Bill Hayton, "South China Sea: Vietnam Halts Drilling after 'China Threats'," BBC News, July 24, 2017, http://www.bbc.com/news/world-asia-40701121.
21. Amanda Battersby, "Indonesia Seeks New Suitors for East Natuna," Upstream, August 2, 2017, http://www.upstreamonline.com/hardcopy/1318057/indonesia-seeks-new-suitors-for-east-natuna.
22. Ministry of Foreign Affairs of the People's Republic of China, "Foreign Ministry Spokesperson Hua Chunying's Remarks on Indonesian Navy Vessels Harassing and Shooting Chinese Fishing Boats and Fishermen" June 19, 2016, http://www.fmprc.gov.cn/mfa_eng/xwfw_665399/52510_665401/t1373402.shtml.
23. "Philippines to Strengthen Military Facilities in South China Sea," Reuters, March 17, 2017, http://www.reuters.com/article/us-philippines-southchinasea-idUSKBN1600SS.
24. Andrew S. Erickson and Conor M. Kennedy, "China's Daring Vanguard: Introducing Sanya City's Maritime Militia" Center for International Maritime

Security, November 5, 2015, http://cimsec.org/chinas-daring-vanguard-introducing-sanya-citys-maritime-militia/19753.

25. Lyle Morris, "Blunt Defenders of Sovereignty: The Rise of Coast Guards of East and Southeast Asia," *Naval War College Review* 70, no. 2 (Spring 2017): 75-112, http://digital-commons.usnwc.edu/cgi/viewcontent.cgi?article=1016&context=nwc-review.

26. "Fishing in Troubled Waters," Asia Maritime Transparency Initiative, July 7, 2017, https://amti.csis.org/fishing-troubled-waters/.

27. Shannon Tiezzi, "China, Philippines Spar over South China Sea Run-Ins," *The Diplomat*, April 25, 2015, http://thediplomat.com/2015/04/china-philippines-sparover-south-china-sea-run-ins/.

28. Manuel Mogato, "Philippine Officials Say China Blocked Access to Disputed South China Sea Atoll" Reuters, March 2, 2016, http://www.reuters.com/article/us-south chinasea-china-philippines-idUSKCN0W402A.

29. The South China Sea Arbitration (*Philippines v. China*), 286.

30. "China to Start" Toughest Fishing Ban on Monday," *Manila Bulletin*, April 30, 2017, http://newsbits.mb.com.ph/2017/04/30/china-to-start-toughest-fishing-ban-on-monday.

31. Chris Mirasola, "Proposed Changes to China's Maritime Safety Law and Compliance with UNCLOS," *Lawfare*, February 21, 2017, https://www.lawfareblog.com/proposed-changes-chinas-maritime-safety-law-and-compliance-unclos.

32. Ibid.

33. Ibid.

34. Dona Z. Pazzibugan, Philippines Pulls Spratlys Foreign Posts," *Inquirer.net*, June 16, 2011, http://newsinfo.inquirer.net/15230/philippines-pulls-spratlys-foreign-posts; Tessa Jamandre, "PHL Military Eyes SEATO-Like Deal to Lease U.S. Patrol Boats," *GMA News*, June 30, 2011, http://www.gmanetwork.com/news/news/nation/224876/phl-military-eyes-seato-like-deal-to-lease-us-patrol-boats/storyl.

35. Jeff Stein, "Why Beijing Isn't Backing Down on South China Sea" *Newsweek*, October 10, 2015, http://www.newsweek.com/why-beijing-not-backing-down-south-china-Sea-381973.

36. Peter Brookes, "Take Note of China's Non-Navy Maritime Forces." *The Hill*, December 13, 2016, http://thehill.com/blogs/congress-blog/foreign-policy/310

077-take-note-of-chinas-non-navy-maritime-forces.

37. Jim Gomez, "Filipino Officials: Chinese Navy Stalked Philippine Area." *Philippine Star*, August 23, 2017, http://www.philstar.com/headlines/2017/08/23/1731854/filipino-officials-chinese-navy-stalked-philippine-area.
38. "South China Sea Dispute: Chinese Vessels Prevents Filipino Flag Planting at Panatag," *Defense World*, June 14, 2016, http://www.defenseworld.net/news/16336/South_China_Sea_Dispute__Chinese_Vessels_Prevents_Filipino_Flag_Planting_At_Panatag#. WNIZUqKıvcs.
39. Prior incidents of harassment of U.S. surveillance ships by Chinese paranaval vessels occurred in 2001-3 in the Yellow Sea. See, for example, Raul Pedrozo, "Close Encounters at Sea: The USNS *Impeccable* Incident," *Naval War College Review* 62, no. 3 (Summer 2009), http://www.dtic.mil/dtic/tr/fulltext/uz/a519335.pdf.
40. "Pentagon Says Chinese Vessels Harassed U.S. Ship," *CNN*, March 9, 2009, http://www.cnn.com/2009/POLITICS/03/09/us.navy.china/index.html?eref=rss_us.
41. 刘上靖 [Liu Shangjing], "国防部新闻发言人杨宇军答记者问" ["Chinese Defense Ministry Spokesperson Yang Yujun Answers Reporter's Question"], Ministry of National Defense of the People's Republic of China, December 17, 2016, http://www.mod.gov.cn/info/2016-12/17/content_4767072.html.
42. Retired Admiral Yang Yi made this statement. Christopher Bodeen, "China Says It Seized U.S. Navy Drone to Ensure Ship Safety, Trump Calls It 'Unpresidented'," *Associated Press*, December 17, 2016, http://wjla.com/news/nation-world/china-says-it-seized-us-navy-drone-to-ensure-safety-of-ships. Li Jie, a Beijing-based naval expert, also told the *Global Times* that "Trump, who said 'China steals' their UUV [unmanned underwater vehicle], should notice that they are the thieves who are engaged in spying around our front door." Yang Sheng, "Seized Drone Might Have Gathered Valuable Info," *Global Times*, December 18, 2016, http://www.globaltimes.cn/content/1024332.shtml.
43. Christopher P. Cavas, "Navy Chiefs Talk, New Details on Destroyer's Passage." *Defense News*, October 31, 2015, http://www.defensenews.com/home/2015/10/31/navy-chiefs-talk-new-details-on-destroyer-s-passage/
44. 판결 후 중국 중앙당 전문가들의 인민해방군보(PLA Daily) 기사에 따르면, 스프래틀리 군도에 있는 중국의 영해 기준선에 가장 가능성이 높고 적절한 방법은 댜오유 열도에서 사용되는 방법, 예를 들어 이투아바, 파가사, 같은 주요 섬과

산호초들을 모방하는 것이다. West York, Spratly, Mischip을 중심으로 주변 산호초를 연결하여 기준선을 설정한다." 같은 기사에서, 당원 전문가들은 중국이 "통일된 전체를 구성하는 비교적 가깝고 밀접하게 연결된 섬들 사이에" 내부 수역을 주장할 수 있다고 주장한다. 게다가, 그들은 "중국은 서로 비교적 가까운 스프래틀리 내의 섬들을 영해 기준선을 설정하기 위한 단일 독립체로 받아들일 권리가 있다"고 주장한다. 그들은 또한 스프래틀리 군도에 영해와 같은 해양 행정 구역이 있다고 말한다., EEZ, and continental shelf. 王军敏 [Wang Junmin], "中国不接受南海仲裁案裁决具有法理正当性" ["China Does Not Accept the Jurisprudential Legitimacy of the South China Sea Arbitral Tribunal's Decision"], *China Military*, July 18, 2016, http://www.81.cn/jfjbmap/content/2016-07/18/content_150851.html.

45. CSIS, *Asia-Pacific Rebalance 2025: Capabilities, Presence, and Partnerships*, January 2016, https://csis-prod.s3.amazonaws.com/szfs-public/legacy_files/files/publication/ 160119_Green_Asia PacificRebalance2025_Web_o.pdf.

Adam P. Liff

중국의 동중국해 해양 그레이존 작전과 일본의 대응

2016년 8월 5일 이른 오후, 중국어선 200~300척이 동중국해 센카쿠 열도(중국과 대만의 댜오위다오·댜오위타이) 주변 해역에 돌연 출현하였다. 일본 해경(JCG) 보고에 따르면, 전례 없는 상황들이 뒤이어 발생했다. 4일 동안 총 28척의 중국 해안경비대(CCG) 선박이 자국의 어선을 일본 정부(GOJ)가 영해분쟁의 여지가 전혀 없다고 여기는 곳(센카쿠에서 0−12 해리(nm) 떨어진 영해)까지 호위했다. 8월 8일, 15척의 CCG 선박이 인접 수역(12−24nm)에 집결해 있는 것이 관측되었다. 다른 보고서에 따르면 일부 중국 인민군 해상민병대(PAFMM)도 어선에 승선했다고 주장했다.

2016년 8월 초의 사건은 영토분쟁 중인 섬에 상륙하지 않고 평화롭게 끝났다. 그러나 이러한 사건은 또한 일본 정책결정자들이 오랫동안 두려워하고 잠재적으로 고조되는 그레이존 위기에 대한 구체적인 운영 사례를 제공했다. 일본의 우려는 2012년 9월 GOJ의 무인도 3개를 "국유화"한 후 중국 정부 선박활동이 크게 증가한 것에서 기인한다. 널리 논의된 가상 시나리오 중 하나에서 CCG와 협력하고 PLAN의 지원을 받는 수백 척의 중국 어선이 이 섬에 중무장한 가짜 어부(즉, PAFMM)들을 보낼 수 있다는 것이다. 이 무장한 어부들은 그들을 체포하기 위해 인근 섬에서 파견된 일본 경찰을 제압할 수 있다. 일본은 상황을 그대로 받아들일 것인지, 아니면 현 상태를 극복하기 위해 군사적 대결을 감행할 것인지 선택해야 할 것이다.

이 특정 시나리오는 절대 발생하지 않을 수 있다. 그러나 중국과 일본 사이의 정치적·군사적 위기를 유발한 그레이존 활동은 결코 긍정적이지 않다. 남중국해에서 중국은 CCG와 PAFMM을 활용하여 군사력을 임계점 수준 이하로 유지하면서, 분쟁 중인 영토에 대한 통제권을 주장하고 있다.

특히 2012년 9월 이후 동중국해의 혁신적인 운영 역학으로 인해 문제가 대두되고 있다. 미국 정부를 포함한 양측의 정치 및 군사 지도자들은 센카쿠 해역을 둘러싼 영공에서의 위험한 해동이 급증하고 있다고 경고했다. 작전 환경을 넘어서 중국과 일본의 정치·군사 지도자들 간의 현저하게 약한 유대와 간헐적인 만남, 그리고 각자의 위기관리 능력에 대한 오랜 불신은 더 많은 우려의 근거를 제공한다. 일본 밖에서 적어도 2014년 이후부터 중국의 영유권 분쟁에 대한 국제적 담론을 주도한 장소는 남중국해였지만, 동중국해의 해역과 영공에서의 작전 상황에도 더 많은 주의를 요한다. 비록 일본과 중국이 막대한 무역 관계를 통해 큰 이익을 얻고 있으며 어떤 지도자도 영토 갈등을 추구하고 있지는 않지만. 현실적으로 동중국해 그레이존에서의 우발적인 위험을 심각하게 받아들일 필요가 있다.

따라서 이 장에서는 센카쿠 주변 지역에서 중국의 해상 그레이존 작전의 배후에 있는 주요 동인, 경향 및 결과 등을 검토한다. 이 같은 일련의 과정이 진공 상태에서 전개되지 않기 때문에 중국의 그레이존 도전에 대한 일본의 주요 대응방안도 분석한다.

이 장은 크게 두 파트로 구분된다. 첫 번째는 특히 2012년 9월 이후 중국의 해양 그레이존 작전이 센카쿠를 둘러싼 작전 환경을 어떻게 변화시켰는지 살펴보고, 그들의 작전과 관련된 동기를 논의한다. CCG 선박은 이제 정기적으로 분쟁 섬의 12nm 이내의 해역에 진입하여 총격(또는 도발) 없이 중국의 영유권을 주장한다. 두 번째 부분은 JCG를 중심으로 중국의 도전에 대한 일본의 대응에서 자주 간과되는 측면을 검토한다. 이러한 발전은 미일 동맹 맥락 안팎에서 미국 정책 입안자와 미군에 중대한 영향을 미친다.

지역 범람: 센카쿠 주변 중국의 그레이존 작전

중국의 영유권 주장은 적어도 1970년대 초반으로 거슬러 올라가지만, 수십 년 동안 중국은 센카쿠에 대한 일본 행정부에 대해 직접적으로 도발하지 않았다. 이러한 기조는 2012년 9월에 완전히 바뀌었다. GOJ가 일본 민간인으로부터 분쟁 중에 있는 3개의 섬을 매입하여 중국이 영유권을 확보하는 것을 방해하고, 민족주의적 선동가인 도쿄 주지사의 후속 개발에 대한 기대표명 등이 중국의 정책 변화에 대한 촉매제 역할을 했다. 역설적으로 민주당(DPJ) 정부의 명시된 목표는 중국을 자극하지 않는 것이었다. 그럼에도 불구하고 중국은 수십 년 간의 논쟁을 미루는 것이 더 이상 자신에게 이익이 되지 않는다고 판단한 것 같다. 중국은 분쟁 섬 근처에 정부 선박의 주둔을 크게 증가시킴으로써, 일본의 '국유화'에 대응하였다.

중국 그레이존 도전의 논리

2012년 9월 이후 섬 주변의 해역과 영공에서 급증한 중국의 작전에서 가장 두드러진 그레이존 특징은 센카쿠 열도의 인접 해역에서 CCG 함정을 거의 매일 볼 수 있다는 것과 그들의 영해에서 정기적인 임무를 수행하고 있다는 것이다. 2년 동안 작전상 견제 방법은 다양한 중일 대화의 중단과 일본의 행동이 "중국의 영토 주권을 훼손하고" 심지어 전후 질서에 위협이 된다는 것을 세계에 확신시키기 위한 선전 활동과 결합되었다.

보다 큰 전략적, 정치적 맥락에서 볼 때, 중국의 해양 그레이존 작전은 주로 일본정부가 영토 분쟁의 존재를 인식하고 외교 협상을 시작하도록 강요하는 것이 그 주목적으로 보인다. 적어도 처음에는 중국이 1960년 미일 안보조약에 따라 일본에 대한 미국의 방위공약의 범위를 조사하는 것처럼 보였다.

모든 국가가 전쟁 이외의 수단을 활용하여 전략적 목표를 추구해야 하는 다양한 이유를 제시하는 유엔헌장의 명백한 조항 외에도 중국이 일본의 섬 관리에 대한 도전을 그레이존 작전으로 제한하는 몇 가지 구체적인 이유가 있다. 첫째, 중국은 강력한 재래식 억제력에 직면해 있다. 강력한 일본 자위대(JSDF)의 지원을 받는 매우 유능한 JCG가 분명히 최전선에 존재하지만, 억제력은 일본의 특히 남서부(오키나와)에 상당한 군사력을 전방에 배치한 일본의 동맹국인 미국에 의해 더욱 강화된다. 미국 정부는 분쟁 당사자의 상호 배타적 영유권 주장에 대해 공식적인 입장을 취하지 않지만, 버락 오바마 대통령과 그의 행정부는 미국 대일 안보조약의 5조가 일본이 관리하는 섬에 대한 군사적 충돌이 발생할 경우 일본을 지원하도록 미국이 약속한다고 반복적으로 밝혔다. 2017년 초 도널드 트럼프와 그의 행정부는 이 공약을 공개적으로 재확인했다.

둘째, 12nm 영역 내에서 중국의 정기적인 CCG 순찰은 미일 안보조약에서 언급된 "경계선"을 이용하거나 적어도 조사하도록 설계된 것으로 보이며, 이를 통해 중국은 억제 임계점을 넘지 않는 선에서 자신의 주장을 확고히 할 수 있다. 말 그대로 이 조약의 5조는 "무력 공격"에만 적용되며 정의상 그레이존 도전에는 적용되지 않는다. 2012년 9월 이후 일본 관리들은 중국의 침략은 미국의 무력 공격 한계선을 넘지 않으면서 미군을 회피하려는 의도가 있는 반면, 주둔 임무는 일본의 일방적인 행정 통제에 대한 일본의 주장을 약화시켜 미국의 5조 의무를 약화(또는 제거)하려는 의도라고 미국 정부에 우려를 표명한 것으로 알려졌다. 이러한 관심에 부응하여 2013년 미국 국방수권법안은 "제3자의 일방적인 행동은 센카쿠 열도에 대한 일본 정부에 대한 미국의 승인에 영향을 미치지 않을 것"이라고 선언했다. 2013년 1월과 2014년 4월 힐러리 클린턴 국무장관과 최초의 대통령 성명서에서 각각 센카쿠 영해에 중국 정부 선박이 자주 출몰하더라도 조약의 적용 가능성은 변하지 않는다는 점을 명확히 규정하였다.

셋째, 중국의 해상 그레이존 작전은 JCG와 일본 해상 자위대(JMSDF)에 대한 법적 제약을 이용하도록 설계될 수 있을 뿐 아니라, 무력 공격이 없을 때 일본이 동적으로 대응하거나 특히 단기전으로 확대(예: 자위대 포함)하는 것을 꺼려한다는 점을 악용할 수도 있다. 전자의 경우, 일본 해안경비대법 제25조는 JCG나 그 요원을 "군사조직으로 훈련 또는 조직되거나 그와 같은 기능을 하는 것"을 명시적으로 금지하고 있다. 이처럼 엄격한 민간 법집행 명령은 CCG의 그레이존 문제, 특히 준군사조직에 대한 대응 옵션을 제한한다. 2012년에 JCG의 임무는 멀리 위치한 섬에서 체포권을 허용하고, 승선 없이 외국 선박에게 퇴거명령을 내릴 수 있는 권한으로 확대되었다. 그러나 이러한 권한은 민간 선박이나 민간인에 대해서만 허용되고, 외국 정부나 해군 함정에 대해 무력을 사용할 수 없다. 한편 그레이존 활동에서

JMSDF가 개입할 수 있는 법적 권한은 제한적이다. "국방동원령"은 일본이 이미 무력 공격을 받았거나 임박한 위험에 처했을 경우에만 발령될 수 있고, 반면에 JSDF 법 82조는 JCG를 지지하는 법집행활동을 할 수 있도록 규정하고 있다. 비록 일본법에 따르면 비전투 활동으로 간주되지만, 일단 JMSDF 해군함정이 관련되면, 중국은 특히 "무기의 사용"과 "무력의 사용" 사이의 GOJ의 구분을 인정하지 않을 것이다. 일본이 먼저 무력 공격을 수용(또는 임박한 것으로 판단)하지 않고 오랜 헌법적, 법적, 규범적 제약을 가진 JMSDF를 직접적으로 개입시키려 하지 않는 한, 중국은 상대방의 보복공격을 받지 않을 낮은 수준의 그레이존 작전을 활용하여, 자신들의 영유권을 주장할 수 있다고 판단한 것으로 보인다.

마지막으로, 중국 준 해군의 발전 궤적을 살펴보면, 만약 중국정부가 준 해군 조직을 확대하기로 선택한다면(예를 들어, 섬 점령에 의해), PLA의 직접적인 개입이 없더라도 CCG가 매우 유능하지만 법적으로 제한되고 인력이 부족한 JCG를 압도할 수 있을 것이다. 수백 대의 PAFMM 어선이 CCG를 지원한다면 활용 가능성은 더욱 높아진다. 잠재적인 그레이존 문제의 기정사실화는 일본이 1945년 이후로 극도로 꺼려왔던 군사력 및/또는 자위대를 처음으로 활용할지 여부를 결정하도록 강요받을 것이며, 이를 중국 정부가 악용할 가능성이 있다.

CCG의 발전하는 주둔 작전: 3막의 드라마(지금까지)

중국은 정치적, 전략적 목표를 달성하기 위해 센카쿠 열도 인근 해역에 중국 정부 선박을 배치한다. 이러한 주둔 임무는 2010년의 주요 중일 정치 분쟁에서 직접적으로 찾아볼 수 있다.

2010년 9월 어선 충돌과 그 여파

2010년 9월 7일 센카쿠 인근에서 중국 어선이 JCG 선박 2척과 충돌했다. 과거 사건들과 달리 일본 민주당 정부는 어선 선장을 국내법에 따라 기소하기 위해 나하(Naha) 지방검찰청으로 이송했다. 일본에서는 이 충돌을 전례 없는 일본 정부 선박에 대한 도발적인 충돌로 여겼다. 그러나 중국 어선의 선장은 만취 상태였으며, 이 사건이 중국 정부가 주도하지 않았을 가능성이 높은 것으로 알려졌다. 중국의 관점에서 볼 때 일본의 행동은 양자 간 어업 협정 위반으로 간주되었으며, 2004

년 합의에 의해 행위자는 즉시 추방될 것으로 보았다. 일본 국내법에 따라 중국 어부를 기소함으로써 중국은 일본 정부가 분쟁을 1978년 양국 정부가 이 분쟁을 "봉합"하기 위해 오랫동안 노력한 것을 포기했다고 의심하게 되었다.

선장 체포에 대한 중국의 대응은 센카쿠 인근의 중국 해상 그레이존 작전의 첫 번째 주요 변곡점이 되었다. 처음에 중국은 어업관리선(FLE) 한 척을 배치했다. 그러나 다른 함정들도 곧 합류했고, 세 척의 FLE 순찰선이 9월 10~17일 주간에 인접 지역을 순찰했다. 그 후 2척의 선박이 그 후 몇 주 동안 간헐적으로 순찰임무를 수행했다. 그 후 3개월 동안 총 46척(9월 24척, 10월 14척, 11월 8척)의 중국 국유 선박이 인접 수역에 진입했다. 그러나 JCG 자료는 이 기간 동안 센카쿠의 영해에 중국 선박이 진입했다는 증거를 보여주지 않는다.

2012년 9월: 판도를 바꾸는 "국유화"

일본의 의도와 상관없이, GOJ가 2012년 9월 자국민으로부터 섬을 매입한 것에 대한 중국의 반응은 일본의 정치적, 전략적 판도를 바꾸게 만들었다. 첫째, 이 분쟁은 중일 관계의 주요 현안이자 일본의 방위 책임자와 미일 동맹 관계자들의 주요 관심사로 격상되었고, 시기도 부적절했다. 2012년 9월 매입으로 인한 외교적 분쟁과 거의 완벽하게 일치하는 시진핑과 신조 두 지도자들에게 강경 노선을 채택할 강력한 정치적 동기를 부여했다. 둘째, 작전 상태를 변화시켜 섬을 둘러싼 해역과 영공에서 PLA와 준군사 활동의 증가를 초래했다(그림 12-1 참조). 이러한 문제를 해결하기 위해 JCG의 절반이 2012년 9월 말까지 센카쿠 해역에 배치되었고, 이는 조직의 규모가 얼마나 부족했는지를 잘 보여준다.

2012년 9월 직후 몇 달 동안 일본 관리들이 비전문적이고 위험하며 예측할 수 없는 기동이라고 비공식적으로 언급한 것과는 대조적으로 1년 이내에 CCG 활동은 보다 전문적이고 일상적이 되었다. 2013년 말까지 일본 분석가들이 "3-3-2"라고 칭한 보편적이지는 않지만 일반적인 패턴을 관측할 수 있었다. 3-3-2 패턴이란 한 달에 2~3번, 3개의 CCG 선박이 오전 10시경에 12nm 영역에 진입하여, 두 시간 동안 머물렀다는 것을 의미이다. 통상의 작전과 그들의 작전을 구별하기 위해 중국 선박은 법집행 임무를 수행하고 있다고 주장했다. 요컨대 "국유화" 5년 후, 인접 수역에 여러 척의 CCG 선박이 거의 매일 나타났고 센카쿠 영해 내에서 간헐적으로 항해하는 것은 일본을 협상테이블로 끌어들이기 위한 중국의 의도를 잘 보여준다.

2016년 8월: 변곡점인가, 일회성인가?

2016년 8월 초 CCG의 전례 없는 급증과 이 장 앞부분에서 언급한 영해 및 인접 수역에서의 중국 어선 활동의 의도에 관해서는 많은 이론이 제시되었다. 의도에 과한 설명은 사소한 문제(8월 1일 어업 금지 해제)에서부터 외교(특히 2016년 7월 중재 재판소 판결 직후 남중국해 문제에 대한 일본의 중국에 대한 반복적인 비판에 불쾌감을 표함) 또는 국내 정치(시진핑의 같은 주 베이다이허(Beidaihe)에서 열린 연례 회의에서 그의 국내 위상을 확고히 함)에 이르기까지 다양하다. 일본 관리들은 2017년 8월에 비슷한 사건이 일어날 것을 두려워했지만, 결코 일어나지 않았다.

중국의 의도와 상관없이, 이 사건의 여러 측면은 센카쿠 인근에서 중국의 해양 그레이존 작전에서 세 번째 변곡점으로 간주된다. 첫째, 사건 이후 4척의 CCG 선박이 12nm 영역에 진입하기 시작하여 2013년 이후의 3−3−2 패턴에서 3−4−2(또는 그 이상)로의 지속적인 전환 가능성이 높아졌다. 둘째, CCG와 어선 간의 매우 긴밀한 협력과 CCG 함정을 급속히 증가시키는 중국의 군사력을 모두 보여주었다. JCG는 공식적으로 일본 영해를 출입하는 중국 어선을 호위하는 CCG와 8월 8일에 15척의 CCG 선박이 인접 수역에 동시에 집결한 것을 확인했다. 확인된 CCG 선박의 수는 센카쿠 인근에서 이전에 확인되었던 선박수를 크게 초과했다. 셋째, JCG는 이들 CCG 선박 중 일부가 무장한 것을 확인했다.

일본 방위성(JMOD)의 공식 발표는 "중국은 필요에 따라 무장선을 포함한 다수의 정부 선박을 센카쿠 주변 해역에 동시에 배치할 수 있는 능력을 입증했다"고 주장하고 있다. JCG는 몇 척의 순찰선이 이에 대응했는지 발표하지 않았지만, 12척의 이시가키(Ishigaki) 기반 센카쿠 기동부대가 수적으로 압도되어, 총 30척에 달하는 일본 전역의 지원병력을 필요로 했다고 한다. 중국이 배치한 선박의 수와 유형은 JCG가 동중국해에서 중국에 대응할 수 있는 능력에 대해 의문을 제기하며, 가능한 이중 전선 문제(예: 오가사와라 제도에서 중국 산호 채취 선박)에 효과적으로 대처하는 것은 말할 것도 없다.

자료 12-1. 중국 정부 선박의 활동

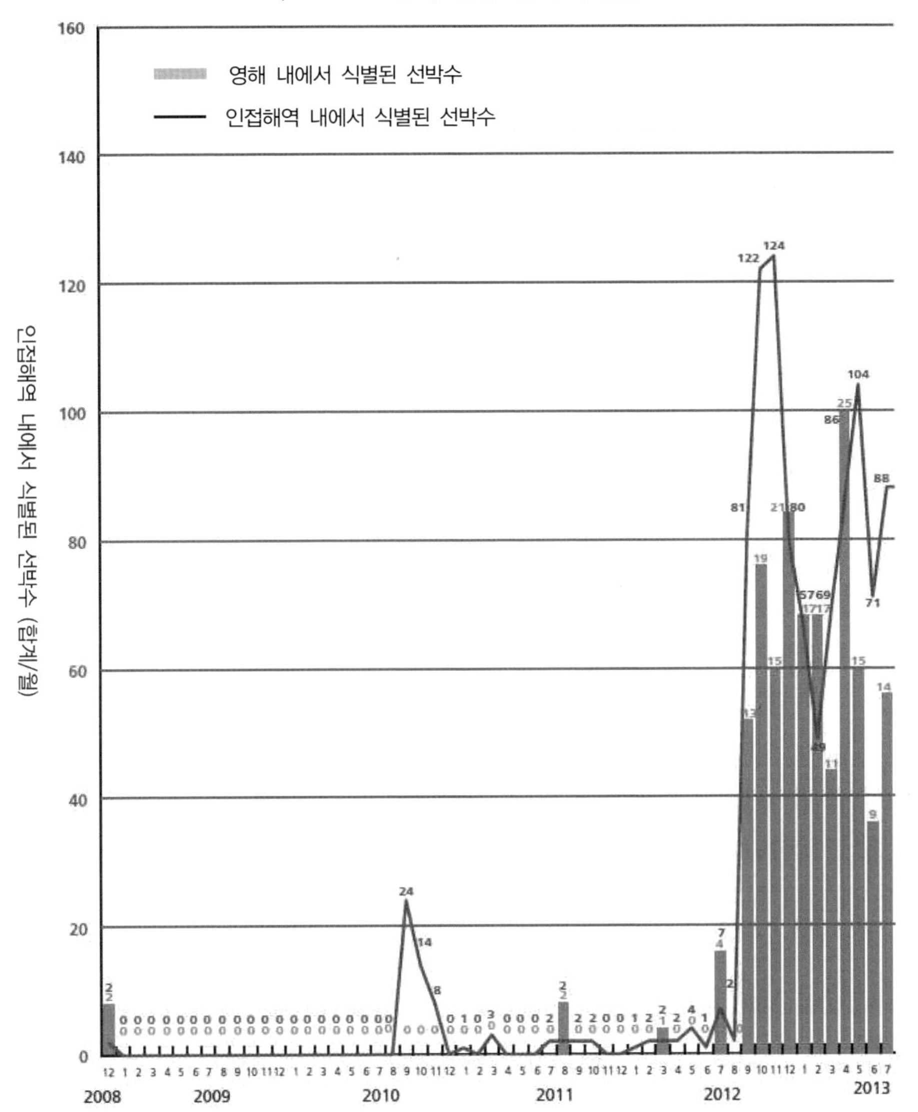

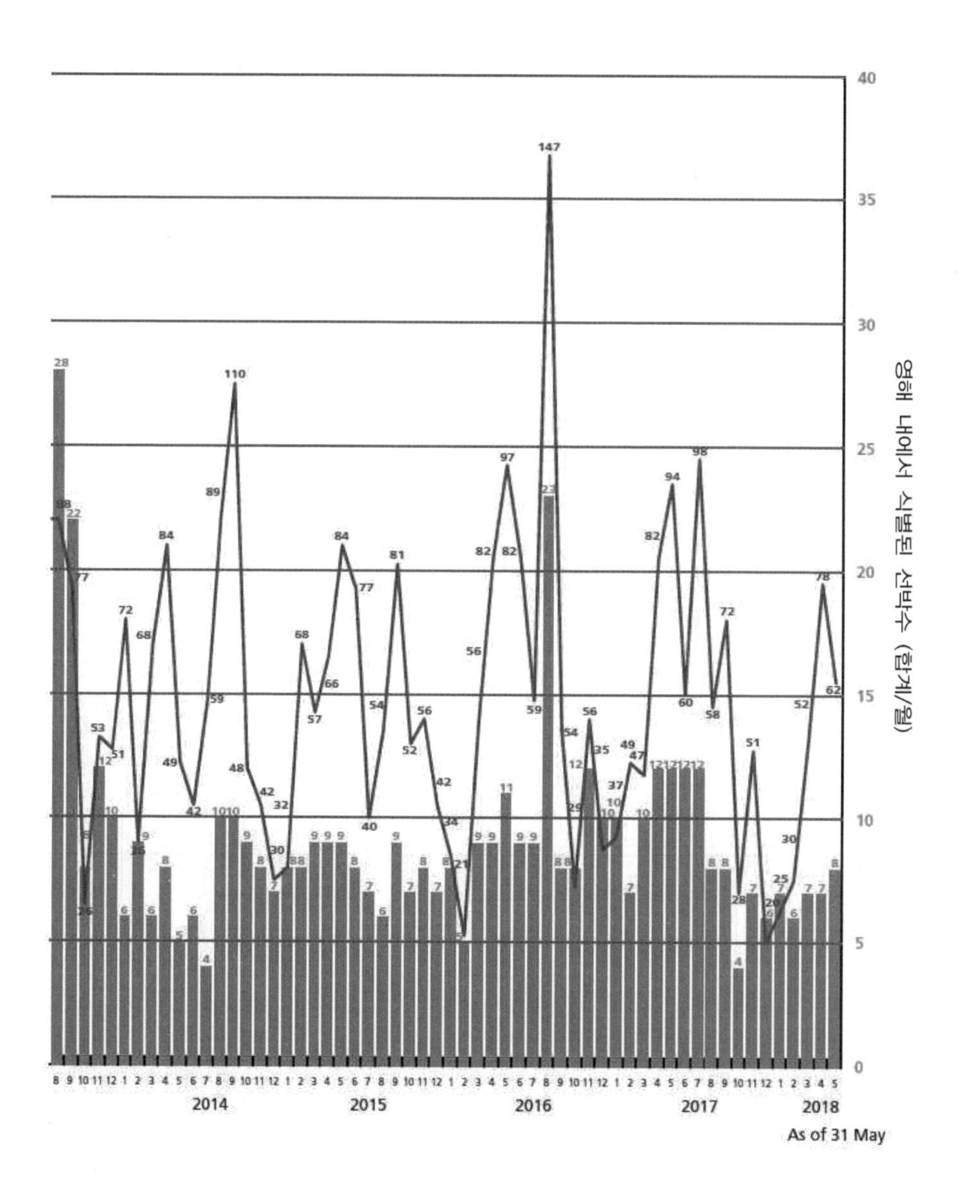
40
35
30
25
20
15
10
5
0
영해 내에서 식별된 선박수 (합계/월)
2014
2015
2016
2017
2018
As of 31 May

센카쿠 주변 해상민병대의 역할: 답변보다 더 많은 질문

PAFMM 활동에 대한 기존 문헌은 대부분 남중국해에서 민병대의 역할에 초점을 맞추고 있다. 동중국해, 특히 센카쿠에서의 작전에 대한 언급은 매우 제한적이며 일반적으로 모호하거나 출처를 알 수 없는 경우가 많다. 언급한 바와 같이, 2016년 8월 5-9일 사건과 관련하여 (잠재적으로) 가장 두드러진 사실 중 하나는 PAFMM이 어선에 승선했다는 널리 알려진 주장이었다.

그럼에도 불구하고 2016년 8월 PAFMM의 개입을 주장하는 보고서는 센카쿠 주변에서 PAFMM의 존재 범위와 역할 가능성에 대한 답변보다 더 많은 질문을 제기한다. 중요하게도, 사건에 대한 권위 있는 JCG 보고서는 PAFMM 관련에 대해 언급하지 않고 있다는 것이다. 2013년부터 2016년 6월까지 복무한 후 최근 퇴역한 JCG 사령관인 유지 사토(Yuji Sato)의 2016년 10월에 쓴 기사는 이러한 어선들 중 상당수가 위성을 통해 중국 정부에 연결되어 통제되고 중요 지시를 받을 수 있다는 일반적인 우려를 표명하면서, 민병대원들이 배에 탑승했을 가능성을 모호하게 언급하고 있다. 최근 보도에 따르면 중국 정부의 허가 없이 어선들이 이 지역을 출입하는 경우가 거의 없다고는 하지만(CCG의 호위를 구함), 그들이 반드시 민병대라는 의미는 아니다. 동중국해 문제에 대해 일본의 주요 전문가들과 논의한 결과, PAFMM 개입을 확인하거나 부인하기에는 자료가 불충분하다. 최근 일본에서 발간된 2017년 국방백서에서 PAFMM에 대해 간략하게 언급했지만, 모호한 용어만 사용했다. 동중국해에서의 PAFMM 작전에 대해서는 전혀 언급하지 않았다.

한편, 해외와 일본 언론에서 확인된 PAFMM 개입에 대한 주장은 종종 모호하거나 의심스러운 출처로부터 제기되며, 반향실(echo chamber)효과를 우려해야 할 이유가 있다. 예를 들어, 한 일본 기사에서는 100명 이상의 민병대가 관련되어 있다고 주장하며 이름도 직급이나 지위도 알려지지 않은 “JCG 관리”를 인용한다. 이 기사는 또한 PAFMM이 센카쿠 근처에서 정기적으로 작전에 참여하고 있다고 주장하지만, 어떠한 증거도 제시하지 않으며 그들이 어떤 역할을 하는지에 대해서도 아무것도 알려져 있지 않다. 적어도 하나 이상의 널리 읽혀진 영문 분석보고서는 전적으로 전술한 일본 기사에 관련된 주장을 기반으로 작성된 것으로 보인다.

코너 캐네디(Conor Kennedy)는 본서에서 7월 말과 8월 초에 있었던 중요한

PAFMM 훈련과 장안취안(Chang Wangquan) 국방부 장관이 닝보(Ningbo)와 원저우(Wenzhou)의 PAFMM 부대를 방문하여 중국이 "해상 인민전쟁의 힘을 최대한 발휘할 것"을 요구한 점을 언급하면서 현재까지 가장 설득력 있는 분석을 제공하고 있다. 며칠 후, 2016년 8월 사건이 발생했다. 그러나 센카쿠는 아니지만 동중국해에서의 훈련에 대한 진술은 상황에 따른 것으로 보인다.

여기서 중요한 점은 이러한 주장이 반드시 부정확하다는 것이 아니라, 활용된 자료가 제한된 것임을 감안할 때 단정적으로 결론을 내려서는 안 된다는 것이다. 모호성이 PAFMM의 존재 이유의 일부이기 때문에, 이는 놀라운 일은 아니다. GOJ는 PAFMM 활동에 대한 정보를 공개하는 것이 불안정하거나 민감한 출처와 방법을 드러낼 수 있다고 판단할 수 있다.

이러한 경고는 차치하고라도, 케네디의 유형을 채택한다면 중국의 해상 분쟁 전략에의 PAFMM의 역할은 센카쿠보다 남중국해에서 훨씬 더 중요하며, 기껏해야 주둔, 감시, 정찰 (IRS) 임무로 제한된다는 것이 예비적인 시사점이다. 이것은 호위, 괴롭힘/방해 행위를 포함하며 대부분의 중국 영유권을 주장하는 지역에 PAFMM을 배치하는 광범위하고 다면적인 남중국해에서의 작전과 극명한 대조를 이룬다. 케네디는 이러한 변화가 부분적으로 이 해역을 포괄하는 중일 어업 협정 때문일 수 있다고 설명한다. 이러한 학문적 단절을 설명하고 센카쿠 열도 너머의 동중국해에서 PAFMM이 어떤 역할을 할 수 있는지(예: 중국과 일본 간에 분쟁 중인 유전 및 가스전 인근) 경험적으로 입증하기 위해서는 추가 연구가 필요하다.

그레이존 설정 환경에 영향을 미치는 추가 요인

센카쿠 인근의 중국 그레이존 작전에 대한 더 큰 그림을 이해하려면 CCG 주둔 임무의 빈도에 관한 양적 추세선 이상의 의미를 분석하는 것이 중요하다. 조슈아 히키(Joshua Hickey), 앤드류 에릭슨(Andrew Erickson), 헨리 홀스트(Henry Holst)의 문서에 따르면, 중국의 해양 경찰선은 2012년에 비교하여 그 수가 증가하였고, 정기적으로 센카쿠로 항해하는 CCG 선박은 일상적인 순찰을 처음 시작했을 때의 선박에 비해 성능과 규모가 크게 향상되었다. 다른 추세도 마찬가지로 강조된다. 예를 들어 2014년 8월 이후 영해에 입항하는 CCG 함대 내 최소 1척은 배수량이 3000톤 이상인 것으로 알려졌다. 2015년 2월에는 배수량 3,000톤 이상의 선박 3척이 동시에 여러 차례 입항하기도 하였다.

CCG의 하위 부대도 점점 군사화되고 있다. 2015년 12월부터 PLAN의 수상 전투함정을 포함한 무장 소형선이 센카쿠를 정기적으로 순찰했다. 이 선박에는 비록 지금은 CCG 색상으로 도색되어 있고 5자리 CCG 선체 번호가 부여되어 있지만, 중국 군대의 일부인 중국 해상경찰(CMP) 대원이 승선하고 있다. 군사 표준에 더 가깝게 특수 제작된 새로운 CCG 선박에서부터 명백한 섬 상륙 훈련에 이르기까지, 최근 몇 년 동안 군대와 진정한 민간인 사이의 경계가 더욱 모호해졌다. CMP 아카데미 저널의 최근 연구들은 CCG가 "전투 효율성"을 더욱 향상시키고 JCG의 경우 규범적으로 생각할 수 없는(그리고 아마도 불법으로 추정되는) 역할을 "해상 '단검' 부대(maritime 'dagger' force)"가 수행하고 있다고 밝혔다. 간단히 말해서 최전선에서 활동하는 중국과 일본의 함정은 각각 능력과 임무 면에서 명목상은 해안경비대의 일부이지만, 근본적으로는 점점 질적으로 구별되고 있다는 것이다. 주요 측면에서는 비록 최근 일본 영해와 배타적 경제수역을 보호하기 위한 확장된 권한을 가지고 있지만, JCG의 구성, 능력, 법적 권한은 민간 경찰의 정체성을 반영하는 반면에, 센카쿠 인근에서 CCG의 역할은 점점 더 준 군사조직의 역할로 이해된다. 일본의 관점에서 CCG의 최근 활동은 "일방적으로 현상태를 바꾸기 위해 위력을 사용하려는 시도"에 해당한다.

이러한 경향은 동중국해 그레이존에서 중일 세력 균형을 효과적으로 재편성하게 만들었다. 그들은 중국 지도자들이 현재 상황을 역전시키기 위해 위험한 선택을 할 경우, CCG가 JCG를 양적, 질적으로 점점 더 압도할 수 있다고 주장한다. 더욱 강력해지는 PLA는 중국의 해양 그레이존 작전에 영향을 미치고, 다른 작전이 전개되는 전략적 환경을 형성한다. PLA는 최전선에서 작전을 수행하지 않지만, 2012년 이후 자체 전투 능력과 CCG 및 PAFMM과의 상호 운용성 및 합동 훈련/실습도 크게 확대되었다. 간단히 말해서, 이것은 엄격한 민간 경찰기관 사이의 단순한 양적 경쟁이 아니다.

중국의 해양 그레이존 도전에 대한 일본의 대응

최근 몇 년 동안 중국은 센카쿠 인근의 그레이존 작전을 확대하여 자국의 영유권을 주장하기 위한 병력 수와 예산 및 정치적 의지를 보여주었다. 이에 일본은 JCG 중심의 법집행 대응에 초점을 맞춘 비확산·억제·거부 정책을 유지하면서도 독자적 대응책을 강구하고 있다. 상당한 법적 및 자원 제약에도 불구하고, JCG와 JSDF의 병력 구조 및 태세 측면에서 그리고 국가 안보 관련 정치 기관 전반에 걸쳐, 일본은 중국의 해양 그레이존 문제에 보다 효과적으로 대처하기 위한 중요한 개혁에 착수했다.

그레이존을 발견한 일본

그레이존의 분쟁은 틀림없이 "전쟁 그 자체만큼 오래된" 것이다. 그러나 "그레이존"이라는 특정 용어는 2010년까지 현대 일본의 주류 담론에 등장하지 않았다. 그 기원과 이후의 진화는 동중국해에서 중국의 그레이존 도전과 직접적으로 연결되었다.

GOJ가 일본 안보 담론에 "그레이존"이라는 용어를 도입한 최초의 주요 문서는 2010년 국방 계획 지침(NDPG)이었다. 1978년, 2004년, 2010년, 2013년에 발표된 NDPG는 일본의 안보 및 자위대 발전을 위한 기본 정책을 제시한다. 2010년 NDPG는 '그레이존 분쟁'을 언급하며, 이를 '증가 추세'로 설명하고 '강대국 간 대규모 전쟁 가능성 감소'와 비교하였다. 이를 "군사적 충돌로 확대되지 않는 영토, 주권 또는 경제적 이익을 둘러싼 대립 또는 분쟁"으로 정의한다. 우연히도 NDPG는 2010년 9월 트롤 어선 사건 이후 3개월 만에 발표되었다.

최근 몇 년 동안 JMOD는 "순수한 평시나 비상 상황이 아닌 영토, 주권 및 경제적 이익과 관련된 상황"으로 정의하는 "그레이존 상황"의 성장과 지속성을 강조했다. 2014년 7월 집단적 자위권의 제한적 행사를 허용하기 위한 헌법 재해석과 관련된 내각의 주요 결정은 사실상 "그레이존"이라는 용어를 사용하지 않고, 무력공격에 해당하지 않는 "침해에 대한 대응"이라는 개념으로 전체 3장 중 하나의 장을 할애해서 설명하고 있다.

이후 2014년 내각 결정에 대한 광범위한 보고로 인해, 그 이듬해 안보입법의 주요 패키지, 2015년 미일 방위협력지침의 주요 개정에 그레이존 개념을 포함시키는 것이 2015년 말까지 일본에서 사실상 주요 논의사항이었다. GOJ의 그레이존 정의를 둘러싼 담론은 센카쿠 주변의 잠재적인 우발 상황이 주요 원인이었음을 분명히 한다. 다음은 가장 잘 알려진 기본 시나리오의 일부 내용이지만, 다른 버전도 고려되었다.

- 1단계: 아마도 CCG의 지원을 받는 것으로 보이는 미확인된 (아마도 중국) 어선의 대규모 함대가 JCG를 압도한다.
- 2단계: 중무장한 중국 "가짜 어부"(민병으로 추정)가 센카쿠에 상륙하여 주둔한다.
- 3단계: 이 "어부들"은 그들을 체포하기 위해 인근 섬에서 파견된 일본 경찰을 제압하고, JSDF의 군사력 사용을 포함하여 최소한의 무력 확대 없이는 정상화될 수 없게 된다.

비록 중국군은 2016년 8월에 섬 상륙을 시도하지는 않았지만, 일부 일본 정보통은 발생한 사건이 가상 시나리오에 대한 이전의 가설적인 우려를 입증했다고 생각했다. 그럼에도 불구하고 일본에서는 센카쿠를 둘러싼 경쟁이 의지의 대결로 널리 인식되고 있다. 중국의 예상치 못한 발전이 정치적 및/또는 영토적으로 대등한 경쟁을 할 수 있을 때까지 일본의 레드 라인을 회피하면서 현상 유지에 대한 점진적인 하위 임계점 변경을 시도하는 것으로 인식된다. 2013년부터 2016년까지 JCG 사령관인 유지 사토의 최근 기사는 센카쿠 인근에서 중국의 해상 그레이존 작전을 일본에서 얼마나 많은 사람들이 중국의 '비군사적 수단의 능숙한 실행'은 '일본의 해양권익을 침해'하고 '무력으로 현상태를 바꾸려는' 시도로 해석하는지에 대한 의미 있는 관점을 제공한다. 특히 그는 "CCG의 [일본] 영해 침범", "CCG 해양법 집행 [활동]", 및 "영해로의 어선 침입"을 강조한다. 다른 곳에서도 그는 해상민병대의 개입 가능성에 대한 우려를 어렴풋이 언급했다.

일본 정부는 특히 2010년 이후 급속도로 진화하는 도전에 대응하여, 그레이존 우발상황에 대해 신속하고 효과적으로 "완벽하게" 대응할 수 있는 일본의 군사력을 합리화하고 강화하기 위한 광범위한 개혁에 착수했다. 이러한 노력에는 일본의 서남도서 주변 억제력 강화를 위한 전력 구조와 태세 강화, JCG-JMSDF 조정 개선, 그레이존 문제를 보다 효과적으로 예측하고 대응하기 위한 국내 및 미국 일본 기관의 개혁 등이 포함된다.

일본 남서열도 주변의 억제력 강화

2010년 이후 일본 정책 입안자들은 일본의 남서쪽 외딴 섬(센카쿠 포함)을 특히 취약하다고 보고 있다. 그 이유는 이 섬들이 중국과 가깝기 때문일 뿐만 아니라, 작은 육지 면적(개발 제한 옵션), 인구(대부분 무인도) 및 상대적 지리적 고립(일본의 4개 주요 섬 및 서로 간의 거리) 때문이다. 심지어 아예야마(Yaeyama) 제도의 일부인 이시가키의 외딴 섬조차도 센카쿠를 관할하며, 가장 가까운 JCG 순찰선의 본거지는 센카쿠에서 약 170km(20노트로 약 5시간) 떨어져 있으며 오키나와의 수도 나하에서 400km(약 11시간), 센카쿠 자체도 나하에서 약 400km, 일본의 4개 주요 섬(규슈) 중 가장 가까운 곳에서 1,000km 떨어져 있다. 아예야마섬 전체는 32개의 작은 섬으로 이루어져 있으며, 그 중 12개만이 유인도이고 총 52,000명의 주민이 거주한다. 양국 간의 잠재적인 무력충돌 발생이 근접했음에도 불구하고, 이 외딴 섬은 아주 최근까지 군대가 없었다. 예를 들어, 미국이 오키나와를 통치하던 기간(1945-72) 동안에도 미군 시설을 수용한 섬은 없었다. 사실, 미국이 이 섬들에 대한 첫 방문은 2007년이 되어서야 이루어졌으며, 당시 요나구니(Yonaguni)의 유일한 군대는 권총을 든 경찰관 두 명뿐이었다.

동중국해의 긴장이 고조되면서 GOJ는 외딴 섬을 방어하기 위해 전략적 초점을 재조정하고자 몇 가지 조치를 취했다. 특히, 정부는 이러한 변화를 주요 정부 문서에서 우선시하고 있으며, 더 새롭고 더 많고 더 능력 있는 유능한 JSDF 및 JCG 자산을 서부 및 남서부에 배치했다.

2010년 및 2013년 NDPG 주도

중국 어선이 JCG 선박 2척과 충돌한 지 3개월 만에 발행된 2010 NDPG는 냉전 이후 일본의 위협 환경과 그에 따른 자위대의 태세 및 구조에 대한 인식의 변화를 반영했다. 그레이존 개념을 도입하는 것 외에도 NDPG는 지속적인 자위대 자원 제한에도 불구하고 효율성을 최대화하는 것을 목표로 하는 "합동방위군(Dynamic Joint Defense Force)" 신설을 요구했다. 특히 ISR과 일본군의 기동성 및 유연성을 강화하고, 소련이 북쪽에서 주요 섬을 침공할 가능성에 중점을 둔 시대착오적인 냉전 태세에서 벗어나, 센카쿠를 포함한 일본 남서부의 외딴 섬 주변의 "진공" 및 "감시 격차"를 해결할 필요성을 인식하는 데 중점을 두었다. 이러한 방향 전환은 2012년 9월 국유화 이후 중국의 그레이존 작전 속도가 급증하면서 가속화되었다. 가장 최근 NDPG(2013)는 "합동방위군"과 "지속적 ISR"을 개발할 필요성과 침략 시 "재침략"을 포함한 "외딴 섬에 대한 공격"에 효과적으로 대응할 수 있는 능력을 강조한다.

신규 인수 및 배치를 통한 남서부지역의 억제력 강화

남서쪽으로 방향을 바꾸려는 하향식(정치적) 추진에 대응하여, JSDF와 JCG는 센카쿠의 만일의 사태를 저지하는 데 초점을 맞춘 새로운 능력을 대부분 획득했다.

남서쪽 섬을 요새화하기 위한 첫 번째 구체적인 노력은 1972년 이후 오키나와 최초 자위대 시설인 150명의 해안 감시 부대가 2개의 레이더를 운영하는 부대로 확장하기 위한 건설작업이 시작된 2014년에 4월 요나구미에서 이루어졌다. 2016년 봄에 완성된 레이더 기지는 이제 동중국해에서 중국 선박 및 항공기 활동의 향상된 ISR을 제공한다. 향후 몇 년 동안 대함 미사일과 지대공 미사일 부대를 포함한 500명의 지상 자위대가 이시가키섬에 배치될 것이다. 자위대는 또한 미야코지마(오키나와)와 아마미－오시마(가고시마)에 추가로 경비 및 미사일 부대를 배치하고 있다.

한편, JSDF의 주요 서부 거점(예: 오키나와, 사세보)에서, GOJ는 무인기, 수십대의 수륙양용차, v－22, 잠수함, F－35를 포함하여 JSDF의 근접성과 주둔, ISR 및 억제 능력을 강화했다. E－2C 정찰기(Hawkeyes)의 영구 비행 중대를 재편하고 나하 공군 기지에 새로운 9공군을 창설하여 F－15J의 수를 40기로 두 배 늘렸고, 1945년 이후 일본 최초의 상륙작전을 목적으로 한 2,100명 규모의 "상륙작전급배전여단"을 사세보에 배치했다.

JCG에는 NDPG와 같은 문서는 없지만, 2013년 일본 최초의 국가 안보 전략에는 "일본은 영토를 완전히 보호하기 위해 영토 순찰활동을 담당하는 사법기관의 역량을 강화하고 해상 감시 능력을 강화할 것이다"라고 명시하고 있다. 특히 JCG 장교들에게 외딴 섬에서의 법적 체포권이 주어졌던 2012년 이후, GOJ가 센카쿠에서 JCG가 최전선에 있다는 것을 인정함으로써 일본 서남도서에서의 JCG 전력 구조와 자세에 큰 변화를 가져왔다. JCG는 나하에 있는 제11 지역 본부와 급속히 진전되는 중국의 그레이존 문제에 유연하게 대응할 수 있는 능력을 강화하기 위해 노력했다.

이러한 정책 변화의 측정 가능한 효과는 상당했다. 가장 중요한 것은 기록적인(중간 정도이지만) 예산 증가와 자금의 내부 재할당으로, 2010년과 2016년 사이에 JCG의 총 톤수를 약 50%(70,500톤에서 105,500톤으로) 증가시켰다. 이러한 투자는 최전선 이시가키에 기반을 둔 12척의 전용 센카쿠 영해 경비부대의 창설을 가능케 하였으며, 나하에 기반을 둔 제11지역 본부가 센카쿠 주변 지역에서 24시간 주둔할 수 있게 되었다. 2012년 9월 기준 제11지역에는 7대의 대형 선박만 주둔하고 있었다. 2017년까지 센카쿠 경비대 전용으로 새로운 1,500톤급 순찰정 10척과 센카쿠 경비대 전용 3,100톤급 헬리콥터 수송 순찰선 2척을 포함하여 19척을 보유하게 됐다. 이시가키 시설은 이제 일본에서 가장 큰 JCG 사무소가 되었으며 멀리 떨어진 홋카이도까지 장기 원정을 가야하는 예전의 어려움을 크게 완화시켰다. JCG는 동쪽으로 미야코지마(Miyakojima) 사무소를 미야코지마부로 격상하고, 순찰 인원을 두 배로 늘리고 3척의 순찰선을 새로 추가하였다. 미야코(Miyako) 해안경비대는 12척의 순찰선과 200명의 선원으로 규모가 두 배로 늘어났다.

보다 일반적으로 JCG는 공중 감시를 강화하고 순찰을 늘리며 민간 위성을 활용한 독립적인 해상 감시시스템을 도입하여 상황 인식을 개선하는 데 상당한 투자를 했다. 보다 신속한 위기 대응을 위해, 총리실에 실시간 영상전송 체계도 구축하고 있다. 2013년에는 관료출신이 아닌 센카쿠 순찰 경험이 있는 전직 장교가 처음으로 JCG 사령관으로 임명되었다.

JCG-JMSDF 격차 극복

앞서 언급한 문제점 중 일부를 해결하고자 하는 최근의 노력에도 불구하고, 법적 및 기술적 문제는 여전히 민간(해상법 집행) JCG와 (사실상의) 군사 파트너인 JMSDF 간의 보다 강력한 협업을 방해하고 있다. 해양 그레이존에서 중국의 발전적인 도전은 이러한 인지된 문제점을 악용했다. 특히, JCG-JMSDF 상호운용성, 합동 훈련 및 연습, 공유 해양 영역 인식은 여전히 많은 문제점을 야기한다. 2014년 7월과 2015년 5월 내각 결정은 보다 긴밀한 JCG-JMSDF 협력을 요구했지만, 앞서 언급한 2015년 주요 안보법안 패키지는 아베 주도의 주요 캠페인에도 불구하고 그레이존 상황을 직접적으로 다루지 않고 통과되었다.

그럼에도 불구하고 JCG와 JMSDF는 최근 몇 년 동안 점차 협력관계를 개선해 왔다. JCG 요원들은 해외 해적 소탕작전을 담당하는 JMSDF 선박에 배치되었다. 센카쿠 관련 비상사태와 관련하여, 2015년 7월에 JCG와 JMSDF는 그레이존 시나리오에 대한 첫 번째 합동 훈련을 실시했다. 이는 의심스러운 움직임을 보이는 외국 군함과 관련이 있었다. 2016년 11월 JCG와 JMSDF, 일본 경찰청은 무장한 어부들이 외딴 섬에 불법적으로 상륙하는 시나리오를 바탕으로 첫 번째 훈련을 실시했다. 2013년 국가안보전략에서 "일본은 각종 돌발 상황에 원활하게 대응할 수 있도록 관계 부처 간 공조를 강화할 것"이라고 명시했음에도 불구하고 두 부대간 중요한 격차 문제는 여전히 존재한다.

그레이존 비상사태를 보다 효과적으로 대처하기 위한 제도적 개혁

예산과 플랫폼에 중점을 둔 많은 안보 전문가들은 종종 이 문제를 간과하지만, 유기적으로 설계된 기관은 센카쿠 또는 여타 다른 지역에서 모든 그레이존 비상사태에 효과적인 억제력 제공과 위기 대응을 위한 필수 조건 중 하나임이 분명하다. 특히 2012년 9월 이후 이러한 비상사태의 위험이 증가하고 기존 기관이 효과적으로 대응할 수 없다는 문제점이 심화되면서, GOJ는 내부적으로(GOD와 양자간(미국-일본)) 보다 신속하고 원활하며 범정부적 조정을 가능하게 하는 주요 개혁을 추진하는 데 박차를 가했다. 이러한 개혁은 일본을 특히 그레이존 도전에 취약하게 만드는 것으로 여겨졌던 기관간의 격차를 완벽하게 해소하지 못하더라도 완화하는 것을 주요 목표로 하고 있다.

GOJ(기관 간) 및 미일 동맹 공조를 신속하게 개선하려는 노력은 2013년 일본 최초의 국가안보회의(NSC) 설립과 2015년 미일 방위협력 지침에 가장 크게 반영되어 있다. 해양 그레이존 비상사태와 중국의 작전이 악용하도록 설계된 것처럼 보이는 바로 그 격차에 대한 우려에 상당 부분이 반영되어, 일본의 NSC를 수립하는 법안과 2015년 미일 지침은 "평시부터 전시까지 모든 단계에서, 완벽하게 안보 위협에 효과적으로 대응할 필요가 있다"는 인식의 필요성을 역설하는 등 이 문제를 해결하기 위해 노력하였다. 일본에 대한 무력 공격이 없는 상황을 포함하여 평시부터 전시 상황까지 단계적으로 원활하게 진행된다. 정책 입안자들은 "범정부 차원의" 접근방식뿐만 아니라, "강력하고 유연하며 효과적인" 대응에도 영향을 미친다고 주장했다.

일본 NSC의 관련 특성에는 외교 정책 결정을 내각으로 통합하여 보다 신속한 대응과 상대적으로 강화된 기관 간 조정 및 위기관리, 향상된 첩보 주기와 일본 정보 커뮤니티 전반에 걸친 보다 효과적인 정보 공유와 같은 "큰 그림" 전략 계획이 포함된다. NSC를 지원하는 일본의 새로운 국가안보사무국은 센카쿠 그레이존 상황에서 중요한 역할을 할 수 있는 JCG, 자위대, 경찰청 간의 확장된 상호 작용을 포함하여, 정기적인 민군 교류를 위한 연결고리 역할을 한다.

한편, 2015년 4월 일본과 미국은 센카쿠 시나리오를 염두에 두고 1997년 양자 간 방위 협력 지침을 근본적으로 수정했다. 그레이존 문제뿐만 아니라, 잠재적인 북한의 탄도미사일 위협에 이르기까지 질적으로 새로운 위협 환경을 인식하면서, 개정 지침은 "원활하고 강력하며 유연하고 효과적인 양자 대응, 양국 정부의 국가안보 정책에 걸친 시너지, [그리고] 범정부적 동맹 접근"을 강조한다. 중요한 것은, 무력 공격을 받은 경우에 한하여 작동되고 전혀 활용되지 않았던 동맹국들의 비효율적인 1997년 양자 조정 메커니즘을 "정책과 운영 조정을 강화하고" "평시에서 그레이존, 전시에 이르는 연속체에 걸쳐 공동 상황 인식의 개발 및 유지뿐만 아니라 적시에 정보 공유 및 유지에 기여하기 위해" 고안된 상설적인 "동맹 조정 메커니즘"으로 대체했다. 이번 지침으로 자위대는 "일본 방위에 기여하는 활동에 참여하는 경우" 무장 공격 시나리오가 없는 상황에서도 미군 자산을 보호할 수 있도록 허용하는 법안의 토대를 마련했다.

결론

지난 몇 년 동안 중국이 해상 그레이존 병력을 동원해 무력공격의 문턱 아래서 광범위한 영유권 주장을 펴는 것은 이웃 국가들과 특히 그들의 안보 동맹국이나 파트너로서 미국을 불안하게 했다. 센카쿠에만 국한된 2012년 이후의 중국의 해상 그레이존 작전은 기존의 작전, 법률 및 동맹의 격차뿐만 아니라, 일본의 일반적인 무력 사용이나 그 밖의 확전을 회피하는 방식으로 일본의 행정 통제의 현상을 바꿔보기 위한 노력으로 보인다. CCG의 은밀한 군사화, 증가된 규모 및 군사력, 센카쿠의 인접 지역과 영해에서의 주둔 확대와 더불어, 이 섬을 점령하고 있는 해상민병대에 대한 "작고 푸른 남자들(little blue men)"에 대한 두려움이 전례 없는 방법으로 일본 지도자들에게 큰 도전거리를 안겨 주었다.

JCG는 분명히 최전선에 있다. 거대한 배타적 경제 수역이 있는 약 6,800개의 섬으로 이루어진 군도 국가로서의 일본의 위상을 감안할 때, JCG는 오랫동안 세계에서 가장 크고 가장 강력한 해안경비대 중 하나였다. 영해를 보호하는 능력과 임무는 2010년 9월 이전에도 크게 확대되어 해상자위대가 더 멀리 떨어진 곳에서도 작전을 수행할 수 있게 되었다. 중국의 해양 그레이존 작전이 보다 빈번해지고 도발적이며, 군사화됨에 따라 작전 환경의 질적 변화가 발생했다. 민병대와 함께 하는 어선의 역할은 일본의 도전을 더욱 어렵게 만든다.

2010년 9월 이후 일본은 남서부 섬 방어의 격차를 해소하고, 주변 해역과 영공에서 중국의 활동을 모니터링하고, 섬 접근을 차단하며 더 심각한 도발을 억제하고, 중국이 레드 라인을 넘을 경우, JCG, JSDF, 미일 동맹은 더 신속하고 유연하며 원활하게 대응할 수 있도록 수많은 개혁을 채택했다. 이러한 진전은 비교적 짧은 시간에 이루어졌다.

그러나 앞으로의 발전은 GOJ가 직면하고 있는 보다 강력하고 유연한 억제 및 대응에 대한 법적, 기술적, 예산 및 능력과 관련하여 또 다른 문제점을 노출시켰다. 일본만이 24시간 지속적으로 주둔해야 한다는 부담을 지고 있음을 고려할 때, 직접적인 군사력 경쟁에서 중국이 유리할 가능성은 훨씬 더 크다. JCG는 비유적으로나 말 그대로 점점 더 많은 수가 확보되고 있으며, 상황이 악화될 경우 현 상황 유지 또는 무력충돌에 대한 도쿄의 우려를 고조시키고 있다. 예를 들어 JCGK의 새로운 센카쿠 기동대 12척은 2016년 8월에 중국 함정의 수에 압도당했으며, 다중부대 교체시스템(a multiple crew swap system)과 같은 정상적인 임무 요건을 충족시키기 위해 "긴급 조치(desperate measure)"를 채택하도록 강요받았다. 중국의

3-4-2 배치 패턴의 강화 또는 동시에 전선을 두 개(예: 센카쿠 및 오가사와라)로 확대는 등의 계속되는 도전은 일본 내에서 추가적인 고민거리이다.

Notes

1. 혼동을 피하기 위해서, 본장에서는 미국 지역명칭위원회의 지침을 따르고, 분쟁섬을 "센카쿠"라고 칭한다.
2. For the GOJ's authoritative after-action readout, see "平成 28年 8月上旬の中国公船及び中国漁船の活動状況について"["RegardingEarlyAugust2016Activitiesof Chinese State-Owned and Fishing Vessels"], 首相官邸 [Prime Minister of Japan and his cabinet], October 18, 2016, http://www.kantei.go.jp/jp/headline/pdf/heiwa_anzen/senkaku_chugoku_katsudo.pdf.Thisreportmakesnoreferencetomaritimemilitia.
3. "尖閣奪取に海上民兵 中国は本気だ!" ["Maritime Militia Seizure of Senkaku: China Is Serious!"], *Sankei*, August 18, 2016; 織田重明 [Oda Shigeaki], "尖閣諸島を襲う中国漁船に乗船する「海上民兵」の正体" ["The True Colors of the 'Maritime Militia' Embarked on the Chinese Fishing Vessels Attacking the Senkakus"], *SAPIO*, November 2016, http://ironna.jp/article/4598.
4. "국유화"라는 용어는 일본 정부가 사적 일본인 소유주로부터 섬을 구입했기 때문에 오해의 소지가 있지만 중국과 일본에서 널리 사용된다.
5. "Security Laws 1 Year On/Gray-zone' Enveloping the Senkaku Islands," *Yomiuri Shimbun*, April 1, 2017.
6. 약칭으로 CCG는 2013년 CCG가 정식 설립되기 전과 후에 중국 해안경비대에 포함된 4개 기관에 속한 중국 국영 선박을 의미한다.
7. Daniel Russel, "Maritime Disputes in East Asia," Testimony before the House Committee on Foreign Affairs Subcommittee on Asia and the Pacific, February 5, 2014, http://www.state.gov/p/eap/rls/rm/2014/0.2/221293.htm.
8. Andrew S. Erickson and Adam P. Liff, "Installing a Safety on the 'Loaded Gun'? China's Institutional Reforms, National Security Commission and Sino-

Japanese Crisis (In)Stability." *Journal of Contemporary China* 25, no. 98 (2016); Adam P. Liff and Andrew S. Erickson, "From Management Crisis to Crisis Management? Japan's Post2012 Institutional Reforms and Sino−Japanese Crisis (In)Stability," *Journal of Strategic Studies* 40, no. 5 (2017): 604−38.

9. 주권 주장을 "강화"하려는 베이징의 명백한 시도에 대한 국제적 법적 논리는 모호하기 때문에 그 목표는 주로 정치적이고 강압적인 것으로 보인다.
10. This slogan, first used by vice premier Li Keqiang in September 2012, has become a major propaganda tool against Japan. "四位政治局常委先后就钓鱼岛问题表态" ["Four PBSC Members Make Successive Statements Concerning the Diaoyu Issue"], *Dongfangwang*, September 12, 2012, http://world.people.com.cn/n/2012/0912/c1002−18985854.html.
11. Mark E. Manyin, *The Senkakus (Diaoyu/Diaoyutai) Dispute: U.S. Treaty Obligations*(Washington, DC: Congressional Research Service, October 14, 2016), R42761, https:// fas.org/sgp/crs/row/R42761.pdf; "Japan−U.S. Security Treaty," Ministry of Foreign Affairs of Japan, http://www.mofa.go.jp/region/n−america/us/q&a/ref/1.html.
12. "Remarks by President Trump and Prime Minister Abe of Japan in Joint Press Conference." Whitehouse.gov, February 10, 2017, https://www.whitehouse.gov/the−press−office/2017/02/10/remarks−president−trump−and−prime−minister−abe−japan−joint−press.
13. Michael Green et al., *Countering Coercion in Maritime Asia: The Theory and Practice of Gray−zone Deterrence* (Washington, DC: Center for Strategic and International Studies, 2017), 144−45.
14. 海上保安庁法 [Japan Coast Guard Law], http://elaws.e−gov.go.jp/search/elawsSearch/elaws_search/lsg0500/detail?lawId=323AC0000000028&openerCode=1#22.
15. 그러나 JCG는 과거에 무기를 사용한 적이 있다. 2001년에 "미확인 선박"을 침몰시켰고 나중에 북한 간첩선으로 밝혀졌다.
16. Aurelia George Mulgan, "Can Japan Defend the Senkaku Islands?" *East Asia Forum*, October 19, 2013, http://www.eastasiaforum.org/2013/10/19/can−japan−defend−the−sen kaku−islands/; Céline Pajon, "Japan's Coast Guard and Maritime Self−Defense Force in the East China Sea: Can a Black−and−White System Adapt to a Gray−Zone Reality?" Asia Policy, no. 23 (January 2017): 121; Sheila Smith, *Intimate Rivals: Japanese Domestic Policy and a Rising China* (New York: Columbia University Press, 2015), 223
17. Pajon, "Japan's Coast Guard and Maritime Self−Defense Force in the East

China Sea." 122.

18. 일본이 일반적으로 무력 사용을 꺼리는 복합적인 이유는 이 장의 범위를 벗어나지만 일본이 무력 사용을 효과적으로 금지하는 일본의 "평화 헌법"에 기반한 기본 정책 "배타적 방위"의 개념으로 대략적으로 파악할 수 있다. [*Defense of Japan*] (Tokyo: Ministry of Defense, 2017), sec. 2, chap. 1, http://www.mod.go.jp/j/publication/wp/wp2017/html/n2110000.html.
19. This was one primary insight from a 2017 tabletop exercise conducted by retired U.S. and Japanese officials. Sasakawa Peace Foundation USA, "Senkaku Islands Tabletop Exercise Report." May 2017, 8, https://spfusa.org/wp-content/uploads/2017/05/Senkaku-Islands-Tabletop-Exercise-Report.pdf.
20. Summary drawn from official GOJ data cited above, and case study in Green et al., *Countering Coercion in Maritime Asia*, 66-94.
21. See ibid., 124-47, for a detailed overview of this incident and China's response. 22. 시진핑은 2012년 11월 중국 공산당 총서기 겸 중앙군사위원회 주석이 되었다. 아베는 2012년 9월 자민당 총재에, 12월 압승으로 총리에 당선됐다.
23. Green et al., *Countering Coercion in Maritime Asia*, 143.
24. *Defense of Japan*, 120.
25. Tetsuo Kotani, "The East China Sea: Chinese Efforts to Establish a 'New Normal and Prospects for Peaceful Management," *Maritime Issues*, July 8, 2017, http://www.mariti meissues.com/politics/the-east-china-sea-chinese-efforts-to-establish-a-new-normal-and-prospects-for-peaceful-mana gement.html.
26. Tetsuo Kotani, "National Borders in an Uproar (I): Three-Four-Two Formula Engineered by Chinese Government." *Discuss Japan*, no. 36, March 23, 2017, http://www.japanpolicyforum.jp/pdf/2017/n036/DJweb_36_dip_03.pdf; Bonji Ohara, "Chinese Ships Swarm the Senkaku Islands," Discuss Japan, no. 36, March 23, 2017, http://www.japanpolicyforum.jp/archives/diplomacy/pt20170323153345.html.
27. *Defense of Japan*, 120.
28. Ibid. By mid-August 2016, however, CCG following of fishing vessels into the 12 nm zone had ceased.
29. "Regarding Early August 2016 Activities of Chinese State-Owned and Fishing Vessels, 2. 30. Ibid., 3.
31. *Defense of Japan*, 120.
32. 岩尾克治 [Iwao Katsuji], "現地ルポ11·11尖閣緊迫 海上保安庁「石垣保安部」は今" ["Frontline Report 11/11: Senkaku Strains, JCG's 'Ishigaki Security Division'

Now"], FACTA, January 2017, https://facta.co.jp/article/201701028.html.

33. Ministry of Foreign Affairs of Japan, "Japan China Relations," http://www.mofa.go.jp/a_o/c_m2/ch/page3e_000274.html.

34. Yuji Sato, "The Japan Coast Guard Protects the Senkaku Islands to the Last *Discuss Japan*, no. 35, October 18, 2016, http://www.japanpolicyforum.jp/archives/diplomacy/pt20161018235004.html.

35. "Chinese Fishing Fleet Only Sails to Senkakus under Order of Beijing," *Asahi Shimbun*, September 10, 2017.

36. Author interviews in Tokyo, September 2017.

37. *Defense of Japan*, 115.

38. "Maritime Militia Seizure of Senkaku."

39. Lyle J. Morris, "The New 'Normal' in the East China Sea" RAND, February 24, 2017, https://www.rand.org/blog/2017/02/the-new-normal-in-the-east-china-sea.html.

40. Conor M. Kennedy, "Gray Forces in Blue Territory: The Grammar of Chinese Maritime Militia Gray Zone Operations," in this volume.

41. 左毅等 Zuo Yi et al] "江苏省积极开展海上民兵实战化训练"["jiangsu Actively Developing More Realistic Combat Training for Maritime Militia"], 国防 [*National Defense*] (September 2015): 12.

42. Kennedy, "Gray Forces in Blue Territory."

43. *Defense of Japan*, 120.

44. Ryan D. Martinson, *The Arming of China's Maritime Frontier*, China Maritime Studies Institute Report no. 2 (Newport, RI: Naval War College, June 2017), esp. 11-13; *Defense of Japan*, 120-21.

45. "厦门海警渡海登岛模拟实战训练" ["Xiamen Coast Guard Island Landings Simulate Actual Combat Training"], *Taihaiwang*, March 14, 2015, http://www.taihainet.com/news/xmnews/shms/2015-03-14/1379952.html.

46. 余华 [Yu Hua], "新形势下提高海警部队战斗力对策研究" ["Research on Raising CMP Combat Effectiveness under the New Conditions"], 公安海警学院学报 [*Journal of China Maritime Police Academy*], no.3 (2017): 37-43.

47. *Defense of Japan*, 121.

48. 刘章仁 [Liu Zhangren], "论海警海军协同配合提高海洋管控能力" ["Strengthening CCG-PLAN Coordination to Raise Maritime Control Capabilities"], 公安海警学院学报 [*Journal of China Maritime Police Academy*], no. 3 (September 2014): 51-54. A 2017 article similarly calls for strengthening CCG/PLAN harmonization

(融合式发展) and integration (一体化) as part of China's strategy of military-police-civilian "harmonization" (军警民融合发展战略). 杨洋 [Yang Yang] and 李培志 [Li Peizhi],"中国海警海军融合式发展问题探究" ["On Integrated Development of CCG and PLAN"], 公安海警学院学报 [*Journal of China Maritime Police Academy*], no. 1 (2017): 11-15. On exercises, see Lyle J. Morris, "Blunt Defenders of Sovereignty :The Rise of Coast Guards in East and Southeast Asia,"*Naval War CollegeReview* 70, no.2 (Spring 2017): 87-88.

49. Hal Brands, "Paradoxes of the Gray-zone," FPRI E-Note, February 5, 2016, http://wwwfpri.org/article/2016/02/paradoxes-gray-zone/.
50. Author's translation. 新たな防衛大綱 [*National Defense Program Guidelines*] (Tokyo: Japan Ministry of Defense, December 17, 2010), http://www.mod.go.jp/j/approach/agenda/guideline/2011/taikou.html.
51. *Defense of Japan*, 63.
52. 国の存立を全うし、国民を守るための切れ目のない安全保障法制の整備について [*Cabinet Decision on Development of Seamless Security Legislation to Ensure Japan's Survival and Protect its People*] (Tokyo: Cabinet Secretariat, July 1, 2014), http://www.cas.go.jp/jp/gaiyou/jimu/pdf/anpohosei.pdf. Some scholars express concern that no Japanese statute explicitly defines "gray zone situations," leaving legal ambiguity concerning the term's operationalization and inconsistent definitions across the GOJ. 森川幸一[Morikawa Koichi], "グレーゾーン事態対処の射程と その法的 性質" ["Range and Legal Properties of Coping with Gray-zone Situations"], 国際問題 [*International Affairs*], no. 648 (January 2016): 29-38. Political contestation has also arguably left key associated issues unaddressed, such as what to do when a civilian policing response is insufficient for resolving a situation. Pajon, "Japan's Coast Guard and Maritime Self-Defense Force in the East China Sea," 116; Christopher W. Hughes, *Japan's Foreign and Security Policy under the 'Abe Doctrine* (London: Palgrave, 2015), 55-56.
53. Annual mentions of "gray zone" and "Senkaku" in Japan's largest newspaper, 読売新聞 [*Yomiuri Shimbun*], were zero from 1997 to 2009 but surged to nearly fifty by 2014. ヨミダス [*Yomidasu*] online database, https://database.yomiuri.co.jp.
54. For an example of some other scenarios, see Sasakawa Peace Foundation USA, "Senkaku Islands Tabletop Exercise Report."
55. "Security Laws 1 Year On."

56. Yusuke Saito, *China's Growing Maritime Role in the South and East China Seas* (Washington, DC: Center for New American Security, 2017), 6.
57. 佐藤雄二 [Sato Yuji], "東シナ海における中国の海洋進出への対応" ["Thinking about Chinese Maritime Expansion in the East China Sea"], 世界の艦船[*Ships of the World*] 860 (June 2017): 159.
58. Sato, "The Japan Coast Guard Protects the Senkaku Islands to the Last."
59. Brad Williams, "Militarizing Japan's Southwest Islands: Subnational Involvement and Insecurities in the Maritime Frontier Zone," *Asian Security* 11, no. 2 (2015): 136－53 (138－43).
60. *National Defense Program Guidelines.*
61. English－language provisional translation: Japan Ministry of Defense, "National Defense Program Guidelines for FY 2014 and Beyond." December 17, 2013, http://www.mod.go.jp/j/approach/agenda/guideline/2014/pdf/20131217_e2.pdf.
62. Williams, "Militarizing Japan's Southwest Islands," 143.
63. "GSDF to Deploy 500 Personnel to Ishigaki" *Japan News*, November 25, 2015.
64. 中期防衛力整備計画(平成26年度～平成30年度)について [*Medium Term Defense Program (FY2014-2018)*] (Tokyo: Japan Ministry of Defense, December 17, 2013), http://www.mod.go.jp/j/approach/agenda/guideline/2014/pdf/chuki_seibi26－30.pdf; *Defense of Japan*, sec. 2, chap. 3, http://www.mod.go.jp/j/publication/wp/wp2017/html/n2230000.html.
65. *National Security Strategy* (Tokyo: Cabinet Secretariat, December 17, 2013), 16, http://www.cas.go.jp/jp/siryou/131217anzenhoshou/nss－e.pdf.
66. "Japan Coast Guard Beefing Up Fleet for Patrol of Senkaku Islands." *Asahi Shimbun*, October 5, 2014
67. Morris, "Blunt Defenders of Sovereignty," 78.
68. Iwao, "Frontline Report 11/11."
69. Sato, "The Japan Coast Guard Protects the Senkaku Islands to the Last."
70. "Three New Patrol Boats Added to Miyako Coast Guard," *Japan Update*, October 17, 2016.
71. "JCG Planning to Increase Aerial Surveillance by 20%" Yomiuri Shimbun, December 29, 2014; "Japan Coast Guard to Spend 27% of Budget on Boosting Senkaku Surveillance in 2017" *Japan Times*, December 22, 2016; "海保警備体制 適切な法執行で主権を守れ" [JCG Guard System: Protecting Sovereignty through Appropriate Law Enforcement"], 読売新聞 [*Yomiuri Shimbun*], September 10, 2017; "JCG to Monitor Territorial Waters with Satellites,"

Yomiuri Shimbun, September 8, 2017.

72. "Japan Coast Guard to Spend 27% of Budget on Boosting Senkaku Surveillance in 2017."

73. Previously, career bureaucrats always held the post. "海上保安庁長官に初の現場出身" ["First from the Front Lines to Become JCG Commandant"], 日本経済g新聞 [*Nikkei Shimbun*], July 18, 2013; Sato, "The Japan Coast Guard Protects the Senkaku Islands to the Last."

74. Pajon, "Japan's Coast Guard and Maritime Self-Defense Force in the East China Sea," 112.

75. Ibid., 114.

76. "「グレーゾーン」初訓練 警察、海保、自衛隊の3機関連携" ["First 'Gray-zone' Training Linking Police, JCG, JSDF"], 東京新聞 [*Tokyo Shimbun*], November 11, 2016.

77. *National Security Strategy*, 6.

78. *Guidelines for Japan-U.S. Defense Cooperation* (Tokyo: Japan Ministry of Defense, April 27, 2015), http://www.mod.go.jp/eld_act/anpo/shishin_20150427e.html.

79. On NSC's implications for Sino-Japanese crisis management, see Liff and Erickson, "From Management Crisis to Crisis Management?" For the latter, see *Guidelines for Japan-U.S. Defense Cooperation*.

80. Ibid.; Adam P. Liff, "Japan's Defense Policy: Abe the Evolutionary." *Washington Quarterly* 38, no. 2 (Summer 2015): 79-99, esp. 87-88.

81. Richard J. Samuels, "'New Fighting Power!' Japan's Growing Maritime Capabilities and East Asian Security," I*nternational Security* 32, no. 3 (Winter 2007): 84-112.

82. Iwao, "Frontline Report 11/11."

Katsuya Yamamoto

동중국해

미래 동향, 시나리오 및 대응

폭이 400해리 미만인 동중국해는 어류와 천연가스를 비롯한 풍부한 해양 자원을 자랑한다. 이 좁은 수역에서 중국은 등거리 경계선 동쪽, 일본의 류큐(Ryukyu) 열도와 매우 가까운 해역에서 자원에 대한 권리를 주장하고 있다. 일본과 중국은 동중국해에서 어떠한 경계 협정에도 동의하지 못했으며, 일본은 영해 기선에서 대륙붕을 포함하여 200해리까지의 배타적 경제수역(EEZ)을 주장하고 있다. 중국은 또한 센카쿠 열도에 대한 권리도 주장하고 있다. 이 분쟁지역 내에서 PLA, 해양경찰, 민병대 및 민간 상업 단체는 민-준군-군(civil-paramilitary-military) 합동작전에 참여하여 중국의 주장에 힘을 실어주려고 한다. 따라서 일본이 미래에 직면할 가능성이 있는 시나리오와 일본의 의사결정자가 향후 중국의 행동에 대응할 때 감안해야 할 문제점을 고려하는 것이 중요하다. 본 장에서는 이전 장의 내용을 토대로 이와 관련한 중요한 문제를 조사하고 동중국해에서 지금까지 발생한 사건에 대해 논의하기로 한다. 현재의 추세가 계속된다면 10년 후 동중국해는 어떤 모습일 것인가? 그 기간 동안 어떤 시나리오가 발생할 수 있는가? 그들은 어떻게 움직일 것인가?

일본 지도자들은 향후 중화인민공화국(PRC) 조치에 보다 효율적으로 대비할 수 있도록 다양한 시나리오를 고려해야 한다. 그들은 중국이 과거 동중국해와 남중국해에서 일으킨 일련의 사건을 바탕으로 시사점을 도출해야 한다. 예를 들어, 남중국해에서의 중국의 과거 행동은 동중국해에서의 향후 활동을 예측할 수 있게 한다. 따라서 이 장에서는 동중국해에서 중일 마찰의 두 가지 원인인 해저권과 센카쿠 열도의 영유권을 검토하여, 몇 가지 가능한 미래 시나리오를 살펴볼 것이다. 또한 중국의 여러 경향에 대해 논의하고, 동중국해에서 이러한 경향이 어떻게 나타날지 예측해보고자 한다.

해저 자원

남중국해에서는 분쟁지역에 대한 중국의 일방적인 해저 자원 탐사로 인해 긴장이 고조되고 있다. 2011년 중국 해양경찰(MLE) 선박이 베트남 자원 탐사선의 운영을 방해하고 케이블을 절단한 혐의를 받았다. 2014년 중국은 해상권 보호를 위해, 최대 규모의 해상민병대(PAFMM)를 동원하여 PLAN, MLE, PAFMM 선박이 호위를 받으며 하이양시유(Hai Yang Shi You) 981 석유 시추선을 파견했다. 그들은 접근을 시도하는 베트남 선박을 강제로 격퇴시켰지만, 베트남의 격렬한 반대는 궁극적으로 중국이 시추장비를 철수토록 하는 계기를 만들었다. 남중국해에서는 어부로 위장한 해상민병대가 외국 선박을 상습적으로 방해하고 있고, 이러한 징후는 동중국해에서도 나타나고 있다.

최근 몇 년 동안 중국은 중일 공동협정을 무시하고 동중국해에 석유 및 가스를 측량하고, 시설을 건설하고, 시추에 참여하는 등 일방적인 천연 자원 개발 활동을 가속화하고 있다. 중국은 현재 동중국해에 있는 4개의 기존 해양 플랫폼 외에도 12개를 더 건설하고 있다. 일본의 항의에도 불구하고 중국은 이러한 시추 및 탐사 활동을 중앙선에서 일방적으로 계속했을 뿐만 아니라, 명목상 경제 기반 시설을 안보 기반시설로 전환하는 조치를 취했다. 2016년 6월 말 일본은 중국이 해상 플랫폼 12번에 "대함 레이더와 감시 카메라"를 설치했음을 확인했다.

더욱이 중국은 자원권이 지리적 등거리선의 동쪽에 있다고 거듭 주장해왔다. CCG가 이를 빌미로 일본 EEZ에서의 일본 해안경비대(JCG) 측량활동을 방해하였다. 2010년 5월 중국 해상감시(CMS) 선박 Haijian 51호는 JCG Syoyo를 추격하여 아마미-오시마 북서쪽 320km까지 진출하였고, 2010년 9월 CMS Haijian-51은 당시 오키나와의 서북서 방향으로 운항하던 JCG Shoyo와 JCG Takuyo를 향해 "중국 EEZ에서 일본 선박의 조사 활동은 불법"이라고 경고했다.

자료 13-1. 중국의 일방적인 해저 자원 탐사: 과거와 가능한 미래 행동

과거 행동	가능한 미래 행동
• 중안선 서쪽의 단독 가스 시추 • 중안선 동쪽의 단독 조사 • 해양경찰부대의 경고, 추격 등을 활용한 중안선 동쪽에서 일본의 탐사작전 방해	• 중안선 동쪽 해역에서의 가스 시추 • 어선 및 군함을 활용한 석유가스 시설 호위 및 일본 선박 퇴거 조치 • 해양경찰부대의 물리적 공격을 활용한 중안선 동쪽에서 일본의 탐사작전 방해 • 해상민병대를 활용한 중안선 동쪽에서 일본의 탐사작전 방해

중국의 현재 행동을 제재하지 않는다면, 조만간 중국은 남중국해에서 그랬던 것처럼 동중국해에서 보다 적극적인 행동을 취할 것으로 거의 확실시된다. 예를 들어, CCG는 중앙선의 동쪽에서 그들의 존재를 더욱 확장할 것이고, 중국 에너지 회사는 CCG 및 PAFMM 군대의 호위를 받아 석유 및 가스 조사 및 시추 장비를 중앙선의 동쪽으로 보낼 수도 있다. CCG 부대는 2016년 12월 남중국해 USNS Bowditch에서 해군(PLAN) 함정이 수중 드론을 가로챈 것처럼, 견인 케이블을 절단하거나 탐사 장비를 압수하여 일본의 경제 및 과학 활동을 방해할 수 있다.

센카쿠 열도 주권

남중국해에서 CCG 및 PAFMM는 미스치프 암초(1994-95) 및 스카버러 암초(2012)와 같은 분쟁 지형에 대한 통제권을 주장하는 데 활용되었다. 센카쿠 제도 근처에서도 비슷한 시나리오가 발생할 수 있다.

지금까지 센카쿠 열도에 대한 중국의 주장은 해안경비대 군사력에 크게 의존해 왔다. 2012년 이후 CCG와 어선에 의한 일본 센카쿠 영해 및 인접 수역 침입이

크게 증가했으며, 이러한 문제는 지속적으로 발생하고 있다. 2017년 5월, 최초의 사건으로 CCG 선박 2308의 무인 항공기가 센카쿠의 영공에 진입했다.

어선은 또한 중국의 동중국해 분쟁 대응 전략에서 중요한 역할을 한다. 2016년 8월 어업 시즌이 시작될 때, 약 300척의 중국 어선과 CCG 선박이 센카쿠 주변 해역에 배치되었다. 이를 문제 삼지 않는다면 중국은 센카쿠 인근에서 운항하는 어선의 수를 늘리고 일본 선박을 물리적으로 추방할 것이다. 더욱이 이 지역에서 중국 어선의 수가 증가함에 따라 평화지향적인 일본 어민들은 그들의 작은 어선에 신체적·경제적 피해를 줄 수 있는 불필요한 충돌을 원하지 않기 때문에, 중국 어부들과의 마찰과 예상하지 못한 갈등을 피하고자 적극적 대응을 자제하고 있다.

앞으로 중국은 자국 어선을 센카쿠 해역으로 유도하기 위해 어떤 핑계를 대려 할지도 모른다(자료 13-2 참조). 2012년 7월 106척의 중국 어선이 태풍을 피하기 위해 규슈 서해안의 외딴 작은 섬 나가사키 고토의 작은 항구에 몰려들었다. 일본 정부당국은 폭풍우가 진정된 후에도 이러한 모호한 "난민"이 남아서 무력을 활용하여 특정 장소를 차지하려고 할 수도 있다고 우려한다. 효율적으로 배치된 폭풍 대피 장소인 센카쿠는 정확히 이러한 공격 위험에 처해 있다. 중국 정부군이 도피를 구실로 은밀히 상륙하면 일본과 중국 사이에 심각한 위기가 촉발될 수 있다.

자료 13-2. 중국의 센카쿠 열도 영유권 주장의 과거와 미래 가능성

과거 행동	가능한 미래 행동
• 센카쿠 해역의 조업활동 호위 • CCG 센카쿠 해역 순찰활동 • PLAN의 센카쿠 인근해역 순찰활동	• 센카쿠 해역에서 CCG를 호위를 받은 정기적 조업활동 • 인근해역에서의 다수의 어업활동 • 법집행 임무를 포함한 해상민병대의 호위 및 순찰활동 • CCG 드론이 센카쿠 착륙 • 중국 어민 또는 민병대원의 센카쿠섬 상륙 및 주둔 • PLAN 함선의 센카쿠 인근해역 진입 및 순찰활동

센카쿠 사태가 발생하면 다른 지역에서 활동하는 중국 어부가 일본의 대응을 혼란스럽게 만들 수 있다. 2014년 9월 중순부터 2015년 초까지 일본 오가사와라 제도 주변 해역에서 200여 척의 중국 어선에 의해 발생한 산호 불법채취(그들을 막으려는 노력에도 불구하고)는 중국이 센카쿠 열도로부터 관심과 자원을 빼돌려 일본

에 도전하려는 시도를 보여주는 사례이다

주요 시나리오 역학

지금까지 공식적으로 확인된 동중국해 해상민병대 활동은 거의 없다. 그러나 일부 일본 언론은 민병대의 존재에 대해 보도했다. 2016년 산케이 신문은 푸젠(Fujian)성의 일부 어부들이 7월에 센카쿠로 향하라는 정부 명령을 받았다고 전했다. 푸젠성 어부들은 또한 8월에 센카쿠 주변 해역에 모인 어선에 최소 100명의 민병대가 참여했음을 인정했다. 2017년 아사히신문은 저장성의 일부 어부들이 중앙정부의 명령에 따라 센카쿠로 항해한다고 말했다. 남중국해 상황을 보면 중국은 이미 동중국해에서 민병대 활동을 시작했다고 쉽게 짐작할 수 있다.

중국 민병대 활동을 다루는 것은 MLE 활동을 다루는 것보다 더 어려울 수 있다. PRC는 중국 어민의 모호한 정체성을 이용하려고 시도할 수 있다. 예를 들어, 민병대원은 민간인 어부로 가장하여 일본의 감시활동과 어업활동을 방해하고 센카쿠 중 하나에 상륙하도록 명령할 수도 있다. 2012년과 마찬가지로 중국은 새로운 침해를 정당화하기 위해 위기를 조작하려고 시도할 수 있다. 센카쿠 영해에서 전례 없는 PLAN 작전을 정당화하기 위해 중국 어선과 JCG 선박 간의 충돌을 조작할 수 있다. 중국은 동중국해에서 추가적인 조치를 취하여 일본이 다른 문제를 포기하도록 압력을 가할 수 있다. 예를 들어, 중국은 일본이 남중국해의 다른 분쟁 당사국에 대한 지원을 중단하도록 강요하기 위해 동중국해에 위기를 일으킬 수 있다.

일본 의사결정자를 위한 중요 고려사항

중국은 관련 해역의 해저 자원을 포함하여 영유권과 자국의 이익을 주장하고, 이를 확장하는 것을 목표로 하고 있다. 목표달성하기 위해서는 경쟁국의 존재를 약화시켜야 한다. 현재까지 중국의 남중국해 활동은 이러한 목표를 지원하기 위한 세 가지 작전 유형, 즉, 외국선박 방해활동, 천연자원 탐사, 섬 상륙에 관한 힌트를 제공한다.

이러한 작전에서 중국의 접근방식은 해상 인민 전쟁의 개념에 따라 어민/민병대, 경찰기관 및 군대를 협력시키는 것이다. 그를 위해 "먼저 민간인을 보내고 군대는 이들을 따라가라", "민간인 사이에 군대를 은폐를 시도하라" 등의 임무가 부여될 것이다. 이를 기반으로 중국은 먼저 "어부"를 활용할 것이다. 2016년 8월 장완취안 국방장관은 동중국해를 방문하여, 분쟁지역의 최전선에서 영유권 보호 활동을 하고, 사실상의 영유권을 주장하는 중국 군대의 일부를 제외하고 모두 절강성(浙江省)에 있는 PAFMM 부대와 시진핑의 지도에 따라 해상 인민 전쟁에서 승리하는 방법을 "연구하고 탐구"하라고 지시했다.

분명한 국가적 의도를 가진 중국의 작전과 국가적 의도를 위장하기 위한 표면상 민간 행위자들에 의한 고의적이지만 모호한 행동이라는 이 두 가지 시나리오 유형에는 특별히 주의를 기울일 필요가 있다. 중국은 여러 그레이존 작전에서 분명한 국가적 의도를 보여 왔다. 민병대 활동이라는 결정적인 표식이 확인되지 않으면, 일반 어선인지 PAFMM 부대인지 즉각 판단하기 어려울 수 있다. 그러나 많은 경우에 추후 분석 결과를 보면, PLAN과 CCG 부대가 직접 지원했음을 알 수 있다. 민병대원으로 명확히 밝혀지지 않은 중국 어부들은 심지어 무기를 들고 외국 해양경찰에게 저항하기도 했다.

중국의 경우 그레이존 작전은 회색이 아니다. 그들은 중국의 특성과 역사적 전략 및 전술, 특히 전시와 평시, 전투원과 비전투원의 구분에 관한 모호성을 포용하는 인민의 전쟁 개념을 활용한다. 중국은 일본, 미국과 같은 현대 자유민주주의 국가와는 다른 정치적 가치를 수용하고 촉진시킨다. 예를 들어, 이러한 접근이 자국민과 외국 시민의 안전과 국제법에 반하는 경우에도 "민간인 사이에 군대를 은폐"하는 위장술과 난독화(obfuscation)를 이용하려고 한다. 이것은 중국과 현대 국제사회 사이의 비대칭적인 상황을 잘 보여준다.

일본, 미국 등 기타 국가가 민병대라는 모호한 지위와 해군 대신 어부와 해안경비대원을 고용하는 불법 행위를 받아들인다면, 전후 질서에 기반을 둔 국제법과 규범에서 어렵게 얻어진 자유·진보적 가치가 훼손될 것이다. 현대 문명국가는 중국과 같은 강대국이 이러한 전술을 사용하도록 허용해서는 안된다. 남중국해에서 중국 어선이 외국 선박을 방해하는 여러 사례는 실제로 PLA의 통제 하에 수행된 PAFMM 활동이었다는 많은 분석들이 있다. 중국은 자국의 영유권 주장을 확장시키면서도, 그레이존에서는 독자적인 통제 논리를 활용한다. 센카쿠 인근의 민감한 수역에서 "어업"과 같은 다른 기타 활동뿐만 아니라 국제 해상 사고에 관여하려면 명백한 중국의 허가가 필요하므로, 이러한 맥락에서 운항하는 모든 중국 선박은 국가적으로 승인된 임무를 부여 받았다고 가정해야 한다.

일본은 엄격한 준법 국가다. 외국의 공격은 물론이고 민간인의 행동과 외국의 행동에 대응하는 조직, 수단, 방법은 당연히 다르다. 관련 일본 기업이 다양한 비상사태에 대처하기 위해 따라야 하는 국내 법률 및 규정도 마찬가지이다.

해상민병대원을 식별하고 문서화하는데 내재된 잠재적인 도전과 그들의 행동의 군사적 특성을 감안할 때, 주어진 시나리오의 상황은 이에 대한 일본의 대응을 알려주는 원칙을 결정한다. 분명한 국가적 의도를 가진 외국의 공식 활동의 경우, 이에 대한 대응 원칙이 매우 명확하다. PLA를 포함한 외국의 군사 활동을 다루는 것은 일본 자위대(JSDF)의 책임이다. 중국의 해상민병대나 해안경비대가 일본에 대해 군사작전을 하면, 자위대는 방어작전으로 대응한다. 비군사적 활동에 대응하는 것은 법집행을 수행하는 JCG의 책임이다.

국가적 의도가 불분명한 불법, 범죄 또는 모호한 행위는 법에 따라 JCG와 경찰에서 담당한다. 예를 들어, 해안경비대는 깃발을 꽂거나 다른 상징적 활동에 참여하기 위해 센카쿠에 상륙하려는 중국 민족주의자에 대한 첫 번째 대응선이다. 신속하고 효과적인 대응은 불법 주둔을 방지할 수 있을 뿐만 아니라, 중국 시민에 대한 관할권을 행사하기 위한 CCG의 존재에 대한 변명도 피할 수 있다. 현재 동아시아에서 민간 해상 주둔이 크지 않은 미국 동맹국과 달리 일본은 다양한 상황에서 중국과 비례하는 해안경비대를 보유하고 있다. 그리고 JCG의 군사력은 점차 증가하고 있다. 이는 단계적 확대를 억제하는 데 유용하며, 우발적 충돌로 인한 의도하지 않은 사고를 처리하는 데 특히 중요할 수 있다.

그레이존 상황에서 일본의 주요 행위자는 관련 법집행기관인 JCG여야 한다. 물론 국내 규정은 일본 정부에 자위대를 법집행 역할로 사용할 수 있는 몇 가지 선택지를 제공한다. 불법 행위자의 무력수준이 JCG의 군사력을 초과하는 경우, JSDF는 정부 명령에 따라 법집행활동을 지원하고 보완한다. 최악의 시나리오에서 자위대는 최전선 역할을 맡아 상황을 해결하기 위해 법적으로 적절한 모든 조치를 취할 수도 있다. 확실히, 자위대의 이러한 후자의 역할은 "어부"가 민병대일지라도 일본 군함이 "어선"에 맞설 위험을 증가시킬 것이다. 중국 매체에서는 일본 군함이 무고한 중국 어부를 공격했다고 호도할 수 있다. 그러나 잠재적인 시나리오의 다양한 세부 사항에 관계없이 어떤 경우에도 기만적 전술을 활용하는 중국에게 일본의 작전반경, 능력 또는 권한의 경계를 악용하도록 허용되어서는 안된다.

결론

일본은 미국 동맹국 및 기타 파트너와 다양한 수준의 협력을 통해 그레이존에서 중국의 비대칭 작전에 대응해야 한다. 이를 통해 어부, 민병대, CCG 및 PLAN의 일부 조합이 참여하는 원활한 접근 방식에 직면할 수 있다.

일본과 동맹국 및 파트너는 중국의 해상 전쟁 교리를 명확하게 이해하고 국제 사회에 정확히 설명해야 한다. 그들은 어부로 위장했는지 여부에 관계없이 민병대를 국제 해양 분쟁의 최전선에 배치하는 중국의 비인간적인 행동이 위험하고 무책임하며 잠재적으로 큰 문제를 야기할 수 있음을 문서화해야 한다. 그렇게 하지 않는 것은 강대국의 행동에 부합하지 않는 것이며, 중국이 원하는 대로 되는 것이다.

그러나 도덕적 설득만으로는 일본의 영토권을 보장하거나, 지역의 평화와 안정을 유지할 수 없다. 일본, 미일 동맹 및 기타 파트너는 동중국해에 대한 상세한 영유권에 대한 문제의식을 이해하고 국제 사회와 공유해야 한다. PAFMM 선박, 인원 및 활동에 관한 정보를 대중에게 공개하는 것은 특히 중요하다.

마지막으로, 일본 자체보다 일본의 안보를 수호하기 위해 더 많은 일을 할 수 있는 국가는 없다. 이를 위해 일본은 JCG의 능력을 지속적으로 강화하고, JCG와 자위대의 원활한 협력을 보장해야 한다.

Notes

1. "Section 3: China," in *Defense of Japan 2017* (Tokyo: Ministry of Defense, 2017), 107, http://www.mod.go.jp/e/publ/w_paper/pdf/2017/DOJ2017_1-2-3_web.pdf.
2. "中国、海保測量船に中止要求 沖縄沖" ["China Claims JCG Survey Ships to Stop Surveys Off Okinawa"], 日本経済新聞 [*Nikkei Shimbun*], September 11, 2010, https://www.nikkei.com/article/DGXNASDG1102F_R10C10A9000000/?dg=1; 吕宁 [Lu Ning], "有效体现对东海的主权和管辖权" ["Effectively Manifest Sovereignty and Jurisdiction in the East China Sea"], 中国海洋报 [*China Ocean News*], September 14, 2012, http://www.oceanol.com/zfjc/wqxunhang/21198.html.
3. Ministry of Foreign Affairs of Japan, "Status of Activities by Chinese Government Vessels and Chinese Fishing Vessels in Waters Surrounding the Senkaku Islands," August 26, 2016, http://www.mofa.go.jp/files/000180283.pdf.
4. "中国やりたい放題 地元漁師や市議ら危機感、海保は薄氷を踏む警備" ["Local Fishermen and the Members of the City Council Have a Serious Sense of Crisis against Arrogant China, and JCG Patrolled with Extreme Attention"], 産経ニュース [*Sankei News*], September 17, 2017, http://www.sankei.com/west/news/170908/wst1709080101-n1.html.
5. "200隻超す大船団海が中国に占領される固唾呑む五島の漁民ら脅威" ["Goto's Fishermen Hold Their Breath for Rushing Their Small Port by Morethan 200 Chinese Fishing Boats"], 産経ニュース [*Sankei News*], November 7, 2014, http://www.sankei.com/west/news/141107/wst1411070021-n1.html.
6. Ministry of Foreign Affairs of Japan, "The Issue of Chinese Coral Vessels in the Seas Close to Japan, Including around the Ogasawara Islands," January 20, 2015, http:// www.mofa.go.jp/a_o/c_m2/ch/page3e_000274.html.
7. One officially confirmed example is a maritime militia reconnaissance unit's close surveillance of USNS *Howard O. Lorenzen* in 2014. "常万全在苏调研全民国防教育 专程察看角斜红旗民兵团" ["Chang Wanquan Inspects National Defense Education in Jiangsu Province-Special Visit to Jiaoxie Red Flag Militia Regiment"], 中国江苏网 [*China Jiangsu Net*], May 16, 2017, http://jsnews.jschina.com.cn/nt/a/201705/t20170516_509602.shtml.
8. "「海の人民戦争だ」 中国漁船に乗り込んだ海上民兵の実態とは。100人超動員、日本への憎しみ教育受ける" ["People's War at Sea" Is the True Nature of the

Maritime Militia Aboard a Chinese Fishing Boat. More than One Hundred Militiamen Are Mobilized and Educated to Harbor Hatred toward Japan"], 産経ニュース [*Sankei News*], August 20, 2016, http://www.sankei.com/world/news/160816/wor1608160038-n1.html.

9. "Chinese Fishing Fleet Only Sails to Senkakus under the Order of Beijing." *Asahi Shimbun*, September 10, 2017, http://www.asahi.com/ajw/articles/AJ201709100021.html.

10. Ryan Martinson and Katsuya Yamamoto, "Three PLAN Officers May Have Just Revealed What China Wants in the South China Sea," *National Interest*, July 9, 2017, http://nationalinterest.org/feature/three-plan-officers-may-have-just-revealed-what-china-wants-21458?page=show.

11. "常万全: 必须认真研究探索打赢新形势下海上人民战争" ["Chang Wanquan: We Must Seriously Study and Explore Winninga People's War at Sea in the New Situation"], 解放军报 [*Liberation Army Daily*], August 3, 2016, http://military.people.com.cn/n1/2016/0803/c1011-28606439.html.

12. For scenarios and analysis, see Sasakawa Peace Foundation USA, "Senkaku Islands Tabletop Exercise Report," May 2017, https://spfusa.org/wp-content/uploads/2017/05/ Senkaku-Islands-Tabletop-Exercise-Report.pdf.

13. Katsuya Yamamoto, ("Maritime Militia and Chinese Fishermen"), Japan Maritime Self-Defense Force Command and Staff College, December 14, 2014, http://www.mod.go.jp/msdf/navcol/SSG/topics-column/col-056.html.

제5부

그레이존 정책 과제 및 제언

Tomohisa Takei

해양 그레이존 작전의 시간적 요소

역사적으로, 영토 분쟁은 중요한 외교 문제가 되었으며, 어떤 경우에는 무력충돌로 확대되었다. 그러나 현재의 남중국해 영유권 분쟁은 평시이든 전시이든 상관없이, 비군사 행위자들에 의한 현상 유지의 반복적인 변화를 나타낸다. 동중국해의 상황은 이러한 남중국해의 상황과 매우 유사하게 보인다. 중국 인민해방군 해상민병대(PAFMM) 관련 사건에 대한 공식 보고가 없었음에도 불구하고, 센카쿠 열도에 대한 일본의 관할권은 중국 해양법 집행기관과 어선에 의해 지속적으로 도전받고 있다. 이러한 일련의 사건은 그레이존에서 발생하여 무력충돌로 확대되지 않고 있지만 관련국들 간의 긴장을 유발한다. 이 장에서는 세 가지 작전(평시, 그레이존, 전쟁)을 시간과 강도 측면에서 비교 대조한다. 작전상 중요하지만 지금까지 연구되지 않은 영역을 조명하기 위해 평시에서 그레이존, 그레이존에서 전쟁으로의 전환을 나타내는 예비활동에 대해서도 검토한다. 자료 14-1에서 알 수 있듯이 그레이존 갈등은 "시간"과 "강도" 면에서 전통적인 갈등과 근본적으로 다르다.

평시 작전

자료14-1에서 수평선은 작전의 강도를 나타내며, 왼쪽에서 오른쪽으로 강도가 증가한다. 강도는 사용된 전술의 함수이다. 핵무기는 가장 강도 높은 작전 유형에 해당하는 반면, 장거리 음향 장치와 같은 비살상용 장비는 가장 강도가 낮다. 수직선은 시간 요소 또는 작전의 연속성을 나타내며, 장기 작전은 맨 위에 있고 단기 작전은 맨 아래 쪽에 위치한다. 왼쪽 상단에서 오른쪽 하단까지 두꺼운 검은색 실선 곡선은 이론적인 해상 작전의 연속성을 나타낸다(종종 엄격하게 선형 방식으로 진행되지 않음). 해상에서의 해적 대응 및 대테러 작전은 기본적으로 낮은 수준의 치안관련 작전이므로 해안경비대 등 해양경찰이 책임을 져야 한다. 그러나 중무장한 소말리아 해적은 이들에 대응하기 위해 파견된 군대가 본토에서 멀리 떨어진 장소에서 작전을 수행하기 때문에, 각국이 해적을 소탕하기 위해 군사력을 사용할 수 있도록 유엔 안전보장이사회의 승인을 받아야 하며, 해군에 의한 해상 치안 작전은 장기간 지속적인 저강도의 작전이 필요하다.

자료 14-1. 해상 보안 작전 시간 요소 및 강도

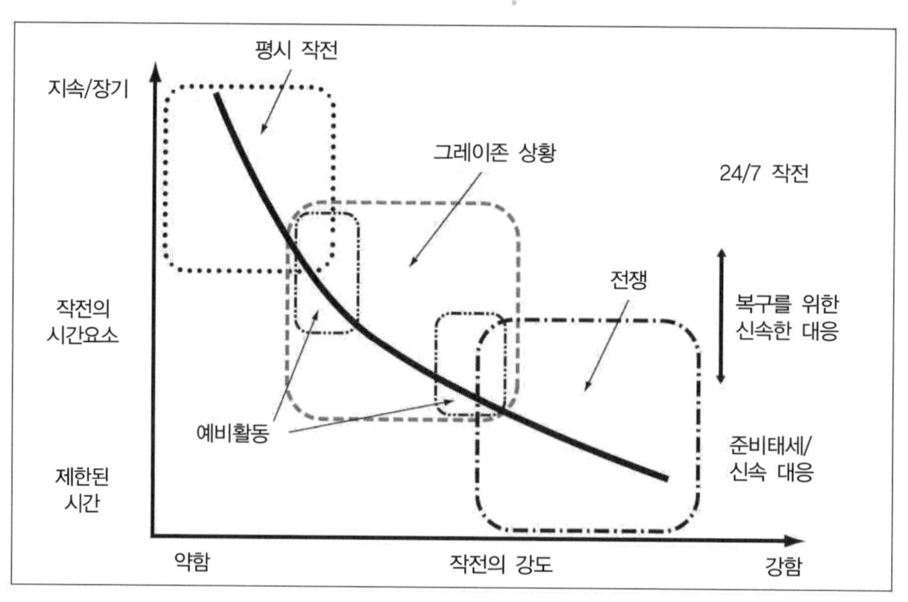

전시작전

전시작전에는 두 가지 시간적 요인이 있는데, 평시작전에 비해 전투작전의 기간이 제한되고, 작전 개시, 특히 반격작전에 대한 리드 타임(lead time)이 필요하다는 것이다.

1991년 걸프전 당시, 고급군사작전의 시간요인은 평시 대비태세에서 제한된 시간 내에 사건에 신속하게 대응하는 태세전환을 중심으로 이루어졌으며, 미군 주도의 연합군은 사막의 폭풍 작전을 시작하기 전에 물자를 조직하고 준비하는 데 대략 6개월이 걸렸다.

그레이존 작전

평시와 전시 사이에 그레이존 상황이 존재하는 위치에 관한 두 가지 이론적 가능성이 있다. 하나는 평시 작전과 전시 작전 사이의 완벽한 연속체에 있으며, 다른 하나는 시간적 간격이다. 남중국해와 동중국해에서의 과거 사건에서 알 수 있듯이 평시 작전은 1974년 파라셀(Paracels) 전투와 1988년 존슨 남 암초(Johnson South Reef) 충돌사건을 제외하고는 전시 작전으로 직접 이어지지 않았다. 현 상황은 평시와 전시 사이에 모호한 불연속성이 장기화되고 있음을 시사한다.

동중국해 현황

센카쿠 열도 주변에서의 일본 작전과 관측은 이러한 불연속성의 실례를 제공하며, 동중국해에서 일본은 무력이나 강압보다는 법치주의에 입각한 평화적 수단을 항상 선호한다. 일반적으로 일본은 중국 해안경비대(CCG) 선박과 어선을 동원한 중국의 물리력에 대해 법의 힘으로 대응하고 있다. 그러나 전 일본 해안경비대(JCG) 사령관이 설명했듯이 중국은 동중국해에서 영유권을 주장하기 위해 준군사 및 비군사적 조치를 능숙하게 전개하고 있다. 중국은 일본 영해로 침입하는 CCG 선박 및 어선, 근접한 법집행활동, 일본의 배타적 경제수역에서 보고되지 않은 해양 조사, 일방적인 석유 및 가스 시추와 같은 여러 조치를 조합하여 사용했다.

최근까지 센카쿠 열도에 대한 일본과 중국의 협상에서는 일본이 반복적으로 양보하는 모습을 보였다. 문제가 발생하자 중국은 결단력을 보였고, 일본은 더 불리한 상황으로 후퇴했다. 중국의 위기관리는 협상이 아닌 무력이나 강압에 의한 진압과 유사했다. 중국은 특히 약소국가인 경우, 거의 상대국에게 양보하지 않았다. 그러나 최근 아베 신조 총리가 센카쿠 영유권을 더욱 확고히 함으로써 일본의 안보정책을 강화하고 있다. 동중국해 분쟁에 대한 아베 정부의 접근 방식은 중국과의 대결을 어떤 대가를 치르더라도 피하지 않고 약간의 마찰과 위험을 감수하는 것이라고 할 수 있다. 이에 따라 일본 정부는 중국이 동중국해에서 일방적으로 석유를 시추하는 사진과 센카쿠 영해로의 침입에 CCG 선박 사진을 선제적으로 공개했다. 2016년 12월 일본 내각은 센카쿠에 대한 일본의 순찰 태세를 강화하기 위해 더 큰 해안 경비함과 항공기를 건조하는 것을 골자로 하는 "해양안보 강화방안"이라는 제목의 조치에 동의했다.

센카쿠에 관한 일본의 정책은 "자유롭고 개방된 인도태평양"의 일부로서 가능한 모든 국가 조직을 활용하여 현상을 유지하고, 해상에서 규칙 기반 질서(즉, "개방되고 안정적인 바다")를 촉진하는 것이다. 남중국해의 현 상황에서 알 수 있듯이 중국이 점유했던 영토를 원상복귀시키는 것은 거의 불가능하다. 따라서 남중국해와 동중국해에서 현상을 유지하고, 중국의 추가 도발을 저지하는 것이 정치적으로나 군사적으로 가장 현실적인 목표일 것이다.

이러한 정책은 두 가지 군사작전 목표를 내포하고 있다. 첫째, 일본은 현상 유지와 항행의 자유를 확보하려는 중국의 강압적인 시도를 저지해야 한다. 그레이존 비상사태에서 일본은 사건을 대응하고 가능한 한 빨리 현상태를 회복해야 한다. 적대 행위가 발생했을 때, 해상을 통제하고, 적대 세력을 영토에서 축출하고, 현상태로 회복해야 한다. 두 번째 작전 목표는 인도양은 물론 서태평양 지역의 항행의 자유를 확보하는 것이다. 이를 위해 일본은 해적 및 무장 강도세력을 진압하고, 우호적인 해상군의 해상 안보 역량 구축을 지원하고, 법률에 기반한 해상질서를 촉진하기 위한 다자간 노력에 참여하고 있다.

이러한 대응이 필요한 작전을 나타낼 수 있는 중국의 예비활동은 평시와 전시 작전 사이의 경계에서 일어난다. 따라서 현상 유지에 대한 변화를 시도하기 전과 군사적 침략에 앞서 이에 대한 대응방안을 확보해야 한다. 최근의 역사는 현 상태를 바꾸기 위한 노력에 앞서 일어난 중국 활동의 수많은 예를 제공한다. 최근 몇 년 동안 CCG 선박은 간척지 주변에서 외국 어선을 몰아냈고, 인민해방군 해군(PLAN) 함선은 외국 해군 선박의 항로변경을 요구했다. 중국군도 9단선 경계에서 외국 선박을 추적하였으며, 2008년 12월 두 척의 CCG 선박이 처음으로 센카쿠 영해에 진입하여 약 9시간 동안 그곳에 머물렀다. 이는 일본의 반응을 시험하기 위한 사전 활동이었을 수도 있다.

다른 사전적인 중국 그레이존 활동은 전쟁으로의 전환이 임박한 시점에 존재할 것이다. 예를 들어 어부가 외국 지형에 불법 상륙을 시도하거나, 어선의 무리가 영해를 반복적으로 침범하는 것과 같은 몇몇 비정상적인 활동은 상륙 작전에 앞서 발생할 수 있다.

위험이 높은 상황에서 예비활동 유형 중 하나의 징후라도 감지되는 즉시, 새로운 현상을 확립되기 전에 현 상태를 복원하기 위해 즉각적인 대응이 이루어져야 한다. 정책 입안자들이 이러한 중국의 예비활동에 대응하기 위한 단호한 조치를 취하기를 주저한다면, 일본은 더 어려운 입장에 처하게 될 수밖에 없다.

흰선박-회색선박 간극의 가능성

동중국해와 남중국해에서 발생할 수 있는 만일의 사태를 고려할 때, 중요한 요인은 백선박의 현저한 질적, 양적 성장과 분쟁 해역에서의 그들의 두드러진 최전방 활동이다. 중국은 영토와 영해 등 핵심 이익을 확보하기 위해 필요하다면 군사력 등 어떤 강압적 조치도 서슴지 않고 있는데, 이는 영유권 주장이 중국 공산당의 정당성과 밀접한 관련이 있기 때문이다. 그러나 미 국방부의 연례보고서에서 언급한 바와 같이, 중국은 해상 분쟁에 흰선박을 사용하는 것을 선호하고 있고, PLAN은 거리를 두고 지켜보고 있다. 2009년 Impeccable 사건, 2012년 스카버러 암초 대치 및 2014년 하이양시유 981 석유시추선 사건에서 목격된 바와 같이, 흰선박의 활동은 때때로 남중국해에서 PAFMM 부대와의 협력을 수반한다.

만약 중국의 흰선박들이 분쟁 해역을 통제하는 중요한 역할을 한다면, 해양 안보와 관련된 중국의 위기관리에는 두 개의 분리된 상승 곡선이 있을 것이다. 자료 14-2에서 볼 수 있듯이 두꺼운 검은색 선은 최악의 경우 전쟁을 포함하여 PLAN 운영에 선형적으로 상승하는 전통적인 단계적 확대 곡선을 나타낸다. 두꺼운 회색 선은 흰선박 운영이며, 이는 해상 관할 구역(평시 및 그레이존)으로 확대되는 것을 억제할 수 있다. 흰색-회색 간격은 흰선박 작전이 회색선박 작전으로 선형적으로 확대되지 않음을 의미한다. 흰선박은 (심지어 중화기를 사용하더라도) 전반적인 작전 책임을 지고 있고, 상대 정부가 회색 선박들을 현장에 보내지 않는 한, 갈등고조는 흰선박에 제한된다. 이는 특정 상황에서, 중국의 흰선박은 상황을 자유롭고 유리하게 통제하기 위해 더 과감한 조치를 취할 수 있다는 것을 의미한다. 게다가, 상황이 회색선박 작전으로 확대되지 않을 것이라는 중국의 확신은 백선박의 무기사용의 임계점을 일본이 예상하는 것보다 낮춰 준다.

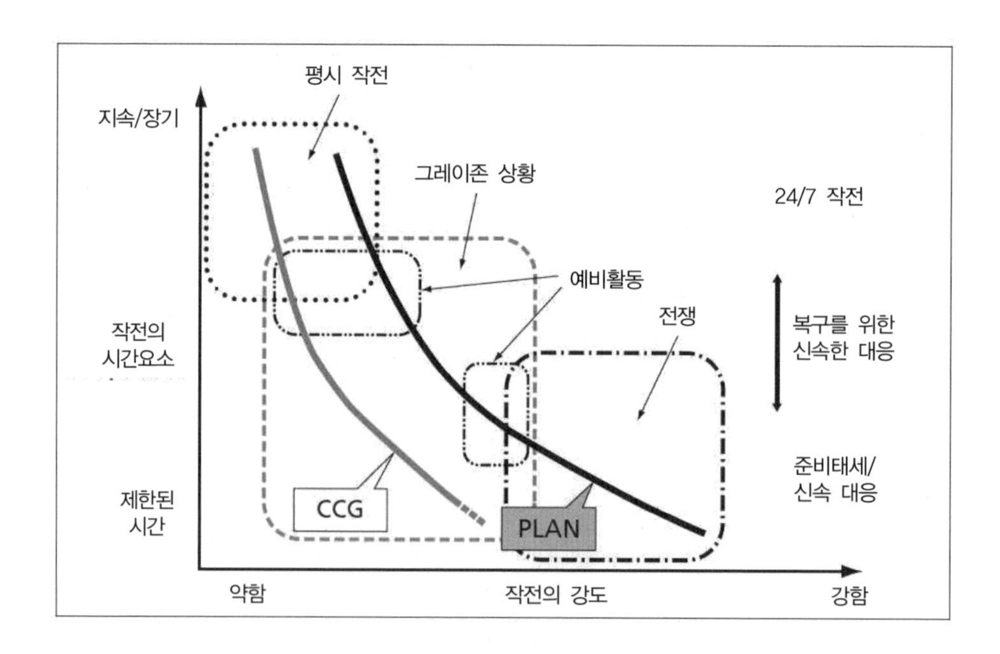

중국은 전체 병력이 이미 서태평양에 있는 외국 해양경찰 전체보다 양적으로 우수하고 질적으로 일본과 미국만 뒤쫓고 있음에도 불구하고, 해군 호위함보다 더

크고 중무장한 흰색 선박을 계속 건조하고 있다. 이것은 역량에 대한 증거이며 반드시 의도를 동반한다는 것을 의미하지 않는다. 즉, 비록 사용하지 않지만 높은 수준의 공격력을 가진 선박을 보유하고 있더라도, 중국이 무력을 사용하려는 의도가 있다는 증거가 되는 것은 아니다.

더 크고 잘 무장된 중국 백선은 압도적인 힘을 보여줌으로써 보다 효과적으로 상대방을 압박할 수 있을 것이고, 따라서 중국에 유리하게 사건을 통제할 능력과 의도를 제공할 수 있을 것이다. 일본과 미국 해군의 개입을 저지하기 위한 더 큰 노력의 일환으로, 중국은 자국의 흰선박을 광범위하게 활용하는 방안을 택할 수도 있다. 이런 맥락에서 중국 정부는 교전(76mm 대포 포함)이 발생해 CCG함이 상대 선박을 파손하거나 파괴하더라도 이번 사건을 군사행동이 아닌 법적 해양법 집행 과정에서 발생한 사고로 설명할 수 있다.

현재와 같은 패턴이 계속된다면, 중국은 CCG 병력을 활용하여 서태평양에서 PLAN에 의해 한번 활용되었던 "해군" 작전을 수행할 수 있다. 이것 자체가 중국이 백선박의 무력사용 허용에 대한 문턱이 낮다는 것을 보여주지 않지만, 이는 그들의 조직적인 중요성과 능력이 증가하고 있다는 것을 잘 보여준다. 시진핑 주석의 "일대일로(One Belt, One Road)" 구상에 따라, 중국은 서태평양과 인도양 사이에 PLAN의 배치를 조율하고 있을지도 모른다. 중국은 의심할 여지없이 인도양의 항로와 중요한 항구를 확보하기 위해 장기간의 전진배치 계획을 고려하고 있으며, 작전이 그레이존에서 계속되는 한 동중국해와 남중국해에서 다른 국가들이 중국에 대한 군사행동을 수행할 가능성은 상당히 낮을 것으로 관측된다. 최소한 지리적 분리를 포함한 흰색과 회색 선박 사이의 역할-임무 능력 공유에 대한 조정 노력은 중국 해군이 원거리 임무에 초점을 맞출 수 있게 해줄 것이다.

일반적으로 받아들여지는 상승 곡선(자료 14-1 참조)은 흰색 선박 사이의 대립이 회색 선박 대치로 선형으로 확대되는 것을 가정한다. 널리 수용되는 이 논리는 일본의 위기관리 사고를 잘못 이해한 것에서 비롯되었을 수도 있다. 선형 확대 곡선 사고는 종종 전쟁 확대에 대한 두려움 때문에 법집행 선박의 활용을 단호하게 제한한다. 이러한 잘못된 인식은 세 가지 이유로 일본을 스스로 만든 정신적 함정에 빠뜨렸을 수 있다.

첫째, 일본이 사건 초기에 중국보다 먼저 회색 선박을 파견한다면, 긴박한 상황이 불필요하게 조성될 가능성이 있다. 주로 외교적 성격을 띠고 흰색 선박으로 해결될 가능성이 높은 상황이라면, 흰선박에 맡겨야 한다.

둘째, 일본은 그레이존에서의 사건을 통제하기 위해 선택권을 좁혔을 수도 있다. 예를 들어, 흰색 선박은 그레이존에서 더 광범위한 임무에 활용될 수 있으며, 그 중 일부는 전통적으로 군사활동으로 간주되었다(예: 임박한 우발 상황에서 영토와 영해를 보호하고 공해에 영역을 표시하는 것). 이런 맥락에서, 남중국해에서의 항해의 자유는 회색 선박을 대체하는 흰색 선박의 역할 중 하나일 것이고, 탄도 미사일 방어와 같은 다른 고강도 임무는 회색 선박의 중요한 역할일 것이다.

셋째, 일본의 흰선박이 그레이존에 최적화되지 않았을 수도 있다. 흰선박의 교전 규칙은 그레이존에서 보다 효과적이고 유연하게 사건을 통제하기 위해 무기 사용과 같은 보다 강력한 행동을 포함하도록 확대될 수 있다. 중국이 이 지역에서 유연하고 정교하게 조정된 선택권을 가진 유일한 나라가 되어서는 안 된다.

결론

중국의 그레이존 활동을 상쇄하기 위해 일본과 다른 관련국은 신속히 대응해야 한다. 효과적인 대책을 세우기 위해서는 초기 단계의 사전(예비) 활동을 탐지하는 것이 특히 중요하다. 따라서 동맹국과의 협력을 통한 정보수집 능력은 필수적이다.

그레이존 상황의 확대 통제와 관련하여 중국의 해양 위기관리 사고에서 두 가지 가능한 확대 곡선이 탐색되었다. 이 결과는 흰색 선박의 역할이 양측 모두에게 점점 더 중요해지고 있음을 시사한다. 따라서 일본은 증가하는 흰선박의 활용 범위와 규모에 대응할 뿐만 아니라, 현상을 바꾸려는 강압적인 시도를 효과적으로 억제하기 위해 해양법 집행을 강화하고 권한을 부여해야만 한다.

Notes

1. 중국과 남베트남은 1950년대부터 Paracels와 Spratlys에 대한 영유권을 주장해 왔다. 양국은 영토에 대한 어업과 군대의 "불법 활동"에 대해 서로를 비판해 왔다. PLAN은 1974년 1월 남베트남 해군과의 전투 후 파라셀 군도를 점령했다. 북베트남은 베트남 통일 이후 1975년 남베트남이 차지한 섬을 요구했다. 무장 어업과 민병대, 해안 경비선, 해군 함정을 자주 사용하는 다른 청구 국가와 관련된 Paracels 및 Spratlys에서 양국의 영토 분쟁은 이후에도 계속되었다. TPAT 참조 平松茂雄 [Shigeo Hiramatsu], 蘇る中国海軍 [*Revival of Chinese Navy*] (Tokyo: 勁草書房 [Keisoshobo], November 25, 1991), xxxv-xxxix, 181-203.
2. 이 장에서는 일본 방위 2016(도쿄: 국방부, 2016년 12월 31일)의 그레이존 상황 정의를 사용한다. 예를 들어 다음과 같은 상황이 포함될 수 있다.
   1) 영토, 주권, 해양이익을 포함한 경제적 이익 및 기타 형태의 권익에 대한 지위 등의 상반된 주장을 한다;
   2) 당사자가 자국의 주장이나 요구를 하거나 상대방이 이를 받아들이도록 하기 위하여 당사자간의 외교적 협상에만 의존하지 않는다; 그리고
   3) 당사자의 주장이나 요구에 호소하거나 강제로 수용하기 위하여 무력공격에 해당하지 않는 범위 내에서 무장조직이나 기타 수단을 사용하여 분쟁과 관련된 지역의 물리적 존재를 자주 보여주거나, 현상변화를 시도 또는 시도하는 것.
3. 예를 들면 페르시아만 주변에서 CTF−150의 대테러 작전과 술루 해에서 아부사야프에 대한 해상 순찰이 있습니다.
4. 아베 신조 총리는 무력이나 강제력 사용보다는 국제법에 따라 분쟁이 완전히 평화 정착될 것을 거듭 옹호하고 있다. 제20회 해양의 날 기념 특별 행사 개막식에서 아베 신조 총리의 연설 July 20, 2015, http://japan.kantei.go.jp/97_abe/statement/201507/1212117_9924.html.
5. 佐藤雄二 [Sato Yuji], "東シナ海における中国の海洋進出への対応" ["Thinking about Chinese Maritime Expansion in the East China Sea"], 世界の艦船[*Ships of the World*] 860 (June 2017): 159.
6. 일본 중국 해양학 조사의 상호 예고시스템이 좋은 예이다. 중국 선박에 의한 불법 및 미신고 해양조사 건수가 증가하고 있는 것과 관련해, 일본은 예고제도를 제안했고, 양측은 2001년 2월 13일 구두 메모를 교환했다. 중국은 불법 조사를 일시적으로 중단했지만 이후 위반행동을 재개했는데 지난 5년간 총 10차례에 걸쳐 위반하였다. "衆議院議員緒方林太郎君提出海洋調査活動の相互事前通報の枠

組みの実施のための口上書に関する質問に対する答弁書” [“Response to the Question by Mr. Rintaro Ogata, Member of House of Representatives, Regarding Verbal Note of Framework for Mutual Prior Notification of Oceanographic Surveys”], 平成二十七年三月三日受領,答弁第九〇号 [March 3, 2016, Replication No. 30), Japan House of Representatives, http://www.shugiin.go.jp/internet/itdb_shitsumon.nsf/html/shitsumon/b189090.htm.

7. 平松茂雄 [Shigeo Hiramatsu], 中国の海軍戦略 [*Chinese National Security Strategy*] (Tokyo: 勁草書房 [Keisoshobo], December 15, 2005), 223-25.
8. 아베 정권의 중대한 안보정책 변화에는 일본 정부가 최초로 편찬하는 포괄적·전략적 정책 문건(2013년 12월 17일), 원활한 방위태세를 강화하는 새로운 안보법안(2016년 9월 30일), 신일미 방위공동화 등이 있다. 허가 가이드라인(2015년 4월 27일; 2016년 3월 29일 발효).
9. “Directions for Enhancing Maritime Security Posture.” decision by related cabinet members, December 21, 2016; *Priority Policy for Development Cooperation, FY2017* (Tokyo: International Cooperation Bureau, Ministry of Foreign Affairs, April 2017),https://www.mofa.go.jp/files/000259285.pdf.
10. “Speech by Prime Minister Shinzo Abe.”
11. Alastair lain Johnston, “The Evolution of Interstate Security Crisis–Management Theory and Practice in China,” *Naval War College Review* 69, no. 1 (Winter 2016): 55, https://www.usnwc.edu/getattachment/38806581–2ca0–4247–882a–066bf9bzfdo1/The– Evolution–of–Interstate–Security–Crisis–Manage.aspx
12. *Military and Security Developments involving the People's Republic China 2016*(Washington, DC: Office of the Secretary of Defense, April 26, 2016), 69.

Michael Mazarr

중국 그레이존 작전에 대응에서 억제의 역할

수정주의 또는 준수정주의적인 목표를 가진 국가는 공격적인 목표를 달성하기 위해 점점 더 그레이존 작전에 관심을 가지는 것처럼 보인다. 미국의 군사력과 전 세계 규범들이 결합되며 발생하는 압력 하에서, 기존 영토 경계 또는 원칙을 변경하거나 다른 지역 영유권을 주장하는 국가는 미국의 보복 또는 전 세계적인 비난을 회피하기 위해 점진적인 전략을 활용하고 있다. 그레이존 작전에 사용되는 대부분의 전술은 새로운 것이 아니지만, 사이버기술과 같은 21세기 신기술과 기존 기술의 통합은 인내심을 갖춘 수정론자에게 강력한 무기를 제공해 주었다.

동유럽에서 러시아의 그레이존 활동이 가장 주목을 받았지만, 중국은 이러한 전략을 사용하는 데 더 능숙하다. 중국은 일련의 정치적 성명, 군사 작전, 지역 해양군 및 어민들의 방해활동, 경제적 위협 및 약속, 그리고 빈번하게 발생하지는 않지만 노골적인 영토 장악을 통해 9단선 내에서 해양과 영토에 대한 명확한 주권적 통제라는 장기적 목표를 추구해 왔다. 이러한 조치들은 궁극적으로 영토에 대한 공격을 증가시켰지만, 미국이나 국제적 대응을 피하기 위해서는 결코 명확한 레드라인을 넘을 필요가 없는 조치이다.

이 작전이 지역에서 중국의 장기적인 전략적 입지를 강화시켰는지는 불확실하다. 일본이 최근 중국의 호전성에 대항하여 더욱 공격적인 모습을 보이고 있으므로, 의도적이지 않은 우발적인 위험이 고조될 가능성이 항상 존재한다. 미국은 중국을 단순한 경쟁국이 아닌 잠재적인 적으로 보고 있다. 중국은 최근 남중국해 분쟁에 관한 2016년 중재 재판소의 판결을 받아들이지 않음으로써 이러한 우려를 증폭시켰다. 그럼에도 불구하고, 중국은 이 접근법에 집중하고 전략적 목표로 추구하고 있는데, 이러한 전술을 사용하는 능력을 강화하기 위해 인민군 해상민병대(PAFMM)를 포함한 강력한 그레이존 활동을 위한 군사력을 구축했다.

이 장에서는 억제 및 확대 위험의 프리즘을 통해 중국의 그레이존 접근방식, 특히 동중국해 및 남중국해의 영토 목표에 대해 살펴보고자 한다. 이는 미국이 받아들일 수 없다고 간주하는 그레이존 활동을 억제하기 위한 전략을 개발하기 위한 논의의 틀을 제시할 수 있을 것이다. 그러나 이 장에서 주장하는 바와 같이 그러한 전술과 관련하여 실제로 일촉즉발의 상황에서 그러한 결정을 내리는 것이 억제 전략의 가장 중요하고 어려운 측면이다. 주요 요구 사항은 단순히 그레이존 활동을 "포기하게 하는 것"이 아니라, 부상하는 중국에 대응하기 위해 더 광범위한 미국 개념의 맥락에서 그레이존을 대응하기 위한 포괄적 전략을 수립하고, 그 전략의 억제력의 역할을 결정해야 하는 것이다. 사실 그레이존의 특성으로 인해 미국과 동맹국들이 중국을 효과적으로 억제하기 위해 추구할 수 있는 전략은 매우 제한적이다.

도전의 기원: 그레이존에 대한 중국의 접근

그레이존 전략은 증가하는 위험과 노골적인 침략에 대한 세계적인 비난을 피하기 위해 공격적인 국가가 선호하는 접근 방식으로 지난 몇 년 동안 지대한 관심을 받았다. 오늘날 중국과 러시아 두 국가가 주요 사용국이지만, 그들의 전략은 크게 다르다. 미국과 동맹국의 대응은 채택된 접근법의 구체적인 특성에 따라 달라져야 할 것이다.

그레이존 이해하기

그레이존 작전은 관련국과의 긴장고조로 인한 전쟁이 발발할 수 있는 임계점을 넘지 않는 선에서, 영토 확대나 지역패권 달성과 같은 공격적이거나 수정주의적인 국가의 특정 목표를 달성하기 위해 고안되었다. 여기에는 강압적인 군사 배치에서부터 (믿을 수 없을 정도로) 부인할 수 없는 민병대 병력, 사이버 공격, 담화 조작, 노골적인 정치적 간섭에 이르기까지 매우 다양한 군사 및 비군사적 수단의 조합이 포함된다. 그들은 대개 개방적인 성격을 가진 전통적인 외교와는 달리, 특정(일반적으로 중기) 기간 내에 특정 목적을 달성하기 위해 설계된 통합 전략으로 활용된다. 그러나 그레이존 작전은 전통적인 군사작전에 비해 설계상 더 점진적이다. 실제로, 그들은 한 번에 목표의 일부를 공격하지만 결정적인 대응을 일으키지는 못할 정도만을 공격하는 점진주의적 특성을 공유한다.

따라서 그레이존은 종종 수정주의적인 목표를 추구하기 위한 공격적인 활동, 점진성, 긴장 고조나 대응의 임계점을 피하기 위한 의식적인 선택, 비군사적 도구 선호와 같은 특성을 공유하는 활동으로 구성되어 있다. 이러한 전술은 두 가지 주된 이유로 수정주의 국가들에게 유용하다. 첫째, 그들은 현상황에서 지배적인 군사 강국인 미국과의 주요 갈등으로 인한 확전의 위험성을 상쇄시키 것을 목표로 한다. 중국의 전략적 관점에 대한 대부분의 평가는 민간과 군 지도자들 모두 중국이 미국 군사력과의 전면적인 대결을 할 준비가 되어 있지 않다고 믿고 있음을 잘 보여준다. 적어도 그레이존 전략은 당분간은 정면 승부를 촉발하지 않고 목표를 점진적으로 달성할 수 있는 방법을 제공한다. 둘째, 중국은 국제질서의 리더십을 열망하기 때문에, 당연히 국제적 무법자로 낙인찍히는 것을 피하고 싶어 할 것이다. 규범과 법적 기준에 대한 직접적인 위반을 회피하면서 목표를 달성할 수 있다면 간접적인 접근방식이 더욱 바람직할 것이다.

중국은 동중국해와 남중국해에서 자국의 목표를 추구하기 위해 그레이존 접근방식을 활용하는 것으로 보인다. 가장 명백하고 직접적으로 말하자면, 중국은 동중국해와 남중국해에 대한 많은 영유권 주장을 유지하고 있으며, 어떤 경우에는 그레이존 활동을 시행하고 있다. 더 넓게는, 중국이 지역적 우위에 대한 장기적 기대를 나타내는 방식으로 힘을 과시하고 있는 것으로 보인다. 여러 관측통에 따르면, 중국은 최소한 자신들의 영유권을 주장하는 영역 내에서 다른 국가의 해상 및 항공 활동에 대한 거부권을 주장하려는 의도를 잘 보여준다.

그러한 작전은 여러 가지 방법으로 효과적인 억제력을 위해 자의적으로 고안되었다. 첫째, 그들의 요소들 중 일부는 행위의 심각성, 반응의 한계점에 대한 상대적인 위치, 국제법 하에서의 지위와 같은 다양한 영역에서 상당한 수준의 모호성을 포함한다. 예를 들어, 중국은 해상 방해 작전 중 일부를 국제 법적 표준을 촉진하기 위한 메커니즘으로 규정하는데 능숙하다. 둘째, 사이버 공격 및 정치적 전복과 같은 일부 그레이존 수단은 제한된 속성을 제공한다. 셋째, 그들은 증가하는 위험 부담을 당사국에게 전가하고, 이에 따른 강력한 대응을 방해한다. 그리고 마지막으로, 그들은 이러한 수단과 다른 수단을 통해 공격 대상을 분할하여 다자간 억제력 대응의 일관성을 약화시키려 한다. 어떤 면에서 그레이존 작전은 전쟁 억제를 매우 어렵게 만들기 위해 맞춤 제작된 것이라고 할 수 있다.

중국 작전의 요소

동중국해와 남중국해에서의 중국 특유의 그레이존 작전에는 여러 가지 뚜렷한 요소가 포함되어 있다. 이러한 특정 전술의 대부분은 새로운 것은 아니지만, 이 전략은 현대 그레이존 작전의 모든 특징을 내포하고 있다. 이것은 여러 국가 기구의 통합적이고 점진적인 활용을 의미하며, 이 기간 동안 군사력은 활용되지만 일반적으로 전면에 나서지 않고 후방지원(background)의 역할을 수행한다. 중국의 희망은 분명히 긴 일련의 개별 단계를 통해 궁극적인 목표를 향해 나아가는 것이다.

내러티브 구성

가장 광범위한 수준에서, 중국은 자국의 해양권 주장이 점점 기정사실처럼 받아들여지는 상황을 조성하기 위해 자국의 사건들을 널리 홍보하려고 노력해 왔다. 중국은 9단선 내의 해양 공간에서의 영유권 주장 타당성에 대한 공식 성명을 국제 법률 포럼에 발표하면서, 자국의 주장을 뒷받침하는 역사 지도와 기타 출처의 출판물을 공개하고, 이러한 메시지를 지속적으로 홍보하는 등 다양한 노력을 지속하고 있다. 이 전략은 국내외의 인식을 형성하기 위해 고안되었고, 중국 언론은 자국의 주장을 강조하기 위해 제작된 다큐멘터리를 방송하고 있다.

군사적 강압(Military coercion)

다른 그레이존 활동의 경우와 마찬가지로 중국은 하이브리드 전략에 대한 강압적인 수단으로 재래식 군사력을 사용하는데, 이는 그레이존 작전에 대한 강력한 대응이 중국의 군사력 확대를 유발할 수 있음을 시사한 것으로 보인다. 인민해방군 해군(PLAN)은 지역 전역에서 자체적인 감시, 영역 확보 및 방해 활동을 수행하지만, 중국은 해군의 직접적인 교전 및 개입 정도를 조심스럽게 통제하는 것으로 보이며, 그 목적을 위해 PAFMM 활용도가 더욱 증가하고 있다.

그러나 특히 강소국을 상대할 때, 중국은 해상 및 항공 자산을 이용하여 분쟁 중인 지역에서 영유권을 주장하는 모든 국가들에 대한 군사적 우위를 점하고 있다. 이는 부분적으로 만약 당사국이 그레이존에서 단계적 확대를 원한다면, 중국의 우월한 군사력에 승리할 수 없음을 상대국에게 각인시킨다. 앞으로, 중국의 증가하는 군사력은 그레이존 작전을 위한 점점 더 강력한 군사력을 만들 것이다.

준 군사력의 사용

논란의 여지없이 중국의 그레이존 캠페인의 가장 중요한 구성요소는 대규모 민간 및 준군사적 어선(후자는 해상민병대로 알려짐), 해안 경비선, 순찰선 및 중국의 정책을 이행하기 위해 설계된 기타 선박의 건조 및 활용이다. 이 함대들은 중국의 영유권 주장을 가시적인 방법을 통해 보여주고, 해상 감시를 실시하고, 일반적으로 국기를 보여줌으로써 중국이 소위 말하는 권리보호 임무에 주로 활용된다. 목표는 "명백한 위협을 가하지 않고" 분쟁에서 중국의 주장을 강제적으로 강요하는 것이 아니라 현실화하는 것이다. 이 선박들이 자국의 국기를 게양하고 분쟁 해역을 운항함으로써, 이 지역의 "장기적 의지 경쟁(long-term contest of wills)"에서 중요한 역할을 한다.

중국은(해당 지역의 다른 국가와 함께) 라일 모리스가 "무뚝뚝한 주권 수호자"라고 칭한 해안경비대, 해상민병대 및 민간 어선을 주둔시키고, 다른 선박을 방해하며 심지어 무력(충돌)을 활용하면서 영유권을 주장한다. 모리스는 두 지역을 주목했다. 동중국해에서 중국은 "일본과의 불필요한 긴장 고조를 피하기 위해 일상적인 활동"을 하고 있는 반면, 남중국해에서는 "더 작은 주변국을 위협하기 위해 밀치기(shouldering), 부딪히기, 물대포와 같은 전술을 사용"하여 더 공격적으로 변해 가고 있다.

중국은 미국의 억제 전략이 해결해야 할 최소한 4가지 방법으로 이러한 능력을 활용하고 있다. 첫 번째는 단순한 존재로, 특정 지역에서 간헐적으로 때로는 지속적으로 참여함으로써 자신의 영유권을 주장하려는 중국의 결의를 보여주고, 중국의 지역에 대한 관심이 커지고 있다는 신호를 보여준다. 주둔과 함께 중국은 해양 개발에 대한 정보도 얻는다. 둘째, 중국은 때때로 분쟁지역에서 외국 선박을 부딪치거나 밀어내는 것과 같은 공격적인 방식으로 군대를 활용한다. 셋째, 중국은 관련 당사국을 압도하기 위해 종종 "민간 어업"/해상 민병선과 중국 해안경비선을 모두 포함하는 수많은 선박을 파견하여 특정 지역을 "점령"한다. 마지막으로, 중국은 이 선박을 가장 공격적으로 사용하여 스카버러 리프와 샌디 케이 지역의 경우와 같이 분쟁 영해에 대한 접근을 강제로 차단하는 데 때때로 활용했다. 분쟁 당사국들의 주요 우려 사항 중 하나는 중국의 힘과 자신감이 커짐에 따라 보다 공격적인 형태의 그레이존 활동을 일상적으로 사용할 것이라는 점이다.

간척

마침내 중국은 준설 및 엔지니어링 장비를 사용하여 남중국해의 새로운 지형을 생성하거나 확장한 다음 그곳에 다양한 정보 및 군사 시설을 건설했다. 중국은 프래틀리 제도의 여러 지역에 3천 에이커 이상의 새로운 땅을 간척하였다. 이 건설된 섬은 활주로, 부두, 레이더 및 영구 군사 시설로 활용되고 있다. 이러한 움직임은 점진주의의 고전인 살라미-슬라이싱(salami-slicing) 전략을 구성했다. 중국은 매립 프로젝트에서 "미국이 수많은 무인 암석과 암초를 둘러싸고 전쟁의 위험을 감수하지 않을 것"이라고 정확하게 계산했다.

종합해 보면 중국의 그레이존 전략의 구성요소는 미국과 지역의 우방 및 동맹국에 여러 가지 위험을 내포하고 있다. 첫 번째는 중국이 궁극적인 목표를 달성하도록 허용하고 주로 동중국해와 남중국해를 포함한 전체 해역에서 강압적 패권을 주장한다는 것이다. 두 번째는 확전의 위험성이다. 특정 그레이존 행동이 더 큰 갈등을 유발하는 작용-반응 주기를 야기할 수 있다. 특히 일본 해군과 중국 해안경비대 선박과의 충돌로 또 다른 강대국과의 충돌 위험이 있는 동중국해에서의 이러한 위험이 더욱 두드러진다.

그레이존 공격 억제 과제

미국과 동맹국들이 파악한 바와 같이 그레이존 공격의 본질은 억제에 대한 도전을 야기한다. 그레이존 노력은 점진적이고 논리적 서사를 수반하며, 군사적 대응을 위한 주요 임계값 아래에서 작동하기 때문에 성공적인 억제를 위한 중립적인 핵심 기준에 맞게 조정된다. 이 섹션에서는 고전적인 억제 문헌을 바탕으로 이러한 기준을 검토하고 중국 활동을 억제하기 위한 시사점을 도출하고자 한다.

억제에 관한 광범위한 문헌은 공격을 성공적으로 억제하기 위한 많은 전제 조건들을 제시하였다. 이러한 전제가 중국의 그레이존 전략의 구성요소에 적용되면, 미국을 비롯한 주변국들의 미래는 암울할 것이다. 그레이존의 핵심인 임계값 회피, 점진적이고 종종 모호한 전술을 위해 이러한 조건을 충족하는 것은 매우 어려운 일처럼 보인다. 이 문헌에서 얻을 수 있는 가장 중요한 교훈은 미국(및 기타 지역 당사자)이 저지하려는 특정 행동에 대해 매우 정확해야 하며, 나머지 그레이존 활동(사실상 대부분의 이 분야에서 중국의 활동)은 완화되거나 대응해야 하지만 억제할 수는 없다는 것이다.

억제력의 본질적인 정의는 행위자, 개인 또는 집단이 억제 당사자가 방지하고자 하는 일부 행동을 취하거나 일부 행동을 보이는 것을 단념시키는 것이다. 국제 안보의 맥락에서 일부 정의는 상당히 협소하여 이 용어가 실제로 무장 침략에만 적용된다. 이러한 정의는 일반적으로 억제력의 지배적 메커니즘을 군사력으로 생각한다. 억제는 무력 공격을 방지하기 위해 군사력의 위협을 사용하는 것을 의미한다. 억제에 대한 다른 정의는 더 광범위하며, 억제력이 강한 국가 활동을 저지할 수 있고, 억제 당사자들이 그 목표를 달성하기 위해 광범위한 비군사적 도구를 사용할 수 있음을 의미한다. 그레이존 활동을 고려할 때, 우리는 이 광의의 개념을 고려해야 한다. 이러한 의미에서 억제력은 그레이존 작전의 많은 부분을 차지하는 비군사적 활동을 막기 위한 일련의 군사적 위협과 비군사적 위협을 포괄해야 한다.

억제력에 관한 문헌은 또한 몇 가지 유형의 관행(practices)을 구별한다. 그것은 한 국가 전체에 대한 공격을 억제하기 위해 활용될 수도 있고, 제3자에 대한 공격을 저지하기 위한 수단으로 확장될 수도 있다. 주정부는 부정(denial)을 통해 공격자가 목표를 달성하는 것을 불가능하게 하거나, 종종 압도적인 지역 권력을 배치함으로써 단념시킬 수 있으며, 또는 그들의 침략을 부인하지 않더라도 보복을 통해 받아들일 수 없는 비용을 발생시킬 것을 암시하면서 처벌 위협을 억제할 수 있다. 여기서, 우리는 부정과 처벌 모두에 의한 그레이존 활동의 확장 억제를 고려하고 있다.

마지막으로 억제 문헌은 원치 않는 행위를 성공적으로 억제하기 위한 몇 가지 기준을 개략적으로 설명한다. 억제는 성공이든 실패든 모두 특정한 요인에 달려 있으며, 성공을 보장하기 위해 따를 수 있는 일반적인 체크리스트는 없는 것으로 간주된다. 그럼에도 불구하고 실증적 사례와 질적 사례 연구 모두 고려할 때, 아래와 같은 몇 가지 기준이 일반적으로 중요한 것으로 조사되었다. 다음 섹션에서는 각 기준을 설명하고 중국의 그레이존 전술 범위에 적용이 가능한지를 간략하게 평가한다.

기준 1: 침략 국가의 동기의 강도

억제의 성공 또는 실패를 결정하는 첫 번째 요소는 잠재적 공격자가 다툼이 있는 행동을 취하도록 동기를 부여하는 정도이다. 어떤 의미에서, 이것은 단지 명백한 진술일 뿐이다: 만약 공격자가 어떤 문제에 대해 많이 신경쓰지 않는다면, 상대적으로 억제하기 쉬울 것이다. 반면에, 만약 그것이 주어진 행동에 중요한 국익이 달려 있다고 보거나 물러서지 않을 만큼의 강력한 이념적 또는 지위적 이유를 가지고 있다면, 효과적인 억제력을 확보하기는 훨씬 더 어려울 것이다. 이와 관련하여, 이익과 동기의 비대칭성은 억제력에 치명적일 수 있다. 만약 침략자는 분쟁의 쟁점이 매우 중요하게 생각하는 반면에, 억제하는 대상자가 그것을 부차적인 것으로 치부한다면, 억제하는 국가는 억제하는 데 필요한 조치를 취할 수 있도록 압력을 받을 것이다.

의도와 동기의 역할은 억제의 포괄적이고 필수적인 측면의 하위 집합이다. 그것은 지각의 기능, 특히 잠재적인 공격자의 기능이다. 억제는 상호 작용하는 과정이므로, 억제 메시지를 억제전략의 대상자가 적절하게 수신하지 못하면 무용지물이 될 것이다. 실패한 억제의 많은 사례는 공격자가 시급하게 공격해야 할 필요성 때문에 가능한 대응의 위험을 무시한다는 믿음에서 비롯된다. 더욱이, 오인의 일반적인 경로는 방어자의 위협이나 일반적인 행동과정의 위험을 회피하기 위해 영리한 전략을 개발했다는 공격자의 관점이다. 소련의 원래 계획은 신속하게 개입하여 우호적인 정부를 구성하고 떠나는 것이었지, 10년 동안 아프가니스탄에 갇힌 채로 있을 생각은 없었다.

중국의 그레이존 전략인 억제에 대한 교훈은 엇갈리지만, 대체로 부정적이다. 대규모 침략을 억제하는 것이 목적이라면 그 대답은 상이할 것이다. 그러한 전략의 긴급성 또는 군사적 타당성에 대한 중국의 믿음은 제한적인 것으로 보인다. 반면 그레이존에서는 공격적인 행동 측면에서 동기의 균형이 강하게 나타난다. 이 지역에서 지배적인 영향력을 행사할 명분과 운명에 대한 확신은 중국이 인내심을 갖도록 하지만, 근본적인 의도와 동기는 상당히 고정적이고 변하지 않는다는 것을 의미한다.

가장 넓은 의미에서 중국은 분쟁 지역에서 자신들의 주장을 관철하기로 작정한 것 같다. 중국은 점진적이고 참을성 있는 접근을 하면서 장기적 게임을 할 용의는 있지만, 목표를 달성하려는 동기가 매우 높고, 미국과 견줄만한 군사력을 갖춤에 따라 이러한 가능성은 더욱 높아지고 있다. 최근의 한 분석은 "남중국해 전체 표면적의 약 86%를 포함하는 것으로 알려진 '9단선'으로 광범위하게 묘사되는 남중국해에 대한 영유권 주장은 역사에 확고하게 근거를 두고 있으며 자명하고 논쟁의 여지가 없이 요점까지 명확하다"고 결론짓고 있다.

또한 이러한 문제에 대한 논의에 따르면, 중국의 이익은 이를 억제하려는 미국의 이익보다 크기 때문에 이해관계에서의 명백한 비대칭이 있다고 주장한다. 미국이 더 명확한 레드 라인을 정하려고 할 때, 중국 지도자들은 수정된 그레이존 전략이 최악의 결과를 피하면서 자신들의 이익에 계속 지원하는 영리한 접근방식임을 스스로 확신할 수 있다.

기준 2: 억제하는 국가의 위협에 대한 명확성

억제는 1950년의 한국이나 1990년의 이라크-쿠웨이트와 같은 일부 역사적 사례와 같이 억제세력이 무엇을 저지하려고 하는지 또는 그러한 경고가 무시되면 어떻게 대응할지 불분명할 때 실패할 수 있다. 잠재적인 공격자들, 특히 동기가 높은 공격자는 명시된 정책 간의 간극을 찾을 것이다. 이 기준은 본질적으로 공격자의 행동에 대한 보복 유발요인이 무엇인지 알 수 있도록 잘 정의된 레드 라인의 중요성을 다시 설명한다. 억제 위협이 모호한 경우, 공격자가 도망칠 수 있는 가능성과 상대국의 대응없이 큰 목표를 달성하기 위한 공격의 정도를 가늠하기 위한 탐색적 공격을 유도할 수 있다.

그러나 명료함에도 대가가 따른다. 토마스 셸링(Thomas Schelling)은 모호한 위협이 유용할 수 있다고 주장했다. 그는 상대방의 억제력에 대해 공격자가 알 수 없을 경우, 대상국에 대한 직접적 억제효과보다 더 넓은 범위의 활동을 억제할 수 있다고 주장하였다. 그는 또한 명확한 레드 라인은 명시적으로 금지된 활동을 방지할 수 있는 반면, 그들은 또한 그 선으로 올라가기 위한 단초를 제공한다고 이론화했다.

억제력의 명확성에 대한 필요성은 오늘날 중국의 그레이존 캠페인에 대한 미국의 억제 전략에 부정적인 영향을 시사한다. (공식적으로 미일 안보관계하에 위치한 센카쿠에 대한 침략과 같은) 한 두 개의 명백한 레드 라인을 제외하고, 미국이 수용할 수 없는 것이 무엇인지는 명확하지 않다. 미국은 중국(및 남중국해 영유권 주장국)의 문제를 평화적으로 해결하도록 촉구했지만, 이러한 주장의 타당성에 대해서는 어떠한 입장도 취하지 않겠다고 선언했다. 미국도 자신의 행동에 대해 모호한 메시지를 내보냈고, 항해의 자유에 대한 약속을 보여주기 위해 다양한 조치를 취했지만, 이와 달리 중국의 그레이존 진출과 관련된 국지적 충돌을 피했다.

또한 미국이 억제 위협을 실행하기 위해 무엇을 할 준비가 되어 있는지도 분명하지 않다. 최근 중국이 헤이그에서 이 지역의 해양 청구권에 대한 법적 지위에 대한 결정을 거부하는 등의 일련의 사건을 계기로, 미국은 국제법에 따른 중국의 의무에 대해 강력한 성명을 발표했다. 그러나 이 성명은 미국이 레드라인을 설정하고 중국이 이에 도달했을 때, 무엇을 할 것인지에 대한 많은 해석을 할 수 있을 만큼 충분히 모호했다. 따라서 중국의 그레이존 전략은 미국(그리고 우호적이고 동맹국)의 억제 정책의 명확성에 대하여 느리고, 지속적이며, 계속되는 도전이 될 것으로 보인다.

기준 3: 국가가 위협을 집행하는 것을 억제할 수 있는 인지된 능력

억제는 부분적으로 능력의 함수이다. 잠재적 공격자가 방어자 또는 억제 당사자가 위협하는 일을 할 수단이 있다고 믿는가? 이 질문은 처벌뿐만 아니라 부정에 의한 억제에도 적용될 수 있다. 일부 연구에서는 특히 부정 전략의 경우 국가적인 힘의 균형이 중요한 변수라고 설명한다. 억제 당사자에게 지역 권력의 공백이 있는 경우, 공격자는 공격을 기정사실화할 수 있다. 그러나 이 요소가 항상 결정적인 것은 아니다. 일부 공격자는 강력한 수비수와 맞서서 성공을 확신하고 공격해 왔다. 그러나 일반적으로 효과적인 능력은 대부분의 경우, 억제력을 향상시킨다는 명제는 실증 및 사례연구를 통해 지지되고 있다.

중국의 그레이존 전략을 억제하는 것의 의미는 다소 불분명하다. 미국과 다른 지역 국가들은 상당한 지역 해상 및 공군력과 강력한 비군사 자산을 보유하고 있다. 비록 비군사 자산이 작은 기지에서 활동하고 중국자원과 비교하면 매우 적은 비율이지만, 중국의 경쟁국들은 자체 해안경비대 함대를 구축하고 있다. 중국은 미국 및/또는 기타 국가가 본토에서 멀리 떨어진 곳에서 영유권을 주장하려는 중국의 노력에 대해 대규모 군사적 대응을 하기로 결정하면 패배할 가능성이 있음을 인지해야 한다. 모든 증거에도 불구하고 중국이 센카쿠를 공격하기로 결정하면, 미국과 일본은 단호하게 대응할 군사력을 갖추고 있다. 이러한 의미에서 미국은 억제력에 대한 이 기준을 충족하는 것으로 보인다.

어려움은 미국(및 기타 국가)이 억제하려고 하는 것과 억제하는 당사자가 그레이존 활동에 대해 적절한 능력을 보유하고 있는지 여부에 있다. 그레이존 전략의 목표 중 일부는 명백한 대응이 없거나 방어가 불완전할 수 있는 수단과 기술을 활용하는 것이다. 게다가 그레이존 전략의 접근방식은 개별 단계를 점진적으로 만들어서 아무리 유능한 수비수라도 자신의 모든 능력을 발휘할 수 없게 만드는 것이다. 이 기준은 그레이존 범위의 최상단에는 충족되는 것처럼 보이지만, 그 아래의 많은 부분에 대해서는 충족되지 않는다.

기준 4: 국가가 위협을 집행하는 것을 억제하려는 의지

군사력과 함께 방어자의 의지는 모든 억제 방정식에 있어 매우 중요한 요소

중 하나이다. 공격자가 특히 확장된 억제 상황에서 방어자가 싸울 의지가 없다고 판단되면 공격의 가능성이 매우 높을 것이다. 이 필수적인 변수는 잠재적인 공격자의 "위협이 실행될 것이라는 확신"을 의미한다. 정치학자인 브루스 러셋(Bruce Russett)은 "공격자가 변호인의 위협이 실현될 것 같지 않다고 판단했을 때, 억제력은 실패한다"고 이 문제를 간단하게 표현했다. 공격자는 다양한 이유로 특정 지도자가 대응하기에 너무 약하다는 느낌, 여론이 대응을 허용하지 않을 것이라는 생각, 입법부가 공격적인 정책을 승인하지 않을 것이라는 믿음 등을 가질 수 있다.

이 기준은 그레이존 억제 효과에 부정적인 영향을 미치는 것으로 보인다. 그레이존 기술은 일련의 비대칭적 이해 충돌을 지속적으로 만들어냄으로써, 대응하려는 방어자의 의지의 신뢰성 훼손을 목표로 한다. 중국이 해안경비대를 동원해 현지어선 활동을 방해하거나 인공섬에 군사시설을 건설하는 데 있어 또 다른 선을 넘는 행동을 할때, 이러한 행동들 중 어느 것도 미국이 대규모 확전 위험을 감수하면서 단호한 대응을 할 필요가 있을 만큼의 충분한 가치가 없다. 따라서 미국이 그러한 조치를 더 이상 용인하지 않을 것이라는 인식에는 상당한 신뢰성 문제가 있는 것으로 보인다.

미국과 다른 국가들이 그레이존 활동을 대응하려는 의지에 대한 제약의 일부는 중국의 그레이존 전술에 대처하기 위한 미국의 전략이 중국에 대한 미국의 포괄적 전략 하에서 수행되여야 한다는 것이다. 이러한 포괄적 전략은 보다 일반적으로 미중 관계의 기능이 될 것이다. 그리고 논쟁의 여지없이, 양국 사이의 적대감이 상당함에도 불구하고, 양국 관계에 대한 가장 근본적인 사실은 효과적인 협력 없이는 안정적인 국제 질서가 불가능하다는 것이다. 이러한 전략은 안정적인 중미 관계에 대한 미국의 필요성을 그레이존 전략의 개별 움직임에 단호하게 대응하려는 미국의 욕구와 결부시킴으로써 딜레마를 야기한다. 그레이존 접근 방식의 궁극적인 목적은 방어자가 점진적인 활동에 적극 대응할 수 있는 충분한 의지를 갖지 못하게 하는 것이다.

기준 5: 억제 국가의 국익이 걸린 문제

방어자(특히 확장된 억제 관계에서)가 영토나 관련 문제에 대한 국가적 이해관계가 결여되어 있는 경우, 공격자는 상당 수준의 공격성을 가짐으로써 문제에서 벗어날 수 있다고 스스로 생각할 수 있다. 따라서 억제 정책에 대한 방어자의 국익의 정도는 억제 성공의 중요한 기준으로 등장한다. 이해관계는 지정학적(예: 국가 안보에 대한 영토의 중요성), 경제적, 문화적 또는 기타일 수 있다. 그리고 중요한 것은 이러한 관심사에 대한 공격자의 인식이다. 방어자는 이러한 이해관계가 위험에 처해 있다고 생각할 수 있지만, 공격자가 동의하지 않으면 자신의 신념에 따라 행동할 수 있다. 이러한 이익은 이전 기준에서 논의된 국가 의지의 한 구성 요소를 제공하지만, 의지력은 보다 더 많은 요인의 산물이며, 때로는 침략자가 분쟁지역을 방어하려는 의지를 평가하는 대용물로 사용하여 방어자의 추정 이익에 대한 계산을 기반으로 결정을 내릴 수 있다. 따라서 억제력의 계산은 방어자의 이익을 고유한 변수로 고려해야 한다.

이 기준은 특정 그레이존 활동을 억제하는 미국의 능력에 부정적인 영향을 미친다. 그레이존의 개념은 중요한 이익을 위협하지 않는 않는 선에서 하위 단계를 반복적으로 허용하도록 설계되었다. 이것은 고전적인 살라미 접근방식이다. 단 하나의 행동도 수비수의 중요한 이익을 훼손시키지 않도록 순차적으로 목표달성을 위해 노력한다. 따라서 미국이 상당한 이익을 보이지 않는 개별 행동을 확실하게 억제하는 것은 어려울 것이다. 게다가 그레이존 전략의 설계자는 의도적으로 그러한 임계값을 넘지 않는 행위의 수준을 선택할 것이며, 따라서 억제력에 대한 지각적 도전이 확대될 것이다.

이 기준만으로는 미국이 그레이존에 대한 효과적인 억제 정책을 분명히 밝히는 데 큰 어려움을 겪을 것임을 시사한다. 객관적인 이해관계가 존재하지 않을 때, 인위적인 이해관계를 창출할 수 있을 정도로 특정 문제에 대한 신뢰성 및 선례를 통한 가치성을 사실상 높여야 할 것이다.

기준 6: 위협과 화해를 통합하려는 국가의 억제 의지

억제의 효과는 일반적으로 위협의 무조건성에 크게 좌우되는 것으로 간주되지만, 실증연구는 그렇지 않음을 시사한다. 공격적이거나 불안정한 행동을 고려하는 국가는 일반적으로 인지된 안보 위협을 해결하기 위해 공격적으로 행동한다. 그들은 스스로를 위험에 처한 존재로 보고 있으며, 어떤 경우에는 위험 계산이 왜곡될 정도로 위협을 완화해야 할 긴급한 필요성을 느낀다. 결과적으로 "억제와 화해를 혼합하는 것이 가장 좋다"라는 경험적 연구결과에 따르면, 화해와 강인함을 결합시키는 혼합 전략이 가장 효과적인 억제 결과를 만들어 낸다고 알려졌다.

지금까지 남중국해와 동중국해에 대한 미국의 정책은 이 기준을 상당히 잘 충족한 것으로 보인다. 미국은 갈등을 촉발하거나 중국에 대한 대립적인 접근방식을 취하지 않았다. 실제로 위에서 언급한 바와 같이 미국의 접근방식은 추가 조치가 필요할 만큼 충분히 완화되었다. 미국의 정책은 타협의 여지를 남겼지만, 이를 위한 포괄적인 외교적 개입은 아직 없다.

중국의 그레이존 활동과 효과적인 억제

남중국해에서 중국이 취한 전반적인 전략과 여러 요소의 특성은 부분적으로 효과적인 억제력이 발휘될 수 없도록 설계된 것으로 보인다. 자료 15-1은 중국의 그레이존 전략의 각 특정 요소에 대한 억제 기준의 적용을 요약한 것이다. 각 블록의 판단은 중국의 그레이존 전략의 각 구성요소에 적용되는 상기에서 설명한 억제 원칙의 일반적인 분석을 기반으로 작성되었으며 주관적이고 대략적이다. 특히, 이러한 등급 또는 판단은 몇 가지 주요 결론을 반영한다.

- 중국은 시간이 지남에 따라 자신의 주장을 밀어붙이려는 강한 동기가 있다. 이 지역에 대한 관심은 선택 사항이 아니며 포기할 수 없다.
- 설계상 그레이존 접근방식의 많은 구성요소는 강력한 수단의 오랜 구성요소를 나타낸다. 그들은 국제법과 국제 경쟁의 예상 측면에서 완벽하게 적합하다.
- 다른 수단은 의도적으로 비밀스럽고 잠재적으로 거부할 수 있다.
- 방해활동 및 군사적 강압과 같은 보다 공격적인 접근방식은 억제 정책에 대응하여 증감할 수 있다.

이는 고전적인 억제 기준이 대부분의 중국 그레이존 활동에 대해 억제 전략을 사용하는 데 있어 미국이 큰 어려움을 겪을 수 있음을 시사한다. 자료 15-1은 중국의 그레이존 전략의 각 구성요소에 대한 억제 관련성을 원치 않는 행동을 회피하는데 중요한 역할을 할 수 있는지에 대한 문제, 최악의 결과를 피하는데 있어 미미하지만 유용한 역할을 할 수 있는지에 대한 문제, 그리고 대부분 무관한 문제라는 세 가지 범주로 구분하여 설명한다.

자료 15-1 중국의 그레이존 이니셔티브에 효과적인 억제 기준 적용

	효율적 억제의 기준							
그레이존 활동	공격적 동기	위협의 명확성	집행역량	집행의지	위태로운 이익	유연한 전략		**종합적 평가: 억제능력**
이야기 짜임새								
군사강제력								
민간 해양자산 활용								
간 척								
종합적 평가: 억제원칙과 그레이존								

진한 음영은 중국의 행동에 억제력에 대한 비우호적 상황을 의미함. 밝은 회색은 억제 기준이 적절한 정책과 자원을 충족했음을 의미하고, 어두운 회색은 억제력이 최악의 상황을 회피하는데 어느 정도의 역할을 했음을 의미하며, 검은색은 억제력과 관련행동 사이에 거의 관련성이 없음을 의미함.

중국의 그레이존 활동에 대한 억제력의 역할

이 분석은 억제가 중국의 그레이존 캠페인에 대응하는 데 제한된 역할만 할 수 있음을 시사한다. 그레이존의 일부로 수행된 대부분의 특정 전술은 성공적인 억제를 위한 시험을 통과하지 못했다.

그레이존의 본질적인 특성에 도달한다는 것은 놀라운 일이 아니다. 중국과 이러한 전략의 추종자들은 실제로 억제의 대상이 되지 않는 다양한 요소를 활용한다. 이는 국제법에 따라 완벽하게 받아들여질 수 있고, 강대국의 오랜 관행을 구성하며, 국제규범상 받아들일 수 없는 행동에 대한 레드 라인에도 근접하지 않는다. 좋은 예는 무역, 원조, 투자 등을 통해 영향력을 행사하려는 중국의 지역 캠페인이다. 일부 논평가들은 이것을 중국의 그레이존 전략의 일부로 보고 있지만, 미국은 어떤 의미 있는 방법으로도 이를 저지하려 하지 않는다.

그러나 전반적으로 부정적인 평가만 존재하는 것은 아니다. 그레이존의 최상단부에는 상기에서 설명한 기준을 충족하는 몇 가지 활동이 존재한다. 2012년 중국이 스카버러 암초에서 했던 것처럼 분쟁지역의 공개 압류 같은 행동 또는 다른 나라 해군 함정을 방해하는 것과 같은 불법적인 공격활동 등이 이에 포함된다.

이 분석의 본질적인 결론은 미국(및 중국의 그레이존 활동에 직면한 다른 국가들)이 우려스러운 중국의 행동을 세 가지 범주로 의식적으로 구분해야 한다는 것이다. 이들 중 첫 번째는 그레이존의 맨 위쪽 경계에서 명백히 공격적인 행동으로 구성되며, 이는 (자료 15-2에서 범주 1 설명이 묘사하는 것처럼) 억제할 수(또한 그래야만) 있다. 이러한 행동에는 분쟁지역을 강제로 탈취하려는 시도, 분쟁지역에 진입을 시도한 선박을 충돌하거나 물리적으로 공격하는 행위, 센카쿠 제도를 본질적으로 고립시키는 대규모 소함대를 배치하는 것과 같이 영토를 봉쇄하기 위해 설계된 집단 공격, 또는 어부로 위장한 민병대를 상륙시켜 다른 국가의 지역 시설을 침범하는 행위 등이 포함된다. 가능성은 낮지만 이 범주에는 다른 국가가 점유하고 있는 선박이나 지형에 대한 사격과 같이 대규모 침략이 아닌 해상 또는 육상 목표물에 대한 실제 폭력이 포함된다.

또 다른 범주는 그레이존 범위의 밝은 쪽 끝에서의 조금 덜 공격적인 행위로 구성되며, 이 행동은 확실히 억제할 수 없지만 그 효과를 상쇄하는 적절한 대응으로 완화시킬 수 있다(자료 15-2의 범주 3). 여기에는 국제 규범이나 규칙을 위반하지 않지만 불균등한 경쟁의 장을 조성하려는 의도일 수 있는 중국의 외교, 경제, 소프트 파워 및 정보 제공 계획이 포함된다. 그 예로 중국의 이익에 유리한 강력한 조건의 경제 지원, 지역 담론을 형성하고 반미 감정을 조성하기 위한 소셜 미디어 활동, 중국 군사 지도자 또는 부대 방문 등을 들 수 있다. 중국은 이를 지역에서 미국의 영향력을 줄이기 위한 더 큰 전략의 일부로 활용할 수 있지만, 잘 정립된 지정학적 관행의 일부이므로 미국은 이를 억제할 실질적인 근거가 없다. 이 범주에는 이 지역에서 중국의 군사적 위치를 강화하기 위한 조치와 일반적인 사이버 활동도 포함된다.

마지막으로 세 번째 범주는 처음 두 범주 사이에 존재하며 경우에 따라 억제해야 할 수도 있는 혼합된 성격의 작용으로 구성된다. 여기에는 다른 국가의 선박이나 시설에 대한 낮은 수준의 방해활동, 지역 국가에 대한 노골적이고 광범위한 정치적 방해행위 또는 중국의 영유권 주장 영토에 대한 대규모 군사 배치가 포함될 수 있다. 이러한 활동 중 일부는 용인되어야 할 수도 있다. 미국은 그 심각성이나 상황에 따라 향후 유사한 행동을 억제할 목적으로 중대한 대응을 선택할 수 있다. 이 범주는 세 가지 중 가장 모호하며, 범주 2와 가장 심각한 그레이존 활동(범주 1) 사이의 경계선 지점을 정의하거나, 다른 한편으로는 가장 유의미하지 않은 행동(범주3)과 구분하기 위한 정확한 기준이 없다. 특히 이러한 범주 2 그레이존 문제의 경우, 미국의 대응은 포괄적인 원칙에 따라 결정되기는 하지만 결국 대부분 사례에 따라 달라질 가능성이 높다.

이는 위에서 설명한 미국 정책의 세 가지 목표와 결합되어, 중국 그레이존 활동의 용인될 수 없고 억제되어야 하는 특정 하위집합을 가리킨다. 자료 15-2는 중국의 그레이존 전략의 요소를 위에서 제안한 세 가지 유형으로 구분하는 기초정보를 제공한다.

이 분석은 그레이존을 향한 전략 개발에 대해 미국이 달성하려는 목표가 무엇인지를 이해하기 위한 첫 번째 단계이다. 이러한 목적에는 분쟁지역에서 중국의 세력이나 영향력이 부상하는 것을 막거나, 중국이 어떤 강대국에게도 공통적인 우세지역전략을 수행하는 것을 저지하는 활동 등은 포함될 수 없다. 중국의 영향력이 높아짐에 따라 그러한 목표는 실현 불가능해 보인다. 그 대신 미국은 중국이 어떤 종류의 강력한 국가인지 파악하고, 그 비전에 도움이 될 만한 정확한 경계를 설정하는 훨씬 더 복잡하고 도전적인 과제를 수행해야 한다.

자료 15-2. 중국 그레이존 활동에 대한 대응 정의

행동 유형	예시	행동에 대한 반응 및 억제를 위한 정책옵션
범주 1 수용할 수 없거나 억제되어야 하는 행동	• 충돌과 같은 비살상용 전술과 무력 사용을 포함한 새로운 영토에 대한 공격적 장악 • 미국 또는 지역 국가의 군사 또는 민간 선박이 공해상에 대한 정당한 접근을 금지하기 위한 무력 사용 • 스카버러 해역의 군사화	• 직접적인 군사적 대응에 대한 구체적인 신뢰할 수 있는 위협 • 위협을 억제하는 데 필요한 기능에 대한 투자 • 침략에 대한 대규모 경제적, 정치적 보복 위협 • 대응을 야기하는 공격적 형태의 정확한 정의
범주 2 억제력이 사례별로 결정되어야 하는 낮은 수준의 공격행동	• 어업권 또는 자원권에 대한 접근을 포함하여 다른 국가의 선박 또는 항공기에 의한 항행의 자유로운 행사 방해 • 주요 공격의 형태를 상이한 사이버 공격 • 타주에서 정치적 절차의 합법성을 위협하는 두드러진 정치 전복 • 인공섬을 기반으로 한 군사력의 상당한 발전	• 잠재적으로 사이버 또는 정보활동을 포함하여 유사한 은밀하고 귀속되지 않는 방식으로 직접 대응 • 국제규범에 따라 가능한 한 강력한 대응을 유도하기 위한 홍보 활동 • 개별 움직임에 대한 지속적인 대응을 수행하고 일회성이 아닌 지속적인 대응을 할 수 있음
범주 3 수용해야 하지만 미국 및 동맹국의 회색지대 캠페인으로 완화 및 대응할 수 있는 활동	• 지역 국가에 의한 자기 결정 정책을 막기 위한 강압적인 위협 • 대규모의 해상민병대를 조직하고 다른 주를 위협하기 위한 정기적인 작전을 위해 그들을 고용 • 경제적 영향력을 얻기 위한 캠페인(무역 정책, 해외 개발 지원, 일대일로 이니셔티브) • 지역 영향력 강화를 위한 경제기관 구축(아시아 인프라투자은행 등) • 지역 국가와의 일반적인 정치적 참여, 어느 정도의 전복 포함 • 지역에서 내러티브를 형성하기 위한 캠페인	• 지역 전역에 걸친 지속적인 외교 활동 • 지역 국가들에 대한 대안적 경제적 유인책 • 인식(태도)을 형성하기 위한 정보 캠페인 • 대안 경제기관 조건에 대한(예, 아시아 인프라투자은행 등) • 부주의한 확전을 방지하기 위한 규범 및 절차

자료 15–2에는 앞서 언급한 억제에 대한 여섯 번째 기준인 잠재적 공격자의 기본 보안 이익을 충족시켜 공격의 인식 필요성을 감소시키도록 설계된 조치와 관련된 정책이 포함되어 있지 않다. 이것들은 중요하지만 중국에 대한 보다 포괄적인 미국 전략의 일부로 보아야 한다. 여기에는 중국을 지역 내 주요 현안에 대등한 존재로 끌어들이려는 노력, 한반도에 대한 미국 미사일 방어 체제 배치와 같은 분쟁에 대한 중국의 안보 우려를 존중하는 노력, 중국을 억제하려는 의도의 신호를 피하거나 북한의 안정을 위협하기 위한 적극적인 조치, 방어 지향적인 지역 군사작전 개념을 추구하는 것이 이에 포함될 수 있다. 자료 15–2에 요약된 조치는 효과적인 억제를 위한 다른 기준에 중점을 둔다.

이러한 범주에 대한 대부분의 정책 토론은 범주화하기 가장 어려운 몇 가지 문제에 초점이 맞춰질 것이고, 많은 선택은 상당히 자명할 것이다. 센카쿠에 대한 중국의 경제 원조를 차단하는 것은 불가능하지만, 자유로운 중국의 침략은 억제되어야 한다. 가장 어려운 질문은 거의 틀림없이 범주들 사이의 애매한 영역에 속하는 몇 가지 특정한 중국의 행동과 관련이 있다. 여기에는 스카버러 리프의 군사화, 그 지역에서 미군과 다른 나라의 군용 및 민간 선박에 대한 직접적이고 위험한 방해활동, 그리고 동유럽에서의 러시아의 행동과 유사한 성격을 띠기 시작하는 지역 정치 과정의 결과를 약화시키려는 노력도 포함된다.

그레이존의 고강도 전술에서의 억제전략

범주 1의 활동과 같이 억제해야 할 공격적인 단계의 경우 필요한 정책은 위에서 설명한 기준을 충족하는 억제전략으로 일반적으로 충분히 명확하다. 예를 들어, 미국이 중국의 PAFMM 선박 및 해안 경비함 사용을 억제하여 동중국해에서 현상유지의 일환으로 하나 이상의 센카쿠에 대한 접근을 차단하려는 경우, 섬이 미일 안보 조약에 속한다고 선언하고 일본과 협력하여 해당 지역에서의 적절한 방어 능력 확보하며, 대응이 필요한 공격의 형태를 구체적으로 정의한다. 또한, 적대행위 발생 시 대응의 형태(현지에서 군사적 대응을 거부하는 것 이상의)에 대해 정확히 파악하는 등과 같은 이미 시행되었던 많은 조치를 취할 것이다. 이러한 조치는 또한 효과적인 억제를 보장하기 위해 군사력에 대한 추가적인 투자를 요구할 것이다. 그러나 필요한 투자는 다른 비상사태보다 덜 요구될 수 있는데, 이는 미국이 단지 중국의 군사력 예측을 억제하고 있을 뿐이기 때문이다.

잠재적으로 범주 1에 속할 수 있지만 관찰자들마다 의견의 차가 있는 한 가지 구체적인 조치는 스카버러 리프를 군사화하고, 그 지위에 대한 더 이상의 논의를 금지하며 필리핀 정부의 영향력과 지역 세력을 현장에서 강제로 추방하기 위한 중국의 추가 조치일 것이다. 암초를 탈취하려는 중국의 공격적인 전략과 중국의 군사화에 대한 미국의 반복적인 우려로 인해, 이러한 행동은 레드라인 설정의 필요성을 확인하는 것으로 볼 수 있으며, 따라서 적극적인 억제 정책을 요구하는 것으로 간주될 수 있다.

불억제에 대한 대응

단념할 수 없는 활동들(범주 3)을 위해, 미국은 동맹국들과 협력하여 두가지 중복되는 유형의 대응방안을 마련하여야 한다. 즉, 대응할 수 있는 고유한 능력을 구축하고, 그들이 통제 불능이 되지 않도록 규칙, 습관 및 절차를 개발하여야 한다.

미 국방부는 아시아 태평양 해상 전략을 지원하기 위한 네 가지 노력을 제시했으며, 이는 일상적인 대응을 위한 좋은 자료가 된다. 이러한 노력은 미군의 대응능력을 강화하고, 이 지역의 우방과 동맹국의 해상력 향상을 도모하며, “위험을 줄이고 투명성을 구축하기 위한 군사 외교 활용”과 “개방되고 효과적인 지역 안보구조의 개발 강화”를 위한 것이다. 미국은 이 지역에서 경제, 정치 및 정보 범주에서 추가 역량을 개발함으로써 이러한 노력을 강화할 수 있다.

규칙과 습관의 관점에서 두 가지 잠재적인 아이디어는 동중국해 및 남중국해에서의 해상 작전을 위한 행동강령과 이 지역의 해군과 해안경비대 간의 신뢰 구축 및 커뮤니케이션 메커니즘 확대이다. 미국도 상대방에 대한 적대감을 심화시킬 수 있는 행동에 대해 신중하게 생각해야 한다. 예를 들어, 군사력을 활용한 항행의 자유를 공개적으로 선언한 것은 미국이 국제사회에서 자국의 주장에 정면으로 이의를 제기하는 상황에 중국을 몰아 넣은 형국이다. 해상의 자유를 유지하는 것은 더 조용하고 전형적으로 비군사적인 해양 운동으로 촉진될 수 있는 중요한 목표이다.

모호한 행동 억제

마지막으로 범주 2(어떤 상황에서는 억제해야 할 필요가 있지만 위에 요약된 효과적인 억제를 위한 많은 기준을 충족하지 않는 행동)의 경우, 미국은 아마도 가장 복잡한 전략을 개발해야 할 것이다. 이는 효과적인 억제를 위한 기준 간의 격차에서 가장 문제가 되는 그레이존 활동이지만, 카테고리 3과 같이 상쇄 정책과 단순히 일치시키기는 더 어렵다. 예를 들어 중국이 해상민병대를 사용하여 폭력적이고 위험한 방법으로 약소국의 선박을 공격하는 경우, 미국은 단순히 같은 방식으로 대응할 수 없다.

결과적으로 이 범주의 활동에 대해 미국은 다각적 접근이 필요하다. 어떤 경우에는 미국이 대항할 수 있는 능력을 구축하고, 중국 전술의 영향을 무력화하기 위해 노력할 수 있을 것이다. 해군 함정의 방해활동과 같은 다른 분야에서는 어느 정도 억제력을 행사하기를 원할 것이다. 그러나 이러한 경우 억제에 대한 접근방식은 억제해야 할 행동이 매우 중요하고 명백하게 의도적이며 일부 국제 규범에 명백히 위반되는 경향이 있는 범주 1과 달라야 한다. 범주 2는 보다 모호한 활동을 나타낸다.

토마스 리드(Thomas Rid)는 헤즈볼라 공격에 대응하기 위한 세 갈래의 이스라엘 교리에 대해 논의했다. 이 원칙은 다른 종류의 위협을 목표로 하지만, 이 특정 범주의 중국 그레이존과 관련이 있을 수 있다. 저강도 공격을 저지하기 위해 이스라엘은 세 가지 주요 특징을 가진 대응을 취했다. 첫째, 그들은 빠르며, 대응할 순간을 기다리지 않고 놓치지 않았다. 둘째, 어떤 대응이 있을 것이라는 확신이 있었다. 셋째, 심각성 측면에서 도발보다 약간 더 강력한 보복, 즉 공격과 비례하지만 조금 강한 "황금 범위"를 목표로 했다. 불균형하게 대응하면 역효과가 날 수 있고, 원치 않는 확대를 유발할 수 있으며, 약한 대응은 더 많은 공격을 조장할 수 있다. 핵심은 확전을 유발하지 않고, 고통을 유발할 정도로 가혹하게 대응하는 것이다.

이와 동일한 대응방식은 중국의 그레이존 활동이라는 이 도전적인 범주에 대한 미국의 대응방안에 시사점을 제공할 수 있다. 리드의 체제는 이 지역의 미국과 그 우방 및 동맹국의 지속적이고 역동적이지만 신중한 대응에 대한 지침을 제공할 수 있다. 이러한 원칙은 아래에 더 자세히 설명되어 있다. 그러한 전략의 기본 가정은 적어도 현재로서는 중국이 그레이존 활동의 확전을 피하고, 지역적 위상을 위협하고 지역 국가간의 더 큰 균형행동을 유발할 수 있는 대규모 외교 또는 군사 사건을 피하고 싶어한다는 것이다. 이는 중국이 물러설 것이라는 가정 하에 주변 약소국이나 미국이 위험하게 단계적 조치를 취해야 한다는 의미가 아니다. 대신,

이러한 가정은 더 제한적인 함축적인 의미를 가진다. 즉, 지역 국가들은 중국이 비밀스럽게 그레이존 활동을 할 수 없게 하는 방식으로 반격할 수 있다는 것이다. 다시 말해, 이는 그레이존 캠페인의 함의를 보다 즉각적이고 보장되며 공개적으로 만들어 중국의 그레이존 활동비용을 높이는 전략이다.

1. 신속한 대응. 미국은 중국의 잠재적 활동에 매우 신속하고 지속적으로 대응할 수 있는 위치에 있어야 한다. 만약 그것이 공격적인 신호를 보내기 위한 논의의 결과로 인식된다면, 기다림은 반응을 더욱 의미 있고 고조시키는 위험을 수반하지만, 그것은 또한 미국의 의사결정자들이 오랜 논쟁에 관여하고 아무것도 하지 못할 위험을 증가시킨다. 이스라엘의 경험으로부터 얻을 수 있는 한 가지 교훈은 즉각적인 현지 대응정책이 잠재적 공격자에게 어떤 행동이든 신속한 대응을 낳고 억제력의 신뢰성을 강화시킬 것이라는 점을 전달한다는 것이다. 대응 속도 향상을 위해서는 몇 가지 고려해야 할 사항이 있다. 예를 들어, 해안경비대 배치와 같은 지역 역량을 강화하여 다른 분쟁 당사자에게 신속하게 대응할 수 있는 수단을 제공하고, 지역 지휘관이 엄격한 특정 관할 내에서 대응할 수 있도록 권한을 부여하여 오랜 검토의 과정 없이 신속하게 대응할 수 있도록 하고, “식별 및 보복(naming and shaming)”전략을 포함한 즉시 활용가능한 일반적인 대응 옵션을 개발하여야 한다.
2. 자동 대응. 그레이존 공격자는 점진적인 움직임에 대한 대응이 어느 정도 수준에서는 거의 자동적이라는 사실을 인식해야 한다. 이것은 보장된 대응이 확대되어야 함을 의미하는 것이 아니다(아래에서 언급한 것과 같이 그것과는 거리가 멀다). 오히려 그러한 압력으로부터 스스로를 방어하는 사람들은 특정 그레이존 활동에 대한 즉각적인 대응을 위한 메뉴얼을 개발해야 하며, 이를 추구하기 위해 지역 및 국가 차원에서 관련 정책을 수립해야 한다. 영해를 침해하는 다른 국가의 어선에 대한 중국의 물대포 공격을 생각해보자. 즉각적인 대응이 가능한 옵션에는 해안경비대 지원군을 해당 지역에 파견, 중국 정부에 대한 대중들의 직접 항의, 국제 포럼에 대한 공격, 중국 민병선에 대한 물대포 활용 등이 포함될 수 있다. 그러한 선택지는

확전을 피하기 위해 신중하게 구성해야 한다. 이러한 이유로 대부분의 노력은 군사적이라기보다는 외교적이다. 그러나 핵심 원칙은 중국이 다양한 종류의 신속한 반격이 확실하고 피할 수 없다는 것을 믿어야 한다는 것이다.

3. **다소 불균형적 대응.** 이것이 제공하는 지침은 일반적이며 이러한 판단을 내리는 것은 항상 어려운 일이기 때문에, 이것은 따라야 할 가장 어려운 원칙일 수 있다. 그레이존 압력 전략에 대한 지속적인 대응은 공격적인 행동 자체보다 약간 더 높은 수준의 보복을 하는 방식으로 대응해야 한다. 이것은 군사적 대응을 의미하는 것이 아니다. 실제로, 많은 경우에 불균형적인 효과는 공공 외교 또는 식별 및 보복 활동에서 나올 수 있다. 지방 군 또는 준 군사 지휘관에게 위험을 고조시킬 수 있는 권한을 위임해서는 안 된다. 그러나 중국이 자국의 활동에 대한 대응의 성격과 범위를 인식하고, 상당한 외교적, 정치적 대가를 치르게 될 뿐만 아니라, 지역 내 확전의 위험이 있음을 이해하는 상황을 만드는 것이 목표이다. 다시 말하지만, 무엇이 불균형한 것으로 간주되는지에 대한 판단은 비례성을 측정하기 용이한 이스라엘의 경우보다 더 복잡할 것이다. 그러나 직접적인 국지적 반발(예를 들어, 두 배의 지역 해상 주둔 또는 중국 선박에 대한 동등한 조치를 통해)과 지역/글로벌 정보 및 정치적 활동의 일부 조합은 이러한 결과를 달성할 수 있다.

이러한 전술의 목표는 확전 위험 없이 억제라는 이름으로 비용을 부과하는 것이다. 이러한 접근방식은 포괄적이기 때문에 억제가 효과적으로 이루어지기 어려워 완벽한 결과가 도출되지 않을 수 있다. 목표는 그들의 수와 심각성을 완화하는 것이다. 범주 2의 특성이 모호하지만 여전히 공격적인 행동의 경우, 이러한 지속적 균형행동은 가장 효과적인 억제 형태를 나타낼 수 있다. 지역 국가를 위한 이러한 전략에 대한 한 가지 분명한 제약은(실제로, 중국 그레이존 활동에 대한 반응을 형성하는 가장 어려운 측면은) 중국에 대한 지역 국가의 경제적 의존이다. 최근 중국이 한국에 미국 고고도 지대지 미사일 배치를 둘러싼 분쟁에서 입증했듯이, 중국은 자국의 요구를 무시하는 것으로 인식되는 국가들에 경제적인 측면에서 큰 제재를 가할 수 있는 능력을 갖고 있다. 궁극적으로 지역 국가는 중국의 그레이존 침략에 대처할 때, 그러한 위험을 감수할 준비가 되어 있는지 결정할 필요가 있을 것이다.

결론

억제는 중국의 그레이존 전략에 대응하는 데 유용하지만 제한된 역할을 수행한다. 미국은 이러한 수준에서 경쟁에 참여할 수 있는 자국의 잘 발달된 능력을 중심으로 이 도전에 대응하기 위해 포괄적인 접근방식이 필요할 것이다.

그러나 이러한 접근방식은 중국의 증가하는 주장과 관련하여 미국에게 단연코 가장 중요한 전략적 과제를 경시할 위험이 있다. 상기에서 논의된 세 부분으로 구성된 전략은 직접 대응이 힘들어 억제해야 하는 특정 그레이존 작전을 식별하기 위한 체제를 제공한다. 따라서 위의 범주 1은 미국에게 레드 라인 설정의 근거를 제공한다.

그러한 결정에 대한 도전은 부분적으로는 70년의 글로벌 리더십 동안 형성된 정신적 습관의 산물이며, 종종 주어진 상황에서 미국의 위험에 처한 이해관계와 결과를 결정하는 능력 모두를 과장하는 경향이 있다는 것이다. 또한 그것은 다른 강대국이 지역적 영향력을 행사하는 정당한 주장을 경시하는 경향이 있다. 중국의 열망과 이를 달성하기 위한 하나의 메커니즘인 그레이존 전략에 대한 근본적인 사실은 미국이 훨씬 더 불편하고 영향력이 제한되는 상황에 익숙해져야 한다는 것이다. 이것은 왜 억제가 중국의 주장에 대응하기 위한 매우 드문 수단으로 여겨져야 하는지를 다시 한 번 강조한다. 억제는 대부분의 경우에 단순히 존재하지 않을 결과에 대한 어느 정도의 절대주의를 전제로 한다.

중국의 그레이존 도전에 대한 미국과 다른 국가들의 대응은 더 큰 관계의 한 부분이다. 여기에 제안된 접근방식은 이를 고려하기 위해 고안된 것이며, 이러한 전략의 가장 위험한 요소들로 더 많은 대립적 억제 정책을 제한하고 나머지 대부분을 자연스러운 지정학적 경쟁으로 받아들이도록 설계되었다. 그렇게 되면 다음 과제는 미중관계의 악화를 막고 비즈니스와 같은 양국관계의 역량을 유지하는 것이 된다. 이 지역에서 우위를 점하려는 중국의 결의와 그레이존 접근방식에서 점점 더 호전적이 되려는 의지를 감안할 때, 이것은 미국 외교가 수행한 가장 강력한 균형 조치 중 하나를 요구할 것이다.

Notes

1. 이란 역시 전반적인 그레이존 접근이 훨씬 덜 공식화된 것 같지만 비슷한 전술을 구사하고 있다. See, for example, Melissa Patten, "Navigating the Gulf Waters after the Iran Nuclear Deal: Iran's Maritime Provocations and Challenges for U.S. Policy," Center for Strategic and International Studies, May 2016, https://www.csis.org/analysis/navigating-gulf-waters-after-iran-nuclear-deal.
2. Mina Pollman, "Japan's MSDF Will Help Guard Disputed Islands from Chinese Warships," *The Diplomat*, January 14, 2016, https://thediplomat.com/2016/01/japans-msdf-will-help-guard-disputed-islands-from-chinese-warships/; Shannon Tiezzi, "Japan: China Sent Armed Coast Guard Vessel Near Disputed Islands," The Diplomat, December 24, 2015, https://thediplomat.com/2015/12/japan-china-sent-armed-coast -guard-vessel-near-disputed-islands/.
3. Thomas Schelling, *Arms and Influence* (New Haven, CT: Yale University Press, 2008), 66-67.
4. On the lessons of Xi Jinping' recent speech on the issue at Davos, see Thomas Kellogg, "Xi's Davos Speech: Is China the New Champion for the Liberal International Order?" The Diplomat, January 24, 2017, https://thediplomat.com/2017/01/xis-davos-speech-is-china-the-new-champion-for-the-liberal-international-order/.
5. Nathan Freier, *Outplayed: Regaining Strategic Initiative in the Gray Zone* (Carlisle, PA: U.S. Army War College Strategic Studies Institute, May 2016), https://ssi.armywarcol lege.edu/pubs/display.cfm?pubID=1325; Brahma Chellaney, "China's Salami-Slice Strategy," *Japan Times*, July 25, 2013, https://www.japantimes.co.jp/opinion/2013/ofl25/commentary/world-commentary/chinas-salami-slice-strategy/; Robert Haddick, "America Has No Answer to China's Salami-Slicing," *War on the Rocks*, February 6, 2014, https://warontherocks.com/2014/02/arnerica-has-no-answer-to-chinas-salami-slicing/; Robert Haddick, "Salami Slicing in the South China Sea," *Foreign Policy*, August 3, 2012, http://foreignpolicy.com/2012/08/03/salami-slicing-in-the-south-china-sea/; Nayan Chanda, "China's Long-Range Salami Tactics in East Asia," *Huffington Post*, January 27, 2014, https://www.huffigtonpost.com/nayan-chanda/chinas-tactics.
6. Mohan Malik, "Historical Fiction: China's South China Sea Claims," *World*

Affairs(May–June 2013), http://www.worldaffairsjournal.org/article/ historical–fiction–china%E2%80%99s–south–china–sea–claims.

7. Scott Bentley, "Shaping the Narrative: New Chinese Documentary Revisits Indonesia and the South China Sea," *The Strategist*, February 26, 2014, https://www.aspistrategist.org.au/shaping–the–narrative–new–chinese–documentary–revisits–indonesia–and–the–south–china–sea/.
8. For detailed background on these forces, see Conor M. Kennedy and Andrew S. Erickson, *China's Third Sea Force–The People's Armed Forces Maritime Militia: Tethered to the PLA*, China Maritime Studies Institute Report no. 1 (Newport, Naval War College, March 2017), http://www.andrewerickson.com/2017/09/understanding–chinas–third–sea–force–the–maritime–militia/.
9. Ryan Martinson, "China's Second Navy," U.S. Naval Institute *Proceedings* 141, no. 4O (April 2015), https://www.usni.org/magazines/proceedings/2015–04–o/chinas–second–navy.
10. Lyle Morris, "The New 'Normal' in the East China Sea," *The Diplomat*, February 27, https://thediplomat.com/2017/02/the–new–normal–in–the–east–china–sea/.
11. Lyle Morris, "Blunt Defenders of Sovereignty: The Rise of Coast Guards in East and), 2. Southeast Asia," *Naval War College Review* 70, no. 2 (Spring 2017): 78, 103, https://www.rand.org/pubs/external_publications/EP67058.html.
12. Robert Wingfield–Hayes, "China's Island Factory," BBC, September 9, 2014, www.bbc.co.uk/news/resources/idt–1446c419–fc55–4a07–9527–a6199f5dcoe2.
13. Andrew Browne, "How China Upstaged U.S. with a 'Great Wall of Sand,'" Wall Street Journal, April 12, 2016, https://www.wsj.com/articles/how–china–upstaged–u–s–with–a–great–wall–of–sand–1460439025.
14. Paul Huth는 억제력을 "군사적 보복의 위협을 통해 정치적 갈등을 해결하기 위해 군사력을 사용하는 비용이 이익을 능가할 것이라고 설득하려는 정책"으로 정의한다. Paul Huth, *Extended Deterrence and the Prevention of War* (New Haven, CT: Yale University Press, 1988), 15.
15. Lawrence Freedman, *Deterrence* (London: Polity Press, 2004), 26–27, 36–40. Patrick Morgan은 "억제는 누군가를 위협함으로써 그의 행동을 조종하는 것과 관련이 있다. 억제자에 대한 우려의 행동은 공격이다; 그러므로 억제력은 다른 누군가에 의한 첫 번째 무력 사용을 막는 방법으로 대응한 힘의 위협을 포함한다." Patrick Morgan, *Deterrence: A Conceptual Analysis*, 2nd ed. (Beverly Hills, CA: Sage Publications, 1983), 11.
16. Bruce Russett, "The Calculus of Deterrence," *Journal of Conflict Resolution* 7,

no. 2.

17. Glenn Snyder, *Deterrence by Denial and Punishment* (Princeton, NJ: Center of International Studies, January 1959).

18. Morgan, *Deterrence*, 35–36; Patrick Morgan, *Deterrence Now* (Cambridge, UK: Cambridge University Press, 2003), 121.

19. Robert Jervis, "Deterrence and Perception," *International Security* 7, no. 3 (Winter 1983); Richard Lebow and Janice Stein, "Rational Deterrence Theory: I Think, Therefore I Deter," *World Politics* 41, no. 2 (January 1989); and Robert Jervis, Richard Lebow, and Janice Stein, eds., *Psychology and Deterrence* (Baltimore, MD: Johns Hopkins University Press, 1985).

20. Thomas Schelling, *The Strategy of Conflict* (Cambridge, MA: Harvard University Press, 1980), 160.

21. David Firestein, "The U.S.–China Perception Gap in the South China Sea," *The Diplomat*, August 19, 2016, https://thediplomat.com/2016/08/the–us–china–perception–gap–in–the–south–china–sea/.

22. M. Taylor Fravel, "U.S. Policy towards the Disputes in the South China Sea since 1995," Nanyang Technical University Policy Report, March 2014, https://taylorfravel .com/documents/research/fravel.2014.RSIS.us.policy.scs.pdf.

23. See Julian Ku, M. Taylor Fravel, and Malcolm Cook, "Freedom of Navigation 9. perations in the South China Sea Aren't Enough," *Foreign Policy*, May 16, 2016, http://foreignpolicy.com/2016/05/16/freedom–of–navigation–operations–in–the–south–china–sea–arent–enough–unclos–fonop–philippines–tribunal/.

24. T. V. Paul, "Complex Deterrence: An Introduction," in *Complex Deterrence: Strategy in the Global Age*, ed. T. V. Paul, Patrick Morgan, and James Witz (Chicago: University of Chicago Press, 2009), 2.

25. Paul Huth, "Deterrence and International Conflict: Empirical Findings and Theoretical Databases," *Annual Review of Political Science* 2 (1999): 30', Paul Huth http://and Bruce Russett, "Deterrence Failure and Crisis Escalation," *International Studies Quarterly* 32, no. 1 (March 1988): 34; John J. Mearsheimer, *Conventional Deterrence* (Ithaca, NY: Cornell University Press, the 1983), Prevention 24, 62; *Morgan, of War* (New Deterrence Haven, Now, CT: Yale162; Paul Huth, Extended Deterrence and University Press, 1991), 74.

26. Richard Lebow, "Deterrence Failure Revisited," *International Security* 12, no. 1 (Summer 1987): 198, 206; Russett, "The Calculus of Deterrence," 102–3; Alexander George and Richard Smoke, *Deterrence in American Foreign*

Policy: Theory and Practice (New York: Columbia University Press, 1974), 530.

27. Schelling,*TheS trategy of Conflict*, 11. The important thing is not merely having a capability—it is projecting the willingness, indeed the requirement, to use it; Schelling, *Arms and Influence*, 36.
28. Russett, "The Calculus of Deterrence," 98.
29. George and Smoke, *Deterrence in American Foreign Policy*, 560. In *Deterrence Theory Revisited* (Los Angeles: University of California Press, 1978), 314—17, Robert Jervis distinguishes among three types of interest: intrinsic (the most powerful, such as the (June 1963): 97—98. security of a state's own territory); strategic; and verbal or commitment.
30. Richard Ned Lebow, "The Deterrence Deadlock: Is There a Way Out?" *Political Psychology* 4, no. 2 (June 1983): 334; George and Smoke, *Deterrence in American Foreign Policy*, 531.
31. Morgan, *Deterrence Now*, 162—63. The "strength of the challenger's motivation is crucial—weakening it by concessions and conciliation can make chances of success much higher."
32. Huth, *Extended Deterrence and the Prevention of War*, 9—11, 75—76, 81.
33. The Pentagon has outlined three primary objectives of its Asia—Pacific maritime strategy: To "safeguard the freedom of the seas," to "deter conflict and coercion" and to "promote adherence to international law and standards." U.S. Department of Defense, *Asia—Pacific Maritime Security Strategy* (Washington, DC: U.S. Department of Defense, 2015), https://www.defense.gov/Portals/1/Documents/pubs/NDAA%20A—PMaritime_SecuritY_Strategy—08142015—1300—FINALFORMAT.PDF.
34. Ibid., 19—20.
35. Morris, "Blunt Defenders of Sovereignty," 104.
36. Thomas Rid, "Deterrence beyond the State: The Israeli Experience," *Contemporary Security Policy* 3, no. 1 (2012): 138—40.

Bernard Moreland

중국과의 분쟁 관리 사례 연구로서의 베트남과 필리핀

중국의 해양 팽창주의에 대한 이웃국가들의 반응은 일본의 타협 없는 저항에서부터 중국의 해양 주권 침해에 대해 묵인하고 있는 말레이시아에 이르기까지 다양한 연구사례를 제공한다. 중국의 공격을 받은 국가들 중 필리핀과 베트남은 거의 정반대의 정책으로 대응하고 있으며, 서로 다른 접근방식의 효과에서 보기 드문 자연 실험사례를 제공하고 있다. 돌이켜보면 베트남의 대응은 국제법과 같은 이념적 개념에 의존하거나 외국 동맹에 의존하기 보다는 베트남의 강점을 실질적으로 활용했기 때문에 둘 중 더 효과적인 것으로 보인다.

베트남-중국 문제의 천년 독립 관리

베트남의 북쪽 거상 관리는 베트남의 오랜 중국과의 경험과 동맹으로부터의 독립을 통해 알 수 있다. 베트남은 중국과 같이 한때 세계적인 규범이었고 현재 부활하고 있는 고대의 통치방식을 따르는 독재국가였으므로, 중국의 그레이존 피해자들 사이에서도 이례적이다. 중국 독재 정권과 유사하게 권위주의적인 베트남은 최근까지 국제법상 보호받을 수 없는 광범위한 남중국해 영유권 주장을 유지했다.

베트남에 대한 중국의 침략은 독재정권이 서로를 대하는 방식의 역사적 패턴을 따랐으며, 직접적인 전투를 통해 지배력과 규범을 확립했다. 두 당사자는 서로의 전쟁을 통해 중국의 패권에 대한 상호 이해를 달성할 것이지만, 일반적으로 종속국인 베트남의 증가하는 불복종에 대응하여, 중국이 새로운 전투로 관계를 재조정할 때까지 시간이 지남에 따라 희미해질 것이다. 가장 최근의 사례는 1974년, 1979년 및 1988년에 발생했으며 중화인민공화국(PRC)이 중국 국적의 부유식 석유 플랫폼을 베트남의 배타적 경제수역(EEZ) 내에서 시추하도록 명령한 2014년까지 거의 반복되었다. 역사적 맥락에서 이 관계는 종종 종주권(suzerainty)으로 설명된다. 중국과 베트남은 이를 "포괄적 협력"과 같은 용어로 완곡하게 지칭한다.

동아시아의 그 어느 나라보다도, 중국-베트남 해양 관계는 투키디데스에 의해 인정되었을 특성을 가지고 있다. 그는 멜리안 대화에 대한 상상의 이야기에서 "강자는 그들이 원하는 것을 하고 약자는 그들이 해야 하는 것을 한다"고 기술했다. 중국은 권력의 공백을 인식하고 이를 이용하기 위해 신속히 움직이면서 기회주의적으로 행동하는 경향이 있다. 중국은 미국이 베트남에서 철수한 것처럼 1974년 파라셀 군도에서 베트남군을 공격함으로써 주둔지를 확립했다. 중국은 1988년 존슨 사우스 리프(Johnson South Reef)의 허리 깊이 물에 서 있던 약 60명의 베트남 선원을 전함 대공포로 학살함으로써, 스프래틀리 군도(Spratly Islands)에 처음 거점을 마련했다. 이 사건에 대한 유일한 "그레이"와 관련하여 알려진 사실은, 중국이 베트남인들을 학살했을 때 자국의 해군 구축함은 유엔 교육과학문화기구의 임무에 참여하고 있었다고 주장한 것이다. 그 당시 소련은 베트남에 대한 지지를 선언하고 있었다.

해양 영역에서 베트남에 대한 중국의 그레이존 침략은 1988년의 적나라한 군사 폭력(뒤에 거짓 정보가 뒤따름)에서 은밀한 폭력 위협으로 발전했다. 2007년 중국은 베트남과 계약한 영국 석유조사선 Geo Surveyer가 분쟁 해역에서 작업하는 것을 막기 위해 선체가 개조된 소형선을 활용했다. 베트남의 소규모 해안경비대들은 침략에 대비했던 중국 대형 선박들에 압도당했고, 베트남은 영유권이 중국과 겹치는 지역에 대한 석유 탐사활동을 중단할 수밖에 없었다. 중국의 방식은 국제적으로 용납될 수 없는 것이었지만, 베트남은 중국의 침략에 맞설 수 있는 믿을 만한 동맹국이 없었다.

국제사회는 국제법에 따라 아덴만에서의 소말리아 해적에게 각국의 권리를 보호하기 위해 함대를 구성했지만, 중국의 침략에 맞서 남중국해에서 베트남의 연안 국가 권리에 대해 이와 유사하게 국제적으로 대응할 군사력이 없었다.

베트남과 중국은 이후 통킹 만에서 경계 및 공동 순찰 협정을 체결했는데, 이는 오늘날까지 지켜지고 있는 규범이다. 그러나 다른 해역에서 중국의 소형선은 베트남의 근해 탄화수소 자원을 이용하려는 베트남 선박의 케이블을 계속 방해하거나, 부수거나, 절단했다.

2014년 중국은 국영연안석유회사(China National Offshore Oil Company)가 소유한 심해 석유 플랫폼인 하이양시유(HYSY) 981을 활용하여 베트남 EEZ에서 석유를 시추했다. 베트남은 자국민들에게 반중국정서를 일으키는 방법으로 대응했는데, 이는 불행히도 중국인과 비중국 민간인 모두를 죽게 한 치명적인 폭동을 촉발시켰다. 베트남은 또한 어선의 석유 굴착 장치에 대한 공격적인 행동을 조장했다.

베트남의 행동은 매우 위험했다. 그것은 중국의 우월하고 더 잘 준비된 군대에 맞서고 도발하는 놀라운 대담함을 보여주었지만, 이는 이전의 모든 중국군의 재보정(recalibrations)처럼 베트남에는 확실히 나쁜 영향을 미칠 수 있는 분쟁을 전투로 몰고 갈 위험을 감수한 것이다.

몇몇 조치들에 대해 베트남은 형편없는 성적을 거두었다. 수백 척의 베트남 어선이 바다에 출항했지만, 아무도 중국의 보안 경계선을 뚫지 못했다. 중국 민병대 보트와 해안경비대 소형선은 물대포를 사용하여 베트남 보트의 도선사 창문을 부수고 전자제품과 안테나를 휩쓸었으며 일부 경우에는 뼈가 부러지기도 했다. 최소 2척의 베트남 어선이 굴착기에서 수마일 떨어진 곳에서 PAFMM 어선의 고의적인 충돌로 인해 침몰했으며, 최소 1명의 베트남 어부가 사망했다. HYSY 981은 테스트 시추를 마치고 무사히 중국으로 돌아갔다.

전술적인 차질에도 불구하고 베트남은 단순한 박스 스코어가 암시하는 것보다 전략적으로 더 성공적이었다. 중국은 수십 척의 선박으로 구성된 보안 경계를 배치하고 베트남이 무력을 사용할 경우 대응하기 위해 값비싼 군사적 대응 방안을 마련해야 했다. 우월한 강대국에 대한 군사적 음모는 위험하고, 베트남 시민의 대응은 주권적 목적을 위한 민간인 폭도에 대한 주권적 도발을 비난하는 국제 규범을 위반했지만, 현저하게 효과적이었다. 베트남의 도발적이고 선동적인 전략은 국제적 예의와 공손함을 훨씬 뛰어넘어, 중국의 침략에 대한 대가를 크게 증가시켰다. 중국이 베트남 EEZ의 어느 곳이든 선박을 배치할 수 있음을 입증한 반면, 베트남은 중국이 베트남의 EEZ에서 석유 시추를 할 수 없다는 것을 보여주었다. 그 후 중국은 이러한 일을 반복하지 않았다.

필리핀 – 동맹과 법률에 대한 완전한 의존, 완전한 실패

필리핀 인구와 국내 총생산은 베트남과 비슷하며 필리핀이 약간 더 크고 부유하다. 베트남과 달리 필리핀은 미국에 강력한 동맹국이 있지만, 중국의 오랜 위협과 침략에 대응하기 위한 위기정책이 부족했다. 필리핀은 중국의 침략에 대해 신중하고 책임감 있는 국가에 걸맞은 법과 동맹 중심의 전략으로 대응했다. 그것은 베트남의 반군 전략과 정반대였고, 그것은 전부 실패했다.

1992년 필리핀 상원의 압력으로 미국은 필리핀에 있는 기지를 포기했고, 중국은 1994년에 필리핀 EEZ 내에 있는 미스치프 암초(Mischief Reef)에서 필리핀 연안국가의 권리를 장악하기 시작했다. (베트남의 경우와 마찬가지로 중국의 각각의 해양 병합은 철수하는 세력으로부터 생성된 권력 공백 상태에서 발생했다.) 필리핀은 오랫동안 미국에게 중국의 침략에 대한 지원을 요청했다. 미국 국방부 국제안보부 장관 조셉 나이(Joseph Nye)와 태평양군 사령관 조셉 프루허(Joseph Prueher)는 2000년대 후반에 막연한 지지 성명을 발표했지만, 작전 지원은 제공하지 않았다. 미스치프 암초는 사실상 중국의 통제 하에 넘겨졌다.

중국은 종종 필리핀 EEC에 있던 과거 미국이 관리했던 군수기지인 스카버러 암초(Scarborough Reef)를 점령하려는 야심을 종종 표현해 왔고, 그래서 필리핀은 이를 방어하기 위해 미국에 지원을 요청했다. 미국은 필리핀이 EEZ를 정기적으로 관리하고 연안 권리를 방어할 것을 독려했다. 미국－필리핀 상호방위조약은 1953년 체결돼 1983년 유엔해양법협약(UNCLOS)에서 규정한 EEZ 권리를 고려하지 않고 필리핀군에 대한 공격으로 촉발됐다. 많은 해군과 마찬가지로 어업 규제 권한이 있는 필리핀 해군은 2000년 이후에 11번에 걸쳐 어업 규제 위원회를 열었으며,

미국이 필리핀에 대한 중국의 군사적 확대를 저지할 것이라고 믿었던 것으로 보인다.

중국은 스카버러 암초의 필리핀 규제 위원회에 대해 심하게 항의하였고, 따라서 필리핀은 2007년에 그들의 활동을 중단했다. 중국은 2008년 올림픽 이후 해양 팽창주의가 확대되자 자체 SOA(국가 해양 관리국) 소형선으로 스카버러에 대한 침해를 강화하는 것으로 대응했다. 2010년까지 중국 SOA 소형선들은 정기적으로 스카버러 암초를 항해했으며, 중국의 어업 법집행기관은 PAFMM 선박이 그곳에서 낚시를 할 수 있도록 보조금을 지급했다. 민병대의 근해 잠수부들은 스카버러의 광활한 산호초의 커다란 조개를 수확하기 위해 기계장치로 값비싼 산호초를 부수면서 파헤치고 있으며, 죽거나 파괴된 암초의 길이 민간 위성 사진에서도 볼 수 있을 정도로 큰 피해를 남기고 있다. 중국은 필리핀이 규제 개입을 시도할 경우 즉시 지원을 요청할 수 있도록 PAFMM 선박에 베이두(Beidou) 전자 수신기를 장착했다.

2012년 4월 8일 필리핀 해군을 책임지고 있는 알렉산더 파마(Alexander Pama) 해군 부제독이 필리핀 해군 호위함 BRP Gregorio del Pilar에게 엄청난 양의 대합조개를 실은 중국 어선들의 어업 승선을 명령한 것은 중국의 함정(trap)으로 제 발로 걸어 들어간 것이나 마찬가지였다. 그는 그 배가 민병대인지 중국이 정확히 그런 상황에 대비해 세심하게 준비한 것인지 전혀 알지 못했다. 중국은 즉시 대형 SOA의 소형선을 지역에 파견하고, 필리핀의 철수를 요구했으며 향후 두 달 동안 필리핀에 대한 PLAN의 위협을 확대했다. 4월 26일 중국 국방부 대변인은 "군은 남중국해에서 중국 영토를 수호할 의무를 다할 준비가 되어 있다"고 선언했으며, 군사 언론과 웹사이트는 해당 지역의 PLAN 상륙 작전 부대에 대한 설명을 게시했다. 그러한 경고가 마지막으로 발행된 것은 1996년 대만 미사일 위기 때였다.

베트남과 달리 필리핀은 PLA에 맞서 싸울 위험을 감수하지 않았다. 미국은 필리핀의 주권적 이익이 미국을 갈등으로 몰아넣고 중국과의 관계에서 미국의 이익을 해칠 것을 우려해 필리핀의 해안국가권 방어를 더욱 제한했다(오바마 정부는 중국이 당시 협상 중인 국제 환경 협정에 가입하는 데 도움이 되는 분위기를 원했기 때문에 부분적으로 중국의 체계적인 산호초 파괴를 무시하고 있었다.).

위기의 한가운데, 미국 국무부 변호사는 스카버러 숄(모래톱)이 폭스바겐 비틀 크기의 노출된 돌을 포함하였다는 이유로 필리핀 EEZ(영토가 없음)의 수중 지형에서 UNCLOS "바위"로 법적으로 재분류했다. 이 지정은 스카버러에서 약 44평방마일을 포함하는 주변의 "주변 산호초"에 대한 영토를 법적으로 인정할 수 있게 해 주었다. 미군은 추가로 12마일의 영해에 가까이 접근하지 않았다. 중국은 역사적 주장이 없었고 미국은 이전에 군사 훈련을 위해 산호초에 접근하는 대가로 필리핀에 비용을 지불했지만, 미국은 이후에 어느 국가가 암석을 소유했는지에 대한 입장을 취하지 않았다. 바위에 대한 미국의 법적 지위는 바뀌었지만, 바위 자체는 대결 내내 오르거나 가라앉거나 자라지 않았다. 1964년 미국과 필리핀 해군이 공동으로 산호초를 조사했을 때도 그곳에 있었다.

미국은 법적 구별을 표시하기 위해 공식적으로 스카버러 숄을 스카버러 리프로 개명했다. 미국 외교관과 태평양 사령관 샘 로클리어(Sam Locklear)는 공개적으로 침묵을 지켰다. 미국은 공식적으로 국제법에 따른 해결을 선호하고 누구의 편도 들지 않겠다고 밝혔지만, 법적 문제는 미국이 중국의 침략을 수용하는 결과를 낳았다.

미국이 분쟁에 개입하기를 꺼리는 것을 정확히 평가한 후 중국은 산호초에 배치된 소형선의 수를 세 배로 늘렸다. 중국 해경은 필리핀의 주둔을 유지하고 있던 몇 안되는 필리핀 해경 경비원을 괴롭히기 시작했고, 필리핀의 신문은 괴롭힘에 대한 사진 및 비디오를 게시했다.

2012년 6월 8일 베니그노 아키노(Benigno Aquino) 필리핀 대통령이 백악관을 방문해 버락 오바마(Barack Obama) 대통령에게 지원을 요청했다. 미국은 분쟁에 군대를 개입시키지 않았으며, 필리핀에 대한 작전 지원을 예정하지 않았다. 6월 15일 필리핀은 더 이상 주둔을 유지할 수 없었고 암초에서 철수했다. 중국군은 그 이후로 그곳에 남아 있다.

미국은 필리핀이 국제법정에서 중국에 도전하도록 독려했다. 필리핀이 모든 면에서 승리했다. 그러나 중국은 2016년 7월 12일 중재 재판소의 판결을 불신하는 전 세계적인 캠페인을 주도했고, 미국은 일단 판결이 내려진 후 이를 지지하는 발언이나 활동을 하지 않았다.

두 가지 접근 방식 비교

필리핀과 베트남은 중국의 침략 사건에 대해 각기 다른 반응을 보였다. 이러한 차이점은 다음과 같이 요약할 수 있다.

1. 필리핀는 동맹국인 미국에 지원을 요청했고, 베트남은 중국에 집중했다.
2. 베트남은 수많은 해안경비대 소형선, 항공기, 관용어선으로 중국 장비를 압박했고, 필리핀은 어민을 억류하고 1~2대의 해안경비대 소형선으로 중국인의 침공을 수동적으로 감시했다.
3. 해상에서 베트남군은 장비 주변에서 중국 해안경비대와 민병대 어선에 도발적인 도전을 감행했다. 필리핀은 그렇지 않았다.
4. 베트남 공산당은 통제된 언론들로 하여금 베트남에 있는 중국 공장을 파괴한 치명적인 폭동을 촉발시키도록 하였다. 필리핀은 침착하고 자제할 것을 촉구했다.
5. 베트남의 대응은 국제적 규범을 벗어나 중국과의 전투를 촉발할 위험이 있었다. 필리핀의 대응은 운영상의 위험이 거의 없었다.
6. 필리핀은 중재 재판소에 소송을 제기한 반면, 베트남은 국제적 법적 구제를 준비했지만 국제법적 구제조치에 나서지는 않았다.

결과도 달랐다. 베트남은 EEZ에서 추가 석유 탐사를 저지하는 데 전략적으로 성공했다. 필리핀은 스카버러 리프에 대한 통제권을 잃었고, PLA는 필리핀 EEZ의 또 다른 큰 산호 특징인 미스치프 암초를 준설하고 콘크리트로 덮었다. PLAN은 이제 대규모 해군 비행장을 가지게 되었다. 베트남과 필리핀의 경험비교를 통해 동남아시아 국가들은 여러 가지 교훈을 얻을 수 있다.

1. 어떤 나라도, 심지어 강력한 동맹국도, 다른 나라의 연안국 권리를 옹호하지 않을 것이다.
2. 국제법은 그것을 집행할 국제 경찰이 없을 때 도덕 지침 이상을 제공하지

않지만, 도발 위기 정책은 적어도 부분적으로 성공할 수 있다.

3. 국제법의 보호 없이는, 군사적 방어 능력과 위험에 대한 국가의 관용을 대체할 수 없다.
4. 미국은 자국의 단기적 상징적 정치적 목표를 위해 동맹국의 장기적인 구체적 주권 이익을 희생할 수 있으며, 비동맹국의 지원은 전혀 기대할 수 없다.

결론

정치학자들이 단일 국가의 침략에 대한 대응에 대해 이렇게 명확하고 거의 동시에 발생한 사례를 연구하는 것은 드문 일이다. 그 결과는 정치적 현실주의자들이 기대했던 바와 같았다. 미국과 필리핀의 동맹이 약화되었을 뿐만 아니라 신뢰 상실로 미국과 다른 국가들과의 동맹관계도 최근 몇 년 간 약화되고 있다.

중국과의 교전과 도발을 지속했던 베트남의 수동적-공격적 정책은 동맹에 크게 의존하는 필리핀의 신중한 법적 대응보다 베트남의 이익을 보호하는 데 더 큰 도움이 되었다. 필리핀을 이끄는 인물에 상관없이, 우리는 필리핀의 실패한 법과 동맹 대응이 베트남의 도발 및 참여 정책으로 발전하기를 기대할 것이다. 특히 2016년 필리핀에서 새 행정부가 선출된 이후로 그것이 실제로 실현되었다.

두 사례 연구는 동맹과 국제법이 지지를 받아야만 성공할 수 있고, 약점이 공격을 유발한다는 증거로 활용된다. 국제법은 강국이 과도한 주권을 빼앗지 않을 것이라는 확신을 제공함으로써, 그들의 주권을 보호하기 위해 취약한 국가가 불안정한 행동에 참여하지 못하도록 부분적으로 발전했다. 강대국은 약소국 사이에서 책임 있고 예측 가능한 행동을 수행하기 위해 이러한 제약을 수용하며, 이는 결국 안정과 번영을 가져온다. 이를 위해 UNCLOS는 모든 국가의 해상 자격에 대한 표준을 수립했다. 그것은 한 국가가 원하는 모든 것이 아닐 수도 있지만, 모든 국가가 얻을 수 있는 표준화된 기대치를 확립한 것이다.

그러나 베트남은 북쪽의 이웃을 분명히 이해하고 있다. 베트남은 국제법이나 동맹을 크게 신뢰하지 않았으며, 중국의 침입에 대응하기 위해 항상 모든 행동과 수단을 기꺼이 사용했다. 필리핀의 변화는 더 최근에 이루어졌다. 필리핀은 처음에는 미국과의 동맹에 의존했고, 국제법에 호소했지만, 이제는 베트남의 도발적인 접근이 더 적은 비용으로 더 많은 주권을 보호한다는 것을 인식하였다. 국제법은 강대국이 수용하고 실천하는 경우에만 책임 있는 약소국의 행동을 형성하기 위해 작동한다. 중국은 동아시아에서의 제약을 받아들이지 않는 반면, 다른 강대국들은 이에 대한 도전을 거부한다.

중국은 주변국의 제로섬 비용(zero-sum expense)으로 중국의 지배력을 확장하고 있으며, 그렇게 함으로써 UNCLOS의 안정효과를 약화시키고 있다. 중국의 국제적 주권 침해행위는 우리를 정글 규칙을 통해 해양 분쟁이 해결되는 시대로 되돌리고 있다. 해결책은 지금까지 해왔던 것처럼 명백해 보이지는 않는다. 경제적으로나, 군사적으로나 강력한 국가(미국만이 가능)는 세계 시장에 대한 접근을 위협하고, 팽창주의에 군사적 위험을 받아들여, 중국과 같은 팽창주의 패권의 행동에 경계를 설정하기 위해 국제 동맹을 이끌 수 있다. 즉, 인류 역사상 가장 위대한 평화와 번영, 민주주의와 인권의 확장을 형성한 제2차 세계대전 이후의 정책으로의 회귀하는 것이다. 그 대신에, 미국은 평범한 국제법 조항이 문서만이 아니라 실제로 집행되거나 해양법의 붕괴로 인한 비용을 감수할 수 있다는 희망을 가지고 기다릴 수 있다. 그러나 힘들게 얻은 미국과 동맹국의 피와 보물을 포도나무에서 썩게 내버려 두거나 뽑지 않고 땅에 떨어지도록 내버려둬야 하는가?

앞으로 미국 지도자들이 어떤 길을 선택하든 그 결과는 동아시아 해상을 훨씬 넘어서 금세기와 그 이후에까지 지대한 영향을 미칠 것이다.

Notes

1. 여기에서는 2016년 7월 12일 중재판정부의 최종적이고 구속력 있는 판결을 받아들인다.
2. Brantly Womack, *China and Vietnam: Politics of Asymmetry* (Cambridge:

Cambridge University Press, 2006), 26–28.

3. Accounts and pictures were later published at http://club.mil.news.sina.com.cn
4. Bill Hayton, *The South China Sea: The Struggle for Power in Asia* (New Haven, CT: Yale University Press, 2014), 137–38.
5. 베트남과 구소련은 1978년 11월 4일 "(베트남 또는 소련)이 공격 또는 공격 위협의 대상이 될 경우, 그 위협을 제거하고 자국의 평화와 안보를 보장하기 위해 적절하고 효과적인 조치를 취하는 것"이라고 말했다. 중국은 3개월 후인 1979년 2월 17일에 베트남을 침공했다. 소련은 베트남에 정보와 병참 지원을 제공했지만 직접적인 지원은 하지 않았다. 베이징 선전은 모스크바가 하노이와의 약속을 어겼다고 강력하게 지적했다.
6. According to the *CIA World Factbook*, the Philippines population is 104.3 million, its gross domestic product (GDP) is $806.3 billion (purchasing power parity (PPP]), and its GDP per capita is $7,700; see https://www.cia.gov/library/publications/the-world-factbook/geos/rp.html. The population of Vietnam is 96.2 million, GDP is $595 billion (PPP), and its GDP per capita is $6,400; see https://www.cia.gov/library/publications/the-world-factbook/geos/vm.html.
7. 1995년 6월 16일 미국 국방부 국제안보 차관보인 조셉 나이(Joseph Nye)는 스프래틀리 군도 인근 해상 항로의 자유에 대한 미국의 관심을 주장하는 성명을 발표했다. 1997년 5월 20일 미 태평양 사령부 사령관 조셉 프루허(Joseph Prueher) 제독은 피델 라모스(Fidel Ramos) 대통령의 스프래틀리 호(Spratlys)호 지원 요청의 맥락에서 미국이 수빅 만에 있는 시설로의 복귀를 고려하고 있다고 밝혔으며, 1998년 12월 그는 미국은 스프래틀리의 발전을 예의주시하고 있다고 말했다.
8. 어업 규제의 해군 집행은 널리 알려진 해상 규범이다. 태국, 말레이시아, 인도네시아는 그들의 해군이 살아있는 해양 자원을 규제하도록 허용하는 동아시아 국가 중 하나이다. 호주와 뉴질랜드와 같은 선진국들도 그렇게 한다. 미국은 해양수산청 특수요원이 수산법을 시행하고 있지만 미 해안경비대도 어업집행권을 갖고 있으며 미국법규 14조 1항은 미 해안경비대가 항상 미국의 군 복무이자 군대의 한 갈래라는 점을 분명히 하고 있다.
9. Relayed to the author by Philippine naval officers in 2013.
10. 王新艺 [Wang Xinyi], "Changes in China's Maritime Rights Protection Model," 现代海军 [*Modern Navy*] 8 (August 2011): 60-61.
11. 黄胜友 [Huang Shengyou], "南沙日记: 随中国海监船近距拍摄被占岛礁(组图)" ["Photographic Diary of a Cruiseto the South China Sea"], 现代舰船[*Modern Ships*] (July2010), http://bbs.tiexue.net/post_4373889_1.html.

12. PRC foreign ministry spokesman Gang Yangsheng, daily press conference, Foreign Ministry of the People's Republic of China, April 26, 2012.
13. United Nations Convention on Law of the Sea, art. 6.
14. National Geospatial–Intelligence Agency chart 91004; Scarborough Shoal (South China Sea).

결론: 그레이존에서 미국 해상력의 최종 사용을 위한 옵션

중국은 일부 중국 소식통이 말하는 동아시아 해상의 그레이존에서 "총성 없는 전쟁"을 치르고 있다. 이미 중요한 분야에서 성과를 거두고 있으므로, 이대로 두면 훨씬 더 많은 승리를 거둘 것이다. 지금까지 중국의 가장 큰 장점 중 하나는 효과적으로 대응하는 것은 고사하고 외국이 이러한 상황을 이해하고 특성화하는 것에 어려움을 겪고 있다는 것이다. 세계 최고의 전문가들의 공헌으로 이 책은 중국의 준군사력 확장을 주도하는 힘과 교리를 설명함으로써 그 지식격차를 줄이는 것을 목표로 한다. 아래에는 중국의 그레이존 활동에 대한 미국의 대응에 대해 간략하게 검토할 것이며, 이어서 미국 정책가들이 성공적으로 정책을 수립하고, 실패를 시정할 수 있는 방안 등을 제시할 것이다.

해상에서의 중국의 행동은 직간접적으로 미국의 이익에 해를 끼친다. 항해 국가로서 미국은 국제법의 제약 내에서 전세계 해양에 최대한 접근할 것을 요구한다. 그러한 접근을 방해하는 행동은 미국의 해양 자유를 침해한다. 중화인민공화국(PRC)이 동맹국과 파트너의 합법적인 해양 자유와 해양 권리를 침해할 때, 간접적으로 미국의 이익에 해를 입힌다. 그러한 행위는 우방에 대한 미국의 약속을 평가절하하고, 미국이 세계적인 영향력을 행사할 수 있게 만드는 진정한 힘의 원천인 동맹체제의 근간을 뒤흔든다. 더욱이 미국을 포함한 모든 국가의 해양 자유와 주변국의 해양 권리를 축소 및 침해하려는 중국의 노력은 규칙에 근거한 국제질서를 훼손하고 있다.

거의 인정받지는 못했지만, 서태평양에서 해양 자유를 수호하려는 미국의 노력은 상당히 성공적이었다. 중국이 불법적으로 해상 주위에 "울타리"를 치면, 미국 군함은 그 울타리를 걷어냈다. 중국은 미국 입장의 심각성을 인식하고 있으며 지금까지 대체로 복종해왔다.

그러나 동맹국이 중국의 침략으로부터 해상 권리를 보호하도록 돕는 데 있어, 미국은 상반된 기록을 가지고 있다. 2006년 중반 이후 중국은 미국 동맹국 및 파트너의 합법적인 해상 권리를 훼손시키면서, 통제 범위를 빠르게 확장했다. 미국의 정책은 중국의 그레이존 확장을 막지 못했다. 물론 미국이 모든 책임을 질 수는 없다. 결국 중국 침해의 대상이 되는 연안 국가는 자국의 국경 방어에 대한 궁극적인 책임을 져야 한다. 그러나 동맹국이 정당한 해상 권리를 주장하는 것을 돕는 데 보다 직접적인 역할을 하는 것을 꺼려하기 때문에, 미국은 중국의 무자비한 충동을 가능하게 했다. 미국의 모든 정책의 수정은 여기에서 시작되어야 한다. 그리고 미국은 더 많은 일을 할 수 있는 힘이 있다.

해양 자유 수호

미국은 미리아나 제도(Mariana Islands) 서쪽에 있는 영토를 소유하거나 주장하지 않으므로, 동중국해와 남중국해의 영유권 분쟁 결과에 대해 소유권이 없다. 그러나 중국의 영유권 주장은 미국 해상의 자유를 직접적으로 위협한다. 무엇보다도 국제법이 허용하는 곳이라면 어디서든 방해받지 않고 해군 작전을 수행할 자유를 위협한다. 중국은 배타적경제수역(EEZ)을 안보수역으로 전환하려 한다. 그것은 자국의 EEZ 내에서 외국 해군 활동을 제한하는 특권을 선언하여, 미국이 제1도서 열도 내의 거대한 해양 구역에 접근하는 것을 위태롭게 한다. 해양 관할 구역의 경계를 설정하는 첫 번째 단계인 중국의 육지 주변 기선 설정 방식도 미국의 이익을 위협한다. 섬, 암석 및 암초를 개별 기능 대신 군집으로 취급함으로써, 중국은 법적으로 요구할 수 있는 것보다 훨씬 더 많은 “중국의” 공간을 만들어낸다.

미국은 중국의 지나친 주장이 자국의 행동에 영향을 미치는 것을 정당하게 거부한다. 예를 들어 미 해군 특수임무함은 중국의 EEZ에서 일상적으로 운용된다. USNS Impeccable 및 USNS Victorious와 같은 해양 감시선은 강력한 견인 어레이로 수중 환경을 모니터링하여 외국 잠수함 활동에 대한 정보를 수집한다. 한편, USNS Bowditch 및 USNS Henson과 같은 해양 조사선은 함대 운용시스템 및 모델에 활용되는 기초 해양 데이터를 수집한다. 이러한 작전을 통해 미군은 이 지역에서 국가 안보 이익을 위해 항행의 자유를 행사한다.

미 해군은 또한 중국의 과도한 주장에 저항하기 위한 유일한 목적으로 행해지는 표적 저항 작전에 관여하고 있다. 중국의 주장이 명백한 경우, 해군은 선박을 보내 항행자유작전(FONOP)을 시행한다. 예를 들어, 이러한 상황은 중국이 다른 국가에 개방되어야 하는 해역에 영유권을 주장하려고 시도한 파라셀(Paracels)에서 발생했다. 미 해군은 중국이 영유권을 주장하기도 전에 이들의 행위에 도전하기 위해 FONOP급 작전까지 벌여 중국이 다음 철책을 세우기 전에 미국의 입장을 선제적으로 견지하기도 했다. 중국은 영해에 대한 권리가 없는 구역인 미스치프 암초에 거대한 기지를 건설했다. 미국은 현재 그곳에 선박을 파견함으로써, 기지가 아무리 크더라도 해양 주권을 영유할 수 없다는 것을 중국에 보여주고 있다.

이러한 작전을 통해 미국은 제임스 케이블(James Cable)이 해상력의 “최종적(definitive)” 사용이라고 명명한 대응조치를 활용한다. 미국은 중국의 주장에 관계없이 일방적으로 해상 자유, 즉 모든 해상 국가의 해상 자유를 주장하기 위해 행동함으로써 중국은 수동적인 입장에 놓이게 된다. 폭력으로 대응할 수도 있고 묵인할 수도 있다.

이 냉혹한 선택에 직면하여 중국은 세 번째 옵션인 그레이존을 활용한 무력활동을 개척했다. 중국 해안경비대와 민병대는 미국 선박을 추적하고 그들의 퇴거를 주장하며, 때로는 그들의 항해를 물리적으로 공격하기도 한다. 2016년 12월, 인민해방군 해군(PLAN) 함정은 수빅 만(Subic Bay) 북서쪽으로 50해리 떨어진 국제 해역에서 미국 수중 글라이더를 나포했다. 그러나 이러한 사건은 거의 발생하지 않으며, 국제법이 허용하는 곳이면 어디든 항해, 비행, 운항하겠다는 미국의 결심을 완전히 꺾지는 못했다.

그럼에도 불구하고 이것은 안주할 이유가 되지 않는다. 미국의 2017년 국가안보전략이 강조하는 바와 같이, 중국은 미국과 완전히 '평화'도 '전쟁 중'도 아닌 '지속적인 경쟁'에 참여하고 있다. 중국은 과도한 주장을 포기하지 않고 있다. 실제로 스프래틀리스(Spratlys)에서 직선 기선을 설정하는 것과 같이 남중국해를 "관할화"하기 위한 추가 조치를 취하면, 바다에서의 마찰 가능성이 극적으로 증가할 수 있다. 바다의 자유를 보장하려면 미국은 더 많은 조치를 취해야만 한다.

첫째, 중국의 그레이존군, 특히 해상에서의 미국 선박의 주요 적대 세력인 인민무력 해상민병대(PAFMM)의 위험한 행동을 공개적으로 폭로해야 한다. 전략적 주도권을 유지하기 위해 미국은 중국의 행동을 인지하고 있음을 알려줘야 하고, 조정된 커뮤니케이션을 통해 억제하는 것을 밝혀야 한다. 그럴듯하게 부인할 가능성은 없다: 중국의 해양법 집행군은 명백히 국가기관이며, 본질적으로 점점 더 준군사적 성격으로 변하고 있다. PAFMM은 중국 정부가 후원하는 활동을 수행하기 위해 직접 군 지휘체계 하에 운영되는 국가 조직, 개발 및 통제 부대이다. 구체적으로, 미 해군은 중국의 그레이존 병력과 그 실체에 대한 정보를 알리기 위한 이야기와 위기상황에서 미국 정부는 미국을 침략자로 묘사하려는 중국의 서사에 선제적으로 대응할 수 있도록 위기 대응 계획을 개발하고 시행해야 한다.

둘째, 중국의 3개 해상군(해군/해안경비대/해상민병대)은 더 큰 규모의 중국 해상력의 주요 구성요소이기 때문에, 미국은 이들을 전체적으로 다루어야 한다. 일관되고 조정된 전략적 대응의 일부로서, 미국은 중국의 준 군사들의 행동과 활동을 PLAN과의 상호작용과 연결시켜 생각해야 한다. 중국 해군이 해군 외교의 "훌륭한 경찰(good cop)"로서 위신과 모범 사례를 위해 미 해군을 단순히 "포옹(bear hug)"하도록 허용해서는 안 되며, 해안경비대와 민병대의 "나쁜 경찰(bad cops)"(일부는 PLAN과 훈련함)은 다른 행동 기준을 견지해야 한다.

미국은 공개적으로든 개인적으로든 다음 사항을 중국에 알려야 한다: 이후로 미국은 PAFMM을 포함한 3개의 중국 해군이 모두 해상충돌방지에 관한 국제규정 및 기타 일반적인 항로규칙을 포함하여 미 해군이 준수하고 있는 것과 동일한 국제법, 항해술 및 통신기준을 준수할 것을 요구해야 할 것이다. 안전과 사고 방지를 위해, 중국의 해안경비대와 해상민병대는 명시적으로 약속된 동일한 해상에서의 계획되지 않은 조우 규정을 준수해야 할 것이다. 또한 미국은 강력한 항해 규칙으로 구속력이 있는 지역 행동 강령을 지속적으로 추진해야 한다. 중국이 이 분야에서 협력하지 않으면 향후 미국이 주최하는 태평양 연안 훈련 참여하는 것 등과 같은 PLAN이 가치 있게 여기는 활동에 대한 명시적인 상부의 검토가 시작되어야 한다.

셋째, 미국은 분명한 능력을 유지해야 하며, 중국의 그레이존 세력이 미군의 합법적인 작전을 방해할 수 있는 능력을 가지고 있다는 사실을 명심해야 한다. 미국은 자국 선박의 안전, 작전 또는 임무 수행을 방해하거나 타협하려는 어떠한 시도도 용납하지 않을 것을 명확히 전달해야 한다. 미국 관리는 용납할 수 없는 중국 행동의 결과를 명확하게 전달해야 한다. 미군은 전술적 차원에서 중국의 준 군사력에 대항할 수 있는 비살상적인 대응방안을 동시에 개발하여, 이러한 권고가 실패하더라도 효과적으로 대응할 수 있도록 해야 한다.

마지막으로 미국은 향상된 교전 규칙(ROE)을 고려하고 이러한 의도를 중국에 전달해야 한다. 이것은 두 가지 목적을 위해 사용될 것이다. 이는 중국의 특정 행동이 역효과를 낳을 것임을 분명히 함으로써, 중국의 그레이존 군대의 활용을 억제할 것이다. 또한, 이는 지휘관에게 중국의 그레이존 침략으로부터 자신을 방어하는 데 필요한 권한을 부여할 것이다. 조나단 오돔(Jonathan Odom)이 본서에서 분명히 밝혔듯이 유엔헌장, 국제법 및 국가 관행은 어떤 행동이 그 자체의 성격보다는 직원 개인 활동의 성격에 따라 무력 사용 또는 무력 공격에 해당한다고 규정하고 있다. 미국은 용납할 수 없는 중국의 행동이 ROE를 활성화하고, 괴롭힘 및/또는 방해가 위협의 제거 또는 무력화를 촉발할 수 있으며, 방해활동을 중단하라는 미해군 함정의 반복적인 경고를 무시하는 모든 요소가 살상무기 사용의 대상이 될 수 있음을 분명히 해야 한다. 또한, 고위 지휘관과 민간 당국은 위기가 발생하기 전에 기존 ROE 및 기타 권련 부서를 검토해야 한다.

동맹국의 해양권 보호

이 책에서 논의된 중국의 그레이존 활동의 대부분은 미국의 해양 자유와 직접적으로 관련된 것은 아니다. 오히려 중국은 이웃 국가들의 해양 권리를 침해하고 있고, 이들 대부분은 힘이 약하고 그레이존에서 중국에 대한 도전 의지를 상실하고 있다. 여기서 중국은 자체적으로 결정적인 조치를 취함으로써 큰 진전을 이루었다. 결정적 조치 중 하나는 영유권을 주장하기 위해 순찰선을 다른 국가의 주권 수역에 파견하는 것이다. 이는 다른 국가의 EEZ에서 해양 자원을 이용할 권리를 주장하기 위해 선박과 어선들을 조사할 권한을 부여하고, 자국 영해에서 외국 선박들의 합법적인 활동을 방해하기 위해 법집행 기관과 민병대를 파견하는 것을 포함한다.

미국은 중국의 방해행위에 대해 완전히 냉담하게 반응하지는 않았고, 동맹국과 파트너를 돕기 위해 노력해왔다. 그러나 다른 국가의 해양권을 지지할 때, 미국은 그레이존 속임수에 가장 취약한 수단인 강압적인 외교에 크게 의존했다. 한편 미군은 이러한 위협을 뒷받침하거나 구현하기 위해 분쟁지역에 군대를 파견했다.

마이클 마자르(Michael Mazarr)가 지적했듯이, 강압적인 외교는 미국의 가장 중요한 목표 중 일부를 달성할 수 있다. 강압적인 외교는 중국(PRC)이 2014년에 제2의 토마스 쇼올(Thomas Shoal)을 봉쇄하지 않도록 설득했을 가능성이 크다. 이는 아마도 2013년 초에 센카쿠 주변에서 더 고조되는 PRC 활동을 억제했을 것이다. 이는 PRC가 2016년에 스카버러 리프를 개발하지 않도록 설득하는 데도 효과가 있었을 것이다. 그러나 그레이존 분쟁의 특성상, 강압적인 외교는 중국의 해상 확장 활동의 대부분을 중단시킬 수 없다.

동맹국 및/또는 파트너를 지원할 때, 미국은 해상력의 결정적인 사용을 거의 전적으로 기피한다. 즉, 다른 국가가 자신의 합법적인 해상 권리를 주장하도록 직접적으로 돕는 경우는 거의 없다. 미국은 그들에게 장비를 제공하고 정보를 공유하지만, 미군은 일반적으로 최전선에서 그들과 함께 작전을 수행하지는 않는다. 미국이 그레이존에서 중국에 대한 동맹국의 손실을 막는 데 도움을 주기위해서는 이러한 상황을 바꿔야 한다.

동중국해 및 남중국해에서의 최종적 활동

동맹국이 중국의 팽창에 대응하기 위한 정책을 수립할 때, 미군은 위협을 전달하는 것 이상의 일을 할 수 있다. 비록 해상에서 중국과 맞서는 동맹국을 지원하기 위한 역량 강화나 기타 간접적인 노력도 매우 중요하지만, 군사력은 그러한 행동에 국한되지 않다. 만약 이 경쟁이 미국에 문제가 된다면, 미군은 동맹국이 해상 권리를 방어하도록 돕고 분쟁 해결이 중국의 강압이 아닌 평화적이고 합법적인 수단으로 이루어지도록 하는 데 훨씬 더 직접적인 역할을 해야 한다. 즉, 미국의 해상력도 전쟁과 평화 사이의 그레이존에서 "최종적인" 형태로 사용되어야 한다.

무엇을 할 수 있는가? 중국이 법적으로 주장된 육지로 항해하는 동맹국을 위협할 때, 미 해군 함정은 그들을 호위할 수 있다. 중국 해안경비대가 법적으로 영유권을 주장하는 수역에서 일본이나 필리핀 어민이나 조사팀을 방해하면, 미국은 이들을 보호하기 위해 전함을 파견할 수 있다. 중국 어부가 필리핀 관할 수역에서 물고기, 거북이, 대왕조개를 밀렵할 때, 미군이 이들을 체포하는 데 도움을 줄 수 있다. 자료 C−1은 동맹국이 합법적인 해상 권리를 주장하는 것을 돕기 위해 미국이 취할 수 있는 다양한 최종 조치를 설명한다.

자료 C-1. 동맹국의 해양권 주장을 돕기 위한 "최종적인" 미국의 조치

동맹국의 해양권	"최종적인" 미국의 조치
자국의 연안 바위와 암초에 대한 접근	필요한 경우, 비살상용 수단을 활용한 동맹국의 함선 호위
자국의 영해에서 조업활동	필요한 경우, 비살상용 수단을 활용한 동맹국의 함선 호위
자국 영해의 해저자원 탐색 및 채굴	필요한 경우, 비살상용 수단을 활용한 동맹국의 함선 호위
자국 영해에서의 밀렵활동	동맹국이 중국 밀렵군을 체포 및 기소할 수 있도록 지원; 중국의 공격으로부터 동맹국의 함선 보호
타국에 의한 자국의 해저자원 약탈을 방지하기 위한 권리	동맹국의 해역에서 불법활동을 행하는 중국 선박에 동맹국이 승선할 수 있도록 도와주고, 중국회사를 처벌할 수 있도록 지원; 중국의 공격으로부터 동맹국의 함선 보호
자국 영해에서의 군사훈련 실시	동맹국 영해에서 합동훈련 실시

미군은 최종적인 행동을 위해 그레이존 원칙을 수립할 필요가 있을 것이다. 대부분의 경우, 미 해군 수상함의 존재만으로도 해안의 승냥이(jackal)를 막아내기에는 충분할 것이다. 그러나 확대 사다리에는 다른 많은 단계가 있다. 필요하다면,

중국의 준 해군이 강압적으로 사용해온 들이받기와 충돌 등의 공격전술을 미국 선박도 활용할 수 있다. 음파 장치 및 물대포와 같은 치명적이지 않은 다른 수단도 새로운 대응수단에 포함될 수 있다. 또한 미군은 필요한 경우, 살상무기로 자신과 함선을 방어할 준비를 해야 한다.

확실히 피터 더튼(Peter Dutton)의 용어인 비대칭을 사용하기에는 중국의 거대하고 다양한 그레이존 활동과 미국이 활용할 수 있는 대응조치 간에는 불균형이 존재한다. 중국의 백색 및 청색 선박과 미국 회색 선박이 대치하는 것은 미국을 침략자로 주장할 위험이 있다. 그러나 결국 상황에 따라 달라질 것이다. 필리핀 어부들이 자국 영해에서 조업을 할 때, 그들을 위해 호위임무를 수행하는 미국 구축함은 미국을 취약계층의 보호자, 약속에 충실한 국가, 그리고 국제규범에 기초한 질서의 보증인(guarantor)으로 묘사하게 만들 것이다.

그러나 무력 구조의 비대칭은 동맹국의 합법적인 수역에서 중국의 불법 활동에 대응할 때 문제를 일으킬 수 있다. 이러한 경찰활동은 무방비 상태의 중국 어민을 괴롭히는 미국전함의 이미지로 보이게 할 위험성이 존재한다. 대안으로 미 해군은 필리핀 경찰과 함께 항해하며, 중국의 준군사력의 위협으로부터 동맹국을 보호할 수 있다. 여기에 미국 해안경비대(USCG)의 역할도 있다. 미군의 핵심 구성요소인 USCG는 필리핀이 관할 수역 내에서 질서를 유지하도록 돕기 위해 적절한 지원과 권한을 부여받아야 한다. USCG의 Shiprider 프로그램을 통해 다른 국가에 만연한 밀렵 및 기타 불법 행위에 대처하는 데 도움이 되는 지원활동에 대한 선례가 이미 존재한다.

요약하자면, 2006년 이후 중국이 이룩한 성과를 되돌리기에는 너무 늦었지만, 미국은 동맹국으로 하여금 중국의 팽창정책에 대응할 수 있도록 도울 수 있다. 동맹국이 합법적인 해상 권리를 주장할 수 있도록 억제력을 행사하고(가능한 경우) 미국의 해상 전력을 최종적인 형태로 사용할 권한을 부여할 수 있다. 토모히사 타케이(Tomohisa Takei)가 자신의 장에서 언급했듯이, 이러한 작업은 그가 “예비활동”이라고 부르는 중국 확장의 새로운 축에 대한 응답으로 즉시 이루어져야 한다. 보니 글레이저(Bonnie Glaser)와 매튜 푸나이올(Matthew Funaiole)는 이러한 예비활동이 남중국해에서 어떤 모습일지 보여주는 훌륭한 논의를 진행했고, 카츠야 야마모토(Katsuya Yamamoto)는 동중국해에 대해 같은 논의를 하였다. 그럼에도 불구하고 주제에 대한 더 많은 연구가 진행되어야 한다.

위험 평가

미국의 직접적인 개입을 비판하는 사람들은 미국이 동아시아의 해양 분쟁에서 직접 경쟁할 수 있는 자원이 부족하다고 반박할 수도 있다. 이것은 정당한 우려이다. 어쨌든 중국에는 수백 대의 해안경비대와 수천 척의 민병선이 있다. 제한된 시간 내에 미국은 소수의 해군 전투원, 한두 명의 해안경비대만 활용할 수 있으며, 해상민병대는 없다. 그러나 이러한 수치는 그레이존의 세력 균형을 정확하게 반영하는 것은 아니다.

중국의 준 군사부대는 매우 바쁘다. "해상권 보호" 외에도 중국 해안 경비대원은 수행해야 할 합법적인 업무가 많다. 대부분의 중국 민병대원에게 어업은 첫 번째 임무이다. 동중국해와 남중국해에서 새로운 거점을 유지하기 위해 중국은 항시 많은 수의 선박을 필요로 한다. 이것은 함대에 세금을 부과하는 동시에 많은 비용이 든다. 더욱이 하이양시유(HYSY) 981 사건에서 볼 수 있듯이 하나의 복잡한 상황이 수십 척의 선박을 꼼짝 못하게 할 수 있다.

미국과 동맹국은 전통적인 무력 충돌에서처럼 우세할 필요가 없다. 그들이 해야 할 일은 중국의 팽창노력에 과감히 저항하는 것으로 중국이 자국의 영유권을 국제법 테두리 안에서 주장하고, 이를 추구하기 위해 보다 온화한 수단을 채택하도록 유도하는 것이다. 궁극적인 목표는 중국이 자국의 이익이 보다 협력적인 접근법에 의해 더 잘 제공될 것이라는 것을 인식하는 것이다.

단기적으로 중국은 보다 적극적인 그레이존 조치로 대응할 수 있다. 그러나 중국의 대응 강도에는 본질적인 제약이 있다. 중국이 안전하려면 이웃 국가와 합리적으로 잘 지내야 한다는 것이다. 중국은 동남아시아 국가연합 국가 및 주요 무역 파트너의 압력에 민감하다. 중국이 너무 공격적으로 행동하면, 다른 국가들은 라이벌 강대국의 진영으로 몰려갈 것이다. 이러한 전망은 궁극적으로 중국이 그들의 무력행동을 철회하도록 강요할 것이다.

중국은 전쟁을 원하지 않는다. 분쟁은 40년의 발전을 위태롭게 하고 중화민족의 "위대한 부흥"을 좌초시킬 위험이 있다. 중국은 훨씬 약한 국가들과의 무력 충돌도 조심스럽게 피했다. 2016년 중국 어민에 대한 인도네시아의 무력 사용에 대한 중국의 미약한 대응과 2014년 HYSY 981에 대한 베트남의 공격에 직면한 중국의 대응 자제를 생각해 보라. 중국은 확실히 미국과의 충돌을 원하지 않는다. 더욱이, 강대국 전쟁은 특히 핵 시대에 해상 사건으로 인해 발발되지 않는다. 이것은 미국과 소련군이 정기적으로 해상, 영공, 해저에서 "긁힌 페이트(scratched paint)"를 사용했던 냉전의 핵심 교훈 중 하나이다. 따라서 미국과 동맹국은 위험에 대해 더 높은 수준의 저항력을 가질 수 있다.

미군은 미국이 동아시아 동맹국을 지원하기 위해 활용할 수 있는 국력의 하나의 도구일 뿐이지만, 이러한 군사적 수단은 성공적인 전략의 핵심이 될 것이다. 강압적인 외교만으로는 동맹국이 필요로 하는 지원을 제공할 수 없다. 미군, 특히 해상력은 중국의 확장에 대항하여 너무 오랫동안 홀로 서 있었던 미국 동맹국의 해상 권리를 주장하는 데 직접 도움을 줄 수 있고 실질적으로 도움을 주어야 한다. 그래야만 중국이 주변국, 해상 자유에 대한 미국의 이익, 모두의 이익을 위해 고안된 국제법규의 희생을 대가로 그레이존에서 점진적으로 승리하는 것을 막을 수 있다.

Notes

1. 편집자는 각 장의 논의를 바탕으로 정책 입안자가 활용 가능한 옵션을 제안하고 비용편익을 평가하는 데 도움이 될 수 있는 잠재적 제안을 제공한다. 비록 전술한 바와 같이 상당한 부정적 영향을 미치기는 하겠지만, 베이징의 그레이존 팽창주의에 더 이상 대응하지 않는 것 자체가 하나의 정책적 대안이 될 수 있다. 여기에 제안된 어떤 의견도 저자의 개인적인 견해일 뿐, 미 해군 또는 미 정부의 기타 조직의 정책 또는 입장을 나타내지 않는다.
2. "해상자유"를 사용자 국가에 보장된 해상 및 영공의 모든 권리, 자유 및 합법성을 포함하는 개념으로 정의한다. 이 자유는 유엔 해상법 협약 및 국제관습법에

기초한다.

3. "해양권리"를 영해 내 연안 국가에 보장된 주권과 EEZ 내 연안 국가에 보장되는 주권 자원 관련 권리(예: 어류, 석유, 천연 가스, 광물)를 모두 포함하는 개념으로 정의한다. 이 권리들은 해양법과 관습적인 국제법에 관한 유엔 협약에 근거한다.
4. The distinction between FONOPs and "routine operations to exercise navigational freedoms" is highlighted in Peter A. Dutton and Isaac B. Kardon, "Forget the FONOPs–Just Fly, Sail and Operate Wherever International Law Allows," *Lawfare Blog*, June 10, 2017, www.lawfareblog.com/forget–fonops–just–fly–sail–and–operate–wherever–international–law–allows.
5. The United States conducted such a mission in May 2017. Idrees Ali and David Brunnstrom, "U.S. Warship Drill Meant to Defy China's Claim over Artificial Island: Officials, Reuters, May 24, 2017, www.reuters.com/article/us–usa–southchinasea–navy/u–s–warship–drill–meant–to–defy–chinas–claim–over–artificial–island–officials –idUSKBN18K353; *Annual Freedom of Navigation Report, Fiscal Year 2017* (Arlington, VA: U.S. Department of Defense, January 19, 2018), 3, http://policy.defense.goviPortals/11/FY17%20DOD%20FON%20Report.pdf?ver=2018–01–19–163418–053.
6. A "definitive" action unilaterally resolves a disagreement between states, thereby creating a fait accompli. James Cable, *Gunboat Diplomacy 1919–1991: Political Applications of Limited Naval Force*, 3rd ed. (New York: St. Martin's Press, 1994), 15–33.
7. *National Security Strategy of the United States of America* (Washington, DC: White House, December 2017), 28, www.whitehouse.gov/wp–content/uploads/2017/12/NSS–Final–12–18–2017–0905.pdf.
8. 중국측 대화상대가 처음에 모르는 척하거나 이러한 문제에 대해 논의하기를 거부하더라도 미국 메시지를 베이징으로 가져올 것이다. 이러한 메시지는 "우리는 당신의 게임에 현명합니다"로 시작하여 "접근을 보장하고 평화를 유지하기 위한 법적 노력을 멈추지 않을 것입니다."로 옮겨가는 명확하고 일관성이 있어야 한다. PAFMM의 고용은 양국 해군관계에 대한 중국의 진지함과 지원 부족으로 간주되어야 한다.
9. 남중국해와 기타 해역에서 중국의 행동을 인용하면서, 미국 정부는 2018년 환태평양 훈련에서 PLAN의 초청을 취소하기로 결정했다. Megan Eckstein, "China Disinvited from Participating in 2018 RIMPAC Exercise." *USNI News*, May 23, 2018, https://news.usni.org/2018/05/ 23/china–disinvited–participating–2018–

rimpac－exercise.

10. PAFMM 및 중국 해안경비대 선박이 표적이 될 수 있는 분쟁기간 동안 해군 보조원 또는 전투원과 동일한 역할 및 임무를 수행한다.
11. "강압 외교"를 다른 국가의 정책 결정에 영향을 미치기 위해 위협을 사용하는 것으로 정의된다.
12. 미국의 정책 입안자들은 미국이 동맹국들의 방어를 기꺼이 도울 수 있는 해양권리에 관한 입장을 취해야 한다. 동중국해에서, 미국은 이미 센카쿠 제도에 대해 미국－일본 상호 안전보장조약의 제5항의 적용 가능성을 검토할 것을 약속했다. 그러나 남중국해에서 미국은 미－필리핀 상호 방위조약의 적용 가능성에 대해 언급을 자제하고 있다. 이것은 이 조약이 필리핀에 의해 점령된 지역과 필리핀 본토 해안에서 파생된 EEZ에 적용되는지 여부를 포함한다. 첫째, 우리는 미국이 제2차 토마스 쇼알 인근의 EEZ 일부를 포함한 유엔해양법협약과 법원의 판결에 따라 필리핀의 EEZ 내 주권 방어를 돕는데 전념해야 한다고 믿는다. 낮은 해발고도로 인해 제2의 토마스 쇼알은 다른 목적으로 전용할 수 없는 특징이 있다. 필리핀은 이곳이 "영토가 아니다"라는 주장 대신 이 지역은 "필리핀 EEZ의 일부이자 대륙붕"이라고 주장했다. 그러므로, "점령이나 통제의 어떤 조치도 그러한 지역에 대한 주권을 확립할 수 없다." 법원은 제2의 토마스 쇼알은 해발고도가 낮아 "독자적인 해양수역을 가질 자격이 없다고 판결했다." 둘째, 미국은 마닐라가 이미 점유하고 있는 영토 분쟁지역("rocks")에 접근할 권리를 지지해야 한다. 셋째, 우리는 미국이 스카버러 암초에 대한 접근권을 포함한 필리핀의 전통적인 어업권을 방어하기 위해 노력해야 한다고 생각한다. 이러한 노력은 무조건적인 것이 아니라, 일본과 마닐라가 그들의 정당한 주장을 뒷받침하는 데 앞장서야 한다. 일본은 흔들림 없이 이 기조를 유지하고 있지만 필리핀은 현재 그렇지 않다. 우리는 이 장에서 논의된 정책 옵션을 채택하는 모든 결정은 자국의 해양 권리를 방어하려는 필리핀의 자구노력에 근거해야 한다고 믿는다. PCA 사례 참조 No. 2013－19, July 12, 2016, https://pca－cpa.org/wp－content/uploads/sites/175/2016/07/PH－CN－2016 0712－Award.pdf.
13. For useful discussion of the merits of different approaches for handling China's maritime expansion, see Hal Brands and Zack Cooper, "Getting Serious about Strategy in the South China Sea." *Naval War College Review* 71, no. 1 (Winter 2018): 13－32, https://usnwc2.usnwc.edu/getattachment/58a26082－5585－4147－820f－e34244d23591/Getting－Serious－about－Strategy－in－the－South－China－.aspx.

찾아보기

글쓴이

Andrew S. Erickson
해군대학(Naval War Colleges)의 중국 해양연구 연구소의 전략 교수이자 하버드 페어뱅크 센터의 연구 부교수이다. NWC의 첫 번째 연구 우수상을 수상한 그는 중국 연구 웹사이트 www.andrewerickson.com을 운영하고 있다.

Ryan D. Martinson
중국 해양연구 연구소의 조교수이다. 그는 Tufts University의 Fletcher 법외교대학원에서 석사 학위를, Union College에서 이학사 학위를 받았다. Martinson은 또한 Fudan University, Beijing Language and Culture University, Hopkins–Nanjing Center에서 수학하였다.

옮긴이

곽대훈
미시간주립대학(Michigan State University)에서 박사를 취득하였으며, 일리노이주립대학(Illinois State University)과 텍사스A&M 국제대학교(Texas A&M International University)에서 각각 조교수와 방문 조교수를 역임하였다. 현재 충남대학교 국가안보융합학부 부교수로 재직 중이며, 동 대학 평화안보대학원 부원장을 맡고 있다.

한국해양전략연구소 총서 96
중국의 해양 그레이존 작전

초판발행 2022년 1월 10일

지은이 Andrew S. Erickson · Ryan D. Martinson
옮긴이 곽대훈
펴낸이 안종만 · 안상준

편 집 우석진
기획/마케팅 정연환
표지디자인 이현지
제 작 고철민 · 조영환

펴낸곳 (주) 박영사
서울특별시 금천구 가산디지털2로 53, 210호(가산동, 한라시그마밸리)
등록 1959. 3. 11. 제300-1959-1호(倫)
전 화 02)733-6771
f a x 02)736-4818
e-mail pys@pybook.co.kr
homepage www.pybook.co.kr
ISBN 979-11-303-1468-6 93390

정 가 19,000원